科学出版社"十四五"普通高等教育研究生规划教材

科学版研究生教学丛书

控制系统中的矩阵理论
（第二版）

陈东彦　　石宇静　　吴玉虎　　胡　军　　编著

科学出版社

北　京

内 容 简 介

本书系统地介绍了矩阵理论的相关内容及其在控制系统中的应用. 全书共 11 章, 主要内容包括: 矩阵理论的基本知识及应用、范数与测度、矩阵的相似标准形、矩阵分解、矩阵特征值的估计与定位、矩阵函数及运算、几种重要的矩阵、矩阵的广义逆、矩阵不等式、矩阵方程以及矩阵乘法的推广及应用等. 本书内容丰富, 每章都配有适当的例题和一定量的习题, 便于读者阅读与练习.

本书可作为应用数学、运筹学与控制论、计算数学、系统理论、控制理论与控制工程以及系统工程等专业的研究生教材, 也可供相关专业的教师和科技工作者阅读参考.

图书在版编目(CIP)数据

控制系统中的矩阵理论 / 陈东彦等编著. -- 2 版. -- 北京：科学出版社, 2025. 3. -- (科学出版社"十四五"普通高等教育研究生规划教材) (科学版研究生教学丛书). -- ISBN 978-7-03-080688-8

Ⅰ. TP13

中国国家版本馆 CIP 数据核字第 2024473HC7 号

责任编辑: 王 静 李 萍 / 责任校对: 杨聪敏
责任印制: 师艳茹 / 封面设计: 陈 敬

斜 学 出 版 社 出版

北京东黄城根北街 16 号
邮政编码: 100717
http://www.sciencep.com

三河市骏杰印刷有限公司印刷

科学出版社发行 各地新华书店经销

*

2011 年 7 月第 一 版 开本: 720×1000 1/16
2025 年 3 月第 二 版 印张: 19 1/2
2025 年 3 月第二次印刷 字数: 393 000

定价: **79.00 元**

（如有印装质量问题, 我社负责调换）

前　　言

近些年, 矩阵理论在应用的广度和深度上都经历了快速的发展. 例如, 在机器学习中, 矩阵常用来对数据集进行去噪、降维等预处理; 同时, 在深度学习中, 它还能简化数据表示, 提高计算速度等. 此外, 矩阵在控制理论中的应用也日益广泛, 已深入到复杂的网络化系统、随机系统、多智能体系统等研究领域, 并成为解决相应系统的控制、滤波及故障检测等问题的有力工具.

本书第二版在第一版的基础上, 进一步补充了矩阵理论的基本知识, 介绍了相关的矩阵方法及其应用, 并融入了有关的研究新成果, 力求在矩阵知识的系统性和先进性方面得到提升, 更便于读者学习和运用. 全书共 11 章. 第 1 章介绍矩阵数值特征的基本概念和简单性质、正规矩阵和 Hermite 矩阵的概念与有关性质, 以及矩阵在线性系统的求解、分析和设计中的应用; 第 2 章介绍向量范数、矩阵范数, 以及矩阵测度的概念和性质; 第 3 章介绍 λ-矩阵的相关概念和性质、矩阵的 Jordan 标准形, 以及矩阵的 Cayley-Hamilton 定理; 第 4 章介绍矩阵的三角分解、QR 分解、秩分解、谱分解及奇异值分解的相关概念、性质和计算方法; 第 5 章介绍矩阵特征值上下界的估计、矩阵特征值所在区域的定位, 以及摄动矩阵特征值的估计与定位; 第 6 章介绍矩阵函数的定义、计算和谱分解, 矩阵函数的序列、级数和幂级数表示及性质, 矩阵函数的相关分析运算, 以及矩阵在一阶线性微分方程求解中的应用; 第 7 章介绍非负矩阵、M-矩阵、随机矩阵以及稳定矩阵的概念、性质及判断; 第 8 章介绍矩阵广义逆的概念、几种常用的广义逆及其在线性方程组求解中的有关应用, 以及广义逆矩阵的几何直观性; 第 9 章介绍矩阵的行列式、秩、特征值、迹和奇异值等数值特征的不等式, 线性矩阵不等式的基本概念、相关问题及其在处理线性控制系统中的有关应用, 以及 S-过程; 第 10 章介绍线性矩阵方程的可解条件、解的表示与性质, 非线性矩阵方程的可解条件、解的性质, 以及相关矩阵方程解的估计; 第 11 章介绍矩阵的 Hadamard 积、Khatri-Rao 积、半张量积的概念和性质, 以及基于半张量积的布尔网络的代数表示和稳定性分析. 本书完善和更新了部分例题和习题, 另外, 在第 1 章、第 2 章、第 8 章、第 10 章和第 11 章等的内容中融入了作者整理的相关研究的近期成果以及作者的部分研究成果.

本书的主要内容已在本校数学专业及理工科相关专业硕士研究生的 "矩阵理论" 和 "矩阵分析" 等课程教学中多次讲授, 在内容选择方面更加注重理论知识与实际问题, 特别是控制理论相关问题的有机结合, 希望新版内容为数学及相关交叉学科的教学与研究提供更多的便利和帮助. 本书由多位作者共同编写和修订, 全书由陈东彦统稿. 作者感谢教育部课程思政示范项目 (研-2021-0038)、国家级一流本科专业 "信息与计算科学" 建设点对本书出版提供的支持; 感谢各位专家在本书第二版撰写和出版过程中提出的宝贵意见; 感谢科学出版社相关编辑所做的辛勤工作; 感谢哈尔滨理工大学有关师生和领导给予的大力支持.

由于作者水平所限, 书中难免有不妥之处, 敬请读者批评指正.

陈东彦　石宇静　吴玉虎　胡　军

2024 年 3 月

第一版前言

随着科学技术的迅猛发展，各学科领域广泛融合，科学研究工作对数学工具的需求越来越强，科技进步对数学工具的依赖也越来越多. 同时，科技发展对数学工具的需求也极大地促进了数学自身的发展，矩阵理论就是在不断地满足科技发展需要的过程中形成并得到完善的. 矩阵理论在数学的诸多学科分支及多个科学技术领域都得到了广泛的应用，特别是在数值分析、最优化方法、微分方程、概率论与数理统计、控制理论、系统工程等学科领域中起着十分重要的作用，并正在逐步渗透到经济管理、金融保险、社会科学等新的领域. 计算机及计算技术的迅速发展也为矩阵理论的应用提供了强大的技术支持，矩阵的相关理论方法已成为理工科研究生的必修内容. 现在流行的矩阵理论方面的书籍种类繁多，但学科领域的不同使得对矩阵理论需求的差异很大，要选择一本合适的书作为教材、参考书，无论对教者还是对读者都是十分重要的，也是不容易的. 理论太多难读难懂，理论太少又不成体系. 考虑众多因素，并结合哈尔滨理工大学的教学实际，作者在多年教学积累的基础上，对内容适当取舍，并进行了精心组织与安排，使所编教材在理论上具有系统性、完整性，在计算上具有可操作性、直观性.

本书以矩阵的基本理论为基础，重点介绍矩阵在控制理论中的相关应用，内容选择与难度掌握介于纯粹的矩阵理论与工科矩阵分析之间，更适合于应用数学、运筹学与控制论、计算数学、控制理论与控制工程、系统理论、系统工程等专业使用. 全书共包括 10 章. 第 1 章介绍线性代数中有关矩阵的基本概念和简单性质、正规矩阵和 Hermite 矩阵的有关性质，以及矩阵在控制系统中的一些具体应用；第 2 章介绍向量范数、矩阵范数与矩阵测度的概念及性质；第 3 章介绍 λ-矩阵的有关内容、矩阵的 Jordan 标准形及 Cayley-Hamilton 定理；第 4 章介绍矩阵的几种常用分解——三角分解、秩分解、谱分解和奇异值分解；第 5 章介绍矩阵特征值上下界的估计、特征值定位的 Gerschgorin 圆盘定理以及受扰动矩阵的特征值的扰动分析；第 6 章介绍矩阵函数的定义、计算与谱分解，矩阵函数序列和矩阵级数以及矩阵函数的分析运算；第 7 章介绍非负矩阵、M 矩阵以及稳定矩阵的概念及性质；第 8 章介绍矩阵的几种常用的广义逆及其在方程组求解问题中的有关应用；第 9 章介绍矩阵的部分数值特征不等式，如矩阵的行列式、特征值和迹的不等式，以及线性矩阵不等式的基本内容及其在处理控制系统中的应用；第 10 章介绍矩阵线性方程的可解条件、解的表示与性质，矩阵非线性方程 (矩阵

Riccati 方程) 的可解条件、解的性质，以及矩阵方程解的估计结果. 其中第 9 章和第 10 章的内容包含了作者收集和整理的相关研究的近期成果，也包含了作者的部分研究成果.

本书的主要内容已在哈尔滨理工大学应用数学学科和理工科相关专业的研究生教学中多次讲授，因此，在内容选择方面注重了理论研究与实际应用的结合，希望所编写的内容能对数学及相关交叉学科的教学和研究提供一些方便和有益的帮助. 本书第 3 章由吴玉虎编写，第 8 章由石宇静编写，其余各章由陈东彦编写，最后由陈东彦统稿. 本书的出版得到国家自然科学基金 (10771047) 的资助. 作者感谢在本书的编写和出版过程中提出宝贵意见的各位专家，感谢科学出版社编辑们的辛勤工作，感谢哈尔滨理工大学有关师生、领导的帮助和支持.

由于作者水平所限，书中难免有疏漏和不足之处，敬请读者批评指正.

作 者

2011 年 2 月

符 号 说 明

符号	含义
$F, \mathbf{R}, \mathbf{C}$	(实或复) 数域、实数域、复数域
$F^n, \mathbf{R}^n, \mathbf{C}^n$	n 维 (实或复) 向量空间、实向量空间、复向量空间
$F^{m \times n}, \mathbf{R}^{m \times n}, \mathbf{C}^{m \times n}$	$m \times n$ 维 (实或复) 矩阵空间、实矩阵空间、复矩阵空间
$0, \mathbf{0}, O$	(数) 零、零向量、零矩阵
x, y, z	向量 (小写英文字母)
A, B, C	矩阵 (大写英文字母)
$\bar{A}, \bar{x}, \bar{\lambda}$	矩阵 A 的共轭矩阵、向量 x 的共轭向量、复数 λ 的共轭复数
$x^{\mathrm{T}}, x^{\mathrm{H}}$	向量 x 的转置向量、共轭转置向量, $x^{\mathrm{H}} = \bar{x}^{\mathrm{T}}$
$A^{\mathrm{T}}, A^{\mathrm{H}}$	矩阵 A 的转置矩阵、共轭转置矩阵, $A^{\mathrm{H}} = \bar{A}^{\mathrm{T}}$
$|A|, |x|, |\lambda|$	矩阵 A 的模矩阵、向量 x 的模向量、数 λ 的模或绝对值, 且 $|A| = (|a_{ij}|)$, $|x| = (|x_1|, |x_2|, \cdots, |x_n|)^{\mathrm{T}}$
$I_n(I)$	n 阶单位矩阵 (单位矩阵)
$\mathrm{diag}\{d_1, d_2, \cdots, d_n\}$	以数 $d_1, d_2, \cdots, d_n$ 为对角元素的对角矩阵
$\mathrm{diag}\{D_1, D_2, \cdots, D_n\}$	以矩阵 $D_1, D_2, \cdots, D_n$ 为对角块的分块对角矩阵
A_{ij}	矩阵 $A = (a_{ij})$ 中元素 a_{ij} 的代数余子式
A^*	矩阵 A 的伴随矩阵, $A^* = (A_{ij})^{\mathrm{T}}$
$\det(A), \mathrm{rank}(A)$	方阵 A 的行列式、秩
$\lambda(A), \mathrm{tr}(A)$	方阵 A 的特征值、迹
$\rho(A), \tilde{\rho}(A)$	方阵 A 的谱半径、谱
$\sigma(A), \mu(A)$	矩阵 A 的奇异值、测度

$\mathcal{R}(A), \mathrm{Ker}(A)$	矩阵 A 的值域、核空间
$\mathrm{Im}\lambda, \mathrm{Re}\lambda$	复数 λ 的虚部和实部
i	虚数单位, $\mathrm{i}^2 = -1$
$\|\cdot\|, \|\cdot\|_m$	向量范数或矩阵算子范数、矩阵范数
$\|\cdot\|_1, \|\cdot\|_2, \|\cdot\|_\infty$	向量的 1-范数、2-范数、∞-范数 或矩阵的算子 1-范数、算子 2-范数、算子 ∞-范数
$A \geqslant 0 \ (A > 0)$	A 是 Hermite 或对称半正定矩阵 (正定矩阵)
$A \geqslant B \ (A > B)$	$A - B$ 是 Hermite 或对称半正定矩阵 (正定矩阵)
$A \gg O \ (A \succ O)$	A 是非负矩阵 (A 是正矩阵)
$x \gg \mathbf{0} \ (x \succ \mathbf{0})$	x 是非负向量 (x 是正向量)
$A \gg B (A \succ B)$	$A - B$ 是非负矩阵 ($A - B$ 是正矩阵)
$x \gg y (x \succ y)$	$x - y$ 是非负向量 ($x - y$ 是正向量)
$F[\lambda]^{m \times n}$	数域 F 上 $m \times n$ 维 λ-矩阵 (元素为 λ 的多项式的矩阵) 的集合
$A(\lambda) \simeq B(\lambda)$	λ-矩阵 $A(\lambda)$ 与 $B(\lambda)$ 相抵
$\mathrm{G}_i(A)$	矩阵 A 在复平面上的第 i 个 Gerschgorin 圆盘
$\dfrac{\mathrm{d}}{\mathrm{d}x}, \dfrac{\partial}{\partial x}$	对变量 x 的导数、偏导数, x 可以是标量、向量或矩阵
$\displaystyle\int f(s)\mathrm{d}s, \int_0^t f(s)\mathrm{d}s$	对函数 f 的不定积分、定积分, f 可以是标量、向量或矩阵
$\mathrm{M}^{n \times n}, \mathbf{Z}^{n \times n}$	n 阶 M-矩阵、$\mathbf{Z}$-矩阵的集合
$A^{-1}, A^{-}, A_r^{-}, A_m^{-}, A_1^{-}, A^{+}$	矩阵 A 的逆、减号逆、自反减号逆、最小范数广义逆、最小二乘广义逆、加号逆
$\mathrm{Span}(A)$	由矩阵 A 的列向量张成的子空间
$A \otimes B, A \circ B, A * B, A \times B$	矩阵 A 与 B 的 Kronecker 积、Hadamard 积、Khatri-Rao 积、半张量积
$\mathrm{Col}(A), \mathrm{Vec}(A)$	矩阵 A 的列向量、向量化
$\mathcal{L}_{m \times r}, \Upsilon_{m \times r}$	$m \times r$ 维逻辑矩阵、概率矩阵的集合

$A \succ_t B (A \prec_t B)$	矩阵 $A \in \mathbf{R}^{m \times n}$ 与 $B \in \mathbf{R}^{p \times q}$ 满足倍维数条件, 即 $n = pt$ $(nt = p)$
δ_n^i	n 阶单位矩阵的第 i 个列
$\mathcal{D}$	$\mathcal{D} = \{1, 0\}$ 为逻辑域
$\wedge, \vee, \neg$	逻辑运算与 $(\wedge)$、或 $(\vee)$、非 $(\neg)$

目　　录

第 1 章 矩阵理论的基本知识及应用

本章主要介绍矩阵理论的有关基本知识以及矩阵在线性控制系统中的应用, 为后面各章的学习做好准备.

1.1 矩阵及其数值特征

定义 1.1 设 F 表示某个数域 (实数域 $\mathbf{R}$ 或复数域 $\mathbf{C}$), $a_{ij} \in F(i = 1, 2, \cdots, m; j = 1, 2, \cdots, n)$, 称如下具有 m 行 n 列的矩形阵列

$$A = \begin{bmatrix} a_{11} & a_{12} & \cdots & a_{1n} \\ a_{21} & a_{22} & \cdots & a_{2n} \\ \vdots & \vdots & & \vdots \\ a_{m1} & a_{m2} & \cdots & a_{mn} \end{bmatrix} \tag{1-1}$$

为一个 $m \times n$ 的矩阵, 记为 $A = (a_{ij}) \in F^{m \times n}$ 或 $A = (a_{ij})_{m \times n}$. 当 $m = n$ 时, 称矩阵 A 为 n 阶方阵, 记为 $A = (a_{ij}) \in F^{n \times n}$ 或 $A = (a_{ij})_{n \times n}$.

关于矩阵维数、矩阵元素、矩阵相等的概念, 以及矩阵的加法、数乘、乘积、乘幂等运算都与线性代数中相同, 在此不一一介绍.

在矩阵运算中, 有时为了需要常用贯穿整个矩阵的一组水平线或垂直线将矩阵分成若干块, 每块皆为原矩阵的子矩阵, 从而将矩阵 A 写成如下形式

$$A = \begin{bmatrix} \tilde{A}_{11} & \tilde{A}_{12} & \cdots & \tilde{A}_{1r} \\ \tilde{A}_{21} & \tilde{A}_{22} & \cdots & \tilde{A}_{2r} \\ \vdots & \vdots & & \vdots \\ \tilde{A}_{s1} & \tilde{A}_{s2} & \cdots & \tilde{A}_{sr} \end{bmatrix} \tag{1-2}$$

称式 (1-2) 为分块矩阵 A. 其中, $\tilde{A}_{kl}$ 为分块矩阵 A 的第 k 行第 l 列位置的子矩阵, 其维数为 $m_k \times n_l \, (k = 1, 2, \cdots, s; l = 1, 2, \cdots, r)$, 且 $\sum\limits_{k=1}^{s} m_k = m, \sum\limits_{l=1}^{r} n_l = n$. 称 $\tilde{A}_{kl}$ 为分块矩阵 A 的元素. 当 $s = r$ 时, 称分块矩阵 A 为分块方阵.

例如, 将矩阵 $A = \begin{bmatrix} a_{11} & a_{12} & a_{13} & a_{14} & a_{15} & a_{16} \\ a_{21} & a_{22} & a_{23} & a_{24} & a_{25} & a_{26} \\ a_{31} & a_{32} & a_{33} & a_{34} & a_{35} & a_{36} \\ a_{41} & a_{42} & a_{43} & a_{44} & a_{45} & a_{46} \end{bmatrix}_{4 \times 6}$ $(m = 4, \ n = 6)$

分块为

$$A = \begin{bmatrix} a_{11} & a_{12} & a_{13} & a_{14} & a_{15} & a_{16} \\ a_{21} & a_{22} & a_{23} & a_{24} & a_{25} & a_{26} \\ a_{31} & a_{32} & a_{33} & a_{34} & a_{35} & a_{36} \\ a_{41} & a_{42} & a_{43} & a_{44} & a_{45} & a_{46} \end{bmatrix}_{4 \times 6} \triangleq \begin{bmatrix} \tilde{A}_{11} & \tilde{A}_{12} & \tilde{A}_{13} \\ \tilde{A}_{21} & \tilde{A}_{22} & \tilde{A}_{23} \end{bmatrix}_{2 \times 3} \quad (s = 2, r = 3)$$

其中

$$\tilde{A}_{11} = \begin{bmatrix} a_{11} & a_{12} & a_{13} \\ a_{21} & a_{22} & a_{23} \end{bmatrix}, \quad \tilde{A}_{12} = \begin{bmatrix} a_{14} & a_{15} \\ a_{24} & a_{25} \end{bmatrix}, \quad \tilde{A}_{13} = \begin{bmatrix} a_{16} \\ a_{26} \end{bmatrix}$$

$$\tilde{A}_{21} = \begin{bmatrix} a_{31} & a_{32} & a_{33} \\ a_{41} & a_{42} & a_{43} \end{bmatrix}, \quad \tilde{A}_{22} = \begin{bmatrix} a_{34} & a_{35} \\ a_{44} & a_{45} \end{bmatrix}, \quad \tilde{A}_{23} = \begin{bmatrix} a_{36} \\ a_{46} \end{bmatrix}$$

且 $m_1 = m_2 = 2, n_1 = 3, n_2 = 2, n_3 = 1, m_1 + m_2 = 4, n_1 + n_2 + n_3 = 6$. 当然, 对此矩阵 A 还可以有其他的分块方法, 可根据实际运算的需要选择.

分块矩阵具有与普通矩阵类似的维数、元素、相等的概念, 以及与普通矩阵相同的加法、数乘、乘法、乘幂等运算准则, 需要注意的是对分块矩阵进行运算时还要注意到块与块之间运算的可行性.

下面我们回顾一下矩阵的基本概念、常用的数值特征及性质, 有关证明均能在线性代数或高等代数书籍中找到.

1.1.1　方阵的行列式

行列式是与方阵紧密相关的数值特征, 在逆矩阵、非奇异矩阵概念及性质的研究中具有重要作用.

定义 1.2　设 n 阶方阵 $A = (a_{ij}) \in F^{n \times n}$, A 的行列式定义为

$$\det(A) = \sum_{j_1 j_2 \cdots j_n} (-1)^{\tau(j_1 j_2 \cdots j_n)} a_{1 j_1} a_{2 j_2} \cdots a_{n j_n}$$

或

$$\det(A) = \sum_{i_1 i_2 \cdots i_n} (-1)^{\tau(i_1 i_2 \cdots i_n)} a_{i_1 1} a_{i_2 2} \cdots a_{i_n n}$$

其中, $i_1 i_2 \cdots i_n$ 与 $j_1 j_2 \cdots j_n$ 均为数 $1, 2, \cdots, n$ 的任意全排列, $\tau(\cdot)$ 表示某一全排列的逆序数.

矩阵 A 的行列式也常记作 $|A|$, 为使符号不易混淆, 本书采取记号 $\det(A)$.

方阵的行列式有如下几个重要性质.

性质 1.1 (1) $\det(A) = \sum_{j=1}^{n} a_{ij} A_{ij} = \sum_{i=1}^{n} a_{ij} A_{ij}$, 其中 A_{ij} 为元素 a_{ij} 的代数余子式. 即方阵 A 的行列式等于其任意一行 (或列) 的各元素 a_{ij} 与其对应的代数余子式 A_{ij} 的乘积之和.

由此可知, $\det(A)$ 是 A 的任一行 (或列) 的元素的线性函数.

(2) $\sum_{i=1}^{n} a_{ik} A_{il} = 0$ 或 $\sum_{j=1}^{n} a_{kj} A_{lj} = 0$, $k, l = 1, 2, \cdots, n, k \neq l$. 即方阵 A 的某一行 (列) 的元素与另外一行 (列) 的对应元素的代数余子式乘积之和等于零.

(3) 若 $A, B \in F^{n \times n}$, 则 $\det(AB) = \det(A) \det(B) = \det(BA)$. 即方阵乘积的行列式可交换.

定义 1.3 对 n 阶方阵 $A \in F^{n \times n}$, 若 $\det(A) \neq 0$, 则称 A 为非奇异矩阵, 否则称 A 为奇异矩阵.

用 A^* 表示矩阵 $A \in F^{n \times n}$ 的伴随矩阵, 即 $A^* = (A_{ij})^{\mathrm{T}}$. 其中, A_{ij} 是矩阵 A 中元素 a_{ij} 的代数余子式, $(\cdot)^{\mathrm{T}}$ 表示矩阵 $(\cdot)$ 的转置矩阵. 由性质 1.1 之 (1), 知

$$A^* A = A A^* = \det(A) I_n$$

定义 1.4 对于 n 阶方阵 $A \in F^{n \times n}$, 如果存在 n 阶方阵 $B \in F^{n \times n}$ 使得 $AB = BA = I_n$, 则称矩阵 A 为可逆矩阵 (简称矩阵 A 可逆), 且 B 称为 A 的逆矩阵, 记为 $B = A^{-1}$.

由矩阵可逆的概念及性质 1.1 之 (3) 易知, 矩阵 A 可逆当且仅当 $\det(A) \neq 0$, 即 A 为非奇异矩阵, 且当 A 为非奇异矩阵时, $A^{-1} = \dfrac{1}{\det(A)} A^*$, 同时还有 $\det(A^{-1}) = \dfrac{1}{\det(A)}$.

1.1.2 矩阵的秩

定义 1.5 在矩阵 $A \in F^{m \times n}$ 中任意选取 k 个行和 l 个列, 位于交叉位置的 kl 个元素按照原来的相对位置构成 A 的一个 $k \times l$ 的子矩阵. 对于给定的 $k \leqslant m$ 和 $l \leqslant n$, A 的 $k \times l$ 的子矩阵共有 $\mathrm{C}_m^k \mathrm{C}_n^l$ 个. 当 $k = l$ 时, 称 $k \times l$ 的子矩阵为 k 阶子矩阵.

定义 1.6 设矩阵 $A \in F^{m \times n}$, 称 A 中非奇异子矩阵的最大阶数为矩阵 A 的秩, 记为 $\mathrm{rank}(A)$.

由定义 1.6, 除了当 A 为零矩阵时有 $\operatorname{rank}(A) = 0$ 外, 对任何非零矩阵 A 都有 $\operatorname{rank}(A) \geqslant 1$, 并且 $\operatorname{rank}(A) \leqslant \min\{m, n\}$.

对矩阵 $A \in F^{m \times n}$, 若 $\operatorname{rank}(A) = m$, 则称 A 为行满秩的; 若 $\operatorname{rank}(A) = n$, 则称 A 为列满秩的. 对 n 阶方阵 $A \in F^{n \times n}$, 若 $\operatorname{rank}(A) = n$, 则称 A 为满秩的. 方阵 A 是满秩的当且仅当它既是行满秩的又是列满秩的, 从而 A 是非奇异的 (或 A 是可逆的).

矩阵的秩具有如下常用性质.

性质 1.2　(1) $\operatorname{rank}(A) = \operatorname{rank}(A^{\mathrm{H}})$, $A \in F^{m \times n}$, A^{H} 为 A 的共轭转置矩阵;

(2) $\operatorname{rank}(A) = \operatorname{rank}(PA) = \operatorname{rank}(AQ) = \operatorname{rank}(PAQ)$, $A \in F^{m \times n}$, 而 $P \in F^{m \times m}$ 和 $Q \in F^{n \times n}$ 均为满秩的;

(3) $\operatorname{rank}(AB) \leqslant \min\{\operatorname{rank}(A), \operatorname{rank}(B)\}$, $A \in F^{m \times s}$, $B \in F^{s \times n}$;

(4) $\operatorname{rank}(A) = \operatorname{rank}(AA^{\mathrm{H}}) = \operatorname{rank}(A^{\mathrm{H}}A)$, $A \in F^{n \times n}$;

(5) $\operatorname{rank}(A + B) \leqslant \operatorname{rank}(A) + \operatorname{rank}(B)$, $A, B \in F^{m \times n}$;

(6) $\operatorname{rank}(\operatorname{diag}\{\tilde{A}_{11}, \tilde{A}_{22}, \cdots, \tilde{A}_{ss}\}) = \sum\limits_{j=1}^{s} \operatorname{rank}(\tilde{A}_{jj})$, $\operatorname{diag}\{\tilde{A}_{11}, \tilde{A}_{22}, \cdots, \tilde{A}_{ss}\}$

表示以 $\tilde{A}_{jj} \in F^{n_j \times n_j}(j = 1, 2, \cdots, s)$ 为对角块的分块对角矩阵.

1.1.3　方阵的特征值

定义 1.7　对 n 阶方阵 $A \in F^{n \times n}$, 若存在数 $\lambda \in F$ 和非零向量 $x \in F^n$, 使得 $Ax = \lambda x$, 则称 λ 为 A 的特征值, 称 x 为 A 的对应于特征值 λ 的特征向量.

由定义 1.7, 若 λ 为 A 的特征值, 则必存在 $x \neq \mathbf{0}$ 使得 $Ax = \lambda x$, 即方程组

$$(\lambda I_n - A)x = \mathbf{0}$$

有非零解, 亦即系数矩阵 $\lambda I_n - A$ 为奇异矩阵. 从而成立方程

$$\det(\lambda I_n - A) = 0$$

一般称此方程为方阵 A 的特征方程, 多项式 $\det(\lambda I_n - A)$ 为方阵 A 的特征多项式, 记为 $\varphi(\lambda) = \det(\lambda I_n - A)$. A 的特征值必是特征方程的根, 因此也称为特征根.

n 阶方阵 A 在复数域 $\mathbf{C}$ 内必有 n 个特征值 (可以重复, 重复的次数称为特征值的代数重数). 若设 A 的 n 个特征值为 $\lambda_1, \lambda_2, \cdots, \lambda_n$ (可以重复), 则 $\varphi(\lambda) = \det(\lambda I_n - A) = \prod\limits_{j=1}^{n} (\lambda - \lambda_j)$. 由此可得如下简单结果:

(1) $\sum\limits_{j=1}^{n} \lambda_j = \sum\limits_{j=1}^{n} a_{jj}$, $\prod\limits_{j=1}^{n} \lambda_j = \det(A)$;

(2) 矩阵 A 是非奇异的 (可逆的或满秩的) 当且仅当其所有特征值均非零, 即 $\lambda_j \neq 0 \, (j = 1, 2, \cdots, n)$;

(3) $\det(\lambda I_n - A) = \det(\lambda I_n - S^{-1}AS)$, 其中 $S \in F^{n \times n}$ 为非奇异矩阵, 即 $S^{-1}AS$ 与 A 具有相同的特征多项式, 从而有相同的特征值.

矩阵 A 的所有特征值的集合记为 $\tilde{\rho}(A) = \{\lambda_1, \lambda_2, \cdots, \lambda_n\}$, 称集合 $\tilde{\rho}(A)$ 为 A 的谱. 谱 $\tilde{\rho}(A)$ 中各元素模的最大值称为 A 的谱半径, 记为 $\rho(A)$, 即

$$\rho(A) = \max\{|\lambda_j| : \ \lambda_j \in \tilde{\rho}(A)\} = \max\{|\lambda_1|, |\lambda_2|, \cdots, |\lambda_n|\}$$

显然, 对于非奇异矩阵 $S \in F^{n \times n}$, 矩阵 A 与 $S^{-1}AS$ 具有相同的谱和谱半径.

对于矩阵 $A \in F^{n \times n}$, 设 λ_j 为 A 的任意一个特征值, 则齐次线性方程组

$$(\lambda_j I_n - A)x = \mathbf{0}$$

的解空间称为矩阵 A 对应于特征值 λ_j 的特征子空间, 特征子空间的维数称为特征值 λ_j 的几何重数, 并且特征值的几何重数不大于代数重数.

方阵的特征值和特征向量有以下常用性质.

性质 1.3 设 λ 为 n 阶方阵 A 的特征值, 对应的特征向量为 x, 则

(1) $\mu\lambda$ 和 λ^m 分别为 μA 和 A^m 的特征值, 且对应的特征向量均为 x, 其中 μ 为任意常数, m 为正整数;

(2) 若 A 可逆, 则 $\lambda^{-1}(\lambda \neq 0)$ 为 A^{-1} 的特征值, 对应的特征向量仍为 x;

(3) $\bar{\lambda}$ 也是 A^{H} 的特征值.

1.1.4 方阵的迹

定义 1.8 对于 n 阶方阵 $A \in F^{n \times n}$, 称其对角线元素之和为 A 的迹, 记为 $\mathrm{tr}(A)$, 即 $\mathrm{tr}(A) = \sum_{i=1}^{n} a_{ii}$.

矩阵的迹有如下常用性质.

性质 1.4 (1) $\mathrm{tr}(\alpha A + \beta B) = \alpha \mathrm{tr}(A) + \beta \mathrm{tr}(B)$, 其中 $A, B \in F^{n \times n}, \alpha, \beta \in F$;

(2) $\mathrm{tr}(A^{\mathrm{H}}) = \overline{\mathrm{tr}(A)}$, $A \in F^{n \times n}$;

(3) $\mathrm{tr}(AB) = \mathrm{tr}(BA)$, $A, B \in F^{n \times n}$;

(4) $\mathrm{tr}(P^{-1}AP) = \mathrm{tr}(A)$, $A \in F^{n \times n}$, 且 $P \in F^{n \times n}$ 为可逆矩阵;

(5) $x^{\mathrm{H}}Ax = \mathrm{tr}(Axx^{\mathrm{H}})$, $A \in F^{n \times n}, x \in F^{n \times 1}$;

(6) $\mathrm{tr}(A^k) = \sum_{i=1}^{n} \lambda_i^k$, $A \in F^{n \times n}$, $k \geqslant 1$ 为正整数, λ_i 为 A 的特征值 $(i = 1, 2, \cdots, n)$;

(7) $\mathrm{tr}(A^{\mathrm{H}}A) = 0$ 当且仅当 $A = O, A \in F^{n \times m}$;

(8) 若 $A \in F^{n \times n}$ 且 $A \geqslant 0$ (即 A 为半正定矩阵), 则 $\mathrm{tr}(A) \geqslant 0$, 且等号成立当且仅当 $A = O$;

(9) 若 $A, B \in F^{n \times n}$ 且 $A \geqslant B$ (即 $A - B$ 为半正定矩阵), 则 $\mathrm{tr}(A) \geqslant \mathrm{tr}(B)$, 且等号成立当且仅当 $A = B$.

1.1.5   矩阵的奇异值

对任意矩阵 $A \in F^{m \times n}$, 可以证明 $A^{\mathrm{H}}A$ 与 AA^{H} 具有相同的非零特征值 (证明可在线性代数或高等代数书中找到, 在此略去), 据此定义矩阵的奇异值如下.

定义 1.9   设矩阵 $A \in F^{m \times n}$, 且 $A^{\mathrm{H}}A$ (或 AA^{H}) 的非零特征值按由大到小排序为 $\mu_1 \geqslant \mu_2 \geqslant \cdots \geqslant \mu_r > 0$ $(r \leqslant \min\{m, n\})$, 则称 $\sigma_j = \sqrt{\mu_j}$ 为 A 的正奇异值, 常称为奇异值, 记为 $\sigma_j(A)(j = 1, 2, \cdots, r)$. 其中, $\sigma_1(A)$ 为 A 的最大奇异值, $\sigma_r(A)$ (当 $r = n$ 时为 $\sigma_n(A)$) 为 A 的最小奇异值.

矩阵的奇异值具有如下常用性质.

性质 1.5   (1) 对矩阵 $A \in F^{m \times n}$, 有 $\sigma_1(A) = \|A\|_{\mathrm{F}} = \left(\sum\limits_{i=1}^{n} \sigma_i^2\right)^{1/2}$;

(2) 若 $A \in F^{n \times n}$, 则 $\prod\limits_{i=1}^{n} \sigma_i(A) = \det(A)$;

(3) 若 $A \in F^{n \times n}$, 则 $\sigma_n(A) \leqslant |\lambda_i| \leqslant \sigma_1(A)$, $\sigma_n(A) \leqslant \rho(A) \leqslant \sigma_1(A)$.

性质 1.6   (1) 对矩阵 $A, B \in F^{m \times n}$, 令 $p = \min\{m, n\}$, 则

$$\sigma_{i+j-1}(A + B) \leqslant \sigma_i(A) + \sigma_j(B), \quad 1 \leqslant i, j \leqslant p, \quad i + j \leqslant p + 1$$

特别地, 当 $j = 1$ 时, 有

$$\sigma_i(A + B) \leqslant \sigma_i(A) + \sigma_1(B), \quad 1 \leqslant i \leqslant p$$

若还有 $i = 1$, 则

$$\sigma_1(A + B) \leqslant \sigma_1(A) + \sigma_1(B)$$

(2) 对矩阵 $A, B \in F^{m \times n}$, 令 $p = \min\{m, n\}$, 则

$$\sigma_{i+j-1}(AB^{\mathrm{H}}) \leqslant \sigma_i(A)\sigma_j(B), \quad 1 \leqslant i, j \leqslant p, \quad i + j \leqslant p + 1$$

特别地, 当 $j = 1$ 时, 有

$$\sigma_i(AB^{\mathrm{H}}) \leqslant \sigma_i(A)\sigma_1(B), \quad 1 \leqslant i \leqslant p$$

若还有 $i = 1$, 则

$$\sigma_1(AB^{\mathrm{H}}) \leqslant \sigma_1(A)\sigma_1(B)$$

(3) 若矩阵 $A, B \in F^{n \times n}$, 则

$$\sigma_n(A + B) \leqslant \sigma_i(A) + \sigma_j(B), \quad i + j = n + 1$$

$$\sigma_n(AB^{\mathrm{H}}) \leqslant \sigma_i(A)\sigma_j(B), \quad i + j = n + 1$$

特别地, 有

$$\sigma_n(A + B) \geqslant \sigma_n(A) - \sigma_1(B)$$

$$\sigma_n(AB) \geqslant \sigma_n(A)\sigma_n(B) \; (A \; \text{或} \; B \; \text{是可逆的})$$

性质 1.7 若 $A \in F^{n \times n}$ 且 A^{-1} 存在, 则 $\sigma_1(A^{-1}) \leqslant \dfrac{1}{\sigma_n(A)}$.

1.2 正规矩阵与 Hermite 矩阵

本节介绍两种特殊的矩阵: 正规矩阵与 Hermite 矩阵, 它们在矩阵理论中具有重要的作用.

1.2.1 正规矩阵及其性质

定义 1.10 设矩阵 $A \in F^{n \times n}$, 若 $AA^{\mathrm{H}} = A^{\mathrm{H}}A$, 则称 A 为正规矩阵. 若 $F = \mathbf{C}$, 则称 A 为复正规矩阵; 若 $F = \mathbf{R}$, 则称 A 为实正规矩阵.

特别地, 若 $U \in F^{n \times n}$ 满足 $U^{\mathrm{H}}U = UU^{\mathrm{H}} = I_n$, 则称 U 为酉矩阵.

显然, 由酉矩阵的定义知, 酉矩阵具有如下性质.

性质 1.8 (1) 酉矩阵 U 满足 $U^{-1} = U^{\mathrm{H}}$, 且酉矩阵的逆矩阵也为酉矩阵;

(2) 两个酉矩阵的乘积仍是酉矩阵;

(3) 酉矩阵 U 的列 (或行) 向量组恰好构成向量空间 F^n 的标准正交基.

定义 1.11 对两个 n 阶矩阵 $A, B \in F^{n \times n}$, 若存在酉矩阵 $U \in F^{n \times n}$, 使得 $B = U^{\mathrm{H}}AU$ 或 $B = UAU^{\mathrm{H}}$, 则称 n 阶矩阵 A 与 B 为酉相似矩阵.

特别地, 当 $F = \mathbf{R}$ 时, $\mathbf{R}^{n \times n}$ 中的酉矩阵 U 称为正交矩阵, 它满足 $U^{\mathrm{T}}U = UU^{\mathrm{T}} = I_n$.

若对 n 阶矩阵 $A, B \in \mathbf{R}^{n \times n}$, 存在正交矩阵 U 满足 $B = UAU^{\mathrm{T}}$, 则称 A 与 B 为正交相似矩阵.

定理 1.1 (Schur 定理) 任何 n 阶矩阵 $A \in F^{n \times n}$ 都酉相似于一个上三角矩阵, 即存在一个 n 阶酉矩阵 U 和一个上三角矩阵 R, 使得

$$U^{\mathrm{H}}AU = R$$

其中 R 的主对角线上元素是 A 的特征值.

证　对矩阵 A 的阶数作归纳法.

对于 $n = 1$, 定理成立, 因为 $A = (a_{11})$, 有 $I_1^{\mathrm{H}} A I_1 = R$, $R = (a_{11})$, $U = I_1$. 假设定理结论对 $n-1$ 阶矩阵成立, 下面证明对于 n 阶矩阵 A 结论也成立.

设 λ_1 是 A 的一个特征值, ξ_1 是对应于 λ_1 的单位特征向量, 即 $A\xi_1 = \lambda\xi_1$, $\|\xi_1\|_2 = \sqrt{\xi_1^{\mathrm{H}}\xi_1} = 1$, $\|\cdot\|_2$ 表示向量的欧氏范数. 将 ξ_1 扩展为 F^n 的标准正交基 $\xi_1, \xi_2, \cdots, \xi_n$, 则

$$U_1 = [\xi_1 \quad \xi_2 \quad \cdots \quad \xi_n]$$

为酉矩阵.

由 $U_1^{\mathrm{H}} U_1 = [U_1^{\mathrm{H}}\xi_1 \quad U_1^{\mathrm{H}}\xi_2 \quad \cdots \quad U_1^{\mathrm{H}}\xi_n] = I_n$ 知

$$U_1^{\mathrm{H}}\xi_1 = (1, 0, \cdots, 0)^{\mathrm{T}}$$

于是

$$
\begin{aligned}
U_1^{\mathrm{H}} A U_1 &= U_1^{\mathrm{H}}[A\xi_1 \quad A\xi_2 \quad \cdots \quad A\xi_n] \\
&= U_1^{\mathrm{H}}[\lambda_1\xi_1 \quad A\xi_2 \quad \cdots \quad A\xi_n] \\
&= [\lambda_1 U_1^{\mathrm{H}}\xi_1 \quad U_1^{\mathrm{H}} A\xi_2 \quad \cdots \quad U_1^{\mathrm{H}} A\xi_n] \\
&= \begin{bmatrix} \lambda_1 & \xi_1^{\mathrm{H}} A\xi_2 & \cdots & \xi_1^{\mathrm{H}} A\xi_n \\ 0 & \xi_2^{\mathrm{H}} A\xi_2 & \cdots & \xi_2^{\mathrm{H}} A\xi_n \\ \vdots & \vdots & & \vdots \\ 0 & \xi_n^{\mathrm{H}} A\xi_2 & \cdots & \xi_n^{\mathrm{H}} A\xi_n \end{bmatrix} \triangleq \begin{bmatrix} \lambda_1 & \eta \\ \mathbf{0} & B \end{bmatrix}
\end{aligned}
\tag{1-3}
$$

其中, $\mathbf{0}$ 为 $n-1$ 维零 (列) 向量, $\eta = (\xi_1^{\mathrm{H}} A\xi_2, \cdots, \xi_1^{\mathrm{H}} A\xi_n)$ 为 $n-1$ 维行向量, B 为 $n-1$ 阶方阵. 根据归纳假设, 存在 $n-1$ 阶酉矩阵 U_2 和上三角阵 R_2, 使得

$$U_2^{\mathrm{H}} B U_2 = R_2 \quad \text{或} \quad B = U_2 R_2 U_2^{\mathrm{H}}$$

且在上式中 R_2 的对角线上的元素是 B 的特征值 (当然也是 A 的特征值). 这样由式 (1-3) 有

$$
U_1^{\mathrm{H}} A U_1 = \begin{bmatrix} \lambda_1 & \eta \\ \mathbf{0} & U_2 R_2 U_2^{\mathrm{H}} \end{bmatrix} = \begin{bmatrix} 1 & \mathbf{0}^{\mathrm{T}} \\ \mathbf{0} & U_2 \end{bmatrix} \begin{bmatrix} \lambda_1 & \eta U_2 \\ \mathbf{0} & R_2 \end{bmatrix} \begin{bmatrix} 1 & \mathbf{0}^{\mathrm{T}} \\ \mathbf{0} & U_2^{\mathrm{H}} \end{bmatrix}
\tag{1-4}
$$

令 $U = U_1 \begin{bmatrix} 1 & \mathbf{0}^{\mathrm{T}} \\ \mathbf{0} & U_2 \end{bmatrix}$, $R = \begin{bmatrix} \lambda_1 & \eta U_2 \\ \mathbf{0} & R_2 \end{bmatrix}$, 则 U 为酉矩阵, R 为上三角矩阵. 由式 (1-4) 得

$$U^{\mathrm{H}} A U = R$$

即对于 n 阶矩阵定理也成立. □

定理 1.2 设 $A \in F^{n \times n}$, 则 A 为正规矩阵当且仅当 A 酉相似于一个对角阵 D, 而该对角矩阵的对角元素恰为 A 的特征值. 即存在酉矩阵 U 和对角矩阵 D, 使得

$$U^H A U = D$$

其中, $D = \mathrm{diag}\{\lambda_1, \lambda_2, \cdots, \lambda_n\}$, λ_i 为 A 的特征值, $i = 1, 2, \cdots, n$.

证 充分性. 设 A 酉相似于对角阵 D, 即

$$U^H A U = D = \mathrm{diag}\{\lambda_1, \lambda_2, \cdots, \lambda_n\}$$

则 $D^H = \mathrm{diag}\{\bar{\lambda}_1, \bar{\lambda}_2, \cdots, \bar{\lambda}_n\}$ 也是对角阵, 因此 D 和 D^H 相乘是可交换的, 即 $DD^H = D^H D$.

又由

$$DD^H = U^H A U U^H A^H U = U^H A A^H U$$
$$D^H D = U^H A^H U U^H A U = U^H A^H A U$$

有

$$AA^H = A^H A$$

这说明 A 是一个正规矩阵.

必要性. 若 A 是正规矩阵, 则 $AA^H = A^H A$. 由定理 1.1, 存在酉矩阵 U 使得

$$U^H A U = R$$

其中, R 为上三角阵, 且其对角元素是 A 的特征值. 于是有

$$RR^H = U^H A U U^H A^H U = U^H A A^H U = U^H A^H A U$$

$$= U^H A^H U U^H A U = R^H R \tag{1-5}$$

若记

$$R = \begin{bmatrix} r_{11} & r_{12} & \cdots & r_{1n} \\ 0 & r_{22} & \cdots & r_{2n} \\ \vdots & \vdots & & \vdots \\ 0 & 0 & \cdots & r_{nn} \end{bmatrix}$$

考虑矩阵 RR^H 与 $R^H R$ 的第 i 行第 i 列位置元素, 有

$$(RR^H)_{ii} = \sum_{j=i}^{n} r_{ij} \bar{r}_{ij} = \sum_{j=i}^{n} |r_{ij}|^2, \quad (R^H R)_{ii} = \sum_{j=1}^{i} \bar{r}_{ji} r_{ji} = \sum_{j=1}^{i} |r_{ji}|^2$$

由式 (1-5), 有

$$(RR^{\mathrm{H}})_{ii} = (R^{\mathrm{H}}R)_{ii}, \quad i = 1, 2, \cdots, n$$

故 $r_{ij} = 0 \ (i \neq j)$, 这表明 R 是一个对角阵, 若记

$$D = \mathrm{diag}\{r_{11}, r_{22}, \cdots, r_{nn}\} = \mathrm{diag}\{\lambda_1, \lambda_2, \cdots, \lambda_n\}$$

则有

$$U^{\mathrm{H}}AU = D$$

因此 A 酉相似于对角阵 D, 且其对角元素是 A 的特征值.   □

定理 1.3   设 $A \in F^{n \times n}$ 是正规矩阵, 则

(1) 若 λ_i 为 A 的特征值, 则 $\bar{\lambda}_i$ 为 A^{H} 的特征值, 且对应的特征向量相同;

(2) 属于 A 的不同特征值的特征向量必正交.

证   (1) 若 $\lambda_i(i = 1, 2, \cdots, n)$ 为 A 的特征值, 由定理 1.2 知, 存在酉矩阵 U, 使得 $U^{\mathrm{H}}AU = \mathrm{diag}\{\lambda_1, \lambda_2, \cdots, \lambda_n\}$. 同时有 $U^{\mathrm{H}}A^{\mathrm{H}}U = \mathrm{diag}\{\bar{\lambda}_1, \bar{\lambda}_2, \cdots, \bar{\lambda}_n\}$.

记 $U = [\xi_1 \quad \xi_2 \quad \cdots \quad \xi_n]$, 则

$$AU = U\mathrm{diag}\{\lambda_1, \lambda_2, \cdots, \lambda_n\}, \quad A^{\mathrm{H}}U = U\mathrm{diag}\{\bar{\lambda}_1, \bar{\lambda}_2, \cdots, \bar{\lambda}_n\}$$

因此 $A\xi_i = \lambda_i\xi_i$, $A^{\mathrm{H}}\xi_i = \bar{\lambda}_i\xi_i$.

(2) 设 λ_i 和 λ_j 是 A 的两个不同特征值, ξ_i 和 ξ_j 分别是对应的特征向量, 则

$$\bar{\lambda}_i\xi_i^{\mathrm{H}}\xi_j = (\lambda_i\xi_i)^{\mathrm{H}}\xi_j = \xi_i^{\mathrm{H}}A^{\mathrm{H}}\xi_j = \bar{\lambda}_j\xi_i^{\mathrm{H}}\xi_j$$

由 $\lambda_i \neq \lambda_j$ 有 $\bar{\lambda}_i \neq \bar{\lambda}_j$, 所以 $\xi_i^{\mathrm{H}}\xi_j = 0$, 即 ξ_i 与 ξ_j 正交.   □

例 1.1   判断矩阵 $A = \begin{bmatrix} 0 & \mathrm{i} & 1 \\ -\mathrm{i} & 0 & 0 \\ 1 & 0 & 0 \end{bmatrix}$ 是否为正规矩阵, 其中 i 是虚数单位.

若 A 是正规矩阵, 试求一个酉矩阵 U 使 $U^{\mathrm{H}}AU$ 为对角矩阵.

解   显然, $A^{\mathrm{H}} = A$, 所以有 $A^{\mathrm{H}}A = AA^{\mathrm{H}}$, 即 A 是正规矩阵.

由 $\det(\lambda I_3 - A) = \begin{vmatrix} \lambda & -\mathrm{i} & -1 \\ \mathrm{i} & \lambda & 0 \\ -1 & 0 & \lambda \end{vmatrix} = 0$ 得 A 的三个不同特征值为

$$\lambda_1 = 0, \quad \lambda_2 = \sqrt{2}, \quad \lambda_3 = -\sqrt{2}$$

相应的特征向量为

$$\alpha_1 = (0, -\mathrm{i}, 1)^{\mathrm{H}}, \quad \alpha_2 = \left(\sqrt{2}, \mathrm{i}, 1\right)^{\mathrm{H}}, \quad \alpha_3 = \left(-\sqrt{2}, \mathrm{i}, 1\right)^{\mathrm{H}}$$

且 $\alpha_1, \alpha_2, \alpha_3$ 两两正交. 将它们单位化得

$$\xi_1 = \left(0, -\mathrm{i}/\sqrt{2}, 1/\sqrt{2}\right)^{\mathrm{H}}, \quad \xi_2 = \left(1/\sqrt{2}, \mathrm{i}/2, 1/2\right)^{\mathrm{H}}, \quad \xi_3 = \left(-1/\sqrt{2}, \mathrm{i}/2, 1/2\right)^{\mathrm{H}}$$

故酉矩阵

$$U = [\xi_1 \quad \xi_2 \quad \xi_3] = \begin{bmatrix} 0 & 1/\sqrt{2} & -1/\sqrt{2} \\ \mathrm{i}/\sqrt{2} & -\mathrm{i}/2 & -\mathrm{i}/2 \\ 1/\sqrt{2} & 1/2 & 1/2 \end{bmatrix}$$

使得

$$U^{\mathrm{H}}AU = \mathrm{diag}\{0, \sqrt{2}, -\sqrt{2}\}$$

1.2.2 Hermite 矩阵及其性质

定义 1.12 设 n 阶方阵 $A \in F^{n \times n}$, 如果 $A^{\mathrm{H}} = A$, 则称 A 为 Hermite 矩阵; 如果 $A^{\mathrm{H}} = -A$, 则称 A 为反 Hermite 矩阵. 特别地, 如果 $F = \mathbf{R}$, 当 $A^{\mathrm{T}} = A$ 时, 称 A 为对称矩阵; 当 $A^{\mathrm{T}} = -A$ 时, 称 A 为反对称矩阵.

显然, Hermite 矩阵、反 Hermite 矩阵、对称矩阵和反对称矩阵均为正规矩阵. 对称矩阵和反对称矩阵是 Hermite 矩阵、反 Hermite 矩阵的特例, 因为当 $F = \mathbf{R}$ 时, 有 $A = \overline{A}, A^{\mathrm{H}} = A^{\mathrm{T}}$.

特别地, 对 Hermite 矩阵有如下类似于正规矩阵的性质 (以下所有性质, 当 $A \in \mathbf{R}^{n \times n}$ 时均成立, 只需将 "Hermite" 换成 "对称"、将 "酉" 换成 "正交"、将 "共轭转置 H" 换成 "转置 T" 即可).

定理 1.4 若 $A \in F^{n \times n}$ 是 Hermite 矩阵, 则 A 必酉相似于对角矩阵, 且对角元素 (A 的特征值) 均为实数, 对应于不同特征值的特征向量是正交的.

定义 1.13 对于 Hermite 矩阵 $A \in F^{n \times n}$, 令

$$f(x) = x^{\mathrm{H}}Ax, \quad x \in F^n$$

称 $f(x)$ 为 A 的二次型. 如果 Hermite 矩阵 A 的二次型满足

$$f(x) > 0, \forall x \in F^n, x \neq \mathbf{0} \quad (\text{或 } f(x) \geqslant 0, \quad \forall x \in F^n, x \neq \mathbf{0})$$

则称 $f(x)$ 是正定 (或半正定) 二次型. 此时, 矩阵 A 称为 Hermite 正定 (或半正定) 矩阵.

下面讨论 Hermite 矩阵 A 是正定矩阵的几个判别条件.

定理 1.5 Hermite 矩阵 $A \in F^{n \times n}$ 是正定矩阵的充分必要条件是 A 的所有特征值均为正实数.

证　充分性. 对 Hermite 矩阵 $A \in F^{n \times n}$, 由定理 1.4, 存在酉矩阵 U, 使得

$$A = U^{\mathrm{H}} \mathrm{diag}\{\lambda_1, \lambda_2, \cdots, \lambda_n\} U$$

若 A 的特征值 $\lambda_i\,(i = 1, 2, \cdots, n)$ 均为正实数, 则对任意 n 维非零向量 x 都有

$$\begin{aligned}
x^{\mathrm{H}} A x &= x^{\mathrm{H}} U^{\mathrm{H}} \mathrm{diag}\{\lambda_1, \lambda_2, \cdots, \lambda_n\} U x \\
&= y^{\mathrm{H}} \mathrm{diag}\{\lambda_1, \lambda_2, \cdots, \lambda_n\} y \\
&= \sum_{i=1}^{n} \lambda_i \bar{y}_i y_i = \sum_{i=1}^{n} \lambda_i |y_i|^2 > 0
\end{aligned}$$

式中 $y = (y_1, y_2, \cdots, y_n)^{\mathrm{T}} = U x \neq \mathbf{0}$, 这说明 A 是 Hermite 正定矩阵.

必要性. 设 $A \in F^{n \times n}$ 是 Hermite 正定矩阵, λ 是 A 的特征值, x 是对应于 λ 的特征向量, 则有 $x^{\mathrm{H}} A x = \lambda x^{\mathrm{H}} x > 0$, 所以 $\lambda > 0$.　　　　　　□

定理 1.6　Hermite 矩阵 $A \in F^{n \times n}$ 是正定矩阵的充分必要条件是存在非奇异矩阵 C, 使得 $A = C C^{\mathrm{H}}$.

证　充分性. 显然, 对任意 $x \in F^n, x \neq \mathbf{0}$, 有 $x^{\mathrm{H}} A x = x^{\mathrm{H}} C C^{\mathrm{H}} x = \|C^{\mathrm{H}} x\|^2 > 0$.

必要性. 由定理 1.4 和定理 1.5 知, 存在酉矩阵 U, 使得 $U^{\mathrm{H}} A U = \mathrm{diag}\{\lambda_1, \lambda_2, \cdots, \lambda_n\}$, 且 $\lambda_i\,(i = 1, 2, \cdots, n)$ 均为正实数. 记 $D_1 = \mathrm{diag}\{\sqrt{\lambda_1}, \sqrt{\lambda_2}, \cdots, \sqrt{\lambda_n}\}$, 则 $U^{\mathrm{H}} A U = D_1 D_1^{\mathrm{H}}$, 于是

$$A = (U^{\mathrm{H}})^{-1} D_1 D_1^{\mathrm{H}} U^{-1} = U D_1 D_1^{\mathrm{H}} U^{\mathrm{H}} = (U D_1)(U D_1)^{\mathrm{H}}$$

若令 $C = U D_1$, 则 C 为非奇异矩阵, 且有 $A = C C^{\mathrm{H}}$.　　　　　　□

定理 1.7　Hermite 矩阵 $A \in F^{n \times n}$ 是正定矩阵的充分必要条件是 A 的所有顺序主子式全为正.

证　充分性. 对矩阵 A 的阶数作归纳法证明.

当 $n = 1$ 时, $A = (a_{11})$, A 的顺序主子式只有一个 $a_{11} > 0$, 此时, $x^{\mathrm{T}} A x = a_{11} x^2 > 0, x \neq \mathbf{0}$, 即 A 为 1 阶正定矩阵. 假设对 $n-1$ 阶 Hermite 矩阵, 若其所有顺序主子式均为正, 则其为 Hermite 正定矩阵. 下面往证此结论对 n 阶 Hermite 矩阵也成立.

记 $A = \begin{bmatrix} A_{n-1} & \alpha \\ \alpha^{\mathrm{H}} & a_{nn} \end{bmatrix}$, 其中 A_{n-1} 为 A 的前 $n-1$ 行与前 $n-1$ 列组成的 $n-1$ 阶主子矩阵. 根据归纳假设, A 的所有顺序主子式均为正, 有 $\det(A_{n-1}) > 0$ 和 $\det(A) > 0$, 从而 A_{n-1} 可逆.

若令 $C_1 = \begin{bmatrix} I_{n-1} & -A_{n-1}^{-1}\alpha \\ \mathbf{0}^{\mathrm{T}} & 1 \end{bmatrix}$, 则有

$$C_1^{\mathrm{H}} A C_1 = \begin{bmatrix} A_{n-1} & \mathbf{0} \\ \mathbf{0}^{\mathrm{T}} & a_{nn} - \alpha^{\mathrm{T}} A_{n-1}^{-1}\alpha \end{bmatrix} \triangleq \begin{bmatrix} A_{n-1} & \mathbf{0} \\ \mathbf{0}^{\mathrm{T}} & b_{nn} \end{bmatrix} \qquad (1\text{-}6)$$

式中, $b_{nn} = a_{nn} - \alpha^{\mathrm{H}} A_{n-1}^{-1}\alpha$.

对式 (1-6) 两边取行列式, 有 $\det(C_1^{\mathrm{H}})\det(A)\det(C_1) = \det(A_{n-1})b_{nn}$, 注意到 $\det(C_1^{\mathrm{H}}) = \det(C_1) = 1$, 所以

$$b_{nn} = \frac{\det(A)}{\det(A_{n-1})} > 0$$

同时, 由假设 A_{n-1} 为 Hermite 正定矩阵, 存在 $n-1$ 阶非奇异矩阵 C_2, 使得 $A_{n-1} = C_2 C_2^{\mathrm{H}}$. 于是

$$C_1^{\mathrm{H}} A C_1 = \begin{bmatrix} C_2 C_2^{\mathrm{H}} & \mathbf{0} \\ \mathbf{0}^{\mathrm{T}} & b_{nn} \end{bmatrix}$$

由此有

$$A = C_1^{-\mathrm{H}} \begin{bmatrix} C_2 C_2^{\mathrm{H}} & \mathbf{0} \\ \mathbf{0}^{\mathrm{T}} & b_{nn} \end{bmatrix} C_1^{-1}$$

若令 $C = C_1^{-\mathrm{H}} \begin{bmatrix} C_2 & \mathbf{0} \\ \mathbf{0}^{\mathrm{T}} & \sqrt{b_{nn}} \end{bmatrix}$, 则 $A = CC^{\mathrm{H}}$.

再由定理 1.6, 可得 A 是 Hermite 正定矩阵.

必要性. 若 A 是 Hermite 正定矩阵, 由定理 1.6, 存在非奇异矩阵 C, 有 $A = CC^{\mathrm{H}}$.

记 $C = \begin{bmatrix} C_1 \\ C_2 \\ \vdots \\ C_n \end{bmatrix}$, 可得 $A = \begin{bmatrix} C_1 C_1^{\mathrm{H}} & C_1 C_2^{\mathrm{H}} & \cdots & C_1 C_n^{\mathrm{H}} \\ C_2 C_1^{\mathrm{H}} & C_2 C_2^{\mathrm{H}} & \cdots & C_2 C_n^{\mathrm{H}} \\ \vdots & \vdots & & \vdots \\ C_n C_1^{\mathrm{H}} & C_n C_2^{\mathrm{H}} & \cdots & C_n C_n^{\mathrm{H}} \end{bmatrix}$, 那么 A 的第 i

个顺序主子式为

$$\det \begin{bmatrix} C_1 C_1^{\mathrm{H}} & C_1 C_2^{\mathrm{H}} & \cdots & C_1 C_i^{\mathrm{H}} \\ C_2 C_1^{\mathrm{H}} & C_2 C_2^{\mathrm{H}} & \cdots & C_2 C_i^{\mathrm{H}} \\ \vdots & \vdots & & \vdots \\ C_i C_1^{\mathrm{H}} & C_i C_2^{\mathrm{H}} & \cdots & C_i C_i^{\mathrm{H}} \end{bmatrix} = \det \left(\begin{bmatrix} C_1 \\ C_2 \\ \vdots \\ C_i \end{bmatrix} \begin{bmatrix} C_1^{\mathrm{H}} & C_2^{\mathrm{H}} & \cdots & C_i^{\mathrm{H}} \end{bmatrix} \right) > 0$$

因为其对应矩阵 $\begin{bmatrix} C_1C_1^{\mathrm{H}} & C_1C_2^{\mathrm{H}} & \cdots & C_1C_i^{\mathrm{H}} \\ C_2C_1^{\mathrm{H}} & C_2C_2^{\mathrm{H}} & \cdots & C_2C_i^{\mathrm{H}} \\ \vdots & \vdots & & \vdots \\ C_iC_1^{\mathrm{H}} & C_iC_2^{\mathrm{H}} & \cdots & C_iC_i^{\mathrm{H}} \end{bmatrix}$ 为 Hermite 正定矩阵.　　　　□

定理 1.8　设 $A \in F^{n\times n}$ 是 Hermite 正定矩阵, 则

(1) A 的主对角线上元素均大于零;

(2) 存在 Hermite 正定矩阵 B, 使得 $A = B^2$, 此时记 $B = A^{1/2}$;

(3) A 的由任意 k 个行和对应的 k 个列组成的 k 阶主子阵是正定的, 即

$$A_{i_1i_2\cdots i_k} = \begin{bmatrix} a_{i_1i_1} & a_{i_1i_2} & \cdots & a_{i_1i_k} \\ a_{i_2i_1} & a_{i_2i_2} & \cdots & a_{i_2i_k} \\ \vdots & \vdots & & \vdots \\ a_{i_ki_1} & a_{i_ki_2} & \cdots & a_{i_ki_k} \end{bmatrix}, \quad 1 \leqslant i_1 < i_2 < \cdots < i_k \leqslant n$$

是正定矩阵.

证　(1) 取 $e_i = (0, \cdots, 1, \cdots, 0)^{\mathrm{T}}$, 1 在第 i 个分量上, 则 $a_{ii} = e_i^{\mathrm{H}}Ae_i > 0$.

(2) 由定理 1.4, 存在酉矩阵 U, 使得 $A = UDU^{\mathrm{H}}$, 其中 $D = \mathrm{diag}\{\lambda_1, \lambda_2, \cdots, \lambda_n\}$, 且 $\lambda_i > 0$. 进一步有

$$A = UD^{1/2}U^{\mathrm{H}}UD^{1/2}U^{\mathrm{H}}$$

其中, $D^{1/2} = \mathrm{diag}\{\sqrt{\lambda_1}, \sqrt{\lambda_2}, \cdots, \sqrt{\lambda_n}\}$.

若记 $B = UD^{1/2}U^{\mathrm{H}}$, 则由定理 1.4 知, B 为 Hermite 正定矩阵, 且 $A = B^2$.

(3) 令 $e_{i_j} = (0, \cdots, 0, 1, 0, \cdots, 0)^{\mathrm{T}}$, 1 在第 i_j $(j = 1, 2, \cdots, k; 1 \leqslant i_1 < i_2 < \cdots < i_k \leqslant n)$ 个分量上, 并取 $P_k = [e_{i_1} \quad e_{i_2} \quad \cdots \quad e_{i_k}] \in \mathbf{C}^{n\times k}$, 对任意 $y \in \mathbf{C}^k$, $y \neq \mathbf{0}$, 有 $P_ky \in \mathbf{C}^n$, 且 $P_ky \neq \mathbf{0}$, 由 A 为 Hermite 正定矩阵可知

$$y^{\mathrm{H}}A_{i_1i_2\cdots i_k}y = y^{\mathrm{H}}(P_k^{\mathrm{H}}AP_k)y = (P_ky)^{\mathrm{H}}A(P_ky) > 0$$

故 k 阶主子阵 $A_{i_1i_2\cdots i_k}$ 正定.　　　　□

定理 1.9　若 $A \in F^{n\times n}$ 是 Hermite 正定矩阵, $B \in F^{n\times n}$ 是 Hermite 矩阵, 则存在可逆矩阵 $P \in F^{n\times n}$, 使得

$$P^{\mathrm{H}}AP = I_n, \quad P^{\mathrm{H}}BP = \Lambda$$

其中, Λ 是对角矩阵, 对角元素为 $A^{-1}B$ 的特征值.

证 因 A 是 Hermite 正定矩阵, 由定理 1.6 知, 存在非奇异矩阵 C, 使得 $A = CC^H$. 由此可得 $C^{-1}A(C^H)^{-1} = I_n$, 若令 $T = (C^{-1})^H$, 则有

$$T^H A T = I_n$$

令 $Q = T^H B T$, 则 Q 仍是 Hermite 矩阵, 于是存在酉矩阵 U 使

$$U Q U^H = \Lambda$$

其中, $\Lambda = \text{diag}\{\lambda_1, \lambda_2, \cdots, \lambda_n\}$, $\lambda_i \, (i = 1, 2, \cdots, n)$ 为 Q 的特征值.

令 $P = T U^H$, 则

$$P^H A P = U T^H A T U^H = U U^H = I_n$$

$$P^H B P = U T^H B T U^H = U Q U^H = \Lambda$$

另外, 注意到

$$
\begin{aligned}
\det(\lambda I_n - Q) &= \det(\lambda I_n - T^H B T) \\
&= \det(T^H(\lambda A - B)T) \\
&= \det(T^H A(\lambda I_n - A^{-1}B)T) \\
&= \det(T^H A)\det(\lambda I_n - A^{-1}B)\det(T) \\
&= \det(T^H A T)\det(\lambda I_n - A^{-1}B) \\
&= \det(\lambda I_n - A^{-1}B)
\end{aligned}
$$

所以 Q 的特征值, 即 Λ 的对角元素为 $A^{-1}B$ 的特征值. □

例 1.2 若 A 为 Hermite 正定矩阵, 证明 A 可逆且 A^{-1} 也是 Hermite 正定矩阵.

证 由 A 为 Hermite 正定矩阵和定理 1.6 知, 存在非奇异矩阵 C, 使得 $A = CC^H$, 易见 A 可逆. 令 $Q = (C^{-1})^H$, 有

$$A^{-1} = (C^H)^{-1}C^{-1} = (C^{-1})^H C^{-1} \triangleq Q Q^H$$

再由定理 1.6 可得 A^{-1} 是 Hermite 正定矩阵.

例 1.3 若 A 为 Hermite 正定矩阵, P 是任一 n 阶非奇异矩阵, 证明 $P^H A P$ 是 Hermite 正定矩阵.

证 由 A 为 Hermite 正定矩阵和定理 1.6 知, 存在非奇异矩阵 C, 使得 $A = CC^H$. 于是

$$P^H A P = P^H CC^H P = (P^H C)(P^H C)^H \triangleq Q Q^H$$

其中, $Q = P^{\mathrm{H}} C$ 为非奇异矩阵. 再由定理 1.6 可得 $P^{\mathrm{H}} A P$ 是 Hermite 正定矩阵.
对于 Hermite 半正定矩阵也有类似的结论.

定理 1.10　设 $A \in F^{n \times n}$ 是 Hermite 矩阵, 则下列命题等价:

(1) A 是 Hermite 半正定矩阵;

(2) A 的所有特征值均为非负实数;

(3) 存在矩阵 C, 使 $A = C C^{\mathrm{H}}$;

(4) A 的所有顺序主子式均为非负的.

定理 1.11　设 $A \in F^{n \times n}$ 是 Hermite 半正定矩阵, 则

(1) A 的主对角线上的元素均为非负;

(2) 存在 Hermite 半正定矩阵 B, 使 $A = B^2$;

(3) A 的由任意 k 个行和对应的 k 个列组成的 k 阶主子阵是半正定的.

1.3　矩阵在线性控制系统中的一些应用

矩阵理论作为一门独立的研究分支已有一百多年的历史, 在其中可以寻找到一些近代数学学科的根源. 作为一种应用工具, 矩阵理论在应用数学与工程技术领域有着广泛的应用, 特别是, 在现代控制理论中矩阵理论具有重要的作用. 本节简单介绍矩阵在线性控制系统中的部分应用.

1.3.1　线性系统模型及其响应

考虑定常线性系统

$$\begin{cases} \dot{x}(t) = A x(t) + B u(t), & x(0) = x_0, \\ y(t) = C x(t), & \end{cases} \quad t \geqslant 0 \tag{1-7}$$

其中, $x(t) \in \mathbf{R}^n$ 为系统的状态向量, $u(t) \in \mathbf{R}^r$ 为系统的控制输入向量, $y(t) \in \mathbf{R}^m$ 为系统的观测输出向量, $A \in \mathbf{R}^{n \times n}$, $B \in \mathbf{R}^{n \times r}$ 和 $C \in \mathbf{R}^{m \times n}$ 为系统的参数矩阵, $x_0 \in \mathbf{R}^n$ 为系统的初始状态 (也称初值).

若系统控制输入 $u(t) = \mathbf{0}$, 则定常线性系统 (1-7) 称为自治系统

$$\begin{cases} \dot{x}(t) = A x(t), & x(0) = x_0, \\ y(t) = C x(t), & \end{cases} \quad t \geqslant 0 \tag{1-8}$$

定理 1.12　已知系统 (1-7), 对任何初值 $x_0 \in \mathbf{R}^n$ 及时刻 $T > 0$, 系统在 $[0, T]$ 上有解且解是唯一的充分必要条件是: 输入向量 $u(t)$ 在 $[0, T]$ 上是平方可积的, 即对任一元素 $u_l(t)$ 有 $\displaystyle\int_0^T u_l^2(t) \mathrm{d}t < \infty, \ l = 1, 2, \cdots, r$.

定理 1.13 对定常线性系统 (1-7), 设 $u(t)$ 的分量 $u_l(t)(l = 1, 2, \cdots, r)$ 为 $t \geqslant 0$ 上的分段连续函数, 则状态响应与输出响应分别为

$$x(t) = \mathrm{e}^{At} x_0 + \int_0^t \mathrm{e}^{A(t-s)} Bu(s)\mathrm{d}s, \quad t \geqslant 0$$

$$y(t) = C\mathrm{e}^{At} x_0 + C\int_0^t \mathrm{e}^{A(t-s)} Bu(s)\mathrm{d}s, \quad t \geqslant 0$$

其中, 矩阵指数函数 e^{At} 是系统 (1-7) 或 (1-8) 的状态转移矩阵. 特别地, 定常线性自治系统 (1-8) 的状态响应与输出响应分别为

$$x(t) = \mathrm{e}^{At} x_0, \quad t \geqslant 0$$

$$y(t) = C\mathrm{e}^{At} x_0, \quad t \geqslant 0$$

1.3.2 线性系统的能控性与能观性

定义 1.14 线性系统 (1-7) 称为能控的, 如果对任意 $x_0 \in \mathbf{R}^n$, 存在有限时刻 $t_1 > 0$ 及在 $[0, t_1]$ 上的分段连续控制函数 $u(t)$, 使得系统在 $u(t)$ 作用下从 $x(0) = x_0$ 出发在 t_1 时刻达到零点, 即 $x(t_1) = \mathbf{0}$.

引理 1.1 定常线性系统 (1-7) 为能控的, 当且仅当存在 $t_1 > 0$ 使得能控性格拉姆矩阵

$$W_{\mathrm{c}}(t_1) = \int_0^{t_1} \mathrm{e}^{-As} BB^{\mathrm{T}} \mathrm{e}^{-A^{\mathrm{T}}s}\mathrm{d}s$$

是非奇异的.

定理 1.14 定常线性系统 (1-7) 是能控的充分必要条件是能控性矩阵

$$Q_{\mathrm{c}} = [B \quad AB \quad \cdots \quad A^{n-1}B]$$

是行满秩的, 即 $\mathrm{rank}(Q_{\mathrm{c}}) = n$.

定义 1.15 线性系统 (1-7) 称为能观的, 如果存在有限时刻 $t_1 > 0$, 使得对任意初始状态 $x(0) = x_0$ 都可以由在 $[0, t_1]$ 上的观测输出 $y(t)$ 唯一确定.

引理 1.2 定常线性系统 (1-7) 为能观的, 当且仅当存在 $t_1 > 0$ 使得能观性格拉姆矩阵

$$W_{\mathrm{o}}(t_1) = \int_0^{t_1} \mathrm{e}^{A^{\mathrm{T}}s} C^{\mathrm{T}} C \mathrm{e}^{As}\mathrm{d}s$$

是非奇异的.

定理 1.15 定常线性系统 (1-7) 是能观的充分必要条件是能观性矩阵

$$Q_{\mathrm{o}} = \begin{bmatrix} C \\ CA \\ \vdots \\ CA^{n-1} \end{bmatrix}$$

是列满秩的, 即 $\mathrm{rank}(Q_{\mathrm{o}}) = n$.

通常, 系统 (1-7) 能控也称矩阵对 (A, B) 能控, 系统 (1-7) 能观也称矩阵对 (C, A) 能观.

定义 1.16 对于两个同维数的定常线性系统

$$(\mathrm{L}) \begin{cases} \dot{x}(t) = Ax(t) + Bu(t) \\ y(t) = Cx(t) \end{cases} \quad \text{与} \quad (\mathrm{L'}) \begin{cases} \dot{\bar{x}}(t) = \bar{A}\bar{x}(t) + \bar{B}u(t) \\ y(t) = \bar{C}\bar{x}(t) \end{cases}$$

如果存在非奇异矩阵 P, 使得矩阵对 (A, B, C) 与 $(\bar{A}, \bar{B}, \bar{C})$ 满足

$$\bar{A} = PAP^{-1}, \quad \bar{B} = PB, \quad \bar{C} = CP^{-1} \tag{1-9}$$

则称系统 (L) 与 (L') 是代数等价的.

易见, 系统 (L) 与 (L') 是代数等价的当且仅当两系统之间存在非奇异变换 $\bar{x}(t) = Px(t)$ 或 $x(t) = P^{-1}\bar{x}(t)$. 同时, 易证两个代数等价的定常线性系统具有相同的能控性与能观性.

定理 1.16 定常线性系统 (1-7) 不是能控的, 当且仅当存在非奇异变换 $\bar{x}(t) = Px(t)$, 使得其与如下系统是代数等价的:

$$\begin{cases} \dot{\bar{x}}(t) = \begin{bmatrix} A_{\mathrm{c}} & A_{12} \\ O & A_{\bar{\mathrm{c}}} \end{bmatrix} \bar{x}(t) + \begin{bmatrix} B_{\mathrm{c}} \\ O \end{bmatrix} u(t), \quad \bar{x}(0) = Px_0 \\ y(t) = [C_1 \quad C_2]\bar{x}(t) \end{cases} \tag{1-10}$$

其中, 矩阵对 $(A_{\mathrm{c}}, B_{\mathrm{c}})$ 能控.

由定理 1.16, 系统 (1-10) 可分解成两个部分, 即

能控子系统:

$$\begin{cases} \dot{\bar{x}}_{\mathrm{I}}(t) = A_{\mathrm{c}}\bar{x}_{\mathrm{I}}(t) + A_{12}\bar{x}_{\mathrm{II}}(t) + B_{\mathrm{c}}u(t) \\ y_{\mathrm{I}}(t) = C_1\bar{x}_{\mathrm{I}}(t) \end{cases} \tag{1-11}$$

与不能控子系统:

$$\begin{cases} \dot{\bar{x}}_{\mathrm{II}}(t) = A_{\bar{\mathrm{c}}}\bar{x}_{\mathrm{II}}(t) \\ y_{\mathrm{II}}(t) = C_2\bar{x}_{\mathrm{II}}(t) \end{cases} \tag{1-12}$$

其中, $\bar{x}(t) = \begin{bmatrix} \bar{x}_\text{I}(t) \\ \bar{x}_\text{II}(t) \end{bmatrix}$, 且 $\bar{x}_\text{I}(t)$ 与 $\bar{x}_\text{II}(t)$ 分别称为系统的能控子状态和不能控子状态, 同时 $y(t) = C_1\bar{x}_\text{I}(t) + C_2\bar{x}_\text{II}(t)$.

定理 1.17 定常线性系统 (1-7) 不是能观的, 当且仅当存在非奇异变换 $\bar{x}(t) = Px(t)$, 使得其与如下系统代数等价:

$$\begin{cases} \dot{\bar{x}}(t) = \begin{bmatrix} A_\text{o} & O \\ A_{21} & A_{\bar{\text{o}}} \end{bmatrix} \bar{x}(t) + \begin{bmatrix} B_1 \\ B_2 \end{bmatrix} u(t), & \bar{x}(0) = Px_0 \\ y(t) = [C_\text{o} \quad O]\bar{x}(t) \end{cases} \tag{1-13}$$

其中, 矩阵对 (C_o, A_o) 是能观的.

由定理 1.17, 系统 (1-13) 可分解成两个部分, 即

能观子系统:

$$\begin{cases} \dot{\tilde{x}}_\text{I}(t) = A_\text{o}\tilde{x}_\text{I}(t) + B_1u(t) \\ y_\text{I}(t) = C_\text{o}\tilde{x}_\text{I}(t) \end{cases} \tag{1-14}$$

与不能观子系统:

$$\begin{cases} \dot{\tilde{x}}_\text{II}(t) = A_{21}\tilde{x}_\text{I}(t) + A_{\bar{\text{o}}}\tilde{x}_\text{II}(t) + B_2u(t) \\ y_\text{II}(t) = 0 \end{cases} \tag{1-15}$$

其中, $\tilde{x}(t) = \begin{bmatrix} \tilde{x}_\text{I}(t) \\ \tilde{x}_\text{II}(t) \end{bmatrix}$, 且 $\tilde{x}_\text{I}(t)$ 与 $\tilde{x}_\text{II}(t)$ 分别称为系统的能观子状态和不能观子状态.

1.3.3 线性系统的稳定性与状态反馈镇定

定义 1.17 定常线性自治系统

$$\dot{x}(t) = Ax(t), \quad x(0) = x_0 \tag{1-16}$$

称为渐近稳定的, 如果对任意初值 $x(0) = x_0$, 都有 $\lim\limits_{t\to\infty} x(t) = \mathbf{0}$.

定理 1.18 系统 (1-16) 是渐近稳定的, 当且仅当矩阵 A 为 Hurwitz 矩阵, 即 A 的所有特征值都具有负实部.

定义 1.18 对定常线性系统

$$\dot{x}(t) = Ax(t) + Bu(t), \quad x(0) = x_0 \tag{1-17}$$

系统状态反馈镇定是指: 寻找状态反馈控制 $u(t) = Kx(t)$, 使得闭环系统

$$\dot{x}(t) = (A + BK)x(t), \quad x(0) = x_0 \tag{1-18}$$

是渐近稳定的. 如果存在上述反馈控制, 则称系统 (1-17) 是可状态反馈镇定的, 也称矩阵对 (A, B) 是可稳的, 即存在矩阵 $K \in \mathbf{R}^{r \times n}$ 使得 $A + BK$ 是稳定的.

定理 1.19 对系统 (1-17), 如果矩阵对 (A, B) 是能控的, 则系统必是可状态反馈镇定的.

定理 1.20 系统 (1-17) 是可状态反馈镇定的当且仅当其不能控子系统是渐近稳定的.

1.3.4 线性系统的状态估计与反馈镇定

仍考虑定常线性系统 (1-7), 即

$$\begin{cases} \dot{x}(t) = Ax(t) + Bu(t), x(0) = x_0, \\ y(t) = Cx(t), \end{cases} \quad t \geqslant 0 \qquad (1\text{-}19)$$

若系统状态不易直接量测, 或者由于量测设备在经济性和使用性上的限制, 很多情况下不可能实际获得系统的全部状态变量, 则系统状态反馈镇定难以实现. 解决这一问题的途径通常是: 重构系统的状态, 并用重构状态代替系统的真实状态来实现所要求的状态反馈. 这就是系统的状态估计问题.

以系统 (1-19) 的控制输入 $u(t)$ 和观测输出 $y(t)$ 为输入构造一个新的 n 维线性系统

$$\begin{cases} \dot{\hat{x}}(t) = A\hat{x}(t) + Bu(t) + L(C\hat{x}(t) - y(t)), \ \hat{x}(0) = \hat{x}_0, \\ z(t) = \hat{x}(t), \end{cases} \quad t \geqslant 0 \qquad (1\text{-}20)$$

其中, $\hat{x}(t) \in \mathbf{R}^n$ 为新系统的状态向量, $z(t) \in \mathbf{R}^n$ 为新系统的观测输出, $\hat{x}_0$ 为新系统的初值, $L \in \mathbf{R}^{n \times m}$ 为待设计的增益矩阵.

定义 1.19 如果对任意初值 x_0 与 $\hat{x}_0$, 系统 (1-20) 的输出 $\hat{x}(t)$ 和系统 (1-19) 的状态 $x(t)$ 之间总成立如下关系式

$$\lim_{t \to \infty} (\hat{x}(t) - x(t)) = \mathbf{0}$$

则称新的 n 维线性系统 (1-20) 是系统 (1-19) 的一个线性状态观测器, 称 $\hat{x}(t)$ 为 $x(t)$ 的状态估计.

由于 $\hat{x}(t)$ 与 $x(t)$ 同为 n 维向量, 所以又称系统 (1-20) 是系统 (1-19) 的一个全维线性状态观测器. 根据实际情况, 也可以设计系统的降维状态观测器和函数观测器等.

定理 1.21 存在矩阵 $L \in \mathbf{R}^{n \times m}$ 使得系统 (1-20) 是系统 (1-19) 的一个全维线性状态观测器, 当且仅当矩阵对 (A, C) 是可检的, 即存在矩阵 $L \in \mathbf{R}^{n \times m}$ 使得 $A + LC$ 是稳定的.

基于状态观测器 (1-20), 设计反馈控制器

$$u(t) = K\hat{x}(t) \tag{1-21}$$

其中, 得到增广系统

$$\begin{cases} \dot{x}(t) = (A + BK)x(t) - BKe(t) \\ e(t) = (A + LC)e(t) \\ x(0) = x_0, \quad e(0) = x_0 - \hat{x}_0 \end{cases} \tag{1-22}$$

其中, $e(t) = x(t) - \hat{x}(t)$ 为系统的状态估计误差.

因此, 观测器反馈镇定问题即寻找矩阵 $K \in \mathbf{R}^{r \times n}$ 和 $L \in \mathbf{R}^{n \times m}$, 使得增广系统 (1-22) 渐近稳定.

习 题 1

1.1 证明: 若 n 阶方阵 $A \in F^{n \times n}$ 可逆, 则 $\det(A^{-1}) = \dfrac{1}{\det(A)}$.

1.2 设 $P \in F^{m \times m}$ 和 $Q \in F^{n \times n}$ 均为满秩矩阵, 对任意 $A \in F^{m \times n}$, 有

$$\mathrm{rank}(A) = \mathrm{rank}(PA) = \mathrm{rank}(AQ) = \mathrm{rank}(PAQ)$$

1.3 设 n 阶方阵 $A \in F^{n \times n}$ 的 n 个特征值为 $\lambda_1, \lambda_2, \cdots, \lambda_n$, 则

$$\sum_{j=1}^{n} \lambda_j = \mathrm{tr}(A), \quad \prod_{j=1}^{n} \lambda_j = \det(A)$$

1.4 设矩阵 $A \in F^{n \times m}$, 则 $\mathrm{tr}(A^{\mathrm{H}}A) = 0$ 当且仅当矩阵 A 为零矩阵, 即 $A = O$.

1.5 证明性质 1.5.

1.6 证明: 一个正规矩阵若是三角阵, 则一定是对角阵.

1.7 若两个正规矩阵可交换, 证明: 它们的乘积也是正规矩阵.

1.8 两个酉矩阵的乘积仍是酉矩阵.

1.9 证明: 酉矩阵的特征值的模长等于 1, 即分布在复平面的单位圆上.

1.10 设 P, Q 各为 m 阶及 n 阶方阵, 证明: 若 $m + n$ 阶方阵

$$A = \begin{bmatrix} P & B \\ O & Q \end{bmatrix}$$

是酉矩阵, 则 P, Q 也是酉矩阵, 且 B 是零矩阵.

1.11 证明: 两个正规矩阵酉相似的充分必要条件是它们的特征多项式相同.

1.12 设 A, B 均为 Hermite 矩阵, 证明: AB 为 Hermite 矩阵的充分必要条件是 $AB = BA$.

1.13　证明: 任一复方阵都可以表示成 Hermite 矩阵和反 Hermite 矩阵之和.

1.14　设 A 为正定 Hermite 矩阵, B 为反 Hermite 矩阵, 证明: AB 与 BA 的特征值实部为零.

1.15　设 A 是正定 Hermite 矩阵, B 是反 Hermite 矩阵, 证明: $A+B$ 为可逆矩阵.

1.16　证明: 若 $H = A + iB$ 为 n 阶 Hermite 矩阵, 其中 A, B 为实矩阵, 且 A 非奇异, 则

$$(\det(H))^2 = (\det(A))^2 \det(I_n + A^{-1}BA^{-1}B)$$

1.17　简述矩阵理论在线性系统控制理论中的重要作用.

第 2 章　范数与测度

在欧氏空间中, 向量的长度可以用来度量一个向量的 "大小", 也可以用来度量两个向量的 "接近" 程度. 将向量的长度进行推广就可以得到向量的范数概念, 并进而推广到矩阵的范数. 矩阵的范数同样可以度量一个矩阵的 "大小" 及两个矩阵的 "接近" 程度. 利用矩阵范数我们还可以引入矩阵的另一种度量——矩阵的测度. 矩阵范数和矩阵测度在矩阵理论研究及应用中都具有重要的地位和作用.

2.1　向量的范数

本节介绍数域 F 上的 n 维向量空间 F^n 中向量范数的概念及性质.

2.1.1　向量范数的定义

定义 2.1　设实值函数 $||\cdot||: F^n \to \mathbf{R}$, 若满足条件:

(1) 正定性, 即 $||x|| \geqslant 0$, 对任意 $x \in F^n$, 且 $||x|| = 0$ 当且仅当 $x = \mathbf{0}$;

(2) 齐次性, 即 $||\lambda x|| = |\lambda|||x||$, 对任意 $x \in F^n$, $\lambda \in F$;

(3) 三角不等式, 即 $||x + y|| \leqslant ||x|| + ||y||$, 对任意 $x, y \in F^n$,

则称函数 $||\cdot||$ 为向量空间 F^n 中向量的范数.

若 $||x|| = 1$, 则称 x 为单位向量. 由向量范数的定义, 任意非零向量均可化为单位向量, 因为 $\left\|\dfrac{1}{||x||}x\right\| = 1$, $x \in F^n$, $x \neq \mathbf{0}$. $\dfrac{x}{||x||}$ 称为 x 的单位化向量.

在向量空间 F^n 中可以定义多种向量范数, 常以下角标区分不同的向量范数.

引理 2.1　下列实值函数均是向量空间 F^n 中的向量范数:

(1) $||x||_\infty = \max\limits_{1 \leqslant j \leqslant n} |x_j|$ (l_∞ 范数或最大范数);

(2) $||x||_1 = \sum\limits_{j=1}^{n} |x_j|$ (l_1 范数或和范数);

(3) $||x||_2 = \left(\sum\limits_{j=1}^{n} |x_j|^2\right)^{1/2} = (x^{\mathrm{H}}x)^{1/2}$ (l_2 范数或欧氏范数);

(4) $||x||_p = \left(\sum\limits_{j=1}^{n} |x_j|^p\right)^{1/p}$, $1 \leqslant p < \infty$ (l_p 范数或 Hölder 范数),

其中, $x = (x_1, x_2, \cdots, x_n)^{\mathrm{H}} \in F^n$.

证   由定义 2.1, 易验证上述四个函数 $||\cdot||_\infty$, $||\cdot||_1$, $||\cdot||_2$ 和 $||\cdot||_p$ 均满足正定性和齐次性. 下面证其满足三角不等式.

对任意 $x, y \in F^n$, 有

$$||x + y||_\infty = \max_{1 \leqslant j \leqslant n} |x_j + y_j| \leqslant \max_{1 \leqslant j \leqslant n} |x_j| + \max_{1 \leqslant j \leqslant n} |y_j| = ||x||_\infty + ||y||_\infty$$

利用 Minkowski 不等式:

$$\left(\sum_{j=1}^n |x_j + y_j|^p \right)^{1/p} \leqslant \left(\sum_{j=1}^n |x_j|^p \right)^{1/p} + \left(\sum_{j=1}^n |y_j|^p \right)^{1/p}, \quad p \geqslant 1$$

对任意 $x, y \in F^n$, 分别得

$$||x + y||_1 = \sum_{j=1}^n |x_j + y_j|$$

$$\leqslant \sum_{j=1}^n |x_j| + \sum_{j=1}^n |y_j| = ||x||_1 + ||y||_1$$

$$||x + y||_2 = \left(\sum_{j=1}^n |x_j + y_j|^2 \right)^{1/2}$$

$$\leqslant \left(\sum_{j=1}^n |x_j|^2 \right)^{1/2} + \left(\sum_{j=1}^n |y_j|^2 \right)^{1/2} = ||x||_2 + ||y||_2$$

$$||x + y||_p = \left(\sum_{j=1}^n |x_j + y_j|^p \right)^{1/p}$$

$$\leqslant \left(\sum_{j=1}^n |x_j|^p \right)^{1/p} + \left(\sum_{j=1}^n |y_j|^p \right)^{1/p} = ||x||_p + ||y||_p \qquad \square$$

由定义 2.1 易见向量的 l_1 范数和 l_2 范数均为 l_p 范数的特例. 此外, 由如下的推导亦知 l_∞ 范数可视为 l_p 范数的特例:

$$||x||_\infty = \max_{1 \leqslant j \leqslant n} |x_j| = \left(\max_{1 \leqslant j \leqslant n} |x_j|^p \right)^{1/p}$$

$$\leqslant \left(\sum_{j=1}^n |x_j|^p \right)^{1/p} \leqslant \left(n \cdot \max_{1 \leqslant j \leqslant n} |x_j|^p \right)^{1/p} = n^{1/p} ||x||_\infty$$

令 $p \to \infty$, 得 $\lim\limits_{p \to \infty} ||x||_p = ||x||_\infty$.

例 2.1 计算向量 $x = (-3\mathrm{i}, 0, 4\mathrm{i}, -12)^{\mathrm{H}} \in F^4$ 的 l_1, l_2 和 l_∞ 范数.

解 $||x||_1 = \sum\limits_{i=1}^{4} |x_i| = |-3\mathrm{i}| + |4\mathrm{i}| + |-12| = 19$

$$||x||_2 = \left(\sum_{i=1}^{4} |x_i|^2 \right)^{1/2} = \sqrt{x^{\mathrm{H}} x}$$

$$= \sqrt{(-3\mathrm{i})(3\mathrm{i}) + (4\mathrm{i})(-4\mathrm{i}) + (-12)^2} = 13$$

$$||x||_\infty = \max\{|x_1|, |x_2|, |x_3|, |x_4|\} = \max\{3, 0, 4, 12\} = 12$$

例 2.2 在 F^n 中定义

$$||x||_p = \left(\sum_{j=1}^{n} |x_j|^p \right)^{1/p}, \quad 0 < p < 1$$

则 $||x||_p$ 不是向量范数.

解 取 $x = (1, 0)^{\mathrm{T}}, y = (0, 1)^{\mathrm{T}} \in F^2$, $p = 1/2$, 则 $||x + y||_{1/2} = 4$, $||x||_{1/2} = ||y||_{1/2} = 1$, 不满足定义 2.1 之三角不等式.

在向量空间 F^n 中存在着多种向量范数, 下面的定理给出了由已知向量范数构造新的向量范数的方法.

定理 2.1 (1) 设 $|| \cdot ||$ 为 F^m 中的向量范数, 矩阵 $A \in F^{m \times n}$ 为列满秩的, 则实值函数 $|| \cdot ||_A : F^n \to \mathbf{R}$, $||x||_A = ||Ax||$ 为 F^n 中的向量范数.

(2) 设 $|| \cdot ||_{\alpha_1}, || \cdot ||_{\alpha_2}, \cdots, || \cdot ||_{\alpha_m}$ 为 F^n 中的 m 个向量范数, 则实值函数 $|| \cdot ||_\alpha : F^n \to \mathbf{R}$:

$$||x||_\alpha = \max\{||x||_{\alpha_1}, ||x||_{\alpha_2}, \cdots, ||x||_{\alpha_m}\}$$

为 F^n 中的向量范数.

证 (1) $|| \cdot ||_A$ 的正定性: 显然有 $||x||_A = ||Ax|| \geqslant 0$, 对 $\forall x \in F^n$, 并且由于矩阵 A 为列满秩的, $||x||_A = ||Ax|| = 0$ 当且仅当 $Ax = \mathbf{0}$, 当且仅当 $x = \mathbf{0}$.

$|| \cdot ||_A$ 的齐次性: $||\lambda x||_A = ||A(\lambda x)|| = |\lambda|||Ax|| = |\lambda|||x||_A$, 对 $\forall x \in F^n, \lambda \in F$.

$|| \cdot ||_A$ 满足三角不等式:

$$||x + y||_A = ||A(x + y)||$$

$$\leqslant ||Ax|| + ||Ay|| = ||x||_A + ||y||_A$$

(2) $||\cdot||_\alpha$ 的正定性: 显然 $||x||_\alpha \geqslant 0$, 且 $||x||_\alpha = 0$ 当且仅当 $||x||_{\alpha_j} = 0$ $(j = 1, 2, \cdots, m)$, 当且仅当 $x = \mathbf{0}$.

$||\cdot||_\alpha$ 的齐次性:

$$||\lambda x||_\alpha = \max\{||\lambda x||_{\alpha_1}, ||\lambda x||_{\alpha_2}, \cdots, ||\lambda x||_{\alpha_m}\}$$

$$= |\lambda| \max\{||x||_{\alpha_1}, ||x||_{\alpha_2}, \cdots, ||x||_{\alpha_m}\} = |\lambda| ||x||_\alpha$$

$||\cdot||_\alpha$ 满足三角不等式:

$$||x + y||_\alpha = \max\{||x + y||_{\alpha_1}, ||x + y||_{\alpha_2}, \cdots, ||x + y||_{\alpha_m}\}$$

$$\leqslant \max\{||x||_{\alpha_1} + ||y||_{\alpha_1}, ||x||_{\alpha_2} + ||y||_{\alpha_2}, \cdots, ||x||_{\alpha_m} + ||y||_{\alpha_m}\}$$

$$= \max\{||x||_{\alpha_1}, ||x||_{\alpha_2}, \cdots, ||x||_{\alpha_m}\} + \max\{||y||_{\alpha_1}, ||y||_{\alpha_2}, \cdots, ||y||_{\alpha_m}\}$$

$$= ||x||_\alpha + ||y||_\alpha \qquad\qquad \Box$$

例 2.3　设 $x = (-1,\ 2,\ 4)^\mathrm{T} \in \mathbf{R}^3$, $A = \begin{bmatrix} 1 & -1 & 0 \\ 0 & 2 & -4 \\ 0 & -1 & 3 \end{bmatrix}$, 利用定理 2.1 分别

计算相应于向量 l_∞, l_1 和 l_2 范数的 $||\cdot||_A$ 范数.

解　由 $\mathrm{rank}(A) = 3$, A 是列满秩矩阵.

$$Ax = (-3,\ -12,\ 10)^\mathrm{T}, \quad ||Ax||_\infty = 12, \quad ||Ax||_1 = 25, \quad ||Ax||_2 = \sqrt{253}$$

由定理 2.1, x 相应于向量 l_∞, l_1 和 l_2 范数的 $||\cdot||_A$ 范数分别为 12, 25 和 $\sqrt{253}$.

例 2.4　设 P 是 n 阶 Hermite 正定矩阵, 对任意 $x \in F^n$, 规定

$$||x||_P = \sqrt{x^\mathrm{H} P x}$$

试证 $||x||_P$ 是一种向量范数.

证　正定性: 显然 $||x||_P = \sqrt{x^\mathrm{H} P x} \geqslant 0, \forall x \in F^n$, 且由于 P 为 Hermite 正定矩阵, 所以 $||x||_P = 0$ 当且仅当 $x = \mathbf{0}$.

齐次性:

$$||\lambda x||_P = \sqrt{(\lambda x)^\mathrm{H} P (\lambda x)} = \sqrt{|\lambda|^2 x^\mathrm{H} P x}$$

$$= |\lambda| \sqrt{x^\mathrm{H} P x} = |\lambda| ||x||_P$$

三角不等式: 由 P 为 Hermite 正定矩阵, 则存在非奇异矩阵 $C \in F^{n \times n}$, 使得 $P = C^\mathrm{H} C$, 于是有

$$||x||_P = \sqrt{x^{\mathrm{H}}Px} = \sqrt{x^{\mathrm{H}}C^{\mathrm{H}}Cx} = ||Cx||_2$$

从而有

$$||x + y||_P = ||C(x + y)||_2$$
$$\leqslant ||Cx||_2 + ||Cy||_2 = ||x||_P + ||y||_P \qquad \square$$

2.1.2 向量范数的性质

在向量空间 F^n 中可以定义多种向量范数, 且同一向量按不同向量范数定义得到的范数一般是不同的, 但不同向量范数之间有着重要的关系——等价.

引理 2.2 向量空间 F^n 中任意向量范数 $|| \cdot ||$ 在单位闭球 $S = \{x \in F^n : ||x||_2 \leqslant 1\}$ 上有界.

证 设 $e_1, e_2, \cdots, e_n$ 是 F^n 中的 n 个单位坐标向量, $x = (x_1, x_2, \cdots, x_n)^{\mathrm{H}} \in F^n$, 则 $x = \sum_{j=1}^{n} x_j e_j$. $x \in S$ 当且仅当 $\left(\sum_{j=1}^{n} x_j^2 \right)^{1/2} \leqslant 1$. 于是, 对任意 $x \in S$,

$$||x|| = \left\| \sum_{j=1}^{n} x_j e_j \right\| \leqslant \sum_{j=1}^{n} |x_j| ||e_j||$$

利用 Cauchy 不等式:

$$\sum_{j=1}^{n} |a_j||b_j| \leqslant \left(\sum_{j=1}^{n} |a_j|^2 \right)^{1/2} \left(\sum_{j=1}^{n} |b_j|^2 \right)^{1/2}$$

有

$$||x|| \leqslant \left(\sum_{j=1}^{n} |x_j|^2 \right)^{1/2} \left(\sum_{j=1}^{n} ||e_j||^2 \right)^{1/2} \leqslant \left(\sum_{j=1}^{n} ||e_j||^2 \right)^{1/2} \triangleq M > 0 \qquad \square$$

引理 2.3 设 $|| \cdot ||$ 是向量空间 F^n 中的任意向量范数, 则 $|| \cdot ||$ 关于向量范数 $|| \cdot ||_2$ 连续, 即对任意 $\varepsilon > 0$, 存在 $\delta > 0$, 只要 $||x - y||_2 < \delta$, 就有 $|||x|| - ||y||| < \varepsilon$.

证 设 $e_1, e_2, \cdots, e_n$ 是 F^n 中的 n 个单位坐标向量, $x = \sum_{j=1}^{n} x_j e_j$, $y = \sum_{j=1}^{n} y_j e_j$. 注意

$$||\,||x|| - ||y||\,|| \leqslant ||x - y|| = \left\|\sum_{j=1}^{n}(x_j - y_j)e_j\right\| \leqslant \sum_{j=1}^{n}|x_j - y_j|\,||e_j||$$

$$\leqslant \left(\sum_{j=1}^{n}|x_j - y_j|^2\right)^{1/2}\left(\sum_{j=1}^{n}||e_j||^2\right)^{1/2} = M||x - y||_2$$

于是, 对任意 $\varepsilon > 0$, 取 $\delta = \dfrac{\varepsilon}{M}$, 只要 $||x - y||_2 < \delta$, 就有

$$||\,||x|| - ||y||\,|| \leqslant M||x - y||_2 < \varepsilon \qquad\qquad \square$$

定义 2.2　如果对 F^n 中任意向量范数 $||\cdot||_\alpha$ 与 $||\cdot||_\beta$ 都有

$$c||x||_\beta \leqslant ||x||_\alpha \leqslant d||x||_\beta, \quad \forall x \in F^n$$

其中 c, d 为正常数, 则称这两个向量范数等价.

定理 2.2　向量空间 F^n 中任意两个向量范数等价.

证　只需证向量空间 F^n 上任一向量范数 $||\cdot||$ 均与 $||\cdot||_2$ 等价.

事实上, 设 $e_1, e_2, \cdots, e_n$ 是 F^n 中的 n 个单位坐标向量, 对 $x = (x_1, x_2, \cdots, x_n)^{\mathrm{H}} \in F^n$, 定义实值连续函数

$$g(x_1, x_2, \cdots, x_n) = \left\|\sum_{j=1}^{n}x_j e_j\right\|$$

则由引理 2.3 知, 函数 g 在 F^n 上连续, 从而在单位球面 $S_0 = \left\{(x_1, x_2, \cdots, x_n)^{\mathrm{H}} \in F^n : \sum_{j=1}^{n}|x_j|^2 = 1\right\}$ 上有最大值与最小值. 于是存在 $u, v \in F^n$, 满足 $||u||_2 = ||v||_2 = 1$, 且 $||u|| \leqslant ||x|| \leqslant ||v||$, $x \in F^n$, $||x||_2 = 1$.

对任意 $x \in F^n$, $x \neq \mathbf{0}$, 有 $\left\|\dfrac{x}{||x||_2}\right\|_2 = 1$, 因而 $||u|| \leqslant \left\|\dfrac{x}{||x||_2}\right\| \leqslant ||v||$. 记 $c = ||u||, d = ||v||$, 则

$$c||x||_2 \leqslant ||x|| \leqslant d||x||_2$$

即向量范数 $||\cdot||$ 与 $||\cdot||_2$ 等价. $\square$

2.2 矩阵的范数

本节介绍矩阵空间 $F^{m \times n}$ 中矩阵范数的概念和性质.

2.2.1 矩阵范数的定义及性质

将向量空间 F^n 中向量范数推广到矩阵空间 $F^{m \times n}$, 并考虑到矩阵运算的特性, 可给出矩阵范数的概念.

定义 2.3 设实值函数 $|| \cdot ||_m : F^{m \times n} \to \mathbf{R}$, 若满足条件

(1) 正定性, 即 $||A||_m \geqslant 0$, 对任意 $A \in F^{m \times n}$, 且 $||A||_m = 0$ 当且仅当 $A = O$;

(2) 齐次性, 即 $||\lambda A||_m = |\lambda| ||A||_m$, 对任意 $A \in F^{m \times n}$, $\lambda \in F$;

(3) 三角不等式, 即 $||A + B||_m \leqslant ||A||_m + ||B||_m$, 对任意 $A, B \in F^{m \times n}$;

(4) 相容性, 即 $||AB||_m \leqslant ||A||_m ||B||_m$, 对任意 $A \in F^{m \times n}, B \in F^{n \times l}$,

则称函数 $|| \cdot ||_m$ 为矩阵空间 $F^{m \times n}$ 中的矩阵范数. 其中, m 为矩阵的英文单词 matrix 的首字母.

类似于引理 2.1, 易得矩阵范数的相应结论.

引理 2.4 下列实值函数均是矩阵范数:

(1) $||A||_{m_\infty} = n \max\limits_{1 \leqslant i, j \leqslant n} |a_{ij}|$, $A \in F^{n \times n}$;

(2) $||A||_{m_1} = \sum\limits_{i=1}^{m} \sum\limits_{j=1}^{n} |a_{ij}|$, $A \in F^{m \times n}$;

(3) $||A||_{m_2} = \left(\sum\limits_{i=1}^{m} \sum\limits_{j=1}^{n} |a_{ij}|^2 \right)^{1/2}$, $A \in F^{m \times n}$;

(4) $||A||_{m_p} = \left(\sum\limits_{i=1}^{m} \sum\limits_{j=1}^{n} |a_{ij}|^p \right)^{1/p}$, $p \geqslant 1$, $A \in F^{m \times n}$.

证 实值函数 $|| \cdot ||_{m_\infty}, || \cdot ||_{m_1}, || \cdot ||_{m_2}$ 和 $|| \cdot ||_{m_p}$ 满足正定性、齐次性和三角不等式的证明类似于引理 2.1 的证明. 下面仅证它们满足相容性.

(1) 对 $A, B \in F^{n \times n}$, 有

$$
\begin{aligned}
||AB||_{m_\infty} &= n \max_{1 \leqslant i, j \leqslant n} \left| \sum_{k=1}^{n} a_{ik} b_{kj} \right| \leqslant n \max_{1 \leqslant i, j \leqslant n} \left(\sum_{k=1}^{n} |a_{ik}||b_{kj}| \right) \\
&\leqslant n \max_{1 \leqslant i, j \leqslant n} \left\{ n \max_{1 \leqslant k \leqslant n} (|a_{ik}||b_{kj}|) \right\} \\
&\leqslant \left(n \max_{1 \leqslant i, k \leqslant n} |a_{ik}| \right) \left(n \max_{1 \leqslant k, j \leqslant n} |b_{kj}| \right) = ||A||_{m_\infty} ||B||_{m_\infty}
\end{aligned}
$$

(2) 对 $A \in F^{m \times l}, B \in F^{l \times n}$, 有

$$\|AB\|_{m_1} = \sum_{i=1}^{m} \sum_{j=1}^{n} \left| \sum_{k=1}^{l} a_{ik} b_{kj} \right| \leqslant \sum_{i=1}^{m} \sum_{j=1}^{n} \sum_{k=1}^{l} |a_{ik}||b_{kj}|$$

$$= \sum_{k=1}^{l} \left(\sum_{i=1}^{m} |a_{ik}| \right) \left(\sum_{j=1}^{n} |b_{kj}| \right)$$

$$\leqslant \left(\sum_{k=1}^{l} \sum_{i=1}^{m} |a_{ik}| \right) \left(\sum_{k=1}^{l} \sum_{j=1}^{n} |b_{kj}| \right) = \|A\|_{m_1} \|B\|_{m_1}$$

(3) 对 $A \in F^{m \times l}, B \in F^{l \times n}$, 有

$$\|AB\|_{m_2} = \left(\sum_{i=1}^{m} \sum_{j=1}^{n} \left| \sum_{k=1}^{l} a_{ik} b_{kj} \right|^2 \right)^{1/2}$$

$$\leqslant \left(\sum_{i=1}^{m} \sum_{j=1}^{n} \left(\sum_{k=1}^{l} |a_{ik}||b_{kj}| \right)^2 \right)^{1/2}$$

$$\leqslant \left(\sum_{i=1}^{m} \sum_{j=1}^{n} \left(\sum_{k=1}^{l} |a_{ik}|^2 \right) \left(\sum_{k=1}^{l} |b_{kj}|^2 \right) \right)^{1/2} \quad (\text{Cauchy 不等式})$$

$$= \left(\sum_{i=1}^{m} \sum_{k=1}^{l} |a_{ik}|^2 \right)^{1/2} \left(\sum_{j=1}^{n} \sum_{k=1}^{l} |b_{kj}|^2 \right)^{1/2} = \|A\|_{m_2} \|B\|_{m_2}$$

(4) 证明与 (3) 类似, 故略去. $\qquad \square$

引理 2.5 实值函数 $\|A\|_{m_*} = \max\limits_{1 \leqslant i,j \leqslant n} |a_{ij}| \ (A \in F^{n \times n})$ 满足定义 2.3 中的条件 (1) ∼ (3), 但不满足条件 (4), 即不满足相容性, 因此不是矩阵范数.

证 易证函数 $\|\cdot\|_{m_*}$ 满足正定性、齐次性和三角不等式.

对于相容性可举例说明: 考虑矩阵 $A = \begin{bmatrix} 1 & 1 \\ 0 & 1 \end{bmatrix}, B = \begin{bmatrix} 1 & 0 \\ 1 & 1 \end{bmatrix}$, 有 $AB = \begin{bmatrix} 2 & 1 \\ 1 & 1 \end{bmatrix}$. 由公式 $\|A\|_{m_*} = \max\limits_{1 \leqslant i,j \leqslant n} |a_{ij}|$, 得 $\|A\|_{m_*} = \|B\|_{m_*} = 1, \|AB\|_{m_*} = 2$, 显然不满足相容性条件 $\|AB\|_{m_*} \leqslant \|A\|_{m_*} \|B\|_{m_*}$. 因此不是矩阵范数. $\qquad \square$

例 2.5 利用引理 2.4 计算矩阵 $A = \begin{bmatrix} 1 & 3 & 0 \\ -2 & 1 & -4 \\ 5 & 0 & 2 \end{bmatrix}$ 的四种矩阵范数 $||\cdot||_{m_\infty}, ||\cdot||_{m_1}, ||\cdot||_{m_2}$ 和 $||\cdot||_{m_p}$, 取 $p = 3$.

解 $||A||_{m_\infty} = 3 \max\{1, 3, 0, 2, 1, 4, 5, 0, 2\} = 15$

$$||A||_{m_1} = 1 + 3 + 0 + 2 + 1 + 4 + 5 + 0 + 2 = 18$$

$$||A||_{m_2} = (1^2 + 3^2 + 0 + 2^2 + 1^2 + 4^2 + 5^2 + 0 + 2^2)^{1/2} = 2\sqrt{15}$$

$$||A||_{m_3} = (1^3 + 3^3 + 0 + 2^3 + 1^3 + 4^3 + 5^3 + 0 + 2^3)^{1/3} = \sqrt[3]{234}$$

注 2.1 在定义 2.3 中, 如果将矩阵 $A \in F^{m \times n}$ 看成 mn 维向量, 则矩阵范数完全满足向量范数的三个条件, 因此矩阵范数具有向量范数的所有性质, 如在 $F^{m \times n}$ 中任意两个矩阵范数之间等价. $F^{m \times n}$ 中任意两个矩阵范数 $||\cdot||_{m_\alpha}$ 和 $||\cdot||_{m_\beta}$ 等价是指, 存在正数 $0 < c \leqslant d$, 使得

$$c||A||_{m_\beta} \leqslant ||A||_{m_\alpha} \leqslant d||A||_{m_\beta}, \quad A \in F^{m \times n}$$

引理 2.6 矩阵范数 $||\cdot||_{m_2}$ 又称矩阵的 Frobenius 范数或欧氏范数, 常记作 $||\cdot||_F$, 满足

(1) $||A||_F^2 = ||A||_{m_2}^2 = \text{tr}(A^H A) = \text{tr}(AA^H)$;

(2) $||\cdot||_F$ 是酉不变的, 即对任意矩阵 $A \in F^{m \times n}$, 有

$$||UA||_F = ||A||_F, \quad ||AV||_F = ||A||_F$$

其中, $U \in F^{m \times m}, V \in F^{n \times n}$ 均为酉矩阵.

证 (1) 设 $A = (a_{ij}) = [a_1 \ \ a_2 \ \ \cdots \ \ a_n] \in F^{m \times n}$, 其中 $a_j \in F^m$ 表示 A 的第 j 列, 则有

$$||A||_F^2 = \sum_{i=1}^m \sum_{j=1}^n |a_{ij}|^2 = \sum_{j=1}^n \left(\sum_{i=1}^m |a_{ij}|^2 \right) = \sum_{j=1}^n ||a_j||_2^2 = \text{tr}(A^H A) = \text{tr}(AA^H)$$

(2) 注意到向量范数 $||\cdot||_2$ 是酉不变范数 (见习题 2.5), 有

$$||UA||_F^2 = ||[Ua_1 \ \ Ua_2 \ \ \cdots \ \ Ua_n]||_F^2 = \sum_{j=1}^n ||Ua_j||_2^2 = ||A||_F^2$$

故 $||UA||_F = ||A||_F$. 又由于 $||A^H||_F = ||A||_F$, 所以

$$||AV||_F = ||V^H A^H||_F = ||A^H||_F = ||A||_F \qquad \square$$

注 2.2　在定义 2.3 中, 若 $l = 1$, 矩阵 B 成为列向量 $x \in F^n$, 矩阵范数 $||B||_m$ 成为向量范数 $||x||$, 则由矩阵范数相容性有

$$||Ax|| \leqslant ||A||_m ||x||, \quad A \in F^{m \times n}, \quad x \in F^n$$

此时称矩阵范数 $|| \cdot ||_m$ 与向量范数 $|| \cdot ||$ 是相容的.

由引理 2.4, 矩阵范数 $|| \cdot ||_{m_1}$ 与向量范数 $|| \cdot ||_1$ 是相容的, 矩阵范数 $|| \cdot ||_{m_2}$ (或 $|| \cdot ||_F$) 与向量范数 $|| \cdot ||_2$ 是相容的, 即

$$||Ax||_1 \leqslant ||A||_{m_1} ||x||_1, \quad ||Ax||_2 \leqslant ||A||_F ||x||_2$$

定理 2.3　若 $|| \cdot ||_m$ 为 $F^{n \times n}$ 中矩阵范数, 则必存在 F^n 中的向量范数 $|| \cdot ||_v$ 与矩阵范数 $|| \cdot ||_m$ 是相容的, 即满足

$$||Ax||_v \leqslant ||A||_m ||x||_v, \quad A \in F^{n \times n}, \quad x \in F^n$$

证　对给定的 $v \in F^n, v \neq \mathbf{0}$, 定义 $||x||_v = ||xv^H||_m$, 则易证 $|| \cdot ||_v$ 为 F^n 中的向量范数, 且有

$$||Ax||_v = ||Axv^H||_m \leqslant ||A||_m ||xv^H||_m = ||A||_m ||x||_v \qquad \square$$

由定理 2.3, 对给定的矩阵范数, 与之相容的向量范数不是唯一的.

定理 2.4　设 $A \in F^{n \times n}$, 则对 $F^{n \times n}$ 中的任意矩阵范数 $|| \cdot ||_m$, 有

$$\rho(A) \leqslant ||A||_m$$

其中, $\rho(A)$ 为矩阵 A 的谱半径.

证　设 λ 为 A 的任意特征值, $x \neq \mathbf{0}$ 为相应的特征向量, 则有 $Ax = \lambda x$.

由定理 2.3, 对于矩阵范数 $|| \cdot ||_m$ 必存在与其相容的向量范数 $|| \cdot ||_v$, 于是

$$|\lambda| ||x||_v = ||Ax||_v \leqslant ||A||_m ||x||_v$$

注意 $||x||_v > 0$, 所以 $|\lambda| \leqslant ||A||_m$. 由于 λ 为 A 的任意特征值, 故 $\rho(A) \leqslant ||A||_m$.

$$\square$$

容易证明下面结论.

定理 2.5　若 $|| \cdot ||_m$ 为 $F^{n \times n}$ 中的矩阵范数, $S \in F^{n \times n}$ 为非奇异矩阵, 则对任意 $A \in F^{n \times n}$, $||A(S)||_m = ||S^{-1}AS||_m$ 也为 $F^{n \times n}$ 中的矩阵范数.

2.2.2 矩阵算子范数的定义及性质

引理 2.7 设 $||\cdot||$ 为向量空间 F^n 和 F^m 中的向量范数, 矩阵 $A \in F^{m \times n}$, 非负实值函数 $||\cdot|| : F^{m \times n} \to \mathbf{R}$:

$$||A|| = \sup_{x \neq 0} \frac{||Ax||}{||x||} \tag{2-1}$$

是 $F^{m \times n}$ 中的矩阵范数.

证 正定性: 显然 $||A|| \geqslant 0$, 且由式 (2-1) 知, $||A|| = 0$ 当且仅当 $||Ax|| = 0$, 对任意 $x \neq \mathbf{0}$; 再由向量范数定义知, $||Ax|| = 0$ 当且仅当 $Ax = \mathbf{0}$, 对任意 $x \neq \mathbf{0}$. 由 $x \neq \mathbf{0}$ 的任意性得 $A = O$.

齐次性: 当 $\lambda = 0$ 时, $||\lambda A|| = |\lambda|||A||$ 显然成立. 设 $\lambda \neq 0$, 有

$$||\lambda A|| = \sup_{x \neq 0} \frac{||\lambda Ax||}{||x||} = \sup_{\lambda x \neq 0} \frac{|\lambda|||Ax||}{||x||} = |\lambda|||A||$$

三角不等式:

$$||A + B|| = \sup_{x \neq 0} \frac{||(A + B)x||}{||x||} \leqslant \sup_{x \neq 0} \frac{||Ax|| + ||Bx||}{||x||}$$

$$\leqslant \sup_{x \neq 0} \frac{||Ax||}{||x||} + \sup_{x \neq 0} \frac{||Bx||}{||x||} = ||A|| + ||B||$$

相容性: $||A|| = \sup_{x \neq 0} \dfrac{||Ax||}{||x||} \geqslant \dfrac{||Ax||}{||x||}$, 即

$$||Ax|| \leqslant ||A||||x|| \qquad \square$$

于是给出下面的定义.

定义 2.4 设 $||\cdot||$ 为向量空间 F^n 和 F^m 中的向量范数, 矩阵 $A \in F^{m \times n}$, 非负实值函数 $||\cdot|| : F^{m \times n} \to \mathbf{R}$:

$$||A|| = \sup_{x \neq 0} \frac{||Ax||}{||x||}$$

称为从属于向量范数 $||\cdot||$ 的矩阵算子范数, 简称算子范数. 矩阵算子范数记为 $||\cdot||$.

注 2.3 由定义 2.4, 对向量空间 F^n 和 F^m 中的任意相同的向量范数, 都存在矩阵空间 $F^{m \times n}$ 中的算子范数与其是相容的. 另外, 算子范数是所有与该向量

范数相容的矩阵范数中最小的一个, 因为如果 $||A||_m$ 是与向量范数 $||\cdot||$ 相容的矩阵范数, 则

$$||Ax|| \leqslant ||A||_m ||x||$$

$$||A|| = \sup_{x \neq 0} \frac{||Ax||}{||x||} \leqslant \sup_{x \neq 0} \frac{||A||_m ||x||}{||x||} = ||A||_m$$

注 2.4 可以证明算子范数有如下计算公式:

$$||A|| = \sup_{x \neq 0} \frac{||Ax||}{||x||} = \sup_{||x||=1} ||Ax|| = \sup_{||x|| \leqslant 1} ||Ax|| \tag{2-2}$$

首先, 容易看出

$$\sup_{||x||=1} ||Ax|| \leqslant \sup_{||x|| \leqslant 1} ||Ax|| \leqslant \sup_{x \neq 0} \frac{||Ax||}{||x||} \tag{2-3}$$

另一方面, 对任意 $x \neq \mathbf{0}$, 因为 $\left\| \dfrac{x}{||x||} \right\| = 1$, 所以

$$\frac{||Ax||}{||x||} = \left\| A\frac{x}{||x||} \right\| \leqslant \sup_{||x||=1} ||Ax||$$

进而有

$$\sup_{x \neq \mathbf{0}} \frac{||Ax||}{||x||} \leqslant \sup_{||x||=1} ||Ax|| \tag{2-4}$$

结合式 (2-3) 和式 (2-4), 得式 (2-2) 成立.

定理 2.6 设矩阵 $A = (a_{ij}) \in F^{m \times n}$, 则

(1) 若 $||\cdot||_1$ 为 F^n 与 F^m 中的向量 l_1 范数, 则相应的矩阵算子范数 $||\cdot||_1$ 为

$$||A||_1 = \max_j \sum_{i=1}^{m} |a_{ij}| \quad (A \text{ 的列范数}) \tag{2-5}$$

(2) 若 $||\cdot||_\infty$ 为 F^n 与 F^m 中的向量 l_∞ 范数, 则相应的矩阵算子范数 $||\cdot||_\infty$ 为

$$||A||_\infty = \max_i \sum_{j=1}^{n} |a_{ij}| \quad (A \text{ 的行范数}) \tag{2-6}$$

(3) 若 $||\cdot||_2$ 为 F^n 与 F^m 中的向量 l_2 范数, 则相应的矩阵算子范数 $||\cdot||_2$ 为

$$||A||_2 = \sqrt{\rho(A^{\mathrm{H}}A)} \quad (A \text{ 的谱范数}) \tag{2-7}$$

证 (1) 设 $x = (x_1, x_2, \cdots, x_n)^{\mathrm{H}} \in F^n$, 则

$$\|Ax\|_1 = \sum_{i=1}^{m} \left| \sum_{j=1}^{n} a_{ij} x_j \right| \leqslant \sum_{j=1}^{n} \left(\sum_{i=1}^{m} |a_{ij}| \right) |x_j|$$

$$\leqslant \left(\max_{1 \leqslant j \leqslant n} \sum_{i=1}^{m} |a_{ij}| \right) \sum_{j=1}^{n} |x_j| = \left(\max_{1 \leqslant j \leqslant n} \sum_{i=1}^{m} |a_{ij}| \right) \|x\|_1$$

于是

$$\|A\|_1 = \sup_{x \neq 0} \frac{\|Ax\|_1}{\|x\|_1} \leqslant \max_{1 \leqslant j \leqslant n} \sum_{i=1}^{m} |a_{ij}|$$

另一方面, 若 k 满足 $\max\limits_{1 \leqslant j \leqslant n} \sum\limits_{i=1}^{m} |a_{ij}| = \sum\limits_{i=1}^{m} |a_{ik}|$, 取 $e_k = (0, \cdots, 1, \cdots, 0)^{\mathrm{H}} \in F^n$ (数 1 为第 k 个分量), 则 $\|e_k\|_1 = 1$, 且

$$\max_{1 \leqslant j \leqslant n} \sum_{i=1}^{m} |a_{ij}| = \sum_{i=1}^{m} |a_{ik}| = \|Ae_k\|_1 \leqslant \sup_{x \neq 0} \frac{\|Ax\|_1}{\|x\|_1} = \|A\|_1$$

因此式 (2-5) 成立.

(2) 对任意 $x \in F^n$, 有

$$\|Ax\|_\infty = \max_{1 \leqslant i \leqslant m} \left| \sum_{j=1}^{n} a_{ij} x_j \right| \leqslant \max_{1 \leqslant i \leqslant m} \sum_{j=1}^{n} |a_{ij}| |x_j|$$

$$\leqslant \left(\max_{1 \leqslant i \leqslant m} \sum_{j=1}^{n} |a_{ij}| \right) \left(\max_{1 \leqslant j \leqslant n} |x_j| \right) = \left(\max_{1 \leqslant i \leqslant m} \sum_{j=1}^{n} |a_{ij}| \right) \|x\|_\infty \qquad (2\text{-}8)$$

于是

$$\|A\|_\infty = \sup_{x \neq 0} \frac{\|Ax\|_\infty}{\|x\|_\infty} \leqslant \max_{1 \leqslant i \leqslant n} \sum_{j=1}^{m} |a_{ij}|$$

另一方面, 若 k 满足 $\max\limits_{1 \leqslant i \leqslant m} \sum\limits_{j=1}^{n} |a_{ij}| = \sum\limits_{j=1}^{n} |a_{kj}|$, 取 $x = (x_1, x_2, \cdots, x_n)^{\mathrm{H}}$, 其中 $x_j = \begin{cases} |a_{kj}|/a_{kj}, & a_{kj} \neq 0, \\ 1, & a_{kj} = 0, \end{cases}$ 则 $\|x\|_\infty = 1$, 并且

$$\|Ax\|_\infty = \max_{1 \leqslant i \leqslant m} \left| \sum_{j=1}^{n} a_{ij} x_j \right| \geqslant \left| \sum_{j=1}^{n} a_{kj} x_j \right| = \sum_{j=1}^{n} |a_{kj}| = \left(\max_{1 \leqslant i \leqslant m} \sum_{j=1}^{n} |a_{ij}| \right) \|x\|_\infty$$

又有

$$||A||_\infty = \sup_{x \neq 0} \frac{||Ax||_\infty}{||x||_\infty} \geqslant \max_{1 \leqslant i \leqslant n} \sum_{j=1}^{m} |a_{ij}|$$

因此式 (2-6) 成立.

(3) 对任意 $x \in F^n$, $||Ax||_2^2 = (Ax)^{\mathrm{H}}(Ax) = x^{\mathrm{H}}A^{\mathrm{H}}Ax$.

根据定理 1.10, $A^{\mathrm{H}}A$ 是 Hermite 半正定矩阵, 从而 $A^{\mathrm{H}}A$ 的特征值均为非负实数. 不妨设 $\lambda_1 \geqslant \lambda_2 \geqslant \cdots \geqslant \lambda_n \geqslant 0$ 是 $A^{\mathrm{H}}A$ 的特征值, $e_1, e_2, \cdots, e_n$ 是对应的一组标准正交特征向量, 即 $||e_i|| = 1$, $e_i^{\mathrm{H}}e_j = 0$ $(i, j = 1, 2, \cdots, n;\ i \neq j)$. 显然, $\rho(A^{\mathrm{H}}A) = \lambda_1$. 对任意 $x \in F^n$, $||x||_2 = 1$, 有 $x = x_1 e_1 + x_2 e_2 + \cdots + x_n e_n$, 则

$$||x||_2^2 = x^{\mathrm{H}}x = |x_1|^2 + |x_2|^2 + \cdots + |x_n|^2 = 1$$

并且

$$\begin{aligned}
||Ax||_2^2 &= x^{\mathrm{H}}A^{\mathrm{H}}Ax \\
&= (x_1 e_1 + x_2 e_2 + \cdots + x_n e_n)^{\mathrm{H}}(\lambda_1 x_1 e_1 + \lambda_2 x_2 e_2 + \cdots + \lambda_n x_n e_n) \\
&= \lambda_1 |x_1|^2 + \lambda_2 |x_2|^2 + \cdots + \lambda_n |x_n|^2 \\
&\leqslant \lambda_1(|x_1|^2 + |x_2|^2 + \cdots + |x_n|^2) = \rho(A^{\mathrm{H}}A)
\end{aligned}$$

另一方面, 取 $x = e_1$, 有

$$||Ae_1||_2^2 = e_1^{\mathrm{H}}A^{\mathrm{H}}Ae_1 = \lambda_1 e_1^{\mathrm{H}}e_1 = \rho(A^{\mathrm{H}}A)$$

所以 $||A||_2 = \sup_{x \neq 0} \frac{||Ax||_2}{||x||_2} = \sqrt{\rho(A^{\mathrm{H}}A)}$. □

注 2.5 对矩阵范数 $||\cdot||$, 均有 $||I_n|| \geqslant 1$, $||A^k|| \leqslant ||A||^k$ (k 为正整数), $||A^{-1}|| \geqslant ||A||^{-1}$ (若 A 为非奇异矩阵). 特别地, 对任意的矩阵算子范数 $||\cdot||$, 都有 $||I_n|| = 1$.

例 2.6 利用定理 2.6 计算矩阵 $A = \begin{bmatrix} 2 & -1 & 0 \\ 0 & 2 & 3 \\ 1 & 2 & 0 \end{bmatrix}$ 的三种矩阵算子范数.

解 首先易得 $||A||_1 = 5$, $||A||_\infty = 5$. 然后, 由 $||A||_2 = \sqrt{\rho(A^{\mathrm{H}}A)}$, 计算

$$A^{\mathrm{H}}A = \begin{bmatrix} 5 & 0 & 0 \\ 0 & 9 & 6 \\ 0 & 6 & 9 \end{bmatrix}, \quad \rho(A^{\mathrm{H}}A) = 15$$

所以 $||A||_2 = \sqrt{15}$.

定理 2.7 设 $A \in F^{n \times n}$, $\varepsilon > 0$ 为任意给定的常数, 则至少存在 $F^{n \times n}$ 上的一种矩阵算子范数 $|| \cdot ||$, 使

$$\rho(A) \leqslant ||A|| \leqslant \rho(A) + \varepsilon$$

证 令 $D = \mathrm{diag}\{1, \varepsilon, \varepsilon^2, \cdots, \varepsilon^{n-1}\}$, 且 $J = P^{-1}AP$ 为 A 的 Jordan 标准形 (将在 3.4 节详细介绍), 则通过计算可以验证 $\hat{J} = D^{-1}JD$ 的元素除了用 ε 替换 J 中非对角线上每一个为 1 的元素以外, 其余的均等于 J 的对应元素. 因此由定理 2.6, $||\hat{J}||_\infty \leqslant \rho(A) + \varepsilon$, 其中 $|| \cdot ||_\infty$ 为矩阵行范数 (算子范数).

现记 $Q = PD$, 并定义 $||B|| = ||Q^{-1}BQ||_\infty$, 对任意 $B \in F^{n \times n}$. 按定理 2.5, $|| \cdot ||$ 为 $F^{n \times n}$ 中的矩阵算子范数, 且有

$$||A|| = ||Q^{-1}AQ||_\infty = ||D^{-1}P^{-1}APD||_\infty = ||D^{-1}JD||_\infty = ||\hat{J}||_\infty \leqslant \rho(A) + \varepsilon \quad \square$$

由定理 2.7 可知, $\rho(A) = \inf\{||A|| : || \cdot ||$ 为 $F^{n \times n}$ 上任意矩阵算子范数$\}$.

实际上还可以证明下面关系式.

推论 2.1 $\rho(A) = \lim\limits_{k \to \infty} ||A^k||^{1/k}$.

2.3 矩阵的测度

矩阵测度也是矩阵的一个度量, 它与矩阵范数密切相关, 在微分方程及控制系统的讨论中起着重要作用.

2.3.1 矩阵测度的定义

定义 2.5 设 n 阶方阵 $A \in F^{n \times n}$, $|| \cdot ||$ 是 $F^{n \times n}$ 中的矩阵算子范数, 若极限

$$\lim_{\theta \to 0^+} \frac{||I_n + \theta A|| - 1}{\theta}$$

存在, 则称此极限值为矩阵 A 相对于算子范数 $|| \cdot ||$ 的测度, 记为 $\mu(A)$, 即

$$\mu(A) = \lim_{\theta \to 0^+} \frac{||I_n + \theta A|| - 1}{\theta} = \lim_{\theta \to 0^+} \theta^{-1}(||I_n + \theta A|| - 1)$$

对矩阵测度的几点解释.

(1) 矩阵测度 $\mu(A)$ 为实数, 且由于对算子范数有 $||I_n|| = 1$, 因此矩阵测度 $\mu(A)$ 可视为矩阵算子范数在 I_n 处沿矩阵 A 方向的右方向导数.

(2) 矩阵测度 $\mu(A)$ 由矩阵算子范数定义, 因此对同一矩阵可以定义不同的矩阵测度.

(3) 矩阵测度具有较明确的物理意义.

考虑线性定常系统 (或常系数微分方程组)

$$\begin{cases} \dot{x}(t) = Ax(t), \\ x(t_0) = x_0, \end{cases} \quad t \geqslant t_0$$

设 $\varphi(t; t_0, x_0) = \varphi(t)$ 表示初值问题的解, 考察 $||\varphi(t)||$ 的右导数:

$$\begin{aligned}
D^+ ||\varphi(t)|| &= \lim_{\theta \to 0^+} \frac{||\varphi(t+\theta)|| - ||\varphi(t)||}{\theta} \\
&\approx \lim_{\theta \to 0^+} \theta^{-1} (||\varphi(t) + \dot{\varphi}(t)\theta|| - ||\varphi(t)||) \\
&= \lim_{\theta \to 0^+} \theta^{-1} (||\varphi(t) + \theta A\varphi(t)|| - ||\varphi(t)||) \\
&\leqslant \lim_{\theta \to 0^+} \theta^{-1} (||I_n + \theta A|| - 1) ||\varphi(t)|| = \mu(A) ||\varphi(t)||
\end{aligned}$$

即近似地有

$$\frac{D^+ ||\varphi(t)||}{||\varphi(t)||} \leqslant \mu(A)$$

因此, $\mu(A)$ 是线性定常系统解的范数的相对变化率的上界, 它能估计系统解的变化范围.

下面介绍几种常用的矩阵测度.

定理 2.8　设 n 阶方阵 $A = (a_{ij}) \in F^{n \times n}$, 则相对于 $F^{n \times n}$ 中的矩阵算子范数 $|| \cdot ||_1, || \cdot ||_\infty$ 和 $|| \cdot ||_2$ 的矩阵测度 1-测度、∞-测度和 2-测度分别为

$$\mu_1(A) = \max_j \left(\mathrm{Re}\, a_{jj} + \sum_{i=1, i \neq j}^{n} |a_{ij}| \right) \tag{2-9}$$

$$\mu_\infty(A) = \max_i \left(\mathrm{Re}\, a_{ii} + \sum_{j=1, j \neq i}^{n} |a_{ij}| \right) \tag{2-10}$$

$$\mu_2(A) = \max_i \lambda_i \left(\frac{A^{\mathrm{H}} + A}{2} \right) \tag{2-11}$$

其中, $\mathrm{Re}(\cdot)$ 表示复数的实部.

证 记 $a_{ij} = \mathrm{Re}a_{ij} + \mathrm{i}\mathrm{Im}a_{ij}$, 其中 $\mathrm{Im}a_{ij}$ 为复数 a_{ij} 的虚部, i 为虚数单位. 引入 $\delta_{ij} = \begin{cases} 1, & i = j, \\ 0, & i \neq j, \end{cases}$ 则有

$$
\begin{aligned}
\mu_1(A) &= \lim_{\theta \to 0^+} \frac{\|I_n + \theta A\|_1 - 1}{\theta} \\
&= \lim_{\theta \to 0^+} \theta^{-1} \left(\max_{1 \leqslant j \leqslant n} \sum_{i=1}^{n} |\delta_{ij} + \theta a_{ij}| - 1 \right) \\
&= \max_{1 \leqslant j \leqslant n} \lim_{\theta \to 0^+} \theta^{-1} \left(|1 + \theta a_{jj}| + \theta \sum_{i=1, i \neq j}^{n} |a_{ij}| - 1 \right) \\
&= \max_{1 \leqslant j \leqslant n} \lim_{\theta \to 0^+} \left[\theta^{-1}(|1 + \theta a_{jj}| - 1) + \sum_{i=1, i \neq j}^{n} |a_{ij}| \right] \\
&= \max_{1 \leqslant j \leqslant n} \lim_{\theta \to 0^+} \left[\frac{2\mathrm{Re}a_{jj} + \theta|a_{jj}|^2}{(|1 + \theta a_{jj}| + 1)} + \sum_{i=1, i \neq j}^{n} |a_{ij}| \right] \\
&= \max_{1 \leqslant j \leqslant n} \left(\mathrm{Re}a_{jj} + \sum_{i=1, i \neq j}^{n} |a_{ij}| \right)
\end{aligned}
$$

即式 (2-9) 成立. 类似地, 可以推得式 (2-10). 又

$$
\begin{aligned}
\mu_2(A) &= \lim_{\theta \to 0^+} \frac{\|I_n + \theta A\|_2 - 1}{\theta} \\
&= \lim_{\theta \to 0^+} \frac{\|I_n + \theta A\|_2^2 - 1}{\theta(\|I_n + \theta A\|_2 + 1)} \\
&= \lim_{\theta \to 0^+} \frac{\rho[(I_n + \theta A)^{\mathrm{H}}(I_n + \theta A)] - 1}{\theta(\|I_n + \theta A\|_2 + 1)} \\
&= \lim_{\theta \to 0^+} \frac{\rho[I_n + \theta(A^{\mathrm{H}} + A) + \theta^2 A^{\mathrm{H}} A] - 1}{\theta(\|I_n + \theta A\|_2 + 1)} \\
&= \lim_{\theta \to 0^+} \frac{\displaystyle\max_{1 \leqslant i \leqslant n} \lambda_i[I_n + \theta(A^{\mathrm{H}} + A) + \theta^2 A^{\mathrm{H}} A] - 1}{\theta(\|I_n + \theta A\|_2 + 1)} \\
&= \lim_{\theta \to 0^+} \frac{\displaystyle\max_{1 \leqslant i \leqslant n} [1 + \theta \lambda_i(A^{\mathrm{H}} + A + \theta A^{\mathrm{H}} A)] - 1}{\theta(\|I_n + \theta A\|_2 + 1)} \\
&= \lim_{\theta \to 0^+} \frac{\displaystyle\max_{1 \leqslant i \leqslant n} \lambda_i(A^{\mathrm{H}} + A + \theta A^{\mathrm{H}} A)}{\|I_n + \theta A\|_2 + 1} = \max_{1 \leqslant i \leqslant n} \lambda_i \left(\frac{A^{\mathrm{H}} + A}{2} \right)
\end{aligned}
$$

故式 (2-11) 成立.

由定理 2.8 中式 (2-11) 知, 当矩阵 A 为 Hermite 矩阵时, 有

$$\mu_2(A) = \max_i \lambda_i(A)$$

$$\mu_2(-A) = \max_i \lambda_i(-A) = \max_i(-\lambda_i(A)) = -\min_i \lambda_i(A)$$

2.3.2 矩阵测度的性质

矩阵的测度具有很多好的性质, 使得其在应用时更灵活.

定理 2.9 设 n 阶方阵 $A \in F^{n \times n}$, $||\cdot||$ 为 $F^{n \times n}$ 中的任意矩阵算子范数或 F^n 中的相应向量范数, 则

(1) $\mu(I_n) = 1, \mu(-I_n) = -1, \mu(O) = 0$;

(2) $\mu(\alpha A) = \begin{cases} \alpha\mu(A), & \alpha \geqslant 0, \\ -\alpha\mu(-A), & \alpha < 0, \end{cases} \alpha \in \mathbf{R}$;

(3) $\mu(A + \alpha I_n) = \mu(A) + \alpha, \ \alpha \in \mathbf{R}$;

(4) $\mu(A + B) \leqslant \mu(A) + \mu(B), \ B \in F^{n \times n}$;

(5) $-||A|| \leqslant -\mu(-A) \leqslant \mu(A) \leqslant ||A||$;

(6) $-\mu(-A) \leqslant \mathrm{Re}\lambda_i(A) \leqslant \mu(A), \ \lambda_i(A)$ 为 A 的特征值;

(7) $||Ax|| \geqslant \max\{-\mu(-A), -\mu(A)\}||x||$;

(8) $|\mathrm{Im}\lambda(A)| \leqslant \mu(-\mathrm{i}A)$.

证 (1) 与 (2) 直接利用定义 2.5 即可推得.

(3) $\mu(A + \alpha I_n) = \lim_{\theta \to 0^+} \theta^{-1}[||I_n + \theta(A + \alpha I_n)|| - 1]$

$= \lim_{\theta \to 0^+} \theta^{-1}[||(1 + \theta\alpha)I_n + \theta A|| - 1]$

$= \lim_{\theta \to 0^+} \dfrac{\left\|I_n + \dfrac{\theta}{1 + \theta\alpha}A\right\| - \dfrac{1}{1 + \theta\alpha}}{\dfrac{\theta}{1 + \theta\alpha}}$

$= \lim_{\theta \to 0^+} \dfrac{\left\|I_n + \dfrac{\theta}{1 + \theta\alpha}A\right\| - 1 + \dfrac{\theta}{1 + \theta\alpha}\alpha}{\dfrac{\theta}{1 + \theta\alpha}} = \mu(A) + \alpha$

(4) $\mu(A + B) = \lim_{\theta \to 0^+} \theta^{-1}[||I_n + \theta(A + B)|| - 1]$

$= \lim_{\theta \to 0^+} \dfrac{1}{2\theta}[||2I_n + 2\theta(A + B)|| - 2]$

$$\leqslant \lim_{\theta \to 0^+} \frac{1}{2\theta}[(||I_n + 2\theta A|| - 1) + (||I_n + 2\theta B|| - 1)]$$

$$= \mu(A) + \mu(B)$$

(5) ① $\mu(A) = \lim_{\theta \to 0^+} \theta^{-1}[||I_n + \theta A|| - 1] \leqslant \lim_{\theta \to 0^+} \theta^{-1}[1 + \theta||A|| - 1] = ||A||.$

② 由 $A + (-A) = O$, 得 $0 = \mu(A + (-A)) \leqslant \mu(A) + \mu(-A)$, 所以

$$-\mu(-A) \leqslant \mu(A)$$

③ 注意到 $-||A|| = -\theta^{-1}(\theta||A|| + 1 - 1) \leqslant -\theta^{-1}(||I_n - \theta A|| - 1)$, 有

$$-||A|| \leqslant -\lim_{\theta \to 0^+} \theta^{-1}(||I_n - \theta A|| - 1) = -\mu(-A)$$

综合 ① $\sim$ ③ 得 (5) 成立.

(6) 设 λ 为 A 的任意特征值, x 是对应于 λ 的特征向量, 且 $||x|| = 1$, 则

$$\theta^{-1}(||I_n + \theta A|| - 1) = \theta^{-1}(||I_n + \theta A||||x|| - 1)$$

$$\geqslant \theta^{-1}[||(I_n + \theta A)x|| - 1]$$

$$= \theta^{-1}(|1 + \theta\lambda| - 1) = \frac{2\mathrm{Re}\lambda + \theta|\lambda|^2}{|1 + \theta\lambda| + 1}$$

于是

$$\mu(A) \geqslant \lim_{\theta \to 0^+} \frac{2\mathrm{Re}\lambda + \theta|\lambda|^2}{|1 + \theta\lambda| + 1} = \mathrm{Re}\lambda$$

同理有

$$\mu(-A) \geqslant \mathrm{Re}(-\lambda(A)) = -\mathrm{Re}\lambda(A)$$

即

$$-\mu(-A) \leqslant \mathrm{Re}\lambda(A)$$

(7) $$-\mu(-A)||x|| = -\lim_{\theta \to 0^+} \theta^{-1}(||I_n + \theta(-A)|| - 1)||x||$$

$$= -\lim_{\theta \to 0^+} \theta^{-1}(||I_n - \theta A||||x|| - ||x||)$$

$$\leqslant \lim_{\theta \to 0^+} \theta^{-1}(-||x - \theta Ax|| + ||x||)$$

$$\leqslant \lim_{\theta \to 0^+} \frac{\theta||Ax|| - ||x|| + ||x||}{\theta} = ||Ax||$$

由此, 同理有

$$-\mu(A)||x|| \leqslant ||-Ax|| = ||Ax||$$

因此 (7) 成立.

(8) 设 λ 为 A 的任一特征值, x 是对应于 λ 的特征向量, 则 $Ax = \lambda x$, $-\mathrm{i}Ax = -\mathrm{i}\lambda x$, 即 $-\mathrm{i}\lambda$ 是 $-\mathrm{i}A$ 的特征值, 且 $\mathrm{Re}(-\mathrm{i}\lambda) = \mathrm{Im}\lambda$. 于是由 (6), 有

$$\mu(-\mathrm{i}\lambda) \geqslant \mathrm{Re}\lambda(-\mathrm{i}A) = \mathrm{Re}(-\mathrm{i}\lambda) = \mathrm{Im}\lambda$$

及

$$-\mu(-\mathrm{i}A) \leqslant \mathrm{Re}\lambda(-\mathrm{i}A) = \mathrm{Im}\lambda$$

所以

$$|\mathrm{Im}\lambda(A)| \leqslant \mu(-\mathrm{i}A) \qquad\qquad \square$$

例 2.7　对 n 阶方阵 $A, B \in F^{n \times n}$, 证明

$$|\mu(A) - \mu(B)| \leqslant \max\{|\mu(A - B)|, |\mu(B - A)|\}$$

证　由定理 2.9 的性质 (4), 知

$$\mu(A) = \mu(A - B + B) \leqslant \mu(A - B) + \mu(B)$$

即

$$\mu(A) - \mu(B) \leqslant \mu(A - B)$$

同理

$$\mu(B) - \mu(A) \leqslant \mu(B - A)$$

故结论成立.

习　题　2

2.1　求向量 $x = (1 + \mathrm{i}, -2, 4\mathrm{i}, 1, 0)^{\mathrm{H}}$ 的 l_1, l_2 和 l_∞ 范数.

2.2　设 $\omega_1, \omega_2, \cdots, \omega_n$ 是一组给定的正数, 对任意 $x = (x_1, x_2, \cdots, x_n)^{\mathrm{H}} \in F^n$ 规定

$$||x|| = \sqrt{\sum_{k=1}^{n} \omega_k |x_k|^2}$$

证明 $||x||$ 是 F^n 上的一种向量范数.

2.3　设 $||\cdot||_a$ 与 $||\cdot||_b$ 是 F^n 上的两种向量范数, k_1 和 k_2 是正常数, 证明下列函数是 F^n 上的向量范数:

(1) $\max\{||x||_a, ||x||_b\}$;　　　　　　　　　　　(2) $k_1||x||_a + k_2||x||_b$.

2.4　设 n 阶方阵 $A, B \in F^{n \times n}$, 且 B 可逆, 对于 F^n 中的列向量 α, 定义 $||\alpha|| = ||A\alpha||_1 + 3||B\alpha||_2$, 证明 $||\alpha||$ 是 F^n 上的向量范数.

2.5　向量范数 $||\cdot||_2$ 是酉不变范数, 即对任意向量 $x \in F^n$ 及任意酉矩阵 $U \in F^{m \times n}$, 有 $||Ux||_2 = ||x||_2$.

2.6　证明: 若 $x \in F^n$, 则

(1) $||x||_\infty \leqslant ||x||_1 \leqslant n||x||_\infty$;

(2) $||x||_\infty \leqslant ||x||_2 \leqslant \sqrt{n}||x||_\infty$;

(3) $\dfrac{1}{n}||x||_1 \leqslant ||x||_2 \leqslant \sqrt{n}||x||_1$.

2.7　已知对称正定矩阵 $A = \begin{bmatrix} 2 & 1 \\ 1 & 2 \end{bmatrix}$, 证明 $\mathbf{R}^2$ 上的向量范数 $||x||_A$ (在定理 2.1 中给出的) 与 $||x||_2$ 等价, 且有

$$||x||_2 \leqslant ||x||_A \leqslant \sqrt{3}||x||_2$$

其中 $||x||_A = \sqrt{x^{\mathrm{T}}Ax}$.

2.8　设 $A = \begin{bmatrix} 2 & 1 & 0 \\ -1 & 2 & 3 \\ 0 & -2 & 1 \end{bmatrix}$, 计算矩阵范数 $||A||_{m_1}, ||A||_{m_\infty}$ 及 $||A||_{\mathrm{F}}$.

2.9　设 $A = (a_{ij}) \in F^{n \times n}$, 则 $||A||_m = \dfrac{1}{n} \sum\limits_{j=1}^{n} \sum\limits_{i=1}^{n} |a_{ij}|$ 不是矩阵范数, 因为不满足相容性.

2.10　设 $P \in F^{n \times n}$ 为可逆矩阵, 又已知 $||\alpha|| = ||P^{-1}\alpha||_1$ 是 F^n 中的向量范数, 求 A 从属于该向量范数 $||\alpha||$ 的矩阵算子范数 $||A||$.

2.11　设 n 阶方阵 $A = (a_{ij})_{n \times n}$, 举例说明 $\max\limits_{1 \leqslant i,j \leqslant n} |a_{ij}|$ 不是矩阵 A 的矩阵范数.

2.12　设 $||\cdot||$ 是算子范数, A, B 为非奇异矩阵, 证明:

(1) $||A^{-1}|| \geqslant \dfrac{1}{||A||}$;

(2) $||A^{-1} - B^{-1}|| \leqslant ||A^{-1}|| ||B^{-1}|| ||A - B||$.

2.13　证明: $\dfrac{1}{\sqrt{n}}||A||_{\mathrm{F}} \leqslant ||A||_2 \leqslant ||A||_{\mathrm{F}}$.

2.14　设 $A, B \in F^{n \times n}$, 证明: $||AB||_{\mathrm{F}} \leqslant \min\{||A||_2||B||_{\mathrm{F}}, ||A||_{\mathrm{F}}||B||_2\}$.

2.15　证明: 若 $A \in F^{n \times n}$, 则有 $||A||_2 \leqslant ||A||_{\mathrm{F}}$.

2.16　设 $A, B \in F^{n \times n}$ 都是对称矩阵, 证明谱半径满足

$$\rho(A + B) \leqslant \rho(A) + \rho(B).$$

2.17　证明: 矩阵

$$A = \begin{pmatrix} 1/4 & 1/4 & 1/4 & 1/4 \\ 1/5 & 2/5 & 1/5 & 1/5 \\ 1/6 & 1/6 & 3/6 & 1/6 \\ 1/7 & 1/7 & 1/7 & 4/7 \end{pmatrix}$$

的谱半径 $\rho(A) \leqslant 1$.

2.18　设 $A \in F^{n \times n}$, 证明: $\rho(A) < 1$ 的充要条件是存在 Hermite 正定矩阵 U, 使得 $U - AUA^{\mathrm{H}}$ 是 Hermite 正定矩阵.

2.19　证明矩阵测度的性质: 定理 2.9 之 (1) 和 (2).

2.20　简述矩阵测度的物理意义.

第 3 章　矩阵的相似标准形

本章主要讨论 λ-矩阵 (多项式矩阵) 及矩阵的 Jordan 标准形. 已知当 n 阶方阵有 n 个线性无关的特征向量时, 它可相似于对角阵. 然而, 对那些不能相似于对角阵的矩阵, 人们也关心其最简形的相似阵会是什么样, 就是 Jordan 标准形问题. Jordan 标准形本身在矩阵理论和工程领域的具体计算中有重要的地位.

3.1　λ-矩阵及相关概念

3.1.1　λ-矩阵

定义 3.1　设 $a_{ij}(\lambda)(i=1,2,\cdots,m;j=1,2,\cdots,n)$ 是数域 F 上的多项式, 以 $a_{ij}(\lambda)$ 为元素的矩阵

$$A(\lambda) = \begin{bmatrix} a_{11}(\lambda) & a_{12}(\lambda) & \cdots & a_{1n}(\lambda) \\ a_{21}(\lambda) & a_{22}(\lambda) & \cdots & a_{2n}(\lambda) \\ \vdots & \vdots & & \vdots \\ a_{m1}(\lambda) & a_{m2}(\lambda) & \cdots & a_{mn}(\lambda) \end{bmatrix}_{m \times n}$$

称为多项式矩阵或 λ-矩阵. λ-矩阵的全体记为 $F[\lambda]^{m \times n}$, 于是 $A(\lambda) \in F[\lambda]^{m \times n}$. 元素 $a_{ij}(\lambda)(i=1,2,\cdots,m;j=1,2,\cdots,n)$ 中的最高次数称为 $A(\lambda)$ 的次数. 即若用 $\deg a_{ij}(\lambda)$ 表示多项式 $a_{ij}(\lambda)$ 的次数, 则 $A(\lambda)$ 的次数为

$$\max\{\deg a_{ij}(\lambda) : 1 \leqslant i \leqslant m, 1 \leqslant j \leqslant n\}$$

显然, 数字矩阵和特征矩阵 $\lambda I - A$ (A 为方阵) 分别是次数为 0 和 1 的特殊 λ-矩阵.

如果一个 $m \times n$ 的 λ-矩阵 $A(\lambda)$ 的次数为 L, 则其每一个元素 $a_{ij}(\lambda)$ 可以表示成

$$a_{ij}(\lambda) = a_{ij}^{(L)}\lambda^L + a_{ij}^{(L-1)}\lambda^{L-1} + \cdots + a_{ij}^{(1)}\lambda + a_{ij}^{(0)} \quad (1 \leqslant i \leqslant m, 1 \leqslant j \leqslant n)$$

并且 $m \times n$ 个 λ^L 的系数 $a_{ij}^{(L)}$ 中至少有一个不为零.

这时, 令

$$
A_r = \begin{bmatrix} a_{11}^{(r)} & a_{12}^{(r)} & \cdots & a_{1n}^{(r)} \\ a_{21}^{(r)} & a_{22}^{(r)} & \cdots & a_{2n}^{(r)} \\ \vdots & \vdots & & \vdots \\ a_{m1}^{(r)} & a_{m2}^{(r)} & \cdots & a_{mn}^{(r)} \end{bmatrix}, \quad r = 0, 1, 2, \cdots, L
$$

于是 $A(\lambda)$ 可以表示成

$$
A(\lambda) = A_L \lambda^L + A_{L-1} \lambda^{L-1} + \cdots + A_1 \lambda + A_0
$$

并且 $A_L \neq O$. 这种把 λ-矩阵 $A(\lambda)$ 写成以常数矩阵为系数的 λ 的多项式的表示法, 称为 $A(\lambda)$ 的多项式表示. A_L 称为 $A(\lambda)$ 的首项系数.

例如, λ-矩阵 $A(\lambda) = \begin{bmatrix} 1+\lambda^2 & \lambda & \lambda-2 \\ \lambda+1 & 2\lambda^2-1 & 0 \\ \lambda-3 & \lambda^2+\lambda & 2\lambda+1 \end{bmatrix}$ 的多项式表示为

$$
A(\lambda) = \begin{bmatrix} 1 & 0 & 0 \\ 0 & 2 & 0 \\ 0 & 1 & 0 \end{bmatrix} \lambda^2 + \begin{bmatrix} 0 & 1 & 1 \\ 1 & 0 & 0 \\ 1 & 1 & 2 \end{bmatrix} \lambda + \begin{bmatrix} 1 & 0 & -2 \\ 1 & -1 & 0 \\ -3 & 0 & 1 \end{bmatrix}
$$

定义 3.2　设 $A(\lambda) \in F[\lambda]^{m \times n}$, 若 $A(\lambda)$ 的不恒等于零的子式的最大阶数为 r, 则称 $A(\lambda)$ 的秩为 r, 记为 $r = \text{rank}(A(\lambda))$.

显然 $r \leqslant \min\{m, n\}$, 并且由定义 3.2, $A(\lambda)$ 中至少有一个 r 阶子式不恒等于零, 而 $r+1$ 阶及以上各阶子式恒为零.

3.1.2　λ-矩阵的相抵

下面我们引进 λ-矩阵的初等变换.

定义 3.3　下列三种变换称为 λ-矩阵的初等变换.

(1) 对换 λ-矩阵的两行 (列): $r_i \leftrightarrow r_j (c_i \leftrightarrow c_j), \forall i \neq j$.

(2) λ-矩阵的某一行 (列) 乘以非零常数 $k \in F$: $kr_i, \forall i$.

(3) λ-矩阵的某一行 (列) 乘以 $\varphi(\lambda)$, 再加到另一行 (列): $r_i + \varphi(\lambda)r_j$ ($c_i + \varphi(\lambda)c_j$), 其中 $\varphi(\lambda)$ 为 λ 的多项式.

上述三种初等变换对应着三种初等矩阵. 其实, 只要对单位矩阵 I 施行上面三种初等变换便可得对应的如下三种初等矩阵:

$$
I(i,j) = \begin{bmatrix}
1 & & & & & & & & & & \\
& \ddots & & & & & & & & & \\
& & 1 & & & & & & & & \\
\cdots & \cdots & \cdots & 0 & \cdots & \cdots & \cdots & 1 & \cdots & \cdots & \cdots \\
& & & \vdots & 1 & & & \vdots & & & \\
& & & \vdots & & \ddots & & \vdots & & & \\
& & & \vdots & & & 1 & \vdots & & & \\
\cdots & \cdots & \cdots & 1 & \cdots & \cdots & \cdots & 0 & \cdots & \cdots & \cdots \\
& & & & & & & & 1 & & \\
& & & & & & & & & \ddots & \\
& & & & & & & & & & 1
\end{bmatrix}
\begin{array}{l} \\ \\ \\ \text{第 } i \text{ 行} \\ \\ \\ \\ \text{第 } j \text{ 行} \\ \\ \\ \end{array}
$$

$$
I(i(k)) = \begin{bmatrix}
1 & & & & & & \\
& \ddots & & & & & \\
& & 1 & & & & \\
& & & k & \cdots & \cdots & \cdots \\
& & & 1 & & & \\
& & & & \ddots & & \\
& & & & & & 1
\end{bmatrix}
\begin{array}{l} \\ \\ \\ \text{第 } i \text{ 行} \\ \\ \\ \end{array}
$$

$$
I(i,j(\varphi)) = \begin{bmatrix}
1 & & & & & & \\
& \ddots & & & & & \\
& & 1 & \cdots & \varphi(\lambda) & \cdots & \cdots \\
& & & \ddots & \vdots & & \\
& & & & 1 & \cdots & \cdots \\
& & & & & \ddots & \\
& & & & & & 1
\end{bmatrix}
\begin{array}{l} \\ \\ \text{第 } i \text{ 行} \\ \\ \text{第 } j \text{ 行} \\ \\ \end{array}
$$

显然三种初等矩阵都是可逆的, 并且

$$
I(i,j)^{-1} = I(i,j), \quad I(i(k))^{-1} = I(i(k^{-1})), \quad I(i,j(\varphi))^{-1} = I(i,j(-\varphi))
$$

对一个 $m \times n$ 的 λ-矩阵 $A(\lambda)$ 做一次初等行变换等价于 $A(\lambda)$ 左乘相应的 m 阶初等矩阵; 对 $A(\lambda)$ 做一次初等列变换等价于 $A(\lambda)$ 右乘相应的 n 阶初等矩阵.

定义 3.4　设 $A(\lambda)$ 和 $B(\lambda)$ 都是 $m \times n$ 的 λ-矩阵, 若 $A(\lambda)$ 经过有限次初等变换 (行或列) 得到 $B(\lambda)$, 则称 $A(\lambda)$ 与 $B(\lambda)$ 相抵, 记为 $A(\lambda) \simeq B(\lambda)$.

根据初等变换的可逆性易知, 相抵关系是一种等价关系, 即

(1) 自反性: $A(\lambda) \simeq A(\lambda)$.

(2) 对称性: $A(\lambda) \simeq B(\lambda) \Rightarrow B(\lambda) \simeq A(\lambda)$.

(3) 传递性: $A(\lambda) \simeq B(\lambda), B(\lambda) \simeq C(\lambda) \Rightarrow A(\lambda) \simeq C(\lambda)$.

定理 3.1　设 $A(\lambda)$ 和 $B(\lambda)$ 都是 $m \times n$ 的 λ-矩阵, 则 $A(\lambda) \simeq B(\lambda)$ 当且仅当存在两个可逆矩阵 $P(\lambda)$ 和 $Q(\lambda)$ 满足

$$B(\lambda) = P(\lambda)A(\lambda)Q(\lambda).$$

证　由 λ-矩阵相抵的定义, $A(\lambda) \simeq B(\lambda)$ 等价于存在有限个初等矩阵 $P_1(\lambda)$, $P_2(\lambda), \cdots, P_s(\lambda)$ 及 $Q_1(\lambda), Q_2(\lambda), \cdots, Q_l(\lambda)$ 满足

$$B(\lambda) = P_s(\lambda) \cdots P_2(\lambda)P_1(\lambda)A(\lambda)Q_1(\lambda)Q_2(\lambda) \cdots Q_l(\lambda)$$

现令 $P(\lambda) = P_s(\lambda) \cdots P_2(\lambda)P_1(\lambda), Q(\lambda) = Q_1(\lambda)Q_2(\lambda) \cdots Q_l(\lambda)$, 由初等矩阵的可逆性, 可得 $P(\lambda)$ 和 $Q(\lambda)$ 都是可逆的, 并且

$$B(\lambda) = P(\lambda)A(\lambda)Q(\lambda) \qquad\qquad \square$$

由定理 3.1 中 $P(\lambda)$ 和 $Q(\lambda)$ 的构成可知, $\det(P(\lambda))$ 与 $\det(Q(\lambda))$ 均是非零常数, 实际上任何一个 λ-矩阵可逆的充要条件是其行列式等于非零常数.

推论 3.1　相抵矩阵的秩一定相等.

推论 3.1 的逆命题不成立, 即两个秩相同的 λ-矩阵未必相抵. 这是 λ-矩阵和数字矩阵之间的一个差别, 例如

$$A(\lambda) = \begin{bmatrix} 1 & 0 \\ 0 & \lambda \end{bmatrix}, \quad B(\lambda) = \begin{bmatrix} \lambda & 0 \\ 0 & \lambda \end{bmatrix}$$

由于 $\det(A(\lambda)) = \lambda, \det(B(\lambda)) = \lambda^2$, 均不恒等于零, 所以可知当 $\lambda \neq 0$ 时, $A(\lambda)$ 和 $B(\lambda)$ 的秩均为 2. 然而, 根据定理 3.1, 若两个 λ-矩阵相抵, 则其行列式只能相差一个非零常数, 故 $A(\lambda)$ 与 $B(\lambda)$ 不相抵.

3.2　λ-矩阵的 Smith 标准形

本节主要讨论 λ-矩阵在初等变换下的对角形, 即 Smith 标准形.

引理 3.1　若 λ-矩阵 $A(\lambda)$ 的左上角元素 $a_{11}(\lambda) \neq 0$, 并且 $A(\lambda)$ 中至少有一个元素不能被 $a_{11}(\lambda)$ 整除, 则存在一个与 $A(\lambda)$ 相抵的 λ-矩阵 $B(\lambda)$, 其左上角元素 $b_{11}(\lambda) \neq 0$, 且 $b_{11}(\lambda)$ 的次数比 $a_{11}(\lambda)$ 的次数低.

证 分如下三种情况来讨论.

(1) $A(\lambda)$ 的第一行中有元素 $a_{1j}(\lambda)$ 不能被 $a_{11}(\lambda)$ 整除, 即

$$a_{1j} = q(\lambda)a_{11}(\lambda) + r(\lambda)$$

其中 $r(\lambda) \neq 0$, 且 $r(\lambda)$ 的次数比 $a_{11}(\lambda)$ 的次数低.

这时, 我们做如下两次初等列变换, 其中 r_i 表示第 i 行, c_j 表示第 j 列.

$$A(\lambda) \xrightarrow{c_j - q(\lambda)c_1} A_1(\lambda) \xrightarrow{c_1 \leftrightarrow c_j} B(\lambda)$$

则 $B(\lambda)$ 的左上角元素就是 $b_{11}(\lambda) = r(\lambda)$, 故 $B(\lambda)$ 为引理所求矩阵.

(2) 若 $A(\lambda)$ 的第一列中有元素 $a_{i1}(\lambda)$ 不能被 $a_{11}(\lambda)$ 整除, 即

$$a_{i1}(\lambda) = q(\lambda)a_{11}(\lambda) + r(\lambda)$$

其中 $r(\lambda) \neq 0$, 且 $r(\lambda)$ 的次数比 $a_{11}(\lambda)$ 的次数低, 则类似于第 (1) 种情况, 只需做如下初等行变换即可:

$$A(\lambda) \xrightarrow{r_i - q(\lambda)r_1} A_1(\lambda) \xrightarrow{r_1 \leftrightarrow r_i} B(\lambda)$$

(3) 若 $A(\lambda)$ 中第一行和第一列中元素都能被 $a_{11}(\lambda)$ 整除, 但 $A(\lambda)$ 中有一个元素 $a_{ij}(\lambda)(i > 1, \, j > 1)$ 不能被 $a_{11}(\lambda)$ 整除. 不妨设

$$a_{1j}(\lambda) = s(\lambda)a_{11}(\lambda), \quad a_{i1}(\lambda) = p(\lambda)a_{11}(\lambda), \quad a_{ij}(\lambda) = q(\lambda)a_{11}(\lambda) + r(\lambda)$$

其中 $r(\lambda) \neq 0$, 且 $r(\lambda)$ 的次数比 $a_{11}(\lambda)$ 的次数低, 则做如下初等变换

$$A(\lambda) \xrightarrow{c_j - s(\lambda)c_1} A_1(\lambda) \xrightarrow{c_1 + c_j} A_2(\lambda)$$

$$\xrightarrow{r_i - (q(\lambda) + p(\lambda) - s(\lambda)p(\lambda))r_1} A_3(\lambda) \xrightarrow{r_1 \leftrightarrow r_i} B(\lambda) \qquad \square$$

例 3.1 我们考察如下的 λ-矩阵

$$A(\lambda) = \begin{bmatrix} \lambda^2 & \lambda^3 \\ \lambda^3 + 2\lambda^2 & \lambda^4 + 2\lambda \end{bmatrix}$$

由于

$$a_{12}(\lambda) = \lambda a_{11}(\lambda)$$

$$a_{21}(\lambda) = (\lambda + 2)a_{11}(\lambda)$$

$$a_{22}(\lambda) = \lambda^2 a_{11}(\lambda) + 2\lambda$$

显然, $A(\lambda)$ 属于引理 3.1 的证明中的第三种情况, 并且对应的 $s(\lambda) = \lambda$, $p(\lambda) = \lambda + 2$, $q(\lambda) = \lambda^2$, $r(\lambda) = 2\lambda$, 则通过对应的初等变换

$$A(\lambda) \xrightarrow{c_2 - \lambda c_1} \begin{bmatrix} \lambda^2 & 0 \\ \lambda^3 + 2\lambda^2 & -2\lambda^3 + 2\lambda \end{bmatrix} \xrightarrow{c_1 + c_2} \begin{bmatrix} \lambda^2 & 0 \\ -\lambda^3 + 2\lambda^2 + 2\lambda & -2\lambda^3 + 2\lambda \end{bmatrix}$$

$$\xrightarrow{r_2 + (\lambda-2)r_1} \begin{bmatrix} \lambda^2 & 0 \\ 2\lambda & -2\lambda^3 + 2\lambda \end{bmatrix} \xrightarrow{r_1 \leftrightarrow r_2} \begin{bmatrix} 2\lambda & -2\lambda^3 + 2\lambda \\ \lambda^2 & 0 \end{bmatrix} = B(\lambda)$$

$B(\lambda)$ 满足引理 3.1 的条件.

引理 3.1 表明, 若 $a_{11}(\lambda)$ 不能整除 $A(\lambda)$ 的全部元素, 则通过行 (列) 初等变换总可以找到与 $A(\lambda)$ 相抵的 $B(\lambda)$ 满足 $b_{11}(\lambda) \neq 0$, 且其次数比 $a_{11}(\lambda)$ 的次数低. 若 $b_{11}(\lambda)$ 也不能整除 $B(\lambda)$ 的全体元素, 则再次应用引理 3.1, 可找到与 $B(\lambda)$ 相抵的 $B_1(\lambda)$ 满足其左上角元素 $b_{11}^1(\lambda) \neq 0$, 且其次数比 $b_{11}(\lambda)$ 还要低. 继续上述步骤, 可得到一系列与 $A(\lambda)$ 相抵的 λ-矩阵 $B(\lambda), B_1(\lambda), \cdots$, 其左上角元素非零且次数越来越低. 但由于多项式次数是非负整数, 通过有限次之后, 一定有一个 $B_s(\lambda)$, 其左上角元素 $b_{11}^s(\lambda) \neq 0$, 且可整除 $B_s(\lambda)$ 的全部元素. 这时令 $C(\lambda) = B_s(\lambda)$. 总结上述过程便有

引理 3.2　对任何 λ-矩阵 $A(\lambda) \neq O$, 都存在相抵于 $A(\lambda)$ 的矩阵 $C(\lambda)$, 它的左上角元素 $c_{11}(\lambda) \neq 0$, 首项系数为 1, 而且可以整除 $C(\lambda)$ 的全部元素.

定理 3.2　设 $A(\lambda) \in F[\lambda]^{m \times n}$ 且 $\mathrm{rank}(A(\lambda)) = r$, 则 $A(\lambda)$ 相抵于如下的对角阵:

$$S(\lambda) = \begin{bmatrix} d_1(\lambda) & & & & & & \\ & d_2(\lambda) & & & & & \\ & & \ddots & & & & \\ & & & d_r(\lambda) & & & \\ & & & & 0 & & \\ & & & & & \ddots & \\ & & & & & & 0 \end{bmatrix}$$

其中 $d_i(\lambda)(i = 1, 2, \cdots, r)$ 是首项系数为 1 的多项式, 且 $d_i(\lambda)$ 能整除 $d_{i+1}(\lambda)(i = 1, 2, \cdots, r-1)$, 记为 $d_i(\lambda) | d_{i+1}(\lambda)$.

定义 3.5　称定理 3.2 中的对角阵 $S(\lambda)$ 为 λ-矩阵 $A(\lambda)$ 相抵下的标准形或 Smith 标准形. 主对角线上的元素 $d_i(\lambda)(i = 1, 2, \cdots, r)$ 称为 $A(\lambda)$ 的不变因子.

定理 3.2 的证明.

当 $r = 0$ 时, $A(\lambda)$ 为零矩阵, 结论显然是成立的.

设 $r > 0$, 这时不妨设 $a_{11}(\lambda) \neq 0$, 不然总可以通过行、列对换做到这一点. 由引理 3.2, 存在与 $A(\lambda)$ 相抵的 $C(\lambda)$ 满足 $c_{11}(\lambda)$ 是首项系数为 1 的多项式, 并且 $c_{11}(\lambda)$ 可以整除 $C(\lambda)$ 的全部元素.

则对 $C(\lambda)$ 做一系列初等变换, 使得第一行、第一列除对角元素 $c_{11}(\lambda)$ 外全为零, 即

$$C(\lambda) \simeq \begin{bmatrix} d_1(\lambda) & 0 & \cdots & 0 \\ 0 & & & \\ \vdots & & A_1(\lambda) & \\ 0 & & & \end{bmatrix}$$

其中 $c_{11}(\lambda) = d_1(\lambda), A_1(\lambda)$ 是 $(m-1) \times (n-1)$ 的 λ-矩阵, 显然 $c_{11}(\lambda)$ 能整除 $A_1(\lambda)$ 中全体元素.

若 $A_1(\lambda) \neq O$, 则对 $A_1(\lambda)$ 重复上述过程, 进而 $C(\lambda)$ 相抵于如下矩阵

$$\begin{bmatrix} d_1(\lambda) & 0 & 0 & \cdots & 0 \\ 0 & d_2(\lambda) & 0 & \cdots & 0 \\ 0 & 0 & & & \\ \vdots & \vdots & & A_2(\lambda) & \\ 0 & 0 & & & \end{bmatrix}$$

其中 $d_2(\lambda)$ 也是首项系数为 1, 并且 $d_1(\lambda)|d_2(\lambda), d_2(\lambda)$ 整除 $A_2(\lambda)$ 的全体元素. 继续上述过程, 最后便得到 $A(\lambda)$ 的 Smith 标准形. □

例 3.2 求如下 λ-矩阵的 Smith 标准形

$$A(\lambda) = \begin{bmatrix} -2\lambda + 1 & \lambda & \lambda^2 \\ 2\lambda & -\lambda & \lambda \\ 2\lambda^2 + 1 & -\lambda^2 & \lambda^2 \end{bmatrix}$$

解

$$A(\lambda) \xrightarrow{c_1 + 2c_2} \begin{bmatrix} 1 & \lambda & \lambda^2 \\ 0 & -\lambda & \lambda \\ 1 & -\lambda^2 & \lambda^2 \end{bmatrix} \xrightarrow{r_3 - r_1} \begin{bmatrix} 1 & \lambda & \lambda^2 \\ 0 & -\lambda & \lambda \\ 0 & -\lambda^2 - \lambda & 0 \end{bmatrix}$$

$$\xrightarrow[c_3-\lambda^2 c_1]{c_2-\lambda c_1} \begin{bmatrix} 1 & 0 & 0 \\ 0 & -\lambda & \lambda \\ 0 & -\lambda^2-\lambda & 0 \end{bmatrix} \xrightarrow{c_2 \leftrightarrow c_3} \begin{bmatrix} 1 & 0 & 0 \\ 0 & \lambda & -\lambda \\ 0 & 0 & -\lambda^2-\lambda \end{bmatrix}$$

$$\xrightarrow[c_3 \times (-1)]{c_3+c_2} \begin{bmatrix} 1 & 0 & 0 \\ 0 & \lambda & 0 \\ 0 & 0 & \lambda(\lambda+1) \end{bmatrix}$$

3.3 λ-矩阵的行列式因子和初等因子

3.3.1 λ-矩阵的行列式因子

定义 3.6 设 $A(\lambda) \in F[\lambda]^{m \times n}$ 且 $\mathrm{rank}(A(\lambda)) = r$, 对正整数 $k(1 \leqslant k \leqslant r)$, $A(\lambda)$ 的全部 k 阶子式的最大公因子称为 $A(\lambda)$ 的 k 阶行列式因子, 记为 $D_k(\lambda)$.

例 3.3 求

$$A(\lambda) = \begin{bmatrix} -\lambda+1 & \lambda & \lambda^2-1 \\ \lambda & \lambda^2 & -\lambda \end{bmatrix}$$

的各阶行列式因子.

解 由于两个一阶子式 $-\lambda+1$ 和 λ 的最大公因子为 1, 所以 $D_1(\lambda) = 1$. 又考察其三个二阶子式分别为

$$\det \begin{bmatrix} -\lambda+1 & \lambda \\ \lambda & \lambda^2 \end{bmatrix} = -\lambda^3, \quad \det \begin{bmatrix} -\lambda+1 & \lambda^2-1 \\ \lambda & -\lambda \end{bmatrix} = -\lambda^2(\lambda-1)$$

$$\det \begin{bmatrix} \lambda & \lambda^2-1 \\ \lambda^2 & -\lambda \end{bmatrix} = -\lambda^4$$

易得 $D_2(\lambda) = \lambda^2$.

行列式因子最重要的特点是它在初等变换下是不变的.

定理 3.3 相抵的 λ-矩阵具有相同的各阶行列式因子.

证 只需证明 λ-矩阵经过一次初等变换, 其行列式因子不变. 设 $A(\lambda)$ 经过一次初等变换得 $B(\lambda)$, $p(\lambda)$ 和 $q(\lambda)$ 分别为 $A(\lambda)$ 和 $B(\lambda)$ 的 k 阶行列式因子. 以下对三种初等变换分别讨论.

(1) 对换 $A(\lambda)$ 的某两行得到 $B(\lambda)$. 这时 $B(\lambda)$ 的每一个 k 阶子式或者等于 $A(\lambda)$ 的某一个 k 阶子式, 或者等于 $A(\lambda)$ 的某一个 k 阶子式的 -1 倍, 因此 $p(\lambda)|q(\lambda)$.

(2) $A(\lambda)$ 的某一行乘以非零常数 s 得到 $B(\lambda)$. 这时 $B(\lambda)$ 的每一个 k 阶子式或者等于 $A(\lambda)$ 的某一个 k 阶子式, 或者等于 $A(\lambda)$ 的某一个 k 阶子式的 s 倍, 因此 $p(\lambda)|q(\lambda)$.

(3) $A(\lambda)$ 的第 j 行乘以 $\varphi(\lambda)$ 加到第 i 行得到 $B(\lambda)$. 这时 $B(\lambda)$ 中那些同时包含第 i 行和第 j 行的 k 阶子式和那些不包含第 i 行的 k 阶子式都等于 $A(\lambda)$ 中对应的 k 阶子式; $B(\lambda)$ 中那些包含第 i 行, 但不包含第 j 行的 k 阶子式等于 $A(\lambda)$ 中对应的一个 k 阶子式与另一个 k 阶子式的 $\pm\varphi(\lambda)$ 倍之和, 即为 $A(\lambda)$ 的两个 k 阶子式的组合, 因此 $p(\lambda)|q(\lambda)$.

由初等变换的可逆性, $B(\lambda)$ 也可通过一次初等行变换得 $A(\lambda)$, 根据上述讨论, 同样有 $q(\lambda)|p(\lambda)$, 进而有 $p(\lambda) = q(\lambda)$.

对初等列变换, 可完全类似地讨论. 总之, 若 $A(\lambda)$ 经过一次初等变换得 $B(\lambda)$, 则 $p(\lambda) = q(\lambda)$. □

由定理 3.2 和定理 3.3 可知, λ-矩阵的秩和行列式因子与其 Smith 标准形的秩和行列式因子是相同的, 这也提供了计算 λ-矩阵行列式因子的一种简单方法.

设 λ-矩阵 $A(\lambda)$ 的 Smith 标准形为

$$\begin{bmatrix} d_1(\lambda) & & & & & & & \\ & d_2(\lambda) & & & & & & \\ & & \ddots & & & & & \\ & & & d_r(\lambda) & & & & \\ & & & & 0 & & & \\ & & & & & \ddots & & \\ & & & & & & 0 \end{bmatrix}$$

容易求得 $A(\lambda)$ 的各阶行列式因子如下:

$$\begin{cases} D_1(\lambda) = d_1(\lambda) \\ D_2(\lambda) = d_1(\lambda)d_2(\lambda) \\ \qquad \cdots\cdots \\ D_r(\lambda) = d_1(\lambda)d_2(\lambda)\cdots d_r(\lambda) \end{cases} \tag{3-1}$$

进而有

$$D_i(\lambda)|D_{i+1}(\lambda), \quad i = 1, 2, \cdots, r-1 \tag{3-2}$$

$$d_i(\lambda) = \frac{D_i(\lambda)}{D_{i-1}(\lambda)}, \quad i = 1, 2, \cdots, r, \quad \text{其中 } D_0(\lambda) = 1 \tag{3-3}$$

并且有如下结论.

定理 3.4 λ-矩阵 $A(\lambda)$ 的 Smith 标准形是唯一的.

证 由定理 3.3, 各阶行列式因子是唯一的. 由式 (3-3) 可知 $A(\lambda)$ 的不变因子也是唯一的, 因此 $A(\lambda)$ 的 Smith 标准形是唯一的.   □

一般来讲, 先求不变因子, 再得行列式因子, 但对一些特殊情况, 先求行列式因子再求不变因子更为简单.

例 3.4 设

$$A(\lambda) = \begin{bmatrix} \lambda - a & -1 & \cdots & 0 \\ 0 & \lambda - a & \cdots & 0 \\ \vdots & \vdots & & \vdots \\ 0 & 0 & \cdots & -1 \\ 0 & 0 & \cdots & \lambda - a \end{bmatrix}_{m \times m}$$

求 $A(\lambda)$ 的行列式因子和不变因子.

解 由于 $A(\lambda)$ 的一个 $m-1$ 阶子式 $\begin{vmatrix} -1 & 0 & \cdots & 0 \\ \lambda - a & -1 & \cdots & 0 \\ \vdots & \vdots & & \vdots \\ 0 & 0 & \cdots & -1 \end{vmatrix} = (-1)^{m-1}$, 故

$D_{m-1}(\lambda) = 1$, 根据式 (3-3), 便有

$$D_1(\lambda) = D_2(\lambda) = \cdots = D_{m-1}(\lambda) = 1$$

又 $D_m(\lambda) = \det(A(\lambda)) = (\lambda - a)^m$, 进而 $A(\lambda)$ 的不变因子为

$$d_1(\lambda) = d_2(\lambda) = \cdots = d_{m-1}(\lambda) = 1, \quad d_m(\lambda) = (\lambda - a)^m$$

由此可得 $A(\lambda)$ 的 Smith 标准形为

$$\begin{bmatrix} 1 & & & \\ & \ddots & & \\ & & 1 & \\ & & & (\lambda - a)^m \end{bmatrix}_{m \times m}$$

3.3.2 λ-矩阵的初等因子

已知行列式因子可分解成不变因子, 其实不变因子也可以进一步分解, 即下面介绍的初等因子.

由于每一个不变因子 $d_i(\lambda)$ 都是首项系数为 1 的 λ 的多项式, 若 $\mathrm{rank}(A(\lambda)) = r$, 则 $A(\lambda)$ 的 r 个不变因子在复数域内可分解成

$$
\begin{cases}
d_1(\lambda) = (\lambda - \lambda_1)^{e_{11}}(\lambda - \lambda_2)^{e_{12}} \cdots (\lambda - \lambda_s)^{e_{1s}} \\
d_2(\lambda) = (\lambda - \lambda_1)^{e_{21}}(\lambda - \lambda_2)^{e_{21}} \cdots (\lambda - \lambda_s)^{e_{2s}} \\
\qquad\qquad \cdots\cdots \\
d_r(\lambda) = (\lambda - \lambda_1)^{e_{r1}}(\lambda - \lambda_2)^{e_{r2}} \cdots (\lambda - \lambda_s)^{e_{rs}}
\end{cases}
\tag{3-4}
$$

其中 $\lambda_1, \lambda_2, \cdots, \lambda_s$ 为 $d_r(\lambda)$ 的全部互异的根. 又因为 $d_i(\lambda)|d_{i+1}(\lambda)(i = 1, 2, \cdots, r-1)$, 所以 e_{ij} 满足

$$
0 \leqslant e_{1j} \leqslant e_{2j} \leqslant \cdots \leqslant e_{rj}, \quad j = 1, 2, \cdots, s
$$

定义 3.7 前面分解式 (3-4) 中, 所有指数大于零的因子

$$
(\lambda - \lambda_j)^{e_{ij}}, \quad e_{ij} > 0, \quad i = 1, 2, \cdots, r, \quad j = 1, 2, \cdots, s
$$

称为 λ-矩阵 $A(\lambda)$ 的初等因子.

例如, 若 $A(\lambda)$ 的不变因子为

$$
\begin{cases}
d_1(\lambda) = 1 \\
d_2(\lambda) = (\lambda + 1)(\lambda - 1) \\
d_3(\lambda) = (\lambda + 1)^3(\lambda - 1)\lambda
\end{cases}
$$

则 $A(\lambda)$ 的初等因子为 $(\lambda + 1), (\lambda + 1)^3, (\lambda - 1), (\lambda - 1), \lambda$.

由定义 3.7 可知, 若给定 λ-矩阵的不变因子, 则可唯一确定其初等因子; 反过来, 若知道 λ-矩阵的秩和初等因子, 则通过递推也可以唯一确定它的不变因子, 进而确定其 Smith 标准形.

例如, 已知 3×4 的 λ-矩阵 $A(\lambda)$ 的秩为 3, 其初等因子为

$$
\lambda, \quad \lambda^2, \quad (\lambda + 1)^2, \quad (\lambda - 1), \quad (\lambda - 1)^3
$$

则易得其不变因子为

$$
d_3(\lambda) = \lambda^2(\lambda + 1)^2(\lambda - 1)^3, \quad d_2(\lambda) = \lambda(\lambda - 1), \quad d_1(\lambda) = 1
$$

从而其 Smith 标准形为

$$
\begin{bmatrix}
1 & 0 & 0 & 0 \\
0 & \lambda(\lambda - 1) & 0 & 0 \\
0 & 0 & \lambda^2(\lambda + 1)^2(\lambda - 1)^3 & 0
\end{bmatrix}
$$

根据定理 3.3 及行列式因子和初等因子的关系, 我们得到

定理 3.5   两个 λ-矩阵 $A(\lambda)$ 和 $B(\lambda)$ 相抵的充分必要条件是它们具有相同的秩和相同的初等因子.

分块对角矩阵有如下性质.

定理 3.6   若 λ-矩阵 $A(\lambda)$ 为

$$A(\lambda) = \begin{bmatrix} A_1(\lambda) & & & \\ & A_2(\lambda) & & \\ & & \ddots & \\ & & & A_m(\lambda) \end{bmatrix}$$

则 $A_i(\lambda)(i=1,2,\cdots,m)$ 的全体初等因子为 $A(\lambda)$ 的全部初等因子.

证   由数学归纳法, 只需证明 $m=2$ 时定理结论成立即可. 假设

$$A(\lambda) = \begin{bmatrix} A_1(\lambda) & \\ & A_2(\lambda) \end{bmatrix}$$

其中 $A_1(\lambda)$ 和 $A_2(\lambda)$ 的 Smith 标准形分别为

$$A_1(\lambda) \simeq \begin{bmatrix} b_1(\lambda) & & & & & & \\ & \ddots & & & & & \\ & & b_{r_1}(\lambda) & & & & \\ & & & 0 & & & \\ & & & & \ddots & & \\ & & & & & 0 \end{bmatrix}$$

$$A_2(\lambda) \simeq \begin{bmatrix} c_1(\lambda) & & & & & & \\ & \ddots & & & & & \\ & & c_{r_2}(\lambda) & & & & \\ & & & 0 & & & \\ & & & & \ddots & & \\ & & & & & 0 \end{bmatrix}$$

那么 $\text{rank}(A(\lambda)) = r = r_1 + r_2$.

把 $b_i(\lambda)$ 和 $c_j(\lambda)$ 分解成不同的一次因式的方幂的乘积

$$b_i(\lambda) = (\lambda - \lambda_1)^{b_{i1}}(\lambda - \lambda_2)^{b_{i2}} \cdots (\lambda - \lambda_s)^{b_{is}}, \quad i = 1, 2, \cdots, r_1$$

$$c_j(\lambda) = (\lambda - \lambda_1)^{c_{j1}}(\lambda - \lambda_2)^{c_{j2}} \cdots (\lambda - \lambda_s)^{c_{js}}, \quad j = 1, 2, \cdots, r_2$$

则 $A_1(\lambda)$ 和 $A_2(\lambda)$ 的初等因子分别为

$$(\lambda - \lambda_1)^{b_{i1}}, (\lambda - \lambda_2)^{b_{i2}}, \cdots, (\lambda - \lambda_s)^{b_{is}}, \quad i = 1, 2, \cdots, r_1$$

及

$$(\lambda - \lambda_1)^{c_{j1}}, (\lambda - \lambda_2)^{c_{j2}}, \cdots, (\lambda - \lambda_s)^{c_{js}}, \quad j = 1, 2, \cdots, r_2$$

中不为常数的多项式.

先证明 $A_1(\lambda)$ 或 $A_2(\lambda)$ 的每一个初等因子都是 $A(\lambda)$ 的初等因子. 不失一般性, 仅考虑 $A_1(\lambda)$ 和 $A_2(\lambda)$ 中只含 $\lambda - \lambda_1$ 的方幂的那些初等因子. 将 $\lambda - \lambda_1$ 的指数

$$b_{11}, b_{21}, \cdots, b_{r_11}, c_{11}, c_{21}, \cdots, c_{r_21}$$

按从小到大的顺序排列, 重记为 $0 \leqslant j_1 \leqslant j_2 \leqslant \cdots \leqslant j_r$. 因为 $A(\lambda)$ 是分块对角矩阵, 对 $A_1(\lambda)$ 和 $A_2(\lambda)$ 做初等变换相当于对 $A(\lambda)$ 做相应的初等变换, 故

$$A(\lambda) \simeq \begin{bmatrix} b_1(\lambda) & & & & & & & & & \\ & \ddots & & & & & & & & \\ & & b_{r_1}(\lambda) & & & & & & & \\ & & & c_1(\lambda) & & & & & & \\ & & & & \ddots & & & & & \\ & & & & & c_{r_2}(\lambda) & & & & \\ & & & & & & 0 & & & \\ & & & & & & & \ddots & & \\ & & & & & & & & 0 & \end{bmatrix}$$

$$\simeq \begin{bmatrix} (\lambda - \lambda_1)^{j_1}\varphi_1(\lambda) & & & & & & \\ & (\lambda - \lambda_1)^{j_2}\varphi_2(\lambda) & & & & & \\ & & \ddots & & & & \\ & & & (\lambda - \lambda_1)^{j_r}\varphi_r(\lambda) & & & \\ & & & & 0 & & \\ & & & & & \ddots & \\ & & & & & & 0 \end{bmatrix}$$

其中多项式 $\varphi_1(\lambda), \cdots, \varphi_r(\lambda)$ 不含因式 $\lambda - \lambda_1$.

设 $A(\lambda)$ 的行列式因子和不变因子分别为 $D_1(\lambda), D_2(\lambda), \cdots, D_r(\lambda)$ 及 $d_1(\lambda),$ $d_2(\lambda), \cdots, d_r(\lambda)$. 则根据行列式因子的定义, 这些行列式因子中因子 $\lambda - \lambda_1$ 的幂指数分别为 $j_1, j_1 + j_2, \cdots, \sum_{i=1}^{r-1} j_i, \sum_{i=1}^{r} j_i$, 进而可推出 $d_1(\lambda), d_2(\lambda), \cdots, d_r(\lambda)$ 中因子 $\lambda - \lambda_1$ 的幂指数分别为 $j_1, j_2, \cdots, j_{r-1}, j_r$, 因此 $A(\lambda)$ 中与 $\lambda - \lambda_1$ 相应的初等因子为

$$(\lambda - \lambda_1)^{j_i}, \quad j_i > 0, \quad i = 1, 2, \cdots, r$$

也就是 $A_1(\lambda)$ 和 $A_2(\lambda)$ 中与 $(\lambda - \lambda_1)$ 相应的全部初等因子.

对 $\lambda - \lambda_2, \lambda - \lambda_3, \cdots, \lambda - \lambda_s$ 同样进行类似的讨论, 得到 $A_1(\lambda)$ 和 $A_2(\lambda)$ 的每一个初等因子都是 $A(\lambda)$ 的初等因子.

再证明, 除 $A_1(\lambda), A_2(\lambda)$ 的初等因子外, $A(\lambda)$ 再无其他初等因子. 因为 $A(\lambda)$ 的第 r 个行列式因子 $D_r(\lambda)$ 为所有 $A(\lambda)$ 的初等因子的乘积, 即

$$D_r(\lambda) = b_1(\lambda) \cdots b_{r_1}(\lambda) c_1(\lambda) \cdots c_{r_2}(\lambda)$$

若 $(\lambda - a)^k$ 是 $A(\lambda)$ 的初等因子, 则它必包含于某一个 $b_i(\lambda)$ 或 $c_j(\lambda)$ 中, 即 $A(\lambda)$ 的初等因子包含在 $A_1(\lambda)$ 与 $A_2(\lambda)$ 的初等因子之中. □

3.4　矩阵的 Jordan 标准形

3.4.1　Jordan 标准形

定义 3.8　形如

$$J_i = \begin{bmatrix} \lambda_i & 1 & \cdots & 0 \\ 0 & \lambda_i & \cdots & 0 \\ \vdots & \vdots & & \vdots \\ 0 & 0 & \cdots & 1 \\ 0 & 0 & \cdots & \lambda_i \end{bmatrix}_{n_i \times n_i} \tag{3-5}$$

的矩阵称为 n_i 阶 Jordan 块.

例如

$$\begin{bmatrix} 2 & 1 \\ 0 & 2 \end{bmatrix}, \quad [3], \quad \begin{bmatrix} 4 & 1 & 0 \\ 0 & 4 & 1 \\ 0 & 0 & 4 \end{bmatrix}$$

分别为 2 阶、1 阶和 3 阶 Jordan 块.

定义 3.9　由若干个 Jordan 块组成的分块对角矩阵称为 Jordan 标准形.

例如

$$\begin{bmatrix} 2 & 1 & 0 & 0 & 0 & 0 \\ 0 & 2 & 0 & 0 & 0 & 0 \\ 0 & 0 & 3 & 0 & 0 & 0 \\ 0 & 0 & 0 & 4 & 1 & 0 \\ 0 & 0 & 0 & 0 & 4 & 1 \\ 0 & 0 & 0 & 0 & 0 & 4 \end{bmatrix}$$

就是一个 6 阶的 Jordan 标准形.

容易验证 n_i 阶 Jordan 块 J_i 具有如下性质.

性质 3.1　J_i 具有一个 n_i 重特征值 λ_i, 对应着仅有一个线性无关的特征向量.

性质 3.2　J_i 的特征矩阵 $\lambda I_{n_i} - J_i$ 的不变因子为

$$d_1(\lambda) = \cdots = d_{n_i-1}(\lambda) = 1, \quad d_{n_i}(\lambda) = (\lambda - \lambda_i)^{n_i}$$

从而 J_i 唯一地对应着一个初等因子 $(\lambda - \lambda_i)^{n_i}$.

性质 3.2 的证明可参见例 3.4.

3.4.2　矩阵相似的判别条件

本节的主要目的是证明每一个 n 阶矩阵都与一个 Jordan 标准形相似. 为了建立这个结果, 我们先给出矩阵相似的充要条件.

引理 3.3　设 A, B 是两个 n 阶矩阵, 若存在 n 阶矩阵 P, Q, 使得

$$\lambda I_n - A = P(\lambda I_n - B)Q$$

则 A 与 B 相似.

证　由上式便有 $PQ = I_n$, $A = PBQ$.

可见 $Q = P^{-1}$, 且 $A = PBP^{-1}$, 故 A 与 B 相似. □

引理 3.4　设 A 为 n 阶非零常数矩阵, $U(\lambda)$ 与 $V(\lambda)$ 是 n 阶 λ-矩阵, 则存在 n 阶 λ-矩阵 $Q(\lambda)$ 与 $R(\lambda)$ 以及 n 阶常数矩阵 U_0 和 V_0 满足

$$U(\lambda) = (\lambda I_n - A)Q(\lambda) + U_0 \tag{3-6}$$

$$V(\lambda) = R(\lambda)(\lambda I_n - A) + V_0 \tag{3-7}$$

证　这里只证式 (3-6), 式 (3-7) 的证明类似. 设 $U(\lambda)$ 的多项式表示为

$$U(\lambda) = D_0 \lambda^m + D_1 \lambda^{m-1} + \cdots + D_{m-1}\lambda + D_m$$

其中 $D_0, D_1, \cdots, D_m$ 都是 n 阶常数矩阵, 并且 $D_0 \neq O$.

(1) 若 $m = 0$, 则 $U(\lambda)$ 退化成常数矩阵, 只需取 $Q(\lambda) = O$, $U_0 = D_0$ 即可.

(2) 若 $m > 0$, 利用待定系数法, 设

$$Q(\lambda) = Q_0 \lambda^{m-1} + Q_1 \lambda^{m-2} + \cdots + Q_{m-2} \lambda + Q_{m-1}$$

其中 $Q_0, Q_1, \cdots, Q_{m-1}$ 是待定的 n 阶常数矩阵. 由于

$$(\lambda I_n - A)Q(\lambda) = Q_0 \lambda^m + (Q_1 - AQ_0)\lambda^{m-1} + \cdots + (Q_{m-1} - AQ_{m-2})\lambda - AQ_{m-1}$$

取 $Q_0 = D_0, Q_1 = D_1 + AQ_0, \cdots, Q_{m-1} = D_{m-1} + AQ_{m-2}, U_0 = D_m + AQ_{m-1}$,
则式 $U(\lambda) = (\lambda I_n - A)Q(\lambda) + U_0$ 成立. $\qquad\square$

定理 3.7 n 阶矩阵 A 与 B 相似的充分必要条件为它们的特征矩阵 $\lambda I_n - A$ 和 $\lambda I_n - B$ 相抵.

证 必要性. 若 A 与 B 相似, 则存在可逆矩阵 P 满足 $P^{-1}AP = B$, 从而

$$P^{-1}(\lambda I_n - A)P = \lambda I_n - B$$

即 $\lambda I_n - A$ 和 $\lambda I_n - B$ 相抵.

充分性. 设 $\lambda I_n - A$ 与 $\lambda I_n - B$ 相抵, 由定理 3.1 知, 存在两个可逆的 λ 矩阵 $U(\lambda), V(\lambda)$ 满足

$$\lambda I_n - A = U(\lambda)(\lambda I_n - B)V(\lambda) \tag{3-8}$$

由引理 3.4, 存在 λ 矩阵 $Q(\lambda)$ 和 $R(\lambda)$ 以及常数矩阵 U_0 和 V_0 满足

$$U(\lambda) = (\lambda I_n - A)Q(\lambda) + U_0 \tag{3-9}$$

$$V(\lambda) = R(\lambda)(\lambda I_n - A) + V_0 \tag{3-10}$$

则式 (3-8) 可写成如下两个公式

$$U(\lambda)^{-1}(\lambda I_n - A) = (\lambda I_n - B)V(\lambda) \tag{3-11}$$

$$(\lambda I_n - A)V(\lambda)^{-1} = U(\lambda)(\lambda I_n - B) \tag{3-12}$$

然后把 $V(\lambda)$ 的表达式 (3-10) 代入式 (3-11) 中, 便得到

$$[U(\lambda)^{-1} - (\lambda I_n - B)R(\lambda)](\lambda I_n - A) = (\lambda I_n - B)V_0 \tag{3-13}$$

由于上式右边 λ 的次数 $\leqslant 1$, 所以 $U(\lambda)^{-1} - (\lambda I_n - B)R(\lambda)$ 是一个常数矩阵. 记为 W, 即

$$W = U(\lambda)^{-1} - (\lambda I_n - B)R(\lambda) \tag{3-14}$$

由式 (3-14) 结合式 (3-11) 和式 (3-10) 便有

$$W(\lambda I_n - A) = (\lambda I_n - B)V_0 \qquad (3\text{-}15)$$

另一方面, 由式 (3-14), 并利用式 (3-12) 和式 (3-9), 得到

$$\begin{aligned}
I_n &= U(\lambda)W + U(\lambda)(\lambda I_n - B)R(\lambda) \\
&= U(\lambda)W + (\lambda I_n - A)V(\lambda)^{-1}R(\lambda) \\
&= [(\lambda I_n - A)Q(\lambda) + U_0]W + (\lambda I_n - A)V(\lambda)^{-1}R(\lambda) \\
&= U_0 W + (\lambda I_n - A)[Q(\lambda)W + V(\lambda)^{-1}R(\lambda)]
\end{aligned}$$

由于上式左侧为单位阵 I_n, 其 λ 的次数为 0, 可知上式右侧第二项必为零. 因此得到 $I_n = U_0 W$, 即 $W = U_0^{-1}$. 再利用式 (3-15), 有

$$(\lambda I_n - A) = U_0(\lambda I_n - B)V_0.$$

由引理 3.3, 可知 A 与 B 相似. □

定义 3.10　设 A 是 n 阶常数矩阵, 其特征矩阵 $\lambda I_n - A$ 的行列式因子、不变因子和初等因子分别称为矩阵 A 的行列式因子、不变因子和初等因子.

那么结合定理 3.3 和定理 3.7, 得到

定理 3.8　n 阶矩阵 A 和 B 相似的充分必要条件为它们有相同的行列式因子, 或有相同的不变因子.

又进一步, 根据定理 3.5, 有

定理 3.9　n 阶矩阵 A 和 B 相似的充分必要条件为它们有相同的初等因子.

3.4.3　矩阵 Jordan 标准形的计算

现在我们回到 Jordan 标准形上来, 假设

$$J = \begin{bmatrix} J_1 & & & \\ & J_2 & & \\ & & \ddots & \\ & & & J_s \end{bmatrix}$$

其中每一个 J_i 为形如式 (3-5) 的 Jordan 块, 则 J 的特征矩阵为

$$\lambda I_n - J = \mathrm{diag}\{\lambda I_{n_1} - J_1, \lambda I_{n_2} - J_2, \cdots, \lambda I_{n_s} - J_s\}$$

由定理 3.6 及性质 3.2, 可知 Jordan 标准形 J 的初等因子为

$$(\lambda - \lambda_1)^{n_1}, (\lambda - \lambda_2)^{n_2}, \cdots, (\lambda - \lambda_s)^{n_s}$$

反过来每一个初等因子刚好唯一地对应一个 Jordan 块, 这些 Jordan 块拼起来 (不考虑次序时) 刚好是原 Jordan 标准形.

定义 3.11　与矩阵 A 相似的 Jordan 标准形 J, 称为 A 的 Jordan 标准形.

定理 3.10　设 A 是一个 n 阶常数阵, 则 A 与一个 Jordan 标准形相似, 并且当不考虑其 Jordan 块的次序时, Jordan 标准形被 A 唯一确定.

证　假设 A 的全部初等因子为

$$(\lambda - \lambda_1)^{n_1}, (\lambda - \lambda_2)^{n_2}, \cdots, (\lambda - \lambda_s)^{n_s} \tag{3-16}$$

每一个初等因子 $(\lambda - \lambda_i)^{n_i}$ 对应于一个 Jordan 块

$$J_i = \begin{bmatrix} \lambda_i & 1 & 0 & \cdots & 0 \\ 0 & \lambda_i & 1 & \cdots & 0 \\ \vdots & \vdots & \vdots & & \vdots \\ 0 & 0 & 0 & \cdots & 1 \\ 0 & 0 & 0 & \cdots & \lambda_i \end{bmatrix}_{n_i \times n_i}, \quad i = 1, 2, \cdots, s$$

这些 Jordan 块可拼成一个 Jordan 标准形

$$J = \text{diag}\{J_1, J_2, \cdots, J_s\} \tag{3-17}$$

其初等因子也是式 (3-16). 因为 J 和 A 有相同的初等因子. 根据定理 3.9 便可得 J 和 A 是相似的.

若还有一个 Jordan 标准形 K 与 A 相似, 则 K 与 A 有相同的初等因子. 因此, K 和 J 除去其 Jordan 块的次序之外是相同的. 即证明了其唯一性.　□

定理 3.10 给了我们一种求矩阵的 Jordan 标准形的方法, 即先求出矩阵的全部初等因子, 然后给出每一个初等因子对应的 Jordan 块, 再把这些 Jordan 块组装起来便是原矩阵的 Jordan 标准形.

例 3.5　求矩阵 $A = \begin{bmatrix} -1 & 1 & 0 \\ -4 & 3 & 0 \\ 1 & 0 & 2 \end{bmatrix}$ 的 Jordan 标准形.

解　用初等变换可得 $\lambda I_3 - A$ 的 Smith 标准形为

$$\lambda I_3 - A = \begin{bmatrix} \lambda + 1 & -1 & 0 \\ 4 & \lambda - 3 & 0 \\ -1 & 0 & \lambda - 2 \end{bmatrix} \simeq \begin{bmatrix} 1 & 0 & 0 \\ 0 & 1 & 0 \\ 0 & 0 & (\lambda - 2)(\lambda - 1)^2 \end{bmatrix}$$

可知其初等因子为 $(\lambda-2),(\lambda-1)^2$, 所以其对应的 Jordan 标准形为

$$J = \begin{bmatrix} 2 & 0 & 0 \\ 0 & 1 & 1 \\ 0 & 0 & 1 \end{bmatrix}$$

由定理 3.10 可知, 对任意 n 阶矩阵 A, 都存在可逆矩阵 P 使得

$$A = PJP^{-1} \quad (\text{或 } P^{-1}AP = J)$$

其中 J 为 A 的 Jordan 标准形.

当然, A 可对角化时, $J = \text{diag}\{\lambda_1,\lambda_2,\cdots,\lambda_n\}$, 其中 $\lambda_i(1 \leqslant i \leqslant n)$ 为 A 的特征值, P 刚好由对应的线性无关的特征向量构成.

现在我们讨论, 一般情况下怎么求出变换矩阵 P 的方法, 先看如下两个例子.

例 3.6 求将矩阵 $A = \begin{bmatrix} -1 & -1 & 0 \\ 4 & 3 & 0 \\ -1 & 0 & 2 \end{bmatrix}$ 转成 Jordan 标准形的变换矩阵.

解 由例 3.5 可知, 存在 3 阶可逆矩阵 P 使得

$$P^{-1}AP = J = \begin{bmatrix} 2 & 0 & 0 \\ 0 & 1 & 1 \\ 0 & 0 & 1 \end{bmatrix}$$

记 $P = [p_1 \quad p_2 \quad p_3]$, 则得 $A[p_1 \quad p_2 \quad p_3] = [p_1 \quad p_2 \quad p_3]J$, 即

$$[Ap_1 \quad Ap_2 \quad Ap_3] = [p_1 \quad p_2 \quad p_3] \begin{bmatrix} 2 & 0 & 0 \\ 0 & 1 & 1 \\ 0 & 0 & 1 \end{bmatrix}$$

$$[Ap_1 \quad Ap_2 \quad Ap_3] = [2p_1 \quad p_2 \quad p_2+p_3]$$

由此可得

$$\begin{cases} (2I_3 - A)p_1 = \mathbf{0} \\ (I_3 - A)p_2 = \mathbf{0} \\ (I_3 - A)p_3 = -p_2 \end{cases}$$

从而 p_1,p_2 分别是 A 的两个特征值 2 和 1 对应的特征向量, p_3 是非齐次线性方程组 $(I_3 - A)p_3 = -p_2$ 的解.

易算出 $p_1 = (0, 0, 1)^{\mathrm{T}}, p_2 = (1, -2, 1)^{\mathrm{T}}$, 再由 $(I_3 - A)p_3 = -p_2$, 可算出

$$p_3 = (1, -3, 1)^{\mathrm{T}}, \text{故 } P = \begin{bmatrix} 0 & 1 & 1 \\ 0 & -2 & -3 \\ 1 & 1 & 1 \end{bmatrix}.$$

例 3.7 求将矩阵 $A = \begin{bmatrix} -1 & -2 & 6 \\ -1 & 0 & 3 \\ -1 & -1 & 4 \end{bmatrix}$ 转成 Jordan 标准形的变换矩阵.

解 由

$$\lambda I_3 - A = \begin{bmatrix} \lambda + 1 & 2 & -6 \\ 1 & \lambda & -3 \\ 1 & 1 & \lambda - 4 \end{bmatrix} \simeq \begin{bmatrix} 1 & 0 & 0 \\ 0 & \lambda - 1 & 0 \\ 0 & 0 & (\lambda - 1)^2 \end{bmatrix}$$

可知 A 的初等因子为 $(\lambda - 1), (\lambda - 1)^2$, 从而 A 的 Jordan 标准形为

$$J = \begin{bmatrix} 1 & 0 & 0 \\ 0 & 1 & 1 \\ 0 & 0 & 1 \end{bmatrix}$$

并且存在可逆矩阵 P, 满足 $P^{-1}AP = J$, 若记 $P = [p_1 \quad p_2 \quad p_3]$, 则有 $A[p_1 \quad p_2 \quad p_3] = [p_1 \quad p_2 \quad p_3]J$, 即

$$[Ap_1 \quad Ap_2 \quad Ap_3] = [p_1 \quad p_2 \quad p_2 + p_3]$$

由此可得

$$\begin{cases} (I_3 - A)p_1 = \mathbf{0} \\ (I_3 - A)p_2 = \mathbf{0} \\ (I_3 - A)p_3 = -p_2 \end{cases}$$

上式表明 p_1, p_2 是 A 对应于特征值 1 的两个线性无关的特征向量. 易得 $(I_3 - A)x = \mathbf{0}$ 的两个线性无关的解向量为 $\eta_1 = (-1, 1, 0)^{\mathrm{T}}, \eta_2 = (3, 0, 1)^{\mathrm{T}}$.

这时可取 $p_1 = \eta_1$, 但不能直接取 $p_2 = \eta_2$, 因为 p_2 的选取要保证非齐次方程 $(I_3 - A)p_3 = -p_2$ 有非零解.

设 $p_2 = a_1\eta_1 + a_2\eta_2$, 其中系数 a_1, a_2 为待定系数, 要保证 p_1 与 p_2 线性无关, 并且使 $(I_3 - A)p_3 = -p_2$ 有解. 由假设 $p_2 = a_1\eta_1 + a_2\eta_2 = (-a_1 + 3a_2, a_1, a_2)^{\mathrm{T}}$, 即取 a_1, a_2 满足方程

$$\begin{bmatrix} 2 & 2 & -6 \\ 1 & 1 & -3 \\ 1 & 1 & -3 \end{bmatrix} p_3 = \begin{bmatrix} a_1 - 3a_2 \\ -a_1 \\ -a_2 \end{bmatrix}$$

有解, 易算出当 $a_1 = a_2$ 时, 方程有解, 不妨取 $a_1 = a_2 = 1$, 可得 $p_2 = (2,1,1)^{\mathrm{T}}$, 进而用 $(I_3 - A)p_3 = -p_2$, 直接算出 $p_3 = (2, 0, 1)^{\mathrm{T}}$, 最后得到

$$
P = [p_1 \quad p_2 \quad p_3] = \begin{bmatrix} -1 & 2 & 2 \\ 1 & 1 & 0 \\ 0 & 1 & 1 \end{bmatrix}
$$

一般地, A 为 n 阶矩阵, 则存在 n 阶可逆矩阵 P 使得

$$
P^{-1}AP = J = \mathrm{diag}\{J_1, J_2, \cdots, J_s\} \tag{3-18}
$$

其中 J_i 为 Jordan 块, 记 $P = [P_1 \quad P_2 \quad \cdots \quad P_s]$, 其中 P_i 为 $n \times n_i$ 型矩阵. 由式 (3-18), 可得

$$
[AP_1 \quad AP_2 \quad \cdots \quad AP_s] = [P_1J_1 \quad P_2J_2 \quad \cdots \quad P_sJ_s]
$$

进而

$$
AP_i = P_iJ_i, \quad i = 1, \cdots, s \tag{3-19}
$$

记 $P_i = [p_1^{(i)} \quad p_2^{(i)} \quad \cdots \quad p_{n_i}^{(i)}]$, 由式 (3-19) 可推出

$$
\begin{cases} Ap_1^{(i)} = \lambda_i p_1^{(i)}, \\ Ap_2^{(i)} = \lambda_i p_2^{(i)} + p_1^{(i)}, & i = 1, 2, \cdots, s \\ \quad\quad \cdots\cdots \\ Ap_{n_i}^{(i)} = \lambda_i p_{n_i}^{(i)} + p_{n_i-1}^{(i)}, \end{cases} \tag{3-20}
$$

由上式可见, $p_1^{(i)}$ 是矩阵 A 对应的特征值 λ_i 的特征向量, 且由 $p_1^{(i)}$ 可依次求得 $p_2^{(i)}, \cdots, p_{n_i}^{(i)}$. 由例 3.7 可知, 特征向量 $p_1^{(i)}$ 的选取应保证 $p_2^{(i)}$ 可以求出, 进而类似选取 $p_2^{(i)}$, 保证 $p_3^{(i)}$ 可以求出, $\cdots\cdots$, 直到 $p_{n_i}^{(i)}$ 求出, 并使 $p_1^{(i)}, p_2^{(i)}, \cdots, p_{n_i}^{(i)}$ 线性无关. 有时称 $p_1^{(i)}, p_2^{(i)}, \cdots, p_{n_i}^{(i)}$ 是矩阵 A 的属于 λ_i 的广义特征向量.

3.5 Cayley-Hamilton 定理与最小多项式

设 A 为一个 n 阶方阵, 记其特征多项式为

$$
f(\lambda) = \det(\lambda I_n - A) = \lambda^n + a_1\lambda^{n-1} + a_2\lambda^{n-2} + \cdots + a_{n-1}\lambda + a_n
$$

定理 3.11 (Cayley-Hamilton 定理) 设 A 为 n 阶方阵, $f(\lambda)$ 为其特征多项式, 则有 $f(A) = O$.

证　先考察特征矩阵 $\lambda I_n - A$ 的伴随矩阵 $(\lambda I_n - A)^*$, 其元素至多是 λ 的 $n-1$ 次多项式, 从而 $(\lambda I_n - A)^*$ 的多项式可表示为

$$(\lambda I_n - A)^* = B_1 \lambda^{n-1} + B_2 \lambda^{n-2} + \cdots + B_{n-1}\lambda + B_n$$

其中 $B_1, B_2, \cdots, B_n$ 都是 n 阶常数矩阵.

由于 $(\lambda I_n - A)(\lambda I_n - A)^* = f(\lambda)I_n$, 即

$$(\lambda I_n - A)(B_1 \lambda^{n-1} + B_2 \lambda^{n-2} + \cdots + B_{n-1}\lambda + B_n)$$

$$= \lambda^n I_n + a_1 \lambda^{n-1} I_n + \cdots + a_{n-1}\lambda I_n + a_n I_n$$

比较两边 λ 的同次幂的系数矩阵, 便有

$$B_1 = I_n$$
$$B_2 - AB_1 = a_1 I_n$$
$$B_3 - AB_2 = a_2 I_n$$
$$\cdots\cdots$$
$$B_n - AB_{n-1} = a_{n-1} I_n$$
$$- AB_n = a_n I_n$$

这时, 用 $A^n, A^{n-1}, \cdots, A, I_n$ 分别左乘上面各式, 再相加, 得到

$$左边 = A^n B_1 + A^{n-1}(B_2 - AB_1) + A^{n-2}(B_3 - AB_2) + \cdots$$

$$+ A(B_n - AB_{n-1}) - AB_n = O$$

$$右边 = A^n + a_1 A^{n-1} + \cdots + a_{n-1}A + a_n I_n = f(A).$$

从而可得 $f(A) = O$.　　　　　　　　　　　　　　　　　　　　□

Cayley-Hamilton 定理的一个重要应用是, 可以把矩阵 A 的幂 $A^k (k \geqslant n)$ 表示成其较低的幂次 $I_n, A, \cdots, A^{n-1}$ 的线性表示.

例 3.8　设 $A = \begin{bmatrix} 1 & 2 & 1 \\ 0 & -1 & 3 \\ 0 & 0 & 0 \end{bmatrix}$, 求 A^{100}.

解　由矩阵 A 的特征多项式为 $f(\lambda) = \lambda^3 - \lambda$, 应用定理 3.11 可知 $A^3 = A$, 从而 $A^4 = A^3 A = AA = A^2$, $A^5 = A^3 = A, \cdots$, 进而可归纳出 $A^{2n+1} = A$, $A^{2n} = A^2$ $(n = 1, 2, \cdots)$, 从而可知 $A^{100} = A^2 = \begin{bmatrix} 1 & 0 & 7 \\ 0 & 1 & -3 \\ 0 & 0 & 0 \end{bmatrix}$.

定义 3.12 设 A 是 n 阶矩阵, 若存在多项式 $\varphi(\lambda)$ 使得 $\varphi(A) = O$, 则称 $\varphi(\lambda)$ 为 A 的化零多项式.

显然 A 的特征多项式 $f(\lambda)$ 一定是它的一个化零多项式, 并且对任意多项式 $g(\lambda)$, 乘积 $f(\lambda)g(\lambda)$ 也是 A 的一个化零多项式.

定义 3.13 n 阶矩阵 A 的所有化零多项式中, 次数最低且首项系数为 1 的多项式称为 A 的最小多项式, 记为 $m(\lambda)$.

根据定理 3.11 可以直接推出, 任意 n 阶矩阵 A 的最小多项式一定存在且次数不会超过 n.

性质 3.3 n 阶矩阵 A 的最小多项式 $m(\lambda)$ 可以整除 A 的任意化零多项式 $\varphi(\lambda)$. 特别地, $m(\lambda)$ 可以整除特征多项式 $f(\lambda)$.

定理 3.12 相似矩阵具有相同的最小多项式.

证 设 n 阶矩阵 A 与 B 相似, 则存在可逆矩阵 P 使得

$$B = P^{-1}AP$$

进而, 对任意多项式 $\varphi(\lambda)$ 有

$$\varphi(B) = P^{-1}\varphi(A)P$$

上式表明, A 与 B 有相同的化零多项式, 从而它们具有相同的最小多项式. □

定理 3.13 分块对角矩阵 $A = \mathrm{diag}\{A_1, A_2, \cdots, A_s\}$ 的最小多项式等于其对角阵的最小多项式的最小公倍式.

证 设 A_i 的最小多项式为 $m_i(\lambda)(i = 1, 2, \cdots, s)$, 由于对任意多项式 $\varphi(\lambda)$, 成立

$$\varphi(A) = \mathrm{diag}\{\varphi(A_1), \varphi(A_2), \cdots, \varphi(A_s)\}$$

若 $\varphi(\lambda)$ 是 A 的一个化零多项式, 则 $\varphi(\lambda)$ 一定是 $A_i(i = 1, 2, \cdots, s)$ 的化零多项式, 从而 $m_i(\lambda)|\varphi(\lambda)(i = 1, 2, \cdots, s)$. 这说明, $\varphi(\lambda)$ 是 $m_1(\lambda), m_2(\lambda), \cdots, m_s(\lambda)$ 的公倍式. 另一方面, 若 $\varphi(\lambda)$ 为 $m_1(\lambda), m_2(\lambda), \cdots, m_s(\lambda)$ 的任一公倍式, 则 $\varphi(A_i) = O\,(i = 1, 2, \cdots, s)$, 从而 $\varphi(A) = O$.

从而 A 的最小多项式 $m(\lambda)$ 为 $m_1(\lambda), m_2(\lambda), \cdots, m_s(\lambda)$ 的公倍式中次数最低者, 即它们的最小公倍式. □

性质 3.4 Jordan 块 $J_i = \begin{bmatrix} \lambda_i & 1 & \cdots & 0 \\ 0 & \lambda_i & \cdots & 0 \\ \vdots & \vdots & & \vdots \\ 0 & 0 & \cdots & 1 \\ 0 & 0 & \cdots & \lambda_i \end{bmatrix}_{n_i \times n_i}$ 的最小多项式为 $(\lambda - \lambda_i)^{n_i}$.

证　由于 J_i 的特征多项式 $f(\lambda) = (\lambda - \lambda_i)^{n_i}$, 根据性质 3.3, J_i 的最小多项式 $m_i(\lambda)$ 一定是如下形式

$$m_i(\lambda) = (\lambda - \lambda_i)^k$$

其中正整数 $k \leqslant n_i$, 但当 $k < n_i$ 时, 易验证

$$(J_i - \lambda_i I)^k = \begin{bmatrix} 0 & 1 & \cdots & 0 \\ 0 & 0 & \cdots & 0 \\ \vdots & \vdots & & \vdots \\ 0 & 0 & \cdots & 1 \\ 0 & 0 & \cdots & 0 \end{bmatrix}_{n_i \times n_i}^{k} \neq O$$

从而 $m_i(\lambda) = (\lambda - \lambda_i)^{n_i}$.　　　　　　　　　　　　　　　　　　□

定理 3.14　设 A 是一个 n 阶方阵, 则 A 的最小多项式为其第 n 个不变因子, 即 $m(\lambda) = d_n(\lambda)$.

证　不妨设 A 的 Jordan 标准形为 $J = \mathrm{diag}\{J_1, J_2, \cdots, J_s\}$, 其中 J_i 为 n_i 阶的 Jordan 块. 由 A 和 J 的相似性, 应用定理 3.8 和定理 3.13, 可知 A 和其 Jordan 标准形 J 有相同的不变因子和最小多项式. 又由定理 3.13, J 的最小多项式为 $J_1, J_2, \cdots, J_s$ 的最小多项式的最小公倍式. 因为 J_i 的最小多项式为 $(\lambda - \lambda_i)^{n_i}(i = 1, 2, \cdots, s)$, 进一步, $(\lambda - \lambda_1)^{n_1}, (\lambda - \lambda_2)^{n_2}, \cdots, (\lambda - \lambda_s)^{n_s}$ 的最小公倍式是 J 的第 n 个不变因子 $d_n(\lambda)$, 最终得到 $m(\lambda) = d_n(\lambda)$.　　　□

习　题　3

3.1　求下列 λ-矩阵的 Smith 标准形:

(1) $\begin{bmatrix} (\lambda+1)^2 & \lambda+1 \\ \lambda+1 & \lambda^2-1 \end{bmatrix}$;
　　　　　(2) $\begin{bmatrix} \lambda & \lambda^2-1 & \lambda-1 \\ \lambda^2+2\lambda & 3\lambda^2-1 & 3\lambda-1 \\ \lambda^2 & \lambda^2+1 & \lambda+1 \end{bmatrix}$;

(3) $\begin{bmatrix} (\lambda+1)^2 & 0 & 0 \\ 0 & \lambda(\lambda+1) & 0 \\ 0 & 0 & \lambda \end{bmatrix}$;
　　(4) $\begin{bmatrix} 0 & 0 & \lambda^2-\lambda \\ 0 & \lambda^2 & 0 \\ (\lambda-1)^2 & 0 & 0 \end{bmatrix}$.

3.2　求下列 λ-矩阵的不变因子和初等因子:

(1) $\begin{bmatrix} \lambda^2+\lambda-4 & \lambda-2 & \lambda-1 \\ 3\lambda^2+2\lambda-3 & 2\lambda-1 & \lambda^2+2\lambda-3 \\ 4\lambda^2+3\lambda-5 & 3\lambda-2 & \lambda^2+3\lambda-4 \end{bmatrix}$;　(2) $\begin{bmatrix} 0 & 1 & \lambda-3 \\ 1 & \lambda-3 & 0 \\ \lambda-3 & 0 & 0 \end{bmatrix}$.

3.3　证明: n 阶矩阵 A 与一个对角阵相似的充要条件是 A 的初等因子都是一次的.

3.4 证明相伴矩阵

$$A(\lambda) = \begin{bmatrix} \lambda & 0 & \cdots & 0 & a_n \\ -1 & \lambda & \cdots & 0 & a_{n-1} \\ \vdots & \vdots & & \vdots & \vdots \\ 0 & 0 & \cdots & \lambda & a_2 \\ 0 & 0 & \cdots & -1 & \lambda + a_1 \end{bmatrix}$$

的行列式因子为 $D_1(\lambda) = D_2(\lambda) = \cdots = D_{n-1}(\lambda) = 1, D_n(\lambda) = f(\lambda)$, 其中

$$f(\lambda) = \lambda^n + a_1\lambda^{n-1} + \cdots + a_{n-2}\lambda^2 + a_{n-1}\lambda + a_n$$

3.5 求下列矩阵的 Jordan 标准形:

(1) $\begin{bmatrix} 1 & 2 & 4 \\ 1 & 3 & 5 \\ 21 & 6 & 15 \end{bmatrix}$;

(2) $\begin{bmatrix} -2 & 5 & 4 \\ -3 & 7 & 5 \\ -4 & 9 & 6 \end{bmatrix}$;

(3) $\begin{bmatrix} 1 & 2 & 3 & 4 \\ 0 & 1 & 3 & 4 \\ 0 & 0 & 1 & 4 \\ 0 & 0 & 0 & 1 \end{bmatrix}$;

(4) $\begin{bmatrix} 1 & 2 & 0 & 3 \\ 4 & -5 & -2 & 4 \\ 0 & 0 & 3 & -2 \\ 0 & 0 & 1 & 1 \end{bmatrix}$.

3.6 求下列矩阵 A 的 Jordan 标准形 J, 并求变换矩阵 P, 使得 $P^{-1}AP = J$.

(1) $A = \begin{bmatrix} 0 & -4 & 0 \\ 1 & -4 & 0 \\ 1 & -2 & -2 \end{bmatrix}$;

(2) $A = \begin{bmatrix} 1 & -3 & 4 \\ 4 & -7 & 8 \\ 6 & -7 & 7 \end{bmatrix}$.

3.7 利用 Cayley-Hamilton 定理计算 $6A^{10} - 3A^5 + A^4 - 3A^3 + A$, 其中

$$A = \begin{bmatrix} 1 & 0 & 2 \\ 0 & -1 & 1 \\ 0 & 1 & 0 \end{bmatrix}$$

3.8 求下列矩阵的最小多项式:

(1) $\begin{bmatrix} 3 & 1 & -1 \\ 0 & 2 & 0 \\ 1 & 1 & 1 \end{bmatrix}$;

(2) $\begin{bmatrix} 2 & -2 & -4 \\ -5 & 7 & 5 \\ -4 & 7 & 6 \end{bmatrix}$.

3.9 证明 A 的最小多项式 $m(\lambda)$ 的零点是 A 的特征值; 反之, A 的特征值是 $m(\lambda)$ 的零点.

第 4 章 矩 阵 分 解

矩阵分解是指将一个矩阵分解为比较简单的或具有某种特性的若干个矩阵的和或乘积的一种运算, 这种分解是矩阵理论研究和应用中常用的方法. 矩阵分解对研究矩阵的数值特征以及对矩阵进行某些数值计算和理论分析具有重要作用. 本章介绍矩阵的三角分解、QR 分解、秩分解、谱分解和奇异值分解.

4.1 矩阵的三角分解

矩阵的三角分解指将矩阵分解成一个酉矩阵 (或正交矩阵) 与一个三角矩阵的乘积, 或一个三角矩阵与另一个三角矩阵的乘积.

4.1.1 n 阶方阵的三角分解

定义 4.1 设 n 阶方阵 $A = (a_{ij}) \in F^{n \times n}$ 为上 (或下) 三角矩阵, 如果对角线上元素 a_{ii} 全为正实数, 即 $a_{ii} > 0 \, (i = 1, 2, \cdots, n)$, 则称 A 为正线上 (或下) 三角矩阵; 如果 $a_{ii} = 1 \, (i = 1, 2, \cdots, n)$, 则称 A 为单位上 (或下) 三角矩阵.

定理 4.1 设 $A \in \mathbf{C}^{n \times n}$, $\mathrm{rank}(A) = n$, 则 A 可唯一地分解为

$$A = U_1 R \quad \text{或} \quad A = LU_2 \tag{4-1}$$

其中, U_1, U_2 是酉矩阵, R 和 L 分别是正线上三角复矩阵和正线下三角复矩阵. 式 (4-1) 称为 UR 分解或 LU 分解.

证 仅证第一种情况. 将 A 按列分块, 记

$$A = [\alpha_1 \quad \alpha_2 \quad \cdots \quad \alpha_n]$$

因为 $\mathrm{rank}(A) = n$, 所以向量组 $\alpha_1, \alpha_2, \cdots, \alpha_n$ 线性无关. 由 Schmidt 正交化方法知, 存在标准正交向量组 $\beta_1, \beta_2, \cdots, \beta_n$, 使得

$$\alpha_1 = k_{11}\beta_1$$
$$\alpha_2 = k_{21}\beta_1 + k_{22}\beta_2$$
$$\cdots\cdots$$
$$\alpha_n = k_{n1}\beta_1 + k_{n2}\beta_2 + \cdots + k_{nn}\beta_n$$

其中, $k_{ii} > 0 \, (i = 1, 2, \cdots, n)$. 从而有

$$A = [\alpha_1 \quad \alpha_2 \quad \cdots \quad \alpha_n] = [\beta_1 \quad \beta_2 \quad \cdots \quad \beta_n] \begin{bmatrix} k_{11} & k_{21} & \cdots & k_{n1} \\ 0 & k_{22} & \cdots & k_{n2} \\ \vdots & \vdots & & \vdots \\ 0 & 0 & \cdots & k_{nn} \end{bmatrix}$$

若记

$$U_1 = [\beta_1 \quad \beta_2 \quad \cdots \quad \beta_n], \quad R = \begin{bmatrix} k_{11} & k_{21} & \cdots & k_{n1} \\ 0 & k_{22} & \cdots & k_{n2} \\ \vdots & \vdots & & \vdots \\ 0 & 0 & \cdots & k_{nn} \end{bmatrix}$$

则 U_1 为酉矩阵, R 是正线上三角复矩阵, 且 $A = U_1 R$.

唯一性. 若 A 有如上两种分解, 即 $A = U_{11} R_1 = U_{12} R_2$, 则

$$R_1 = U_{11}^{-1} U_{12} R_2 = V R_2 \tag{4-2}$$

这里, $V = U_{11}^{-1} U_{12}$ 也是酉矩阵. 为证明方便, 设

$$R_1 = \begin{bmatrix} k_{11} & k_{12} & \cdots & k_{1n} \\ 0 & k_{22} & \cdots & k_{2n} \\ \vdots & \vdots & & \vdots \\ 0 & 0 & \cdots & k_{nn} \end{bmatrix}, \quad V = \begin{bmatrix} v_{11} & v_{12} & \cdots & v_{1n} \\ v_{21} & v_{22} & \cdots & v_{2n} \\ \vdots & \vdots & & \vdots \\ v_{n1} & v_{n2} & \cdots & v_{nn} \end{bmatrix}$$

$$R_2 = \begin{bmatrix} l_{11} & l_{12} & \cdots & l_{1n} \\ 0 & l_{22} & \cdots & l_{2n} \\ \vdots & \vdots & & \vdots \\ 0 & 0 & \cdots & l_{nn} \end{bmatrix}$$

首先比较式 (4-2) 等号两边矩阵的第一列对应元素, 得

$$k_{11} = v_{11} l_{11}, \quad 0 = v_{i1} l_{11}, \quad i = 2, 3, \cdots, n$$

由 $l_{11} > 0$, 得 $v_{21} = v_{31} = \cdots = v_{n1} = 0$. 又由 V 是酉矩阵, 它的列向量均为单位向量, 得 $v_{11} = 1$. 另外, 由 V 的第一列与其他各列都正交, 又得 $v_{12} = v_{13} = \cdots =$

$v_{1n} = 0$. 所以

$$V = \begin{bmatrix} 1 & 0 & \cdots & 0 \\ 0 & v_{22} & \cdots & v_{2n} \\ \vdots & \vdots & & \vdots \\ 0 & v_{n2} & \cdots & v_{nn} \end{bmatrix}$$

再比较式 (4-2) 等号两边矩阵的第二列对应元素, 类似地可得

$$v_{22} = 1, \quad v_{i2} = 0, \quad v_{2j} = 0, \quad i, j = 3, 4, \cdots, n$$

以此类推有 $V = I_n$. 因此, 由式 (4-2) 可得 $R_1 = R_2$, $U_{11} = U_{12}$, 唯一性得证. □

推论 4.1 设 $A \in \mathbf{R}^{n \times n}$, $\mathrm{rank}(A) = n$, 则 A 可唯一地分解为

$$A = Q_1 R \quad 或 \quad A = L Q_2 \tag{4-3}$$

其中, Q_1 和 Q_2 是正交矩阵, R 和 L 分别是正线上三角实矩阵和正线下三角实矩阵. 式 (4-3) 称为 QR 分解或 LQ 分解.

例 4.1 将矩阵 $A = \begin{bmatrix} 1 & -1 & 0 \\ 0 & 2 & -4 \\ 0 & -1 & 3 \end{bmatrix}$ 分解成式 (4-3) 之 QR 分解的形式.

解 令 $\alpha_1 = (1, 0, 0)^{\mathrm{T}}$, $\alpha_2 = (-1, 2, -1)^{\mathrm{T}}$, $\alpha_3 = (0, -4, 3)^{\mathrm{T}}$, 先由 Schmidt 正交化方法将其正交化, 得

$$\beta_1' = \alpha_1 = (1, 0, 0)^{\mathrm{T}}$$

$$\beta_2' = \alpha_2 - \frac{(\beta_1', \alpha_2)}{(\beta_1', \beta_1')} \beta_1' = \alpha_2 + \alpha_1 = (0, 2, -1)^{\mathrm{T}}$$

$$\beta_3' = \alpha_3 - \frac{(\beta_1', \alpha_3)}{(\beta_1', \beta_1')} \beta_1' - \frac{(\beta_2', \alpha_3)}{(\beta_2', \beta_2')} \beta_2'$$

$$= \alpha_3 + \frac{11}{5} \alpha_2 + \frac{11}{5} \alpha_1 = (0, 2/5, 4/5)^{\mathrm{T}}$$

再单位化得

$$\beta_1 = (1, 0, 0)^{\mathrm{T}} = \alpha_1$$

$$\beta_2 = (0, 2/\sqrt{5}, -1/\sqrt{5})^{\mathrm{T}} = \frac{1}{\sqrt{5}} \alpha_2 + \frac{1}{\sqrt{5}} \alpha_1$$

$$\beta_3 = (0, \ 1/\sqrt{5}, 2/\sqrt{5})^{\mathrm{T}} = \frac{\sqrt{5}}{2} \alpha_3 + \frac{11\sqrt{5}}{10} \alpha_2 + \frac{11\sqrt{5}}{10} \alpha_1$$

即

$$[\beta_1 \quad \beta_2 \quad \beta_3] = [\alpha_1 \quad \alpha_2 \quad \alpha_3] \begin{bmatrix} 1 & 1/\sqrt{5} & 11\sqrt{5}/10 \\ 0 & 1/\sqrt{5} & 11\sqrt{5}/10 \\ 0 & 0 & \sqrt{5}/2 \end{bmatrix}$$

所以

$$A = [\alpha_1 \quad \alpha_2 \quad \alpha_3] = [\beta_1 \quad \beta_2 \quad \beta_3] \begin{bmatrix} 1 & 1/\sqrt{5} & 11\sqrt{5}/10 \\ 0 & 1/\sqrt{5} & 11\sqrt{5}/10 \\ 0 & 0 & \sqrt{5}/2 \end{bmatrix}^{-1}$$

$$= \begin{bmatrix} 1 & 0 & 0 \\ 0 & 2/\sqrt{5} & 1/\sqrt{5} \\ 0 & -1/\sqrt{5} & 2/\sqrt{5} \end{bmatrix} \begin{bmatrix} 1 & -1 & 0 \\ 0 & \sqrt{5} & -11/\sqrt{5} \\ 0 & 0 & 2/\sqrt{5} \end{bmatrix} \triangleq Q_1 R$$

推论 4.2 若 $A \in \mathbf{R}^{n \times n}$ 是对称正定矩阵, 则存在唯一的正线上 (或下) 三角实矩阵 R (或 L), 使得 $A = R^{\mathrm{T}}R$ (或 $A = LL^{\mathrm{T}}$).

证 由 A 是实对称正定矩阵知, 存在非奇异矩阵 P, 使得 $A = P^{\mathrm{T}}P$. 而由推论 4.1, 存在正交矩阵 Q 和正线上三角实矩阵 R, 使 $P = QR$. 因此

$$A = P^{\mathrm{T}}P = R^{\mathrm{T}}Q^{\mathrm{T}}QR = R^{\mathrm{T}}R$$

唯一性. 若 A 有两种分解, 即 $A = R_1^{\mathrm{T}}R_1 = R_2^{\mathrm{T}}R_2$, 则

$$R_1 R_2^{-1} = \left(R_1^{\mathrm{T}}\right)^{-1} R_2^{\mathrm{T}} = \left(R_2 R_1^{-1}\right)^{\mathrm{T}}$$

由于上三角矩阵的逆矩阵是上三角矩阵, 两个上三角矩阵的乘积还是上三角矩阵. 因此, $R_1 R_2^{-1}$ 是上三角矩阵, $\left(R_2 R_1^{-1}\right)^{\mathrm{T}}$ 是下三角矩阵, 于是 $R_1 R_2^{-1}$ 与 $\left(R_2 R_1^{-1}\right)^{\mathrm{T}} = \left(R_1 R_2^{-1}\right)^{-1}$ 均是对角矩阵. 再注意, 对角矩阵的逆矩阵的对角元素是原矩阵主对角线上元素的倒数, 所以有 $R_1 R_2^{-1} = I_n$, $R_1 = R_2$. □

推论 4.3 设 $A \in \mathbf{C}^{n \times n}$ 是 Hermite 正定矩阵, 则存在唯一的正线上 (或下) 三角复矩阵 R (或 L), 使得 $A = R^{\mathrm{H}}R$ (或 $A = LL^{\mathrm{H}}$).

定理 4.2 设 $A \in \mathbf{C}^{n \times n}$, $\mathrm{rank}(A) = n$, 令 L 和 R 分别表示下三角复矩阵和上三角复矩阵, 而 L^* 和 R^* 分别表示单位下三角复矩阵和单位上三角复矩阵, D 表示对角矩阵. 下列命题等价:

(1) A 的各阶顺序主子式均不为 0, 即

$$\Delta_k = \begin{vmatrix} a_{11} & a_{12} & \cdots & a_{1k} \\ a_{21} & a_{22} & \cdots & a_{2k} \\ \vdots & \vdots & & \vdots \\ a_{k1} & a_{k2} & \cdots & a_{kk} \end{vmatrix} \neq 0, \quad k = 1, 2, \cdots, n$$

(2) A 可唯一地分解为 $A = LR^*$, 并且 L 的主对角线上元素均不为零;

(3) A 可唯一地分解为 $A = L^*DR^*$, 并且 D 的主对角线上元素均不为零;

(4) A 可唯一地分解为 $A = L^*R$, 并且 R 的主对角线上元素均不为零.

称 (2) 和 (4) 中的分解式为 LR 分解, (3) 中的分解式为 LDR 分解.

证 (1)$\Rightarrow$(2). 首先, 利用归纳法证明分解式的存在性. 当 $n = 1$ 时, $A = (a_{11})$, $a_{11} \neq 0$, 取 $L = a_{11}$, $R^* = 1$ 即可. 假设对任意 $n - 1$ 阶方阵 A_1 都有 $A_1 = L_1 R_1^*$, 其中 L_1 为主对角线元素不为零的下三角复矩阵, R_1^* 为单位上三角复矩阵. 对 n 阶方阵 A, 可将其写成分块矩阵

$$A = \begin{bmatrix} A_1 & \beta \\ \alpha^{\mathrm{T}} & a_{nn} \end{bmatrix}$$

其中, A_1 为 A 的 $n - 1$ 阶顺序主子阵.

由条件 (1) 知 $\det(A_1) \neq 0$, 因此 A_1 为 $n - 1$ 阶满秩方阵, 其逆阵设为 A_1^{-1}, 于是

$$\begin{bmatrix} A_1 & \beta \\ \alpha^{\mathrm{T}} & a_{nn} \end{bmatrix} \begin{bmatrix} I_{n-1} & -A_1^{-1}\beta \\ \mathbf{0}^{\mathrm{T}} & 1 \end{bmatrix} = \begin{bmatrix} A_1 & \mathbf{0} \\ \alpha^{\mathrm{T}} & a_{nn} - \alpha^{\mathrm{T}} A_1^{-1}\beta \end{bmatrix}$$

由于 $\det(A) \neq 0$, 所以 A 为满秩矩阵, 则上式右端矩阵的秩也为 n, 从而有 $a_{nn} - \alpha A_1^{-1}\beta \neq 0$. 由归纳假设有 $A_1 = L_1 R_1^*$, 于是

$$\begin{aligned} A &= \begin{bmatrix} A_1 & \beta \\ \alpha^{\mathrm{T}} & a_{nn} \end{bmatrix} = \begin{bmatrix} A_1 & 0 \\ \alpha^{\mathrm{T}} & a_{nn} - \alpha^{\mathrm{T}} A_1^{-1}\beta \end{bmatrix} \begin{bmatrix} I_{n-1} & -A_1^{-1}\beta \\ \mathbf{0}^{\mathrm{T}} & 1 \end{bmatrix}^{-1} \\ &= \begin{bmatrix} A_1 & \mathbf{0} \\ \alpha^{\mathrm{T}} & a_{nn} - \alpha^{\mathrm{T}} A_1^{-1}\beta \end{bmatrix} \begin{bmatrix} I_{n-1} & A_1^{-1}\beta \\ \mathbf{0}^{\mathrm{T}} & 1 \end{bmatrix} \\ &= \begin{bmatrix} L_1 R_1^* & \mathbf{0} \\ \alpha^{\mathrm{T}} & a_{nn} - \alpha^{\mathrm{T}} A_1^{-1}\beta \end{bmatrix} \begin{bmatrix} I_{n-1} & A_1^{-1}\beta \\ \mathbf{0}^{\mathrm{T}} & 1 \end{bmatrix} \\ &= \begin{bmatrix} L_1 & \mathbf{0} \\ \alpha^{\mathrm{T}} (R_1^*)^{-1} & a_{nn} - \alpha^{\mathrm{T}} A_1^{-1}\beta \end{bmatrix} \begin{bmatrix} R_1^* & \mathbf{0} \\ \mathbf{0}^{\mathrm{T}} & 1 \end{bmatrix} \begin{bmatrix} I_{n-1} & A_1^{-1}\beta \\ \mathbf{0}^{\mathrm{T}} & 1 \end{bmatrix} \end{aligned}$$

$$= \begin{bmatrix} L_1 & \mathbf{0} \\ \alpha \left(R_1^*\right)^{-1} & a_{nn} - \alpha^{\mathrm{T}} A_1^{-1} \beta \end{bmatrix} \begin{bmatrix} R_1^* & R_1^* A_1^{-1} \beta \\ \mathbf{0}^{\mathrm{T}} & 1 \end{bmatrix} = LR^*$$

其次, 证明分解的唯一性. 若 A 有两个分解式 $A = L_1 R_1^* = L_2 R_2^*$, 则

$$R_1^* \left(R_2^*\right)^{-1} = L_1^{-1} L_2$$

上式等号左端是单位上三角复矩阵, 右端是下三角复矩阵, 从而它们都为对角矩阵, 且有

$$R_1^* \left(R_2^*\right)^{-1} = L_1^{-1} L_2 = I_n$$

所以 $R_1^* = R_2^*$, $L_1 = L_2$.

(2)$\Rightarrow$(3). 设 A 有唯一的分解式 $A = LR^*$, 且注意到

$$L = \begin{bmatrix} l_{11} & 0 & \cdots & 0 \\ l_{21} & l_{22} & \cdots & 0 \\ \vdots & \vdots & & \vdots \\ l_{n1} & l_{n2} & \cdots & l_{nn} \end{bmatrix}$$

$$= \begin{bmatrix} 1 & 0 & \cdots & 0 \\ l_{21}/l_{11} & 1 & \cdots & 0 \\ \vdots & \vdots & & \vdots \\ l_{n1}/l_{11} & l_{n2}/l_{22} & \cdots & 1 \end{bmatrix} \begin{bmatrix} l_{11} & 0 & \cdots & 0 \\ 0 & l_{22} & \cdots & 0 \\ \vdots & \vdots & & \vdots \\ 0 & 0 & \cdots & l_{nn} \end{bmatrix} = L^* D$$

所以 $A = LR^* = L^* D R^*$.

(3)$\Rightarrow$(4). 设 A 有唯一的分解式 $A = L^* D R^*$, 并且 D 的主对角线上元素均不为零, 令 $R = DR^*$, 则 $A = L^* R$, 其中 R 的主对角线上元素均不为零.

(4)$\Rightarrow$(1). 设 $A = L^* R$, 并以分块矩阵形式表示如下

$$A = \begin{bmatrix} A_{11} & A_{12} \\ A_{21} & A_{22} \end{bmatrix} = \begin{bmatrix} L_{11}^* & O \\ L_{21}^* & L_{22}^* \end{bmatrix} \begin{bmatrix} R_{11} & R_{12} \\ O & R_{22} \end{bmatrix} = \begin{bmatrix} L_{11}^* R_{11} & L_{11}^* R_{12} \\ L_{21}^* R_{11} & L_{21}^* R_{12} + L_{22}^* R_{22} \end{bmatrix}$$

其中, A_{11} 是 k 阶方阵, 且 $\Delta_k = \det(A_{11})$, $k = 1, 2, \cdots, n$.

由上式知 $A_{11} = L_{11}^* R_{11}$, 于是 $\Delta_k = \det(L_{11}^*) \det(R_{11}) = r_{11} r_{22} \cdots r_{kk} \neq 0$, r_{ii} 为 R_{11} 的对角线元素. $\qquad\qquad\qquad\qquad\qquad\qquad\qquad\qquad\qquad\qquad\quad \Box$

如果 A 是 n 阶满秩实方阵, 则定理 4.2 的结论仍成立, 只是定理中所涉及的三角矩阵全为实矩阵. 另外, 在定理 4.2 中的 LR 分解均可以用待定参数法求得.

考虑定理 4.2 中的 $A = LR^*$ 三角分解形式, 即为

$$
\begin{bmatrix}
a_{11} & a_{12} & \cdots & a_{1n} \\
a_{21} & a_{22} & \cdots & a_{2n} \\
\vdots & \vdots & & \vdots \\
a_{n1} & a_{n2} & \cdots & a_{nn}
\end{bmatrix}
=
\begin{bmatrix}
l_{11} & 0 & \cdots & 0 \\
l_{21} & l_{22} & \cdots & 0 \\
\vdots & \vdots & & \vdots \\
l_{n1} & l_{n2} & \cdots & l_{nn}
\end{bmatrix}
\begin{bmatrix}
1 & r_{12} & \cdots & r_{1n} \\
0 & 1 & \cdots & r_{2n} \\
\vdots & \vdots & & \vdots \\
0 & 0 & \cdots & 1
\end{bmatrix}
$$

则由等号两侧矩阵相等, 有

$$a_{11} = l_{11}, a_{12} = l_{11}r_{12}, \cdots, a_{1n} = l_{11}r_{1n}$$

$$a_{21} = l_{21}, a_{22} = l_{21}r_{12} + l_{22}, a_{23} = l_{21}r_{13} + l_{22}r_{23}, \cdots, a_{2n} = l_{21}r_{1n} + l_{22}r_{2n}$$

$$\cdots\cdots$$

$$a_{n1} = l_{n1}, a_{n2} = l_{n1}r_{12} + l_{n2}, \cdots, a_{nn} = l_{n1}r_{1n} + l_{n2}r_{2n} + \cdots + l_{nn}$$

进而可得矩阵 A 的 LR^* 形式的三角分解的计算步骤如下.

第 1 步: 计算

$$l_{11} = a_{11}, \quad r_{12} = a_{12}/l_{11}, \cdots, \quad r_{1n} = a_{1n}/l_{11}$$

第 2 步: 计算

$$l_{21} = a_{21}, \quad l_{22} = a_{22} - l_{21}r_{12}, \quad r_{23} = \left(a_{23} - l_{21}r_{13}\right)/l_{22}, \cdots$$

$$r_{2n} = \left(a_{2n} - l_{21}r_{1n}\right)/l_{22}$$

$$\cdots\cdots$$

第 n 步: 计算

$$l_{n1} = a_{n1}, \quad l_{n2} = a_{n2} - l_{n1}r_{12}, \quad l_{n3} = a_{n3} - l_{n1}r_{13} - l_{n2}r_{23}, \cdots$$

$$l_{nn} = a_{nn} - l_{n1}r_{1n} - \cdots - l_{n,n-1}r_{n-1,n}$$

例 4.2 将矩阵

$$
A =
\begin{bmatrix}
4 & 8 & 4 \\
2 & 7 & 2 \\
1 & 2 & 3
\end{bmatrix}
$$

分解为 $A = LR^*$ 的三角分解形式和 $A = L^*DR^*$ 的三角分解形式.

解 根据前面介绍的计算步骤可得

$$l_{11} = a_{11} = 4, \quad r_{12} = a_{12}/l_{11} = 2, \qquad r_{13} = a_{13}/l_{11} = 1$$
$$l_{21} = a_{21} = 2, \quad l_{22} = a_{22} - l_{21}r_{12} = 3, \quad r_{23} = (a_{23} - l_{21}r_{13})/l_{22} = 0$$
$$l_{31} = a_{31} = 1, \quad l_{32} = a_{32} - l_{31}r_{12} = 0, \quad l_{33} = a_{33} - l_{31}r_{13} - l_{32}r_{23} = 2$$

则有

$$A = LR^* = \begin{bmatrix} 4 & 0 & 0 \\ 2 & 3 & 0 \\ 1 & 0 & 2 \end{bmatrix} \begin{bmatrix} 1 & 2 & 1 \\ 0 & 1 & 0 \\ 0 & 0 & 1 \end{bmatrix}$$

又由于

$$L = \begin{bmatrix} 4 & 0 & 0 \\ 2 & 3 & 0 \\ 1 & 0 & 2 \end{bmatrix} = \begin{bmatrix} 1 & 0 & 0 \\ 1/2 & 1 & 0 \\ 1/4 & 0 & 1 \end{bmatrix} \begin{bmatrix} 4 & 0 & 0 \\ 0 & 3 & 0 \\ 0 & 0 & 2 \end{bmatrix}$$

所以有

$$A = L^*DR^* = \begin{bmatrix} 1 & 0 & 0 \\ 1/2 & 1 & 0 \\ 1/4 & 0 & 1 \end{bmatrix} \begin{bmatrix} 4 & 0 & 0 \\ 0 & 3 & 0 \\ 0 & 0 & 2 \end{bmatrix} \begin{bmatrix} 1 & 2 & 1 \\ 0 & 1 & 0 \\ 0 & 0 & 1 \end{bmatrix}$$

另外, 还有矩阵的 Schur 分解定理, 见定理 1.1.

4.1.2 $m \times n$ 的矩阵的三角分解

定理 4.3 设 $A \in \mathbf{C}^{m \times n}$, 有

(1) 若 $\operatorname{rank}(A) = m \leqslant n$, 则存在 m 阶正线下三角复矩阵 L 和 n 阶酉矩阵 U, 使得 $A = [L \quad O]U$;

(2) 若 $\operatorname{rank}(A) = n \leqslant m$, 则存在 m 阶酉矩阵 U 和 n 阶正线上三角复矩阵 R, 使得 $A = U \begin{bmatrix} R \\ O \end{bmatrix}$.

证 (1) 由 $\operatorname{rank}(A) = m$ 知, A 的 m 个 n 维行向量 $\alpha_1, \alpha_2, \cdots, \alpha_m$ 线性无关, 并能将其扩展为 n 个线性无关向量组 $\alpha_1, \cdots, \alpha_m, \alpha_{m+1}, \cdots, \alpha_n$, 再用 Schmidt 正交化方法得到 n 个标准正交行向量组 $\beta_1, \beta_2, \cdots, \beta_n$, 并有

$$A = \begin{bmatrix} \alpha_1^{\mathrm{T}} \\ \alpha_2^{\mathrm{T}} \\ \vdots \\ \alpha_m^{\mathrm{T}} \end{bmatrix} = \begin{bmatrix} l_{11}\beta_1^{\mathrm{T}} \\ l_{21}\beta_1^{\mathrm{T}} + l_{22}\beta_2^{\mathrm{T}} \\ \vdots \\ l_{m1}\beta_1^{\mathrm{T}} + l_{m2}\beta_2^{\mathrm{T}} + \cdots + l_{mm}\beta_m^{\mathrm{T}} \end{bmatrix}$$

$$= \begin{bmatrix} l_{11} & 0 & \cdots & 0 & 0 & \cdots & 0 \\ l_{21} & l_{22} & \cdots & 0 & 0 & \cdots & 0 \\ \vdots & \vdots & & \vdots & \vdots & & \vdots \\ l_{m1} & l_{m2} & \cdots & l_{mm} & 0 & \cdots & 0 \end{bmatrix} \begin{bmatrix} \beta_1^{\mathrm{T}} \\ \beta_2^{\mathrm{T}} \\ \vdots \\ \beta_m^{\mathrm{T}} \\ \vdots \\ \beta_n^{\mathrm{T}} \end{bmatrix} \triangleq [L \quad O] U$$

(2) 利用 A 的 n 个列向量线性无关, 类似于 (1) 的证明方法可得结论成立. □

定理 4.4 设 $A \in \mathbf{C}^{m \times n}$, 有

(1) 若 $\mathrm{rank}(A) = m \leqslant n$, 则 A 可唯一地分解为 $A = LU$, 其中 L 是 m 阶正线下三角矩阵, U 为 $m \times n$ 的长酉矩阵, 即 U 的 m 个行向量为两两正交的单位向量;

(2) 若 $\mathrm{rank}(A) = n \leqslant m$, 则 A 可唯一地分解为 $A = UR$, 其中 R 是 n 阶正线上三角矩阵, U 为 $m \times n$ 的高酉矩阵, 即 U 的 n 个列向量为两两正交的单位向量.

证 仅需证明 (1) 成立. 由 $\mathrm{rank}(A) = m$, 知 AA^{H} 是 Hermite 正定矩阵. 由推论 4.3, 存在 m 阶正线上三角复矩阵 R, 使得 $AA^{\mathrm{H}} = R^{\mathrm{H}}R$.

令 $U = (R^{\mathrm{H}})^{-1}A = L^{-1}A$, 其中 $L = R^{\mathrm{H}}$ 为 m 阶正线下三角矩阵, 则有

$$UU^{\mathrm{H}} = (R^{\mathrm{H}})^{-1}AA^{\mathrm{H}}R^{-1} = (R^{\mathrm{H}})^{-1}R^{\mathrm{H}}RR^{-1} = I_m$$

即 U 的 m 个行向量为两两正交的单位向量, 亦即 U 是长酉矩阵, 使 $A = LU$.

下面证上述分解的唯一性. 如果 A 有两个分解 $A = L_1U_1 = L_2U_2$, 则有

$$AA^{\mathrm{H}} = L_1U_1U_1^{\mathrm{H}}L_1^{\mathrm{H}} = L_1L_1^{\mathrm{H}} \quad AA^{\mathrm{H}} = L_2U_2U_2^{\mathrm{H}}L_2^{\mathrm{H}} = L_2L_2^{\mathrm{H}}$$

由推论 4.3 可知 AA^{H} 有唯一的分解式 $AA^{\mathrm{H}} = R^{\mathrm{H}}R$ (其中 R 为正线上三角矩阵), 则可得

$$AA^{\mathrm{H}} = R^{\mathrm{H}}R = L_1L_1^{\mathrm{H}} = L_2L_2^{\mathrm{H}}$$

所以有 $L_1 = R_1^{\mathrm{H}} = L_2$, 且 $U_1 = U_2$.   □

如果 A 是行 (或列) 满秩的 $m \times n$ 的实矩阵, 则定理 4.3 和定理 4.4 的结论均成立, 只是定理中所涉及的上 (下) 三角矩阵为实的, 长 (高) 酉矩阵为长 (高) 正交矩阵.

当 A 既不是行满秩矩阵, 也不是列满秩矩阵时, 有下面的定理成立.

定理 4.5 设 $A \in \mathbf{C}^{m \times n}$, $\mathrm{rank}(A) = r < \min\{m, n\}$, 则存在 m 阶酉矩阵 U, n 阶酉矩阵 V 和 r 阶正线下 (或上) 三角矩阵 L (或 R), 使得

$$A = U \begin{bmatrix} L & O \\ O & O \end{bmatrix} V \quad \left(\text{或 } A = U \begin{bmatrix} R & O \\ O & O \end{bmatrix} V \right)$$

证 仅证定理的一部分结论. 由 $\mathrm{rank}(A) = r$ 知, A 有 r 个线性无关的列向量, 且不妨设其为 $\alpha_1, \alpha_2, \cdots, \alpha_r$, 即 $A = [\alpha_1 \ \cdots \ \alpha_r \ \alpha_{r+1} \ \cdots \ \alpha_n]$. 否则的话, 我们可以通过对 A 施行一系列的对换, 将 r 个线性无关的列向量调到 A 的前 r 个列. 而每进行一次列的对换就相当于用一个酉矩阵去右乘矩阵 A, 而若干个酉矩阵的乘积仍是酉矩阵. 于是

$$AP = [\alpha_1 \ \ \alpha_2 \ \ \cdots \ \ \alpha_r \ \ \alpha_{r+1} \ \ \cdots \ \ \alpha_n]$$

其中, P 为 n 阶酉矩阵, 且 $\alpha_{r+1}, \cdots, \alpha_n$ 可由 $\alpha_1, \cdots, \alpha_r$ 线性表示, 即存在 $C \in \mathbf{C}^{r \times (n-r)}$ 使得

$$[\alpha_{r+1} \ \ \cdots \ \ \alpha_n] = [\alpha_1 \ \ \alpha_2 \ \ \cdots \ \ \alpha_r]C$$

即可得

$$AP = [\alpha_1 \ \ \alpha_2 \ \ \cdots \ \ \alpha_r \ \ \alpha_{r+1} \ \ \cdots \ \ \alpha_n] = [\alpha_1 \ \ \alpha_2 \ \ \cdots \ \ \alpha_r][I_r \ \ C]$$

由定理 4.4, 存在 m 阶酉矩阵 U 和 r 阶正线上三角矩阵 R, 使得

$$[\alpha_1 \ \ \alpha_2 \ \ \cdots \ \ \alpha_r] = U \begin{bmatrix} R \\ O \end{bmatrix}$$

于是

$$A = [\alpha_1 \ \ \alpha_2 \ \ \cdots \ \ \alpha_r][I_r \ \ C] = U \begin{bmatrix} R \\ O \end{bmatrix} [I_r \ \ C] = U \begin{bmatrix} R & RC \\ O & O \end{bmatrix}$$

令 $B = [R \ \ RC]$, 可知 $B \in \mathbf{C}^{r \times n}$, 且 $\mathrm{rank}(B) = r$. 再由定理 4.4 知, 存在 r 阶正线下三角矩阵 L 和 n 阶酉矩阵 V, 使得 $B = [R \ \ RC] = [L \ \ O]V$, 所以

$$A = U \begin{bmatrix} R & RC \\ O & O \end{bmatrix} = U \begin{bmatrix} L & O \\ O & O \end{bmatrix} V \qquad \square$$

例 4.3 求矩阵 $A = \begin{bmatrix} 1 & -1 & 1 \\ 0 & 1 & 1 \end{bmatrix}$ 的形如定理 4.3 的三角分解.

解 因为 rank$(A) = 2$, A 为行满秩矩阵, 将其两个行向量 α_1, α_2 扩展为三个线性无关行向量: $\alpha_1 = (1, -1, 1), \alpha_2 = (0, 1, 1), \alpha_3 = (0, 0, 1)$, 它们构成 $\mathbf{R}^3$ 的一组基. 将这组基标准正交化, 得到

$$\beta_1 = (1/\sqrt{3}, -1/\sqrt{3}, 1/\sqrt{3}) = \frac{1}{\sqrt{3}}\alpha_1$$

$$\beta_2 = (0, 1/\sqrt{2}, 1/\sqrt{2}) = \frac{1}{\sqrt{2}}\alpha_2$$

$$\beta_3 = (-2/\sqrt{6}, -1/\sqrt{6}, 1/\sqrt{6}) = \alpha_3 - \frac{1}{2}\alpha_2 - \frac{1}{3}\alpha_1$$

所以

$$A = \left[\begin{array}{c} \alpha_1 \\ \alpha_2 \end{array}\right] = \left[\begin{array}{c} \sqrt{3}\beta_1 \\ \sqrt{2}\beta_2 \end{array}\right] = \left[\begin{array}{ccc} \sqrt{3} & 0 & 0 \\ 0 & \sqrt{2} & 0 \end{array}\right]\left[\begin{array}{c} \beta_1 \\ \beta_2 \\ \beta_3 \end{array}\right] \triangleq [L \quad O]U$$

其中, $L = \left[\begin{array}{cc} \sqrt{3} & 0 \\ 0 & \sqrt{2} \end{array}\right], U = \left[\begin{array}{c} \beta_1 \\ \beta_2 \\ \beta_3 \end{array}\right] = \left[\begin{array}{ccc} 1/\sqrt{3} & -1/\sqrt{3} & 1/\sqrt{3} \\ 0 & 1/\sqrt{2} & 1/\sqrt{2} \\ -2/\sqrt{6} & -1/\sqrt{6} & 1/\sqrt{6} \end{array}\right].$

4.2 矩阵的 Schur 定理与 QR 分解

Schur (舒尔) 定理在矩阵理论中具有重要的地位, 是很多重要定理证明的出发点. QR 分解在矩阵数值代数中起着重要作用, 是计算矩阵特征值和求解线性方程组的重要工具.

4.2.1 矩阵的 Schur 定理

定理 4.6 若矩阵 $A \in \mathbf{C}^{n \times n}$, 则存在酉矩阵 $U \in \mathbf{C}^{n \times n}$, 使得 $U^{\mathrm{H}}AU = T$, 其中, $T \in \mathbf{C}^{n \times n}$ 为上三角阵且其对角元素均为矩阵 A 的特征值.

证 假设矩阵 $A \in \mathbf{C}^{n \times n}$ 的特征值为 $\lambda_1, \lambda_2, \cdots, \lambda_n$. 若 α_1 为相应于 λ_1 的单位特征向量, 则可由 α_1 扩充成 $\mathbf{C}^n$ 的一组基, 设为 $\alpha_1, \beta_2, \cdots, \beta_n$. 对该组基标准正交化及单位化, 得到一组标准正交基 $\alpha_1, \beta_2', \cdots, \beta_n'$. 令

$$U_1 = [\alpha_1 \quad \beta_2' \quad \cdots \quad \beta_n']$$

则 U_1 为 n 阶酉矩阵, 且满足

$$AU_1 = [A\alpha_1 \quad A\beta_2' \quad \cdots \quad A\beta_n'] = [\lambda_1\alpha_1 \quad A\beta_2' \quad \cdots \quad A\beta_n']$$

$$U_1^H A U_1 = U_1^H \begin{bmatrix} \lambda_1 \alpha_1 & A\beta_2' & \cdots & A\beta_n' \end{bmatrix}$$

$$= \begin{bmatrix} \lambda_1 & \alpha_1^H A\beta_2' & \cdots & \alpha_1^H A\beta_n' \\ 0 & \beta_2'^H A\beta_2' & \cdots & \beta_2'^H A\beta_n' \\ \vdots & \vdots & & \vdots \\ 0 & \beta_n^H A\beta_2' & \cdots & \beta_n'^H A\beta_n' \end{bmatrix}$$

$$\triangleq \begin{bmatrix} \lambda_1 & * \\ \mathbf{0} & A_1 \end{bmatrix}$$

易知, $A_1 \in \mathbf{C}^{(n-1)\times(n-1)}$ 且特征值为 $\lambda_2, \cdots, \lambda_n$. 按照上述过程, 对矩阵 A_1, 存在 $n-1$ 阶酉矩阵 V_2, 使得

$$V_2^H A_1 V_2 \triangleq \begin{bmatrix} \lambda_2 & * \\ \mathbf{0} & A_2 \end{bmatrix}$$

其中, A_2 为 $n-2$ 阶且特征值为 $\lambda_3, \cdots, \lambda_n$. 如令 $U_2 \triangleq \begin{bmatrix} 1 & \mathbf{0} \\ \mathbf{0} & V_2 \end{bmatrix}$, 则

$$U_2^H U_1^H A U_1 U_2 = \begin{bmatrix} \lambda_1 & * & * \\ 0 & \lambda_2 & * \\ \mathbf{0} & \mathbf{0} & O \end{bmatrix}$$

且 $U_1 U_2$ 仍为酉矩阵. 以此类推, 有 $U = U_1 U_2 \cdots U_{n-1}$, 使得

$$U^H A U = \begin{bmatrix} \lambda_1 & * & \cdots & * \\ 0 & \lambda_2 & \cdots & * \\ \vdots & \vdots & & \vdots \\ 0 & 0 & \cdots & \lambda_n \end{bmatrix} = T \qquad \square$$

注 4.1 因为 $U^H = U^{-1}$, 所以定理结论说明任一复方阵都 "酉相似于" 上三角矩阵. 实际上, 也可以 "酉相似于" 下三角矩阵. 另外, 若 $A \in \mathbf{R}^{n\times n}$ 且 A 的特征值全部为实数, 则特征向量可以选为实向量, 定理 4.6 中的酉矩阵可选为正交矩阵, 即存在正交矩阵 $V \in \mathbf{R}^{n\times n}$, 使得 $V^T A V = T$, 且 $T \in \mathbf{R}^{n\times n}$ 为上三角阵且其对角元素均为矩阵 A 的特征值.

定理 4.7　设矩阵 $A \in \mathbf{C}^{n \times n}$, 则存在可逆矩阵 $P \in \mathbf{C}^{n \times n}$, 使得

$$P^{-1}AP = \begin{bmatrix} \lambda_1 & b_{12} & \cdots & b_{1n} \\ 0 & \lambda_2 & \cdots & b_{2n} \\ \vdots & \vdots & & \vdots \\ 0 & 0 & \cdots & \lambda_n \end{bmatrix}$$

并且 $\sum\limits_{i,j=1}^{n} |b_{ij}| < \varepsilon$, 其中 ε 是预先给定的任一正数.

证　由定理 4.6, 存在酉矩阵 U 使得

$$U^{-1}AU = \begin{bmatrix} \lambda_1 & \rho_{12} & \cdots & \rho_{1n} \\ 0 & \lambda_2 & \cdots & \rho_{2n} \\ \vdots & \vdots & & \vdots \\ 0 & 0 & \cdots & \lambda_n \end{bmatrix}$$

令 $R = \mathrm{diag}\{r, r^2, \cdots, r^n\}$, r 为非零常数, 并取 $P = UR$, 则

$$P^{-1}AP = R^{-1} \begin{bmatrix} \lambda_1 & \rho_{12} & \cdots & \rho_{1n} \\ 0 & \lambda_2 & \cdots & \rho_{2n} \\ \vdots & \vdots & & \vdots \\ 0 & 0 & \cdots & \lambda_n \end{bmatrix} R$$

$$= \begin{bmatrix} \lambda_1 & r\rho_{12} & \cdots & r^{n-1}\rho_{1n} \\ 0 & \lambda_2 & \cdots & r^{n-2}\rho_{2n} \\ \vdots & \vdots & & \vdots \\ 0 & 0 & \cdots & \lambda_n \end{bmatrix} \triangleq \begin{bmatrix} \lambda_1 & b_{12} & \cdots & b_{1n} \\ 0 & \lambda_2 & \cdots & b_{2n} \\ \vdots & \vdots & & \vdots \\ 0 & 0 & \cdots & \lambda_n \end{bmatrix}$$

对给定的 $\varepsilon > 0$, 显然可选择 r, 使得 $\sum\limits_{i,j=1}^{n} |b_{ij}| < \varepsilon$. □

4.2.2　矩阵的 QR 分解

定义 4.2　如果复 (实) n 阶矩阵 A 能化成酉 (正交) 矩阵 Q 与复 (实) 上三角矩阵 R 的乘积, 即 $A = QR$, 则称此式为矩阵 A 的 QR 分解.

定理 4.8 (QR 分解定理)　设矩阵 $A \in \mathbf{C}^{n \times n}$, 则存在酉矩阵 Q 及上三角矩阵 R, 使得 $A = QR$.

证 设矩阵 A 具有列分块形式

$$A = [a_1 \quad a_2 \quad \cdots \quad a_n]$$

其中, a_j 为 A 的第 j 个列向量. 注意到, 向量组 $a_1, a_2, \cdots, a_n$ 未必线性无关, 下面构造一个可能含有零向量的 "正交向量组" $q_1, q_2, \cdots, q_n$.

(1) 若 $a_1 = \mathbf{0}$, 则取 $q_1 = \mathbf{0}$; 若 $a_1 \neq \mathbf{0}$, 则取 $q_1 = a_1/\|a_1\|$, 即 q_1 是 a_1 的单位化向量. 令 $y_2 = a_2 - (q_1^H a_2)q_1$, 易见 y_2 与 q_1 正交.

(2) 若 $y_2 = \mathbf{0}$, 则取 $q_2 = \mathbf{0}$; 若 $y_2 \neq \mathbf{0}$, 则取 $q_2 = y_2/\|y_2\|$, 即 q_2 是与 q_1 正交的单位向量.

(3) 依上述方法, 在得到 $q_1, q_2, \cdots, q_{k-1}$ 后, 令

$$y_k = a_k - \sum_{j=1}^{k-1}(q_j^H a_k)q_j, \quad k = 1, 2, \cdots, n$$

若 $y_k = \mathbf{0}$, 则取 $q_k = \mathbf{0}$; 若 $y_k \neq \mathbf{0}$, 则取 $q_k = y_k/\|y_k\|$, 即 q_k 是与 $q_1, q_2, \cdots,$ q_{k-1} 都正交的单位向量. 因此, $q_1, q_2, \cdots, q_k$ 两两正交, 即为 "正交向量组", 且每个 q_j 或为零向量或为 $a_1, a_2, \cdots, a_j$ 的线性组合, $j = 1, 2, \cdots, k$.

同时, 上述得到的 $q_1, q_2, \cdots, q_n$ 使得每个 a_j 都是 $q_1, q_2, \cdots, q_j$ 的线性组合. 因此, 存在复数 r_{ij} 使得

$$a_j = \sum_{i=1}^{j} r_{ij}q_i, \quad j = 1, 2, \cdots, n$$

若对所有 $i > j$ 令 $r_{ij} = 0$, 而对所有使得 $q_i = \mathbf{0}$ 的 i 令 $r_{ij} = 0$, 则得到上三角矩阵 $R = (r_{ij})_{n \times n}$, 使得 $A = QR$. 但此时由于 Q 中可能含有零列, 所以可能不是酉矩阵. 下面对此进行处理.

取出 Q 中所有非零列向量, 不妨设为 $q_{i_1}, q_{i_2}, \cdots, q_{i_s}$, 易知其为标准正交向量组, 并将其扩充为 $\mathbf{C}^n$ 的标准正交基: $q_1, q_2, \cdots, q_s, p_1, p_2, \cdots, p_t, t = n - s$. 用 $p_1, p_2, \cdots, p_t$ 依次替换 Q 中所有 t 个零列向量, 得到矩阵 Q'. 注意到, Q' 所有新的列向量 $p_1, p_2, \cdots, p_t$ 对应着上三角矩阵 R 中的零行, 因此, 仍有 $QR = Q'R$.

故 $A = Q'R$ 即为所求. $\square$

推论 4.4 设 $A \in \mathbf{C}^{n \times n}$ 为非奇异矩阵, 则存在酉矩阵 Q 与上三角矩阵 R, 使得 $A = QR$, 并且 Q 和 R 都是唯一的, 且可取 R 的对角元素均为正数. 特别地, 若 $A \in \mathbf{R}^{n \times n}$ 为非奇异矩阵, 则 Q 和 R 都可以取为实矩阵, 即 Q 为正交矩阵, R 的对角元素均为正数.

例 4.4　设

$$A = \begin{bmatrix} 1 & 1 & 0 \\ 1 & -1 & 1 \\ 0 & 0 & 2 \end{bmatrix}$$

写出 A 的 QR 分解.

解　A 为非奇异实矩阵, 记 $A = [a_1 \quad a_2 \quad a_3]$, a_1, a_2, a_3 线性无关. 取

$$q_1 = a_1/\|a_1\| = \frac{1}{\sqrt{2}}(1,1,0)^{\mathrm{T}}$$

$$y_2 = a_2 - (q_1^{\mathrm{T}}a_2)q_1 = (1,-1,0)^{\mathrm{T}}, \quad q_2 = y_2/\|y_2\| = \frac{1}{\sqrt{2}}(1,-1,0)^{\mathrm{T}}$$

$$y_3 = a_3 - \sum_{j=1}^{3-1}(q_j^{\mathrm{T}}a_3)q_j = (0,0,2)^{\mathrm{T}}, \quad q_3 = y_3/\|y_3\| = (0,0,1)^{\mathrm{T}}$$

于是

$$a_1 = \sqrt{2}q_1, \quad a_2 = \sqrt{2}q_2, \quad a_3 = \frac{1}{\sqrt{2}}q_1 - \frac{1}{\sqrt{2}}q_2 + 2q_3$$

因此, QR 分解 $A = QR$ 中的矩阵分别为

$$Q = \frac{1}{\sqrt{2}}\begin{bmatrix} 1 & 1 & 0 \\ 1 & -1 & 0 \\ 0 & 0 & \sqrt{2} \end{bmatrix}, \quad R = \begin{bmatrix} \sqrt{2} & 0 & \dfrac{1}{\sqrt{2}} \\ 0 & \sqrt{2} & -\dfrac{1}{\sqrt{2}} \\ 0 & 0 & 2 \end{bmatrix}$$

4.3　矩阵的秩分解

矩阵的秩分解包括秩-1分解和满秩分解, 秩-1分解是将已知矩阵分解成若干个非零向量的乘积之和, 满秩分解是将已知矩阵分解成两个和已知矩阵具有相同秩的行满秩与列满秩矩阵的乘积.

4.3.1　矩阵的秩-1分解

定义 4.3　设矩阵 $A \in F^{m \times n}$, 如果存在两组非零列向量 $f_k \in F^m$, $g_k \in F^n$ 及数 $d_k(k = 1, 2, \cdots, s)$, 使得

$$A = \sum_{k=1}^{s} d_k f_k g_k^{\mathrm{T}} \tag{4-4}$$

则称式 (4-4) 为矩阵 A 的秩-1分解.

显然, 任意非零矩阵都存在秩-1分解, 同时矩阵的秩-1分解不唯一.

事实上, 对矩阵 $A \in F^{m \times n}$, $A = (a_{ij}) \neq O$, 令矩阵 $E_{ij} \in F^{m \times n}$ 的第 i 行第 j 列位置元素为 1 其余位置元素均为 0, 则有 $A = \sum\limits_{i=1}^{m} \sum\limits_{j=1}^{n} a_{ij} E_{ij}$. 由于 $\text{rank}(E_{ij}) = 1$, 且 $E_{ij} = e_i e_j^{\mathrm{T}}$, 其中 e_i 和 e_j 分别为 F^m 和 F^n 中的单位坐标向量, 则

$$A = \sum_{i=1}^{m} \sum_{j=1}^{n} a_{ij} e_i e_j^{\mathrm{T}}$$

是矩阵 A 的一个秩-1分解. 分解的不唯一性由下面例题可见一斑.

例 4.5 设 $A = \begin{bmatrix} 1 & -1 \\ 2 & 4 \end{bmatrix}$, 求其秩-1分解.

解 可列举如下三种分解:

(1) $A = e_1 e_1^{\mathrm{T}} + (-1) e_1 e_2^{\mathrm{T}} + 2 e_2 e_1^{\mathrm{T}} + 4 e_2 e_2^{\mathrm{T}}$;

(2) $A = \begin{bmatrix} 1 & 0 \\ 0 & 0 \end{bmatrix} + \begin{bmatrix} 0 & -1 \\ 0 & 0 \end{bmatrix} + \begin{bmatrix} 0 & 0 \\ 2 & 0 \end{bmatrix} + \begin{bmatrix} 0 & 0 \\ 0 & 4 \end{bmatrix}$

$$= \begin{bmatrix} 1 \\ 0 \end{bmatrix} [1 \quad 0] + \begin{bmatrix} 1 \\ 0 \end{bmatrix} [0 \quad -1] + \begin{bmatrix} 0 \\ 2 \end{bmatrix} [1 \quad 0] + \begin{bmatrix} 0 \\ 2 \end{bmatrix} [0 \quad 2];$$

(3) $A = \begin{bmatrix} 1 & -1 \\ 0 & 0 \end{bmatrix} + \begin{bmatrix} 0 & 0 \\ 2 & 4 \end{bmatrix} = \begin{bmatrix} 1 \\ 0 \end{bmatrix} [1 \quad -1] + \begin{bmatrix} 0 \\ 2 \end{bmatrix} [1 \quad 2]$.

4.3.2 矩阵的满秩分解

定义 4.4 设矩阵 $A \in F^{m \times n}$, 且 $\text{rank}(A) = r \leqslant \min\{m, n\}$, 如果存在两个秩均为 r 的列满秩矩阵 $B \in F^{m \times r}$ 和行满秩矩阵 $D \in F^{r \times n}$, 使得 $A = BD$, 则称此分解式为矩阵 A 的满秩分解, 也叫最大秩分解或高斯分解.

定理 4.9 任意矩阵 $A \in \mathbf{C}^{m \times n}$ 都存在满秩分解.

证 设 $A \in \mathbf{C}^{m \times n}$, $\text{rank}(A) = r$, 则由定理 4.5 可知, 存在 m 阶酉矩阵 U, n 阶酉矩阵 V 和 r 阶正线下三角矩阵 L, 使得

$$A = U \begin{bmatrix} L & O \\ O & O \end{bmatrix} V$$

令 $U = [U_1\quad U_2]$, $V = \begin{bmatrix} V_1 \\ V_2 \end{bmatrix}$, 其中 $U_1 \in \mathbf{C}^{m \times r}$, $U_2 \in \mathbf{C}^{m \times (m-r)}$, $V_1 \in \mathbf{C}^{r \times n}$, $V_2 \in \mathbf{C}^{(n-r) \times n}$, 则有

$$A = [U_1\quad U_2] \begin{bmatrix} L & O \\ O & O \end{bmatrix} \begin{bmatrix} V_1 \\ V_2 \end{bmatrix} = U_1 L V_1 = BD$$

其中, $B = U_1$, $D = LV_1$ 或 $B = U_1 L$, $D = V_1$.　　　　　　　　　　□

由定理 4.9 的证明可知, 矩阵 A 的满秩分解也不是唯一的.

定理 4.10　设 $A = [a_1\quad a_2\quad \cdots\quad a_n] \in \mathbf{C}^{m \times n}$, $\mathrm{rank}(A) = r$, 且 A 的行标准形为

$$\tilde{A} = \begin{bmatrix} 0 & \cdots & 0 & 1 & * & \cdots & * & 0 & * & \cdots & * & 0 & * & \cdots & * \\ 0 & \cdots & 0 & 0 & 0 & \cdots & 0 & 1 & * & \cdots & * & 0 & * & \cdots & * \\ \vdots & & \vdots & \vdots & \vdots & & \vdots & \vdots & \vdots & & \vdots & \vdots & \vdots & & \vdots \\ 0 & \cdots & 0 & 0 & 0 & \cdots & 0 & 0 & 0 & \cdots & 0 & 1 & * & \cdots & * \\ 0 & \cdots & 0 & 0 & 0 & \cdots & 0 & 0 & 0 & \cdots & 0 & 0 & 0 & \cdots & 0 \\ \vdots & & \vdots & \vdots & \vdots & & \vdots & \vdots & \vdots & & \vdots & \vdots & \vdots & & \vdots \\ 0 & \cdots & 0 & 0 & 0 & \cdots & 0 & 0 & 0 & \cdots & 0 & 0 & 0 & \cdots & 0 \end{bmatrix} \triangleq \begin{bmatrix} D \\ O \end{bmatrix}$$

其中, 数 1 所在的列依次为第 $i_1, i_2, \cdots, i_r$ 列. 于是矩阵 $B = [a_{i_1}\quad a_{i_2}\quad \cdots\quad a_{i_r}]$ 和 $D \in \mathbf{C}^{r \times n}$ 使得 $A = BD$ 为 A 的满秩分解.

证　不妨设 A 的线性无关列向量在前 r 列, 于是存在可逆矩阵 P 将 A 化成行标准形, 即

$$PA = \begin{bmatrix} I_r & M \\ O & O \end{bmatrix} \triangleq \begin{bmatrix} D \\ O \end{bmatrix}$$

相应地将 A 分块为 $A = [B\quad C]$, 则 B 恰由 A 的前 r 个线性无关列向量构成. 记 $P^{-1} = [(P^{-1})_1\quad (P^{-1})_2]$, 有

$$A = [B\quad C] = P^{-1} \begin{bmatrix} I_r & M \\ O & O \end{bmatrix} = [(P^{-1})_1\quad (P^{-1})_2] \begin{bmatrix} I_r & M \\ O & O \end{bmatrix}$$

$$= [(P^{-1})_1\quad (P^{-1})_1 M] = (P^{-1})_1 [I_r\ M] = (P^{-1})_1 D$$

注意到 $(P^{-1})_1 = B$, 所以 $A = BD$.　　　　　　　　　　□

由定理 4.10, 我们可给出求矩阵满秩分解的方法: ① 将矩阵 A 进行初等行变换, 化为行标准形, 如定理 4.10 中的形式; ② 将 A 中第 $i_1, i_2, \cdots, i_r$ 列的元素组

成 $m \times r$ 的矩阵 B, 而在 A 的行标准形 $\tilde{A}$ 中除去下面 $m - r$ 个元素全为 0 的行外, 所得 $r \times n$ 的矩阵作为 D, 则有 $A = BD$.

例 4.6 求矩阵 $A = \begin{bmatrix} 1 & -1 & 2 & 3 \\ -1 & 0 & -1 & 0 \\ 0 & -1 & 1 & 3 \end{bmatrix}$ 的满秩分解.

解 对 A 施行初等行变换得其行标准形为

$$\tilde{A} = \begin{bmatrix} 1 & 0 & 1 & 0 \\ 0 & 1 & -1 & -3 \\ 0 & 0 & 0 & 0 \end{bmatrix}$$

取 A 的第 1, 2 列构成矩阵 $B = \begin{bmatrix} 1 & -1 \\ -1 & 0 \\ 0 & -1 \end{bmatrix}$, 取 $\tilde{A}$ 的第 1, 2 行构成矩阵

$$D = \begin{bmatrix} 1 & 0 & 1 & 0 \\ 0 & 1 & -1 & -3 \end{bmatrix}$$

则 A 的满秩分解为 $A = BD$.

定理 4.11 设 $A \in \mathbf{C}^{m \times n}$, $\mathrm{rank}(A) = r$, 且 $A = B_1 D_1 = B_2 D_2$ 均为 A 的最大秩分解, 则

(1) 存在 r 阶可逆矩阵 Q, 使得 $B_1 = B_2 Q$, $D_1 = Q^{-1} D_2$;

(2) $D_1^{\mathrm{H}} (D_1 D_1^{\mathrm{H}})^{-1} (B_1^{\mathrm{H}} B_1)^{-1} B_1^{\mathrm{H}} = D_2^{\mathrm{H}} (D_2 D_2^{\mathrm{H}})^{-1} (B_2^{\mathrm{H}} B_2)^{-1} B_2^{\mathrm{H}}$.

证 (1) 由 $B_1 D_1 = B_2 D_2$, 有 $B_1 D_1 D_1^{\mathrm{H}} = B_2 D_2 D_1^{\mathrm{H}}$. 由于 $D_1 \in \mathbf{C}^{r \times n}$, $\mathrm{rank}(D_1) = r$, 所以 $\mathrm{rank}(D_1 D_1^{\mathrm{H}}) = \mathrm{rank}(D_1) = r$, 即 $D_1 D_1^{\mathrm{H}}$ 为 r 阶可逆矩阵. 于是

$$B_1 = B_2 D_2 D_1^{\mathrm{H}} (D_1 D_1^{\mathrm{H}})^{-1} = B_2 Q_1$$

其中, $Q_1 = D_2 D_1^{\mathrm{H}} (D_1 D_1^{\mathrm{H}})^{-1}$. 同理可得

$$D_1 = (B_1^{\mathrm{H}} B_1)^{-1} B_1^{\mathrm{H}} B_2 D_2 = Q_2 D_2$$

其中, $Q_2 = (B_1^{\mathrm{H}} B_1)^{-1} B_1^{\mathrm{H}} B_2$.

下证 $Q_2 = Q_1^{-1}$. 事实上, 由于

$$B_1 D_1 = B_2 Q_1 Q_2 D_2 = B_2 D_2$$

$$B_2^{\mathrm{H}} B_2 Q_1 Q_2 D_2 D_2^{\mathrm{H}} = B_2^{\mathrm{H}} B_2 D_2 D_2^{\mathrm{H}}$$

$$Q_1 Q_2 = (B_2^H B_2)^{-1}(B_2^H B_2)(D_2 D_2^H)(D_2 D_2^H)^{-1} = I_r$$

故

$$B_1 = B_2 Q_1 \triangleq B_2 Q$$

$$D_1 = Q_2 D_2 = Q_1^{-1} D_2 = Q^{-1} D_2$$

(2) 易证下面等式成立:

$$D_1^H(D_1 D_1^H)^{-1}(B_1^H B_1)^{-1} B_1^H$$

$$= (Q^{-1}D_2)^H [Q^{-1}D_2(Q^{-1}D_2)^H]^{-1}[(B_2 Q)^H\, B_2 Q](B_2 Q)^H$$

$$= D_2^H(D_2 D_2^H)^{-1}(B_2^H B_2)^{-1} B_2^H \qquad\qquad \square$$

定理 4.11 说明矩阵的满秩分解虽然不唯一, 但由满秩分解构造的矩阵

$$D^H(DD^H)^{-1}(B^H B)^{-1} B^H$$

是唯一确定的. 而这个唯一确定的矩阵恰好是 A 的一个广义逆矩阵 (将在第 8 章介绍广义逆矩阵).

4.4 矩阵的谱分解

矩阵的谱分解是将一个方阵分解成若干个具有一定特殊结构的矩阵的线性组合, 而组合系数便是该矩阵的特征值.

4.4.1 简单矩阵的谱分解

定义 4.5 设 n 阶方阵 $A \in F^{n\times n}$, 如果 A 的每一个特征值的代数重数与几何重数都相等, 则称矩阵 A 为简单矩阵.

定理 4.12 矩阵 $A \in \mathbf{C}^{n\times n}$ 是简单矩阵的充分必要条件是 A 与对角阵相似.

证 矩阵 A 的所有互异特征值的代数重数之和等于矩阵的阶数 n, 而特征值的几何重数对应的是其线性无关的特征向量的个数. 若 A 是简单矩阵, 则 A 必有 n 个线性无关的特征向量, 从而 A 与对角阵相似. 反之, 若 A 与对角阵相似, 则 A 必存在 n 个线性无关的特征向量. 而一般来说特征值的几何重数小于等于其代数重数, 若 A 有某个特征值的几何重数小于代数重数, 则所有互异特征值的几何重数之和小于 n, 这与 A 相似于对角矩阵矛盾. 因此, A 是简单矩阵. $\square$

定理 4.13 设 $A \in \mathbf{C}^{n\times n}$ 是简单矩阵, 则 A 可分解为一系列幂等矩阵 $A_i(i=1,2,\cdots,n)$ 的加权和, 即

$$A = \sum_{i=1}^n \lambda_i A_i \tag{4-5}$$

其中, λ_i 是 A 的特征值. 矩阵 A 的分解式 (4-5) 称为 A 的谱分解.

   证 由 A 是简单矩阵知, 存在可逆矩阵 P, 使得

$$A = P\,\mathrm{diag}\{\lambda_1, \lambda_2, \cdots, \lambda_n\}P^{-1}$$

记 $P = [v_1 \quad v_2 \quad \cdots \quad v_n]$, $(P^{-1})^{\mathrm{T}} = [u_1 \quad u_2 \quad \cdots \quad u_n]$, 则

$$A = [v_1 \quad v_2 \quad \cdots \quad v_n] \begin{bmatrix} \lambda_1 & 0 & \cdots & 0 \\ 0 & \lambda_2 & \cdots & 0 \\ \vdots & \vdots & & \vdots \\ 0 & 0 & \cdots & \lambda_n \end{bmatrix} \begin{bmatrix} u_1^{\mathrm{T}} \\ u_2^{\mathrm{T}} \\ \vdots \\ u_n^{\mathrm{T}} \end{bmatrix} = \sum_{i=1}^{n} \lambda_i v_i u_i^{\mathrm{T}}$$

   令 $A_i = v_i u_i^{\mathrm{T}}$, 则有 $A = \displaystyle\sum_{i=1}^{n} \lambda_i A_i$, 再注意到 $P^{-1}P = I_n$, 有 $u_i^{\mathrm{T}} v_j = \begin{cases} 1, & j = i, \\ 0, & j \neq i, \end{cases}$ 从而

$$A_i A_j = v_i u_i^{\mathrm{T}} v_j u_j^{\mathrm{T}} = \begin{cases} v_i u_j^{\mathrm{T}}, & j = i \\ O, & j \neq i \end{cases} = \begin{cases} A_i, & j = i \\ O, & j \neq i \end{cases} \tag{4-6}$$

即 A_i 是幂等矩阵, 且 $A = \displaystyle\sum_{i=1}^{n} \lambda_i A_i$. □

   例 4.7 求矩阵 $A = \begin{bmatrix} 1 & -1 \\ 2 & 4 \end{bmatrix}$ 的谱分解.

   解 由 $\det(\lambda I_2 - A) = \begin{vmatrix} \lambda - 1 & 1 \\ -2 & \lambda - 4 \end{vmatrix} = (\lambda - 2)(\lambda - 3) = 0$, 可得矩阵 A 的特征值为 $\lambda_1 = 2$ 和 $\lambda_2 = 3$, 所以 A 为简单矩阵.

   特征值 $\lambda_1 = 2$ 和 $\lambda_2 = 3$ 所对应的特征向量分别为 $\xi_1 = (1, -1)^{\mathrm{T}}$ 和 $\xi_2 = (1, -2)^{\mathrm{T}}$, 令 $P = \begin{bmatrix} 1 & 1 \\ -1 & -2 \end{bmatrix} \triangleq [v_1 \quad v_2]$, 则 $P^{-1} = \begin{bmatrix} 2 & 1 \\ -1 & -1 \end{bmatrix} \triangleq \begin{bmatrix} u_1^{\mathrm{T}} \\ u_2^{\mathrm{T}} \end{bmatrix}$, 且

$$A = \lambda_1 v_1 u_1^{\mathrm{T}} + \lambda_2 v_2 u_2^{\mathrm{T}} = 2 \begin{bmatrix} 1 \\ -1 \end{bmatrix} [2 \quad 1] + 3 \begin{bmatrix} 1 \\ -2 \end{bmatrix} [-1 \quad -1]$$

$$= 2 \begin{bmatrix} 2 & 1 \\ -2 & -1 \end{bmatrix} + 3 \begin{bmatrix} -1 & -1 \\ 2 & 2 \end{bmatrix} \triangleq \lambda_1 A_1 + \lambda_2 A_2$$

由定理 4.13 的证明知式 (4-5) 中 A_i 具有如下性质.

性质 4.1 (1) 幂等性, 即 $A_i^2 = A_i$;

(2) 分离性, 即 $A_i A_j = O$, $j \neq i$;

(3) 可加性, 即 $\sum\limits_{i=1}^{n} A_i = I_n$;

(4) $A^k = \sum\limits_{i=1}^{n} \lambda_i^k A_i$, $k \geqslant 2$.

证 事实上, (1) 和 (2) 由定理 4.13 的证明过程中的式 (4-6) 已证得.

对于 (3), 由 $PP^{-1} = \sum\limits_{i=1}^{n} v_i u_i^{\mathrm{T}} = \sum\limits_{i=1}^{n} A_i = I_n$ 即得.

对于 (4), 由于 $A^2 = \left(\sum\limits_{i=1}^{n} \lambda_i A_i \right)^2 = \sum\limits_{i,j=1}^{n} \lambda_i \lambda_j A_i A_j = \sum\limits_{i=1}^{n} \lambda_i^2 A_i^2 = \sum\limits_{i=1}^{n} \lambda_i^2 A_i,$

类推可得 $A^k = \sum\limits_{i=1}^{n} \lambda_i^k A_i$, $k > 2$.

进而, 若 $f(A)$ 是 A 的多项式, 则

$$f(A) = \sum_{i=1}^{n} f(\lambda_i) A_i \tag{4-7}$$

称式 (4-7) 为矩阵多项式 $f(A)$ 的谱分解.

定理 4.14 设 $A \in \mathbf{C}^{n \times n}$, $\lambda_1, \lambda_2, \cdots, \lambda_k$ 是 A 的 k 个不同特征值, 则 A 为简单矩阵的充分必要条件是存在 k 个矩阵 $A_i\,(i = 1, 2, \cdots, k)$ 满足

(1) $A_i A_j = \begin{cases} A_i, & j = i, \\ O, & j \neq i, \end{cases}$ $i, j = 1, 2, \cdots, k$;

(2) $\sum\limits_{i=1}^{k} A_i = I_n$;

(3) $A = \sum\limits_{i=1}^{k} \lambda_i A_i$.

证 必要性. 设 A 是简单矩阵, 由定理 4.13

$$A = \sum_{i=1}^{n} \mu_i B_i \tag{4-8}$$

其中, μ_i 是 A 的特征值, B_i 是满足性质 4.1 的 (1) $\sim$ (3) 的矩阵.

因为 A 有 k 个不同特征值, 若 $k = n$, 则由定理 4.13 知本定理结论成立. 若 $k < n$, 必有 $i \neq j$ 使得 $\mu_i = \mu_j$, 因此我们对式 (4-8) 按相同特征值合并, 有

$$A = \sum_{i=1}^{k} \lambda_i \left(\sum_{j=1}^{r_i} B_{ij} \right) \tag{4-9}$$

其中, λ_i 是 A 的互异特征值, B_{ij} 表示 B_i 中对应于相同特征值 μ_i (记为 λ_i) 的矩阵, $j = 1, 2, \cdots, r_i, r_i \geqslant 1$, 且 $\sum_{i=1}^{k} r_i = n$.

令 $A_i = \sum_{j=1}^{r_i} B_{ij}$, 注意 B_{ij} 是幂等矩阵, 所以 $B_{ij} B_{lm} = \begin{cases} B_{ij}, & l = i, m = j, \\ 0, & l \neq i \text{ 或 } m \neq j, \end{cases}$ 故

$$A_i A_l = \left(\sum_{j=1}^{r_i} B_{ij} \right) \left(\sum_{m=1}^{r_l} B_{lm} \right) = \sum_{j=1}^{r_i} \sum_{m=1}^{r_l} B_{ij} B_{lm}$$

$$= \begin{cases} \sum_{j=1}^{r_i} B_{ij}, & l = i, m = j \\ O, & l \neq i \text{ 或 } m \neq j \end{cases}$$

$$= \begin{cases} A_i, & l = i \\ O, & l \neq i \end{cases}$$

且

$$\sum_{i=1}^{k} A_i = \sum_{i=1}^{k} \left(\sum_{j=1}^{r_i} B_{ij} \right) = \sum_{i=1}^{n} B_i = I_n$$

充分性. 设条件 (1) ~ (3) 成立, 往证 A 是简单矩阵.

设 $\mathrm{rank}(A_i) = r_i$, $i = 1, 2, \cdots, k$. 由定理 4.5 知, 存在酉矩阵 $U_i, V_i \in \mathbf{C}^{n \times n}$ 及 r_i 阶正线下三角矩阵 L_i, 使得

$$A_i = U_i \begin{bmatrix} L_i & O \\ O & O \end{bmatrix} V_i$$

令 $X_i = U_i \begin{bmatrix} L_i \\ O \end{bmatrix}$, $V_i = \begin{bmatrix} Y_{i1} \\ Y_{i2} \end{bmatrix}$, 显然 $X_i \in \mathbf{C}^{n \times r_i}$, $Y_{i1} \in \mathbf{C}^{r_i \times n}$, 且

$\mathrm{rank}(X_i) = \mathrm{rank}(Y_{i1}) = r_i$, 并有

$$A_i = U_i \begin{bmatrix} L_i \\ O \end{bmatrix} [I_{r_i} \quad O] V_i = U_i \begin{bmatrix} L_i \\ O \end{bmatrix} [I_{r_i} \quad O] \begin{bmatrix} Y_{i1} \\ Y_{i2} \end{bmatrix} = X_i Y_{i1}$$

再令 $X = [X_1 \quad X_2 \quad \cdots \quad X_k]$, $Y^{\mathrm{T}} = [Y_{11}^{\mathrm{T}} \quad Y_{21}^{\mathrm{T}} \quad \cdots \quad Y_{k1}^{\mathrm{T}}]$, 则 X 的列数和 Y 的行数为 $\sum\limits_{i=1}^{k} r_i = \sum\limits_{i=1}^{k} \mathrm{rank}(A_i)$.

由于 A_i 是幂等矩阵, 满足 $A_i^2 = A_i$, 其特征值为 0 或 1; 再由矩阵的秩和迹的性质有

$$\mathrm{rank}(A_i) = \mathrm{rank}(P^{-1} A_i P) = \mathrm{rank}(J_i) = \mathrm{tr}(J_i) = \mathrm{tr}(A_i)$$

其中, J_i 是 A_i 的 Jordan 标准形, P 是相应的变换矩阵. 所以

$$\sum\limits_{i=1}^{k} r_i = \sum\limits_{i=1}^{k} \mathrm{rank}(A_i) = \sum\limits_{i=1}^{k} \mathrm{tr}(A_i) = \mathrm{tr}\left(\sum\limits_{i=1}^{k} A_i\right) = \mathrm{tr}(I_n) = n$$

因而 $X, Y \in \mathbf{C}^{n \times n}$. 又有

$$XY = \sum\limits_{i=1}^{k} X_i Y_{i1} = \sum\limits_{i=1}^{k} A_i = I_n$$

所以 $X = Y^{-1}$, 从而

$$YX = \begin{bmatrix} Y_{11} X_1 & Y_{11} X_2 & \cdots & Y_{11} X_k \\ Y_{21} X_1 & Y_{21} X_2 & \cdots & Y_{21} X_k \\ \vdots & \vdots & & \vdots \\ Y_{k1} X_1 & Y_{k1} X_2 & \cdots & Y_{k1} X_k \end{bmatrix} = I_n = \begin{bmatrix} I_{r_1} & O & \cdots & O \\ O & I_{r_2} & \cdots & O \\ \vdots & \vdots & & \vdots \\ O & O & \cdots & I_{r_k} \end{bmatrix}$$

比较上式可知

$$Y_{i1} X_j = \begin{cases} I_{r_i}, & j = i \\ O, & j \neq i \end{cases}$$

所以

$$A_i X_j = X_i Y_{i1} X_j = \begin{cases} X_i, & j = i \\ O, & j \neq i \end{cases}$$

于是

$$
\begin{aligned}
AX &= \sum_{i=1}^{k} \lambda_i A_i [X_1 \quad X_2 \quad \cdots \quad X_k] \\
&= \sum_{i=1}^{k} \lambda_i [A_i X_1 \quad A_i X_2 \quad \cdots \quad A_i X_k] \\
&= [\lambda_1 X_1 \quad \lambda_2 X_2 \quad \cdots \quad \lambda_k X_k] \\
&= [X_1 \quad X_2 \quad \cdots \quad X_k]
\begin{bmatrix}
\lambda_1 I_{r_1} & O & \cdots & O \\
O & \lambda_2 I_{r_2} & \cdots & O \\
\vdots & \vdots & & \vdots \\
O & O & \cdots & \lambda_k I_{r_k}
\end{bmatrix} \triangleq X\Lambda
\end{aligned}
$$

所以 $A = X\Lambda X^{-1}$, Λ 是对角矩阵. $\qquad\qquad\square$

4.4.2 一般矩阵的谱分解

若 $A \in F^{n\times n}$ 不是简单矩阵, 则 A 不能与对角矩阵相似, 但 A 总能与一个 Jordan 标准形相似, 即存在可逆矩阵 P, 使得

$$
P^{-1}AP = J \tag{4-10}
$$

其中

$$
J = \mathrm{diag}\{J_1, J_2, \cdots, J_k\}, \quad J_i =
\begin{bmatrix}
\lambda_i & 1 & 0 & \cdots & 0 \\
0 & \lambda_i & 1 & \cdots & 0 \\
\vdots & \vdots & \vdots & & \vdots \\
0 & 0 & 0 & \cdots & 1 \\
0 & 0 & 0 & \cdots & \lambda_i
\end{bmatrix}
$$

定理 4.15 设 $A \in \mathbf{C}^{n\times n}$ 为一般矩阵, 则 A 可分解为

$$
A = \sum_{i=1}^{k} (\lambda_i A_i + B_i) \tag{4-11}
$$

其中, λ_i 是 A 的特征值, $i = 1, 2, \cdots, k$, 矩阵 A_i 和 B_i 满足

(1) $A_i A_j = \begin{cases} A_i, & j = i, \\ O, & j \neq i; \end{cases}$

(2) $B_i B_j = O(j \neq i)$;

(3) $\sum\limits_{i=1}^{k} A_i = I_n$.

证 利用矩阵 A 的 Jordan 分解式 (4-10), 并记

$$P = [v_{11} \quad \cdots \quad v_{1r_1} \quad v_{21} \quad \cdots \quad v_{2r_2} \quad \cdots \quad v_{k1} \quad \cdots \quad v_{kr_k}]$$

$$\triangleq [P_1 \quad P_2 \quad \cdots \quad P_k]$$

$$(P^{-1})^{\mathrm{T}} = [u_{11}^{\mathrm{T}} \quad \cdots \quad u_{1r_1}^{\mathrm{T}} \quad u_{21}^{\mathrm{T}} \quad \cdots \quad u_{2r_2}^{\mathrm{T}} \quad \cdots \quad u_{k1}^{\mathrm{T}} \quad \cdots \quad u_{kr_k}^{\mathrm{T}}]$$

$$\triangleq [Q_1^{\mathrm{T}} \quad Q_2^{\mathrm{T}} \quad \cdots \quad Q_k^{\mathrm{T}}]$$

则由式 (4-10), 有

$$A = PJP^{-1} = \sum_{i=1}^{k} P_i J_i Q_i^{\mathrm{T}} = \sum_{i=1}^{k} \left(\lambda_i \sum_{j=1}^{r_i} v_{ij} u_{ij}^{\mathrm{T}} + \sum_{j=1}^{r_i-1} v_{ij} u_{i,j+1}^{\mathrm{T}} \right)$$

令 $A_i = \sum\limits_{j=1}^{r_i} v_{ij} u_{ij}^{\mathrm{T}}$, $B_i = \sum\limits_{j=1}^{r_i-1} v_{ij} u_{i,j+1}^{\mathrm{T}}$, 则得式 (4-11).

注意到 $P^{-1}P = I_n$, 有 $u_{ij}^{\mathrm{T}} v_{lm} = \begin{cases} 1, & l=i, m=j, \\ 0, & l \neq i \text{ 或 } m \neq j. \end{cases}$ 从而有

$$A_i A_l = \left(\sum_{j=1}^{r_i} v_{ij} u_{ij}^{\mathrm{T}} \right) \left(\sum_{m=1}^{r_l} v_{lm} u_{lm}^{\mathrm{T}} \right) = \sum_{j=1}^{r_i} \sum_{m=1}^{r_l} v_{ij} u_{ij}^{\mathrm{T}} v_{lm} u_{lm}^{\mathrm{T}}$$

$$= \begin{cases} \sum\limits_{j=1}^{r_i} v_{ij} u_{ij}^{\mathrm{T}}, & l = i \\ O, & l \neq i \end{cases}$$

$$= \begin{cases} A_i, & l = i \\ O, & l \neq i \end{cases}$$

即条件 (1) 成立, 类似地可证得 B_i 满足条件 (2). 最后, 由于

$$\sum_{i=1}^{k} A_i = \sum_{i=1}^{k} \sum_{j=1}^{r_i} v_{ij} u_{ij}^{\mathrm{T}} = PP^{-1} = I_n$$

可知条件 (3) 也成立.   □

例 4.8 求矩阵 $A = \begin{bmatrix} 2 & -1 \\ 1 & 4 \end{bmatrix}$ 的谱分解.

解 计算得 A 的特征值为 $\lambda_1 = \lambda_2 = 3$, 对应的特征向量及广义特征向量分别为 $v_1 = (1, -1)^{\mathrm{T}}, v_2 = (1, -2)^{\mathrm{T}}$. 令 $P = [v_1 \quad v_2] = \begin{bmatrix} 1 & 1 \\ -1 & -2 \end{bmatrix}$, 则 $P^{-1}AP = \begin{bmatrix} 3 & 1 \\ 0 & 3 \end{bmatrix}$. 记 $P^{-1} = \begin{bmatrix} 2 & 1 \\ -1 & -1 \end{bmatrix} \triangleq \begin{bmatrix} u_1^{\mathrm{T}} \\ u_2^{\mathrm{T}} \end{bmatrix}$, 得

$$A = P \begin{bmatrix} 3 & 1 \\ 0 & 3 \end{bmatrix} P^{-1} = 3(v_1 u_1^{\mathrm{T}} + v_2 u_2^{\mathrm{T}}) + v_1 u_2^{\mathrm{T}}$$

$$= 3 \begin{bmatrix} 1 & 0 \\ 0 & 1 \end{bmatrix} + \begin{bmatrix} -1 & -1 \\ 1 & 1 \end{bmatrix} \triangleq 3A_1 + B_1$$

4.5 矩阵的奇异值分解

矩阵的奇异值分解是将一个矩阵分解成酉矩阵、对角矩阵与酉矩阵三者的乘积, 而其中的对角矩阵的对角线元素的模均为原矩阵的奇异值.

定理 4.16 设 $A \in \mathbf{C}^{m \times n}$, $\mathrm{rank}(A) = r$, $\sigma_1, \sigma_2, \cdots, \sigma_r$ 是 A 的 r 个奇异值, 则存在 m 阶酉矩阵 U 及 n 阶酉矩阵 V, 使得

$$A = U \begin{bmatrix} D & O \\ O & O \end{bmatrix} V \tag{4-12}$$

其中, $D = \mathrm{diag}\{\delta_1, \delta_2, \cdots, \delta_r\}$, δ_i 是满足 $|\delta_i| = \sigma_i$ 的复数.

证 因为 $A^{\mathrm{H}}A$ 为 Hermite 矩阵, 必为正规矩阵, 由定理 1.5 知, 存在 n 阶酉矩阵 V, 使得

$$V A^{\mathrm{H}} A V^{\mathrm{H}} = \mathrm{diag}\{\lambda_1, \lambda_2, \cdots, \lambda_n\}$$

其中, $\lambda_1, \lambda_2, \cdots, \lambda_n$ 为 $A^{\mathrm{H}}A$ 的特征值, $\lambda_i \geqslant 0$. 不妨设 $\lambda_i > 0 (i = 1, 2, \cdots, r)$, $\lambda_i = 0 \, (i = r + 1, r + 2, \cdots, n)$.

由奇异值定义知 $\sigma_i = \sqrt{\lambda_i}$, $\sigma_i^2 = \overline{\delta_i}\delta_i (i = 1, 2, \cdots, r)$, 则有

$$\lambda_i = \begin{cases} \sigma_i^2 = \overline{\delta_i}\delta_i, & 1 \leqslant i \leqslant r \\ 0, & r + 1 \leqslant i \leqslant n \end{cases}$$

从而有

$$V A^{\mathrm{H}} A V^{\mathrm{H}} = \begin{bmatrix} D^{\mathrm{H}} D & O \\ O & O \end{bmatrix} \tag{4-13}$$

设 $V = \begin{bmatrix} V_1 \\ V_2 \end{bmatrix}$, $V_1 \in \mathbf{C}^{r \times n}$, $V_2 \in \mathbf{C}^{(n-r) \times n}$, 则式 (4-13) 可写成

$$\begin{bmatrix} V_1 \\ V_2 \end{bmatrix} A^{\mathrm{H}} A [V_1^{\mathrm{H}} \quad V_2^{\mathrm{H}}] = \begin{bmatrix} V_1 A^{\mathrm{H}} A V_1^{\mathrm{H}} & V_1 A^{\mathrm{H}} A V_2^{\mathrm{H}} \\ V_2 A^{\mathrm{H}} A V_1^{\mathrm{H}} & V_2 A^{\mathrm{H}} A V_2^{\mathrm{H}} \end{bmatrix} = \begin{bmatrix} D^{\mathrm{H}} D & O \\ O & O \end{bmatrix}$$

即 $V_1 A^{\mathrm{H}} A V_1^{\mathrm{H}} = D^{\mathrm{H}} D$, $V_2 A^{\mathrm{H}} A V_2^{\mathrm{H}} = O$, 从而 $A V_2^{\mathrm{H}} = O$.

令 $U_1^{\mathrm{H}} = (D^{\mathrm{H}})^{-1} V_1 A^{\mathrm{H}} \in F^{r \times m}$, 则 $U_1^{\mathrm{H}} U_1 = (D^{\mathrm{H}})^{-1} V_1 A^{\mathrm{H}} A V_1^{\mathrm{H}} D^{-1} = I_r$, 即 U_1^{H} 是酉矩阵. 将 U_1^{H} 扩充成 m 阶酉矩阵 $U^{\mathrm{H}} = \begin{bmatrix} U_1^{\mathrm{H}} \\ U_2^{\mathrm{H}} \end{bmatrix}$, 于是

$$U_2^{\mathrm{H}} U_1 = U_2^{\mathrm{H}} A V_1^{\mathrm{H}} D_1^{-1} = O, \quad U_2^{\mathrm{H}} A V_1^{\mathrm{H}} = O$$

又

$$U_1^{\mathrm{H}} A V_1^{\mathrm{H}} = (D^{\mathrm{H}})^{-1} V_1 A^{\mathrm{H}} A V_1^{\mathrm{H}} = (D^{\mathrm{H}})^{-1} D^{\mathrm{H}} D = D$$

$$U_1^{\mathrm{H}} A V_2^{\mathrm{H}} = O, \quad U_2^{\mathrm{H}} A V_2^{\mathrm{H}} = O$$

从而有

$$U^{\mathrm{H}} A V^{\mathrm{H}} = \begin{bmatrix} U_1^{\mathrm{H}} \\ U_2^{\mathrm{H}} \end{bmatrix} A [V_1^{\mathrm{H}} \quad V_2^{\mathrm{H}}] = \begin{bmatrix} U_1^{\mathrm{H}} A V_1^{\mathrm{H}} & U_1^{\mathrm{H}} A V_2^{\mathrm{H}} \\ U_2^{\mathrm{H}} A V_1^{\mathrm{H}} & U_2^{\mathrm{H}} A V_2^{\mathrm{H}} \end{bmatrix} = \begin{bmatrix} D & O \\ O & O \end{bmatrix}$$

所以 $A = U \begin{bmatrix} D & O \\ O & O \end{bmatrix} V$.   □

例 4.9　求矩阵 $A = \begin{bmatrix} 1 & 0 & 0 \\ 2 & 0 & 0 \end{bmatrix}$ 的奇异值分解.

解　计算 $A^{\mathrm{H}} A = \begin{bmatrix} 1 & 2 \\ 0 & 0 \\ 0 & 0 \end{bmatrix} \begin{bmatrix} 1 & 0 & 0 \\ 2 & 0 & 0 \end{bmatrix} = \begin{bmatrix} 5 & 0 & 0 \\ 0 & 0 & 0 \\ 0 & 0 & 0 \end{bmatrix}$, 求出 $A^{\mathrm{H}} A$ 的非零

特征值 $\lambda_1 = 5$, 则 A 的奇异值为 $\sigma_1 = \sqrt{5}$, 故 $D = \sqrt{5}$. 又 $A^{\mathrm{H}} A$ 的特征值 $\lambda_1 = 5$, $\lambda_2 = \lambda_3 = 0$ 对应的特征向量分别为

$$\xi_1 = (1,\ 0,\ 0)^{\mathrm{T}}, \quad \xi_2 = (0,\ 1,\ 0)^{\mathrm{T}}, \quad \xi_3 = (0,\ 0,\ 1)^{\mathrm{T}}$$

得酉矩阵

$$V = \begin{bmatrix} 1 & 0 & 0 \\ 0 & 1 & 0 \\ 0 & 0 & 1 \end{bmatrix} = \begin{bmatrix} V_1 \\ V_2 \end{bmatrix}, \quad V_1 = [1\ \ 0\ \ 0], \quad V_2 = \begin{bmatrix} 0 & 1 & 0 \\ 0 & 0 & 1 \end{bmatrix}$$

令

$$U_1^{\mathrm{H}} = (D^{\mathrm{H}})^{-1} V_1 A^{\mathrm{H}} = \frac{1}{\sqrt{5}} \begin{bmatrix} 1 & 0 & 0 \end{bmatrix} \begin{bmatrix} 1 & 2 \\ 0 & 0 \\ 0 & 0 \end{bmatrix} = \begin{bmatrix} 1/\sqrt{5} & 2/\sqrt{5} \end{bmatrix}$$

可将 U_1^{H} 扩充为二阶酉矩阵, 不妨取 $U_2^{\mathrm{H}} = \begin{bmatrix} -2/\sqrt{5} & 1/\sqrt{5} \end{bmatrix}$, 于是可得

$$A = U \begin{bmatrix} D & O \\ O & O \end{bmatrix} V = \begin{bmatrix} 1/\sqrt{5} & -2/\sqrt{5} \\ 2/\sqrt{5} & 1/\sqrt{5} \end{bmatrix} \begin{bmatrix} \sqrt{5} & 0 & 0 \\ 0 & 0 & 0 \end{bmatrix} \begin{bmatrix} 1 & 0 & 0 \\ 0 & 1 & 0 \\ 0 & 0 & 1 \end{bmatrix}$$

习　题　4

4.1　判断矩阵 $A = \begin{bmatrix} 3 & 2 & -1 \\ -1 & 0 & 0 \\ -1 & 3 & 0 \end{bmatrix}$ 和 $B = \begin{bmatrix} 0 & 2 & -1 \\ -1 & 4 & -1 \\ 1 & 3 & -5 \end{bmatrix}$ 能否进行 LU 分解, 为

什么? 若能分解, 试分解之, 其中 L 为下三角矩阵, U 为单位上三角矩阵.

4.2　对下列矩阵进行 LDU 分解:

(1) $A = \begin{bmatrix} 2 & 1 & 1 \\ 4 & 1 & 0 \\ -2 & 2 & 1 \end{bmatrix}$;

(2) $A = \begin{bmatrix} 1 & 0 & 2 & 0 \\ 0 & 1 & 0 & 0 \\ 2 & 0 & -1 & 1 \\ 0 & 0 & 1 & 1 \end{bmatrix}$,

其中, L 为单位下三角矩阵, D 为对角矩阵, U 为单位上三角矩阵.

4.3　求下列矩阵的 QR 分解:

(1) $A = \begin{bmatrix} 0 & 1 & 1 \\ 1 & 1 & 0 \\ 1 & 0 & 1 \end{bmatrix}$;

(2) $A = \begin{bmatrix} 0 & 3 & 1 \\ 0 & 4 & -2 \\ 2 & 1 & 2 \end{bmatrix}$.

4.4　求下列矩阵的最大秩分解:

(1) $A = \begin{bmatrix} 1 & -1 & 1 & 1 \\ -1 & 1 & -1 & -1 \\ 1 & 1 & -1 & -1 \\ 1 & -1 & 1 & 1 \end{bmatrix}$;

(2) $A = \begin{bmatrix} 1 & 2 & 3 & 6 \\ 2 & 4 & 6 & 12 \\ 1 & 2 & 3 & 6 \\ 2 & 4 & 6 & 12 \end{bmatrix}$.

4.5　求下列矩阵的谱分解:

(1) $A = \begin{bmatrix} 1 & 1 \\ 4 & 1 \end{bmatrix}$;

(2) $A = \begin{bmatrix} 3 & -2 & -4 \\ -2 & 6 & -2 \\ -4 & -2 & 3 \end{bmatrix}$.

4.6　设正规矩阵 $A \in F^{n \times n}$ 有 k 个不同特征值 $\lambda_i (i = 1, 2, \cdots, k)$, 则存在 k 个矩阵 $A_i (i = 1, 2, \cdots, k)$, 满足条件:

(1) $A_i A_j = \begin{cases} A_i & j = i, \\ O & j \neq i, \end{cases} \quad i, j = 1, 2, \cdots, k;$

(2) $\sum_{i=1}^{k} A_i = I_n;$

(3) $A_i^{\mathrm{H}} = A_i, \, i = 1, 2, \cdots, k,$

使得 $A = \sum_{i=1}^{k} \lambda_i A_i$. 且上式中的 A_i 是唯一的, $\mathrm{rank}(A_i) = r_i, \, \sum_{i=1}^{k} r_i = n.$

4.7 求下列矩阵的奇异值分解:

(1) $A = \begin{bmatrix} 1 & 0 & 0 & -1 \\ 0 & 1 & 0 & 1 \\ 0 & 0 & 0 & 0 \end{bmatrix};$ (2) $A = \begin{bmatrix} 1 & 0 \\ 0 & 1 \\ 1 & 1 \end{bmatrix}.$

4.8 设 σ_1 和 σ_n 是矩阵 A 的最大奇异值和最小奇异值, 证明:

(1) $\sigma_1 = \|A\|_2;$ (2) 当 A 是非奇异矩阵时, $\|A^{-1}\|_2 = \dfrac{1}{\sigma_n}.$

4.9 设 $A \in \mathbf{R}^{m \times n}$, 且 $\mathrm{rank}(A) = r$, $\sigma_i(i = 1, 2, \cdots, r)$ 是 A 的奇异值, 证明: $\|A\|_{\mathrm{F}}^2 = \sum_{i=1}^{r} \sigma_i^2.$

第 5 章　矩阵特征值的估计与定位

对任意 n 阶方阵 $A \in F^{n \times n}$, A 在复数域 **C** 上总有 n 个特征值, 当 A 的阶数较大时, 求其特征值的精确值是相当困难的. 同时, 在实际应用中往往不需要精确地计算出 A 的特征值, 而仅需要估计出特征值的大小及其在复平面内的范围就足够了. 因此, 本章主要介绍矩阵特征值的估计及其在复平面中的定位等相关问题, 充分利用矩阵元素的信息, 给出适当的估计结果.

5.1　矩阵特征值界的估计

5.1.1　特征值界的基本不等式

利用矩阵的元素、阶数等信息给出矩阵特征值界的各种估计结果.

定理 5.1 (Schur 不等式)　设 $A = (a_{ij}) \in F^{n \times n}$, 其特征值为 $\lambda_1, \lambda_2, \cdots, \lambda_n$, 则

$$\sum_{k=1}^{n} |\lambda_k|^2 \leqslant \sum_{i,j=1}^{n} |a_{ij}|^2 = \|A\|_{\mathrm{F}}^2 \tag{5-1}$$

且等号成立当且仅当 A 为正规矩阵.

证　由定理 1.1(Schur 定理), 存在酉矩阵 U, 使得

$$A = URU^{\mathrm{H}}$$

其中, R 为上三角矩阵, 且其对角线上元素为 A 的特征值. 如记 $R = (r_{kl})$, 则 $r_{kk} = \lambda_k$, $r_{kl} = 0(k, l = 1, 2, \cdots, n;\ k > l)$. 于是, 根据 $\|\cdot\|_{\mathrm{F}}$ 范数的酉不变性, 有

$$\sum_{k=1}^{n} |\lambda_k|^2 = \sum_{k=1}^{n} |r_{kk}|^2 \leqslant \sum_{k=1}^{n} |r_{kk}|^2 + \sum_{l>k} |r_{kl}|^2$$

$$= \|R\|_{\mathrm{F}}^2 = \|A\|_{\mathrm{F}}^2 = \sum_{i,j=1}^{n} |a_{ij}|^2$$

上式等号成立当且仅当 $\sum_{l>k} |r_{kl}|^2 = 0$, 当且仅当 $r_{kl} = 0,\ l > k$, 当且仅当 R 为对角矩阵, 故式 (5-1) 成立当且仅当 A 为正规矩阵. □

Schur 不等式给出了 n 阶矩阵特征值界的基本估计结果, 在此结果基础上, 还有很多改进工作.

设 $A \in F^{n \times n}$, 令 $B = (b_{ij}) = \dfrac{A + A^{\mathrm{H}}}{2}$, $C = (c_{ij}) = \dfrac{A - A^{\mathrm{H}}}{2}$, 显然 B 是 Hermite 矩阵, C 是反 Hermite 矩阵. 据此有如下定理.

定理 5.2 (Hirsch 不等式) 设 $A = (a_{ij}) \in F^{n \times n}$ 的特征值为 $\lambda_1, \lambda_2, \cdots, \lambda_n$, 则对 $k = 1, 2, \cdots, n$, 有

$$|\lambda_k| \leqslant n \max_{1 \leqslant i,j \leqslant n} |a_{ij}|, \quad |\mathrm{Re}\lambda_k| \leqslant n \max_{1 \leqslant i,j \leqslant n} |b_{ij}|, \quad |\mathrm{Im}\lambda_k| \leqslant n \max_{1 \leqslant i,j \leqslant n} |c_{ij}| \quad (5\text{-}2)$$

证 由定理 1.1(Schur 定理), 存在酉矩阵 U, 使得

$$U^{\mathrm{H}} A U = R, \quad U^{\mathrm{H}} A^{\mathrm{H}} U = R^{\mathrm{H}}$$

其中, R 为上三角矩阵, 且对角线元素为 $\lambda_1, \lambda_2, \cdots, \lambda_n$. 于是有

$$U^{\mathrm{H}} B U = U^{\mathrm{H}} \frac{A + A^{\mathrm{H}}}{2} U = \frac{1}{2} U^{\mathrm{H}} A U + \frac{1}{2} U^{\mathrm{H}} A^{\mathrm{H}} U = \frac{R + R^{\mathrm{H}}}{2}$$

$$U^{\mathrm{H}} C U = U^{\mathrm{H}} \frac{A - A^{\mathrm{H}}}{2} U = \frac{1}{2} U^{\mathrm{H}} A U - \frac{1}{2} U^{\mathrm{H}} A^{\mathrm{H}} U = \frac{R - R^{\mathrm{H}}}{2}$$

故有

$$\sum_{k=1}^{n} \left| \frac{\lambda_k + \bar{\lambda}_k}{2} \right|^2 + \sum_{l=1}^{n} \sum_{k=1}^{l-1} \frac{|r_{kl}|^2}{2} = \sum_{i,j=1}^{n} |b_{ij}|^2 \leqslant n^2 \max_{1 \leqslant i,j \leqslant n} |b_{ij}|^2$$

$$\sum_{k=1}^{n} \left| \frac{\lambda_k - \bar{\lambda}_k}{2} \right|^2 + \sum_{l=1}^{n} \sum_{k=1}^{l-1} \frac{|r_{kl}|^2}{2} = \sum_{i,j=1}^{n} |c_{ij}|^2 \leqslant n^2 \max_{1 \leqslant i,j \leqslant n} |c_{ij}|^2$$

即

$$\sum_{k=1}^{n} |\mathrm{Re}\lambda_k|^2 \leqslant n^2 \max_{1 \leqslant i,j \leqslant n} |b_{ij}|^2, \quad \sum_{k=1}^{n} |\mathrm{Im}\lambda_k|^2 \leqslant n^2 \max_{1 \leqslant i,j \leqslant n} |c_{ij}|^2$$

再由

$$|\mathrm{Re}\lambda_k|^2 \leqslant \sum_{k=1}^{n} |\mathrm{Re}\lambda_k|^2, \quad |\mathrm{Im}\lambda_k|^2 \leqslant \sum_{k=1}^{n} |\mathrm{Im}\lambda_k|^2$$

可得

$$|\mathrm{Re}\lambda_k| \leqslant n \max_{1 \leqslant i,j \leqslant n} |b_{ij}|, \quad |\mathrm{Im}\lambda_k| \leqslant n \max_{1 \leqslant i,j \leqslant n} |c_{ij}|$$

再由定理 5.1, 有 $\displaystyle\sum_{k=1}^{n}|\lambda_k|^2 \leqslant \sum_{i,j=1}^{n}|a_{ij}|^2 \leqslant n^2 \max_{1\leqslant i,j\leqslant n}|a_{ij}|^2$. 注意 $|\lambda_k|^2 \leqslant$

$\displaystyle\sum_{j=1}^{n}|\lambda_j|^2$, 所以 $|\lambda_k| \leqslant n \max\limits_{1\leqslant i,j\leqslant n}|a_{ij}|$. □

注 5.1 当 A 为 Hermite 矩阵时, 矩阵 $C = O$, 即 $c_{ij} = 0$, 从而由式 (5-2) 有 $\mathrm{Im}\lambda_k = 0$, 即 λ_k 为实数; 当 A 为反 Hermite 矩阵时, 矩阵 $B = O$, 即 $b_{ij} = 0$, 从而由式 (5-2) 有 $\mathrm{Re}\lambda_k = 0$, 即 λ_k 为纯虚数.

推论 5.1 Hermite 矩阵的特征值均为实数, 而反 Hermite 矩阵的特征值均为纯虚数.

定理 5.3 (Bandixson 不等式) 设 $A = (a_{ij}) \in \mathbf{R}^{n\times n}$, 则 A 的任一特征值 λ_i 满足

$$|\mathrm{Im}\lambda_k| \leqslant \sqrt{\frac{n(n-1)}{2}} \max_{1\leqslant i,j\leqslant n}|c_{ij}| \tag{5-3}$$

证 由定理 5.2 的证明有

$$\sum_{k=1}^{n}|\mathrm{Im}\lambda_k|^2 \leqslant \sum_{i,j=1}^{n}|c_{ij}|^2$$

因 A 为实矩阵, 所以 $c_{ii} = 0(i = 1, 2, \cdots, n)$, 因此上式有

$$\sum_{k=1}^{n}|\mathrm{Im}\lambda_k|^2 \leqslant \sum_{i,j=1}^{n}|c_{ij}|^2 = \sum_{i,j=1, i\neq j}^{n}|c_{ij}|^2 \leqslant n(n-1)\max_{1\leqslant i,j\leqslant n}|c_{ij}|^2$$

又因为实方阵的复特征值成对出现, 所以

$$\sum_{k=1}^{n}|\mathrm{Im}\lambda_k|^2 \geqslant 2\sum_{k=1}^{s}|\mathrm{Im}\lambda_k|^2$$

其中, $2s$ 为 A 的复特征值的个数, $2s \leqslant n$. 结合上述两个不等式, 则有

$$2|\mathrm{Im}\lambda_k|^2 \leqslant 2\sum_{j=1}^{s}|\mathrm{Im}\lambda_j|^2 \leqslant \sum_{j=1}^{n}|\mathrm{Im}\lambda_j|^2 \leqslant n(n-1)\max_{1\leqslant i,j\leqslant n}|c_{ij}|^2$$

所以有 $|\mathrm{Im}\lambda_k| \leqslant \sqrt{\dfrac{n(n-1)}{2}} \max\limits_{1\leqslant i,j\leqslant n}|c_{ij}|$. □

定理 5.1、定理 5.2 和定理 5.3 分别给出了特征值界的估计, 其估计效果也各不相同.

例 5.1   设

$$A = \begin{bmatrix} 3+\mathrm{i} & -2-3\mathrm{i} & 2\mathrm{i} \\ 1 & 0 & 0 \\ 0 & 1 & 0 \end{bmatrix}$$

试估计矩阵 A 的特征值的界.

解   由定理 5.1 有

$$|\lambda_1|^2 + |\lambda_2|^2 + |\lambda_3|^2 \leqslant \sum_{i,j=1}^{3} |a_{ij}|^2 = |3+\mathrm{i}|^2 + |-2-3\mathrm{i}|^2 + |2\mathrm{i}|^2 + 1 + 1 = 29$$

由定理 5.2 得

$$B = \frac{A+A^{\mathrm{H}}}{2} = \frac{1}{2} \begin{bmatrix} 6 & -1-3\mathrm{i} & 2\mathrm{i} \\ -1+3\mathrm{i} & 0 & 1 \\ -2\mathrm{i} & 1 & 0 \end{bmatrix}$$

$$C = \frac{A-A^{\mathrm{H}}}{2} = \frac{1}{2} \begin{bmatrix} 2\mathrm{i} & -3-3\mathrm{i} & 2\mathrm{i} \\ 3-3\mathrm{i} & 0 & -1 \\ 2\mathrm{i} & 1 & 0 \end{bmatrix}$$

则有

$$|\lambda_k| \leqslant n \max_{i,j} |a_{ij}| = 3\sqrt{13}, \quad |\mathrm{Re}\lambda_k| \leqslant n \max_{i,j} |b_{ij}| = 9$$

$$|\mathrm{Im}\lambda_k| \leqslant n \max_{i,j} |c_{ij}| = \frac{9}{2}\sqrt{2}, \quad k = 1, 2, 3$$

而矩阵 A 的三个特征值分别为 2, 1 和 i. 显然, 上述不等式都成立, 但估计范围都较大.

例 5.2   设

$$A = \begin{bmatrix} 0 & 0.2 & 0.1 \\ -0.2 & 0 & 0.2 \\ -0.1 & -0.2 & 0 \end{bmatrix}$$

估计 A 的特征值的实部和虚部范围.

解   显然 A 是反对称矩阵 (也是反 Hermite 矩阵), 因此, 由定理 5.2 知

$$|\mathrm{Re}\lambda_k| = 0, \quad |\mathrm{Im}\lambda_k| \leqslant 0.6, \quad k = 1, 2, 3$$

再由定理 5.3 有

$$|\mathrm{Im}\lambda_k| \leqslant \sqrt{\frac{n(n-1)}{2}} \max_{i,j} |c_{ij}| = 0.2\sqrt{3} \approx 0.3464$$

而 A 的三个特征值分别为 0, 0.3i 和 −0.3i. 显然, 利用定理 5.3 的估计效果更好.

5.1.2 特征值界的 Hadamard 不等式

下面进一步给出特征值界的细化结果.

定理 5.4 设 $A \in F^{n \times n}$, $B = \dfrac{A + A^{\mathrm{H}}}{2}$, $C = \dfrac{A - A^{\mathrm{H}}}{2}$, λ_k, μ_k 和 $\gamma_k\mathrm{i}$ $(k = 1, 2, \cdots, n)$ 分别为矩阵 A, B 和 C 的特征值, 其中 $\lambda_k \in \mathbf{C}$, $\mu_k, \gamma_k \in \mathbf{R}$, 且满足

$$|\lambda_1| \geqslant |\lambda_2| \geqslant \cdots \geqslant |\lambda_n|, \quad \mu_1 \geqslant \mu_2 \geqslant \cdots \geqslant \mu_n, \quad \gamma_1 \geqslant \gamma_2 \geqslant \cdots \geqslant \gamma_n$$

则有

$$\mu_n \leqslant \mathrm{Re}\lambda_k \leqslant \mu_1, \quad \gamma_n \leqslant \mathrm{Im}\lambda_k \leqslant \gamma_1 \tag{5-4}$$

证 设 x 是 A 的对应于 λ_k 的单位特征向量, 即 $Ax = \lambda_k x$, 且 $x^{\mathrm{H}}x = 1$, 则有

$$x^{\mathrm{H}}Ax = \lambda_k x^{\mathrm{H}}x = \lambda_k, \quad x^{\mathrm{H}}A^{\mathrm{H}}x = \bar{\lambda}_k$$

$$\mathrm{Re}\lambda_k = \frac{1}{2}(\lambda_k + \bar{\lambda}_k) = \frac{1}{2}x^{\mathrm{H}}(A + A^{\mathrm{H}})x = x^{\mathrm{H}}Bx$$

$$(\mathrm{Im}\lambda_k)\mathrm{i} = \frac{1}{2}(\lambda_k - \bar{\lambda}_k) = \frac{1}{2}x^{\mathrm{H}}(A - A^{\mathrm{H}})x = x^{\mathrm{H}}Cx$$

由于 B 和 C 均为正规矩阵, 所以存在酉矩阵 U 和 V, 使得

$$U^{\mathrm{H}}BU = \mathrm{diag}\{\mu_1, \mu_2, \cdots, \mu_n\} \triangleq D_1$$

$$V^{\mathrm{H}}CV = \mathrm{diag}\{\mathrm{i}\gamma_1, \mathrm{i}\gamma_2, \cdots, \mathrm{i}\gamma_n\} \triangleq D_2$$

记 $y = U^{\mathrm{H}}x$, $z = V^{\mathrm{H}}x$, 则

$$y^{\mathrm{H}}y = x^{\mathrm{H}}UU^{\mathrm{H}}x = x^{\mathrm{H}}x = 1, \quad z^{\mathrm{H}}z = x^{\mathrm{H}}VV^{\mathrm{H}}x = x^{\mathrm{H}}x = 1$$

且

$$\mathrm{Re}\lambda_k = x^{\mathrm{H}}Bx = y^{\mathrm{H}}U^{\mathrm{H}}BUy = y^{\mathrm{H}}D_1y = \sum_{j=1}^{n} \mu_j |y_j|^2$$

$$(\mathrm{Im}\lambda_k)\mathrm{i} = x^{\mathrm{H}}Cx = z^{\mathrm{H}}V^{\mathrm{H}}CVz = z^{\mathrm{H}}D_2z = \left(\sum_{j=1}^{n} \gamma_j |z_j|^2\right)\mathrm{i}$$

或

$$\text{Im}\lambda_k = \sum_{j=1}^{n} \gamma_j |z_j|^2$$

而

$$\mu_n = \mu_n \sum_{j=1}^{n} |y_j|^2 \leqslant \sum_{j=1}^{n} \mu_j |y_j|^2 \leqslant \mu_1 \sum_{j=1}^{n} |y_j|^2 = \mu_1$$

$$\gamma_n = \gamma_n \sum_{j=1}^{n} |z_j|^2 \leqslant \sum_{j=1}^{n} \gamma_j |z_j|^2 \leqslant \gamma_1 \sum_{j=1}^{n} |z_j|^2 = \gamma_1$$

所以有 $\mu_n \leqslant \text{Re}\lambda_k \leqslant \mu_1$, $\gamma_n \leqslant \text{Im}\lambda_k \leqslant \gamma_1$. □

定理 5.5   设 $A \in F^{n \times n}$, A 的特征值为 $\lambda_1, \lambda_2, \cdots, \lambda_n$, 奇异值为 $\sigma_1 \geqslant \sigma_2 \geqslant \cdots \geqslant \sigma_r$, $r \leqslant n$, 则

$$\sigma_r \leqslant |\lambda_k| \leqslant \sigma_1, \quad k = 1, 2, \cdots, n \tag{5-5}$$

证   由于 AA^{H} 为 Hermite 矩阵, 故存在酉矩阵 U, 使得

$$UAA^{\text{H}}U^{\text{H}} = D = \text{diag}\{\sigma_1^2, \sigma_2^2, \cdots, \sigma_n^2\}, \quad \sigma_{r+1} = \cdots = \sigma_n = 0$$

令 $B = UAU^{\text{H}} = (b_{ij})$, 则 $BB^{\text{H}} = D$. 记 $B^{\text{H}} = [b_1^{\text{H}} \quad b_2^{\text{H}} \quad \cdots \quad b_n^{\text{H}}]$, 得 $b_i b_j^{\text{H}} = \sum_{k=1}^{n} b_{ik} \bar{b}_{jk} = \sigma_i^2 \delta_{ij}$. 设 λ 为 A^{H} 的任意特征值, 从而也为 B^{H} 的特征值, 则存在非零向量 x 满足 $B^{\text{H}}x = \lambda x$, 即

$$\sum_{k=1}^{n} \bar{b}_{ki} x_k = \lambda x_i, \quad \sum_{k=1}^{n} b_{ki} \bar{x}_k = \bar{\lambda} \bar{x}_i, \quad i = 1, 2, \cdots, n$$

将两式两端分别对应相乘, 然后对 i 从 1 到 n 求和, 得

$$\sum_{i=1}^{n} \left(\sum_{k=1}^{n} \bar{b}_{ki} x_k \right) \left(\sum_{l=1}^{n} b_{li} \bar{x}_l \right) = \sum_{i=1}^{n} \sum_{k,l=1}^{n} b_{li} \bar{b}_{ki} x_k \bar{x}_l = \sum_{k,l=1}^{n} \left(\sum_{i=1}^{n} b_{li} \bar{b}_{ki} \right) x_k \bar{x}_l$$

$$= \sum_{k,l=1}^{n} \sigma_k^2 \delta_{kl} x_k \bar{x}_l = \sum_{k=1}^{n} \sigma_k^2 |x_k|^2$$

所以

$$|\lambda|^2 \sum_{i=1}^{n} |x_i|^2 = \sum_{k=1}^{n} \sigma_k^2 |x_k|^2, \quad \sigma_n^2 \leqslant |\lambda|^2 \leqslant \sigma_1^2$$

定理得证. □

定理 5.6 (Hadamard 不等式) 设 $A \in F^{n \times n}$, 则有

$$\prod_{k=1}^{n} |\lambda_k| = |\det(A)| \leqslant \left[\prod_{j=1}^{n} \left(\sum_{i=1}^{n} |a_{ij}|^2 \right) \right]^{1/2} \tag{5-6}$$

其中, $\lambda_1, \lambda_2, \cdots, \lambda_n$ 为 A 的特征值. 且等号成立当且仅当 A 的某一列元素全为零, 或 A 的不同列相互正交.

证 设 $A = [a_1 \quad a_2 \quad \cdots \quad a_n]$, 若 $a_1, a_2, \cdots, a_n$ 线性相关, 则 $\det(A) = 0$, 不等式 (5-6) 显然成立. 因此, 以下假设 $a_1, a_2, \cdots, a_n$ 线性无关, 由 Schmidt 正交化过程, 可构造非零正交向量组 $b_1, b_2, \cdots, b_n$, 则

$$a_1 = b_1, a_2 = b_2 + p_{21}b_1, \cdots, a_n = b_n + p_{n1}b_1 + \cdots + p_{n,n-1}b_{n-1} \tag{5-7}$$

令 $B = [b_1 \quad b_2 \quad \cdots \quad b_n]$, 则

$$A = [a_1 \quad a_2 \quad \cdots \quad a_n] = B \begin{bmatrix} 1 & p_{21} & \cdots & p_{n1} \\ 0 & 1 & \cdots & p_{n2} \\ \vdots & \vdots & & \vdots \\ 0 & 0 & \cdots & 1 \end{bmatrix}$$

因而 $\det(A) = \det(B)$, 且

$$\|a_i\|_2^2 = \|b_i + p_{i1}b_1 + \cdots + p_{i,i-1}b_{i-1}\|_2^2$$

$$= \|b_i\|_2^2 + |p_{i1}|^2\|b_1\|_2^2 + \cdots + |p_{i,i-1}|^2\|b_{i-1}\|_2^2 \geqslant \|b_i\|_2^2$$

又

$$(\det(B))^2 = \det(B^{\mathrm{H}}) \det(B) = \det(B^{\mathrm{H}}B)$$

$$= \prod_{i=1}^{n} \|b_i\|_2^2 = \left(\prod_{i=1}^{n} \|b_i\|_2 \right)^2$$

因而有

$$(\det(A))^2 = (\det(B))^2 = \left(\prod_{i=1}^{n} \|b_i\|_2 \right)^2$$

$$\leqslant \left(\prod_{i=1}^{n} \|a_i\|_2 \right)^2 = \prod_{i=1}^{n} \sum_{j=1}^{n} |a_{ij}|^2$$

即式 (5-6) 成立.

若 A 的某一列元素均为零, 则式 (5-6) 两端均为零, 因而等式成立. 若 A 的各列两两正交, 则

$$(\det(A))^2 = \det(A^H A) = \prod_{i=1}^{n} ||a_i||_2^2 = \prod_{i=1}^{n} \left(\sum_{j=1}^{n} |a_{ij}|^2 \right)$$

即式 (5-6) 等式成立.

反之, 若 A 的各列不为零向量, 且存在最小指标 i_0, 使 $a_j^H a_{i_0} \neq 0 (j < i_0)$, 即 a_{i_0} 与其前面的列向量 a_j 均不正交, 则式 (5-7) 可写成

$$a_1 = b_1, \cdots, a_{i_0-1} = b_{i_0-1}, a_{i_0} = b_{i_0} + p_{i_0 1} b_1 + \cdots + p_{i_0 j} b_j, \cdots$$

于是

$$||a_{i_0}||_2^2 = ||b_{i_0} + p_{i_0 1} b_1 + \cdots + p_{i_0 j} b_j||_2^2$$

$$= ||b_{i_0}||_2^2 + |p_{i_0 1}|^2 ||b_1||_2^2 + \cdots + |p_{i_0 j}|^2 ||b_j||_2^2 \geqslant ||b_{i_0}||_2^2$$

则类似于前面过程推导, 有

$$|\det(A)| = |\det(B)| = \prod_{i=1}^{n} ||b_i||_2$$

$$< \prod_{i=1}^{n} ||a_i||_2^2 = \left[\prod_{i=1}^{n} \left(\sum_{j=1}^{n} |a_{ij}|^2 \right) \right]^{1/2}$$

此时, 式 (5-6) 等号必不成立.　　　　　　　　　　　　　　　　　　□

5.2　矩阵特征值的定位

本节利用矩阵元素的信息给出矩阵特征值在复平面内的分布区域的估计.

5.2.1　Gerschgorin 圆盘定理

定义 5.1　设 n 阶方阵 $A = (a_{ij}) \in F^{n \times n}$, 称集合

$$G_i(A) = \{z \in \mathbf{C}: \ |z - a_{ii}| \leqslant R_i\} \tag{5-8}$$

为矩阵 A 在复平面上的第 i 个 Gerschgorin 圆盘, 其中

$$R_i = \sum_{j=1, j \neq i}^{n} |a_{ij}|, \quad i = 1, 2, \cdots, n \tag{5-9}$$

称为 Gerschgorin 圆盘 $G_i(A)$ 的半径.

定理 5.7 (Gerschgorin 圆盘定理)　设 $A = (a_{ij}) \in F^{n \times n}$, λ 为 A 的任一特征值, 则

(1) $\lambda \in \bigcup\limits_{i=1}^{n} G_i(A)$;

(2) 若在 A 的 n 个圆盘 $G_i(A)(i = 1, 2, \cdots, n)$ 中有 m 个相互连通, 且与其余的 $n - m$ 个不连通, 则在此 m 个圆盘组成的连通域中恰有 A 的 m 个特征值.

证　(1) 设 λ 是 A 的任意特征值, $x = (x_1, x_2, \cdots, x_n)^{\mathrm{T}} \neq \mathbf{0}$ 是对应于 λ 的特征向量, 则 $Ax = \lambda x$, 即

$$\sum_{j=1}^{n} a_{ij} x_j = \lambda x_i, \quad i = 1, 2, \cdots, n \tag{5-10}$$

因为 $x \neq \mathbf{0}$, 所以 $\max\limits_{1 \leqslant j \leqslant n}\{|x_j|\} \overset{\triangle}{=} |x_k| > 0$. 对于 $i = k$, 由式 (5-10) 得

$$\sum_{j=1}^{n} a_{kj} x_j = \lambda x_k$$

有

$$(\lambda - a_{kk})x_k = \sum_{j=1, j \neq k}^{n} a_{kj} x_j$$

$$|\lambda - a_{kk}||x_k| \leqslant \sum_{j=1, j \neq k}^{n} |a_{kj}||x_j| \leqslant R_k |x_k|$$

所以 $|\lambda - a_{kk}| \leqslant R_k$, 故 $\lambda \in G_k(A) \subset \bigcup\limits_{i=1}^{n} G_i(A)$.

(2) 不妨假设 A 的前 m 个圆盘 $G_i(A)(i = 1, 2, \cdots, m)$ 连通, 它们的并构成一个连通域 G_m, 并与后面的 $n - m$ 个圆盘不相交.

记 $D = \mathrm{diag}\{a_{11}, a_{22}, \cdots, a_{nn}\}$, 令 $A = D + B$, 则 B 除对角元素为零外, 其余元素都与 A 对应相等. 再令 $A_\varepsilon = D + \varepsilon B$, $\varepsilon \geqslant 0$, 则 $A_0 = D$, $A_1 = A$, 且 $R_i(A_\varepsilon) = \varepsilon R_i(A)$. 对 A_ε 的任一特征值 $\lambda(A_\varepsilon)$ 也有

$$\lambda(A_\varepsilon) \in \bigcup_{i=1}^{n} G_i(A_\varepsilon) = \bigcup_{i=1}^{n} \{z \in \mathbf{C} : |z - a_{ii}| \leqslant \varepsilon R_i(A)\} \tag{5-11}$$

注意到, 对 $i = 1, 2, \cdots, n$, 有

$$G_i(A_0) = G_i(D) = \{a_{ii}\}, \quad G_i(A_1) = G_i(A)$$

$$G_i(A_\varepsilon) \subset G_i(A), \quad 0 \leqslant \varepsilon \leqslant 1 \tag{5-12}$$

又因为 $\lambda_i(A_\varepsilon)$ 连续地依赖于 $\varepsilon \in [0,1]$, 因此当 ε 从 0 变化到 1 时, 每个 $\lambda_i(A_\varepsilon)$ 对应复平面上一条连续曲线, 起点为 $\lambda_i(A_0) = a_{ii}$, 终点为 $\lambda_i(A_1) = \lambda_i(A)$. 而由式 (5-12) 知, 当 ε 在 $[0,1]$ 上变化时, A_ε 的每个圆盘都在 A 的对应圆盘内, 于是 A_ε 的前 m 个圆盘始终与其后 $n - m$ 个圆盘分离. 故从式 (5-12) 可以断言: 以 a_{ii} 为起点的 m 条连续曲线 $\lambda_i(A_\varepsilon)(i = 1, 2, \cdots, m)$ 全部落在 G_m 内. 特别地, 它们的终点 $\lambda_i(A) \in G_m$. 类似地, 可以证明 G_m 不包含其余 $n - m$ 条曲线 $\lambda_i(A_\varepsilon)(i = m + 1, \cdots, n), 0 \leqslant \varepsilon \leqslant 1$, 因而也就不包含它们的终点 $\lambda_i(A)$. 　□

例 5.3　估计矩阵

$$A = \begin{bmatrix} 1 & 1 & 0 \\ 1/4 & 2 & 1/4 \\ 1/4 & 0 & 3 \end{bmatrix}$$

的特征值的分布范围.

解　矩阵 A 的三个 Gerschgorin 圆盘分别为

$$G_1(A) = \{z : |z - 1| \leqslant 1\}, \quad G_2(A) = \{z : |z - 2| \leqslant 0.5\}$$

$$G_3(A) = \{z : |z - 3| \leqslant 0.25\}$$

则 A 的任一特征值都在并集 $G_1(A) \cup G_2(A) \cup G_3(A)$ 内, 如图 5-1 所示.

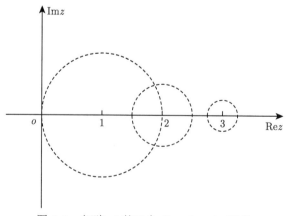

图 5-1　矩阵 A 的三个 Gerschgorin 圆盘

由于 $G_1(A) \cup G_2(A)$ 为连通区域, 所以在 $G_1(A) \cup G_2(A)$ 内必须有 A 的两个特征值, 而在 $G_3(A)$ 内必有一个特征值. 事实上, A 的三个特征值分别为 $1.5 + 0.5\sqrt{2} \approx 2.207$, $1.5 - 0.5\sqrt{2} \approx 0.793$ 和 3.

定理 5.7 常称为 A 的行圆盘定理, 因为 A 与 A^{H} 有相同特征值, 将定理 5.7 应用于 A^{H} 便有如下 A 的列圆盘定理.

推论 5.2 设 $A = (a_{ij}) \in F^{n \times n}$, λ 为 A 的任一特征值, 有

(1) $\lambda \in \bigcup\limits_{i=1}^{n} G_i(A^{\mathrm{H}})$;

(2) 若 A^{H} 的 m 个圆盘 $G_i(A^{\mathrm{H}})$ 互相连通, 而与其余的 $n - m$ 个圆盘不连通, 则在此 m 个圆盘组成的连通域中恰有 A 的 m 个特征值. 其中

$$G_i(A^{\mathrm{H}}) = \{z \in \mathbf{C} : |z - a_{ii}| \leqslant R_i(A^{\mathrm{H}})\}, \quad R_i(A^{\mathrm{H}}) = \sum_{j=1, j \neq i}^{n} |a_{ji}|$$

进一步还可以给出如下推论.

推论 5.3 设 $A = (a_{ij}) \in F^{n \times n}$, λ 为 A 的任一特征值, 则

$$\lambda \in \left(\bigcup_{i=1}^{n} G_i(A) \right) \cap \left(\bigcup_{i=1}^{n} G_i(A^{\mathrm{H}}) \right) \tag{5-13}$$

在上述推论 5.2 和推论 5.3 中, 若矩阵 A 为实矩阵, 则将共轭转置符号 H 换成转置符号 T.

推论 5.4 若 n 阶矩阵 $A \in F^{n \times n}$ 的 n 个圆盘两两互不相交, 则 A 必相似于对角矩阵; 若 n 阶实矩阵 A 的 n 个圆盘两两互不相交, 则 A 的特征值全为实数.

推论 5.5 设 $A = (a_{ij}) \in \mathbf{C}^{n \times n}$, $D = \mathrm{diag}\{d_1, d_2, \cdots, d_n\}$, $d_i > 0 (i = 1, 2, \cdots, n)$, λ 是 A 的任一特征值, 则

$$\lambda \in \bigcup_{i=1}^{n} G_i(D^{-1}AD) = \bigcup_{i=1}^{n} \left\{ z \in \mathbf{C} : |z - a_{ii}| \leqslant \frac{1}{d_i} \sum_{j=1, j \neq i}^{n} d_j |a_{ij}| \right\} \tag{5-14}$$

及

$$\lambda \in \bigcup_{i=1}^{n} G_i(D^{-1}A^{\mathrm{T}}D) = \bigcup_{i=1}^{n} \left\{ z \in \mathbf{C} : |z - a_{ii}| \leqslant d_i \sum_{j=1, j \neq i}^{n} \frac{1}{d_j} |a_{ji}| \right\} \tag{5-15}$$

利用推论 5.3 和推论 5.5 可以给出矩阵 A 的特征值的分布区域更精确的描述.

例 5.4 对于例 5.3 中矩阵 A, 利用推论 5.3 还有

$$\lambda \in [G_1(A) \cup G_2(A) \cup G_3(A)] \cap [G_1(A^{\mathrm{T}}) \cup G_2(A^{\mathrm{T}}) \cup G_3(A^{\mathrm{T}})]$$

其中, $G_1(A)$, $G_2(A)$ 和 $G_3(A)$ 同例 5.3, 而

$$G_1(A^{\mathrm{T}}) = \{z \in \mathbf{C} : |z - 1| \leqslant 0.5\}$$

$$G_2(A^{\mathrm{T}}) = \{z \in \mathbf{C} : |z - 2| \leqslant 1\}$$

$$G_3(A^{\mathrm{T}}) = \{z \in \mathbf{C} : |z - 3| \leqslant 0.25\}$$

λ 的范围如图 5-2 中阴影部分区域.

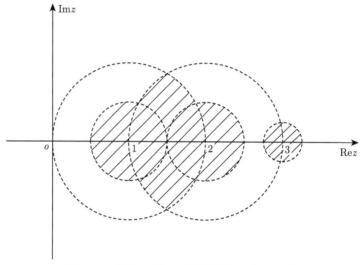

图 5-2　矩阵 A 的三个行圆盘和三个列圆盘

例 5.5　设

$$A = \begin{bmatrix} 0.9 & 0.01 & 0.12 \\ 0.01 & 0.8 & 0.13 \\ 0.01 & 0.02 & 0.4 \end{bmatrix}$$

估计 A 的特征值的分布区域.

解　由定理 5.7, A 的特征值在三个圆盘的并之中:

$$G_1(A) = \{z \in \mathbf{C} : |z - 0.9| \leqslant 0.13\}, \quad G_2(A) = \{z \in \mathbf{C} : |z - 0.8| \leqslant 0.14\}$$

$$G_3(A) = \{z \in \mathbf{C} : |z - 0.4| \leqslant 0.03\}$$

再由推论 5.5, 取 $d_1 = d_2 = 1, d_3 = 0.1$ 得

$$D^{-1}AD = \begin{bmatrix} 0.9 & 0.01 & 0.012 \\ 0.01 & 0.8 & 0.013 \\ 0.1 & 0.2 & 0.4 \end{bmatrix}$$

则可知 A 的特征值分别属于三个孤立的圆盘中:

$$\{z \in \mathbf{C} : |z-0.9| \leqslant 0.022\}, \quad \{z \in \mathbf{C} : |z-0.8| \leqslant 0.023\}, \quad \{z \in \mathbf{C} : |z-0.4| \leqslant 0.3\}$$

由此可见, 适当选取 D, 利用推论 5.5 可得比定理 5.7 更精确的估计.

5.2.2 Gerschgorin 圆盘定理的推广

定理 5.8 (Ostrowski) 设 $A = (a_{ij}) \in F^{n \times n}$, $\alpha \in [0,1]$ 为给定的数, 则 A 的所有特征值位于 n 个圆盘的并集中

$$\bigcup_{i=1}^{n} \{z \in \mathbf{C} : |z - a_{ii}| \leqslant R_i^{\alpha}(R_i')^{1-\alpha}\} \tag{5-16}$$

其中, $R_i = \sum_{j=1, j \neq i}^{n} |a_{ij}|$, $R_i' = \sum_{j=1, j \neq i}^{n} |a_{ji}|$.

证 当 $\alpha = 0$ 或 1 时, 式 (5-16) 即为推论 5.2 或定理 5.7 的结论. 下设 $0 < \alpha < 1$, 同时, 不妨设 $R_i > 0(i = 1, 2, \cdots, n)$, 因为如某个 $R_{i_0} = 0$, 则在第 i_0 行中除 $a_{i_0 i_0}$ 外的任一元素添上小正数 ε, 得矩阵 A^{ε}, 对 A^{ε} 即有 $R_i^{\varepsilon} > 0(i = 1, 2, \cdots, n)$, 且 A^{ε} 的特征值均含在相应的 n 个圆盘的并集中. 再令 $\varepsilon \to 0$, 可推出相应结论.

设 λ 为 A 的任一特征值, x 是对应于 λ 的特征向量, 则 $Ax = \lambda x$, 即

$$|\lambda - a_{ii}||x_i| = \left| \sum_{j=1, j \neq i}^{n} a_{ij} x_j \right| \leqslant \sum_{j=1, j \neq i}^{n} |a_{ij}||x_j| = \sum_{j=1, j \neq i}^{n} |a_{ij}|^{\alpha} |a_{ij}|^{1-\alpha} |x_j|$$

由 Hölder 不等式, 有

$$|\lambda - a_{ii}||x_i| \leqslant \left(\sum_{j=1, j \neq i}^{n} (|a_{ij}|^{\alpha})^{1/\alpha} \right)^{\alpha} \left(\sum_{j=1, j \neq i}^{n} (|a_{ij}|^{1-\alpha}|x_j|)^{1/(1-\alpha)} \right)^{1-\alpha}$$

$$= R_i^{\alpha} \left(\sum_{j=1, j \neq i}^{n} |a_{ij}||x_j|^{1/(1-\alpha)} \right)^{1-\alpha}$$

由于 $R_i > 0$ 知, 上式等价于

$$\frac{|\lambda - a_{ii}|}{R_i^{\alpha}} |x_i| \leqslant \left(\sum_{j=1, j \neq i}^{n} |a_{ij}||x_j|^{1/(1-\alpha)} \right)^{1-\alpha}$$

所以

$$\left(\frac{|\lambda - a_{ii}|}{R_i^\alpha}\right)^{1/(1-\alpha)} |x_i|^{1/(1-\alpha)} \leqslant \sum_{j=1,j\neq i}^n |a_{ij}||x_j|^{1/(1-\alpha)}$$

将上式对 $i = 1, 2, \cdots, n$ 求和, 得

$$\sum_{i=1}^n \left(\frac{|\lambda - a_{ii}|}{R_i^\alpha}\right)^{1/(1-\alpha)} |x_i|^{1/(1-\alpha)} \leqslant \sum_{i=1}^n \sum_{j=1,j\neq i}^n |a_{ij}||x_j|^{1/(1-\alpha)}$$

$$= \sum_{j=1}^n R_j'|x_j|^{1/(1-\alpha)} \tag{5-17}$$

若对满足 $x_i \neq 0$ 的所有 i 都有

$$\left(\frac{|\lambda_i - a_{ii}|}{R_i^\alpha}\right)^{1/(1-\alpha)} > R_i'$$

则与式 (5-17) 矛盾, 因此至少存在一个满足 $x_i \neq 0$ 的 i, 使得 $|\lambda - a_{ii}| \leqslant R_i^\alpha (R_i')^{1-\alpha}$. □

推论 5.6　设 $A = (a_{ij}) \in F^{n\times n}$, 则 A 的特征值位于如下并集中

$$\bigcup_{i=1}^n \{z \in \mathbf{C} : |z - a_{ii}| \leqslant \alpha R_i + (1-\alpha)R_i'\} \tag{5-18}$$

证　注意对于非负实数 σ 和 τ, 以及 $0 \leqslant \alpha \leqslant 1$, 恒有不等式

$$\tau^\alpha \sigma^{1-\alpha} \leqslant \alpha\tau + (1-\alpha)\sigma$$

利用定理 5.8 即可得式 (5-18). □

定理 5.9　设 $A = (a_{ij}) \in F^{n\times n}$, 则 A 的特征值都属于 $\dfrac{n(n-1)}{2}$ 个卵形区域的并集之中, 即

$$\lambda(A) \in \bigcup_{i,j=1,i\neq j}^n \{z \in \mathbf{C} : |z - a_{ii}||z - a_{jj}| \leqslant R_i R_j\} \tag{5-19}$$

证　设 λ 是 A 的任一特征值, x 是对应于 λ 的特征向量, 则 $Ax = \lambda x$. 设下标 $r, t(r \neq t)$ 满足 $|x_r| \geqslant |x_t| \geqslant |x_i|, i \neq r \neq t$.

若 $x_t = 0$, 则 $x_i = 0, i \neq r$, 此时 $x_r \neq 0$. 于是由 $Ax = \lambda x$ 有

$$\lambda x_r = a_{rr}x_r, \quad \lambda = a_{rr}$$

$$|\lambda - a_{rr}||\lambda - a_{tt}| = 0 \leqslant R_r R_t$$

若 $x_t \neq 0$, 则由 $Ax = \lambda x$ 有

$$|\lambda - a_{rr}||x_r| \leqslant \sum_{j=1, j \neq r}^{n} |a_{rj}||x_j| \leqslant R_r |x_t|$$

$$|\lambda - a_{tt}||x_t| \leqslant \sum_{j=1, j \neq t}^{n} |a_{tj}||x_j| \leqslant R_t |x_r|$$

所以

$$|\lambda - a_{rr}||\lambda - a_{tt}||x_r||x_t| \leqslant |x_t||x_r| R_r R_t$$

由 $|x_r| \geqslant |x_t| > 0$, 得 $|\lambda - a_{rr}||\lambda - a_{tt}| \leqslant R_r R_t$. $\square$

推论 5.7 设 $A = (a_{ij}) \in F^{n \times n}$, 则 A 的特征值都属于 $n(n-1)/2$ 个卵形区域的并集之中, 即

$$\lambda(A) \in \bigcup_{i,j=1, i \neq j}^{n} \{z \in \mathbf{C} : |z - a_{ii}||z - a_{jj}| \leqslant R_i' R_j'\} \tag{5-20}$$

例 5.6 设

$$A = \begin{bmatrix} 1 & -0.8 \\ 0.5 & 1 \end{bmatrix}$$

估计 A 的特征值的分布区域.

解 易知 A 的行、列 Gerschgorin 圆盘的半径分别为 $R_1 = 0.8$, $R_2 = 0.5$, $R_1' = 0.5$, $R_2' = 0.8$. 取 $\alpha = 0.5$, 由定理 5.8 可知 A 的特征值满足

$$|\lambda - 1| \leqslant R_1^{1/2}(R_1')^{1/2} = \sqrt{0.4}$$

且

$$|\lambda - 1| \leqslant R_2^{1/2}(R_2')^{1/2} = \sqrt{0.4} \approx 0.6325$$

而由推论 5.6, 知

$$|\lambda - 1| \leqslant 0.5 R_1 + 0.5 R_1' = 0.65$$

再由定理 5.9, 知

$$|\lambda - 1|^2 \leqslant R_1 R_2 = 0.4, \quad |\lambda - 1| \leqslant \sqrt{0.4}$$

事实上, 由实际计算得 A 的特征值为 $\lambda_{1,2} = 1 \pm \mathrm{i}\sqrt{0.4}$, 因而 $|\lambda - 1| = \sqrt{0.4}$, 可见, 这里的估计是很精确的.

5.2.3　广义 Gerschgorin 圆盘定理

在很多实际问题中, 矩阵 A 的元素并不完全确定, 而是在某一个已知值附近波动, 精确地计算其特征值已不可能, 此时对 A 的特征值进行估计和定位更显得十分必要.

设 $A = (a_{ij}) \in F^{n \times n}$, $\Delta A = (\Delta a_{ij}) \in F^{n \times n}$, 当 $|\Delta a_{ij}|$ 较小时, 称 ΔA 为 A 的摄动矩阵. 并假设摄动矩阵 ΔA 的模矩阵满足: $|\Delta A| = (|\Delta a_{ij}|) \ll D = (d_{ij})$. 本小节定义 $|\Delta A| \ll D$ 当且仅当 $|\Delta a_{ij}| \leqslant d_{ij}$. 讨论矩阵 $A + \Delta A$ 的特征值的估计问题.

定义 5.2　矩阵 $A + \Delta A$ 的第 i 个广义 Gerschgorin 圆盘被定义为: 以 $a_{ii} + \Delta a_{ii}$ 为圆心, 以 $\tilde{R}_i = \sum_{i \neq j} (|a_{ij}| + d_{ij})$ 为半径的圆簇的包络, 记为 $\tilde{G}_i$. 如图 5-3 所示.

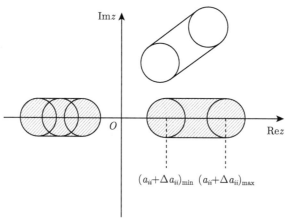

图 5-3　广义 Gerschgorin 圆盘

定理 5.10 (广义 Gerschgorin 圆盘定理)　矩阵 $A + \Delta A \in F^{n \times n}$ 的任意特征值 $\tilde{\lambda}$ 都处于其 n 个广义 Gerschgorin 圆盘组成的并集内, 即 $\tilde{\lambda} \in \bigcup\limits_{i=1}^{n} \tilde{G}_i$.

证　设 $\tilde{\lambda}$ 和 y 是 $A + \Delta A$ 的任意一个特征值和相应的特征向量, 且 y 的第 i 个元素满足 $|y_i| = \max\limits_{j}\{|y_j|\} > 0$, 那么 $(A + \Delta A)y = \tilde{\lambda}y$. 对应的第 i 个方程是

$$\sum_{j=1}^{n} (a_{ij} + \Delta a_{ij})y_j = \tilde{\lambda}y_i$$

即

$$\tilde{\lambda}y_i - (a_{ii} + \Delta a_{ii})y_i = \sum_{j=1, i \neq j}^{n} (a_{ij} + \Delta a_{ij})y_j$$

$$\tilde{\lambda} - (a_{ii} + \Delta a_{ii}) = \sum_{j=1, i \neq j}^{n} (a_{ij} + \Delta a_{ij})\frac{y_j}{y_i}$$

于是

$$|\tilde{\lambda} - (a_{ii} + \Delta a_{ii})| = \left| \sum_{j=1, i \neq j}^{n} (a_{ij} + \Delta a_{ij})\frac{y_j}{y_i} \right| \leqslant \sum_{j=1, i \neq j}^{n} |a_{ij} + \Delta a_{ij}| \left| \frac{y_j}{y_i} \right|$$

$$\leqslant \sum_{j=1, i \neq j}^{n} (|a_{ij}| + |\Delta a_{ij}|) \leqslant \sum_{j=1, i \neq j}^{n} (|a_{ij}| + d_{ij}) \stackrel{\Delta}{=} \tilde{R}_i$$

这说明, $\tilde{\lambda}$ 处在第 i 个广义 Gerschgorin 圆盘内. □

矩阵的相似变换可以改进广义 Gerschgorin 圆盘的大小. 设 V 是使 A 化成 Jordan 形的相似变换矩阵, 即

$$V^{-1}AV = J_A = \Lambda + J = \text{diag}\{J_1, J_2, \cdots, J_s\}$$

其中, $J_k = \lambda_k I_{r_k} + J_{r_k}(k = 1, 2, \cdots, s)$, $\sum_{k=1}^{s} r_k = n$, λ_k 是 A 的第 k 个特征值, 而

$$J_{r_k} = \begin{bmatrix} 0 & 1 & \cdots & 0 \\ \vdots & \vdots & \ddots & \vdots \\ 0 & 0 & \cdots & 1 \\ 0 & 0 & \cdots & 0 \end{bmatrix}, \quad J = \text{diag}\{J_{r_1}, J_{r_2}, \cdots, J_{r_s}\}$$

$$\Lambda = \text{diag}\{\underbrace{\lambda_1, \lambda_1, \cdots, \lambda_1}_{r_1}, \underbrace{\lambda_2, \lambda_2, \cdots, \lambda_2}_{r_2}, \cdots, \underbrace{\lambda_s, \lambda_s, \cdots, \lambda_s}_{r_s}\}$$

定义矩阵

$$F = \{f_{ij}\} \stackrel{\Delta}{=} J + |V^{-1}|D|V| \tag{5-21}$$

其中, $|V|$ 与 $|V^{-1}|$ 分别为 V 与 V^{-1} 的模矩阵.

定理 5.11 矩阵 $A + \Delta A \in F^{n \times n}$ 的任意特征值 $\tilde{\lambda}$ 均满足

$$\tilde{\lambda} \in \bigcup_{i=1}^{n} \tilde{G}' \tag{5-22}$$

其中, $\tilde{G}'_i = \left\{ \tilde{\lambda} : |\tilde{\lambda} - \lambda_i| \leqslant \sum_{j=1}^{n} f_{ij} \right\}$, λ_i 是矩阵 A 的特征值.

证　设 V 是一个非奇异阵, 将 A 化成 Jordan 标准形. 由于 $V^{-1}(A + \Delta A)V$ 和 $A + \Delta A$ 有相同的特征值, 所以考虑 $V^{-1}(A + \Delta A)V$ 的广义 Gerschgorin 圆盘.

记 $E = (e_{ij}) = J + V^{-1}\Delta AV$, 则 $|E| \ll F$, 即 $|e_{ij}| \leqslant f_{ij}$, 且

$$V^{-1}(A + \Delta A)V = J_A + V^{-1}\Delta AV = \Lambda + E$$

设 λ 是 $A + \Delta A$ 的任一特征值, 则一定存在 $\Lambda + E$ 的某个 (不妨设为第 i 个) 广义 Gerschgorin 圆盘, 使得

$$|\lambda - (\lambda_i + e_{ii})| \leqslant \sum_{j=1, i \neq j}^{n} |e_{ij}|$$

进而有 $|\lambda - \lambda_i| - |e_{ii}| \leqslant \sum_{j=1, i \neq j}^{n} |e_{ij}|$, 即 $|\lambda - \lambda_i| \leqslant \sum_{j=1}^{n} |e_{ij}| \leqslant \sum_{j=1}^{n} f_{ij}$. □

例 5.7　设 $A = \begin{bmatrix} -2 & 1 \\ -2 & -3 \end{bmatrix}$, $\Delta A = \begin{bmatrix} \pm 0.25 & \pm 0.5 \\ \pm 0.25 & \pm 0.5 \end{bmatrix}$.

(1) 求其广义 Gerschgorin 圆盘的圆心和半径;

(2) 估计 $A + \Delta A$ 的特征值范围.

解　(1) 根据定义 5.2, 可得到其两个广义 Gerschgorin 圆盘的圆心分别位于区间 $[-2.25, -1.75]$ 和区间 $[-3.5, -2.5]$, 而两个半径分别为: $\tilde{R}_1 = 1.5$, $\tilde{R}_2 = 2.25$.

(2) 可算得

$$\bar{\lambda}_{1,2}(A) = \frac{1}{2}(-5 \pm \mathrm{i}\sqrt{7}), \quad V = \begin{bmatrix} 1 & 1 \\ -0.5 + \mathrm{i}\sqrt{7}/2 & -0.5 - \mathrm{i}\sqrt{7}/2 \end{bmatrix}$$

$$F = \begin{bmatrix} 3\sqrt{14}/14 & 3\sqrt{7}/14 \\ 3\sqrt{7}/7 & 3\sqrt{14}/14 \end{bmatrix}$$

所以由定理 5.11, $A + \Delta A$ 的特征值满足: $|\bar{\lambda} - \lambda_1| \leqslant 1.3687$ 或 $|\bar{\lambda} - \lambda_2| \leqslant 1.9357$.

5.3　摄动矩阵特征值的估计与定位

本节给出当矩阵 A 的元素有微小摄动时, 其特征值的变化范围.

设矩阵 $A = (a_{ij}) \in F^{n \times n}$, $\Delta A = (\Delta a_{ij}) \in F^{n \times n}$, 讨论矩阵 $A + \Delta A$ 的特征值的变化范围. 以下设 A 的特征值为 $\lambda_1, \lambda_2, \cdots, \lambda_n$, $A + \Delta A$ 的特征值为 $\mu_1, \mu_2, \cdots, \mu_n$.

定理 5.12 设 $A = (a_{ij}) \in F^{n \times n}$ 且 $A = PDP^{-1}$，其中 P 是 n 阶可逆阵，D 是对角阵，$D = \text{diag}\{\lambda_1, \lambda_2, \cdots, \lambda_n\}$，则对任一 μ_j，都存在 λ_i，使得

$$|\lambda_i - \mu_j| \leqslant ||P^{-1}\Delta AP||_\infty, \quad i, j = 1, 2, \cdots, n \tag{5-23}$$

此外，若 λ_i 是代数重数为 m 的特征值，且圆盘

$$S_i = \{z \in \mathbf{C} : |z - \lambda_i| \leqslant ||P^{-1}\Delta AP||_\infty\}$$

和圆盘

$$S_k = \{z \in \mathbf{C} : |z - \lambda_k| \leqslant ||P^{-1}\Delta AP||_\infty\}, \quad \lambda_k \neq \lambda_i$$

互不相交，则 S_i 正好包含 $A + \Delta A$ 的 m 个特征值. 其中, $||\cdot||_\infty$ 为矩阵算子范数.

证 令

$$\tilde{A} = P^{-1}(A + \Delta A)P = P^{-1}AP + P^{-1}\Delta AP \stackrel{\triangle}{=} D + B$$

其中, $B = P^{-1}\Delta AP = (b_{ij})$. 由 Gerschgorin 圆盘定理, 对每个 μ_j, 必存在 i 使

$$|\mu_j - (\lambda_i + b_{ii})| \leqslant R_i(D + B) = R_i(B)$$

于是

$$|\lambda_i - \mu_j| \leqslant |b_{ii}| + R_i(B) = \sum_{j=1}^{n} |b_{ij}| \leqslant ||B||_\infty = ||P^{-1}\Delta AP||_\infty$$

另外, 因为 $R_i(D + B) = R_i(B)$, 所以 $\tilde{A}$ 的第 k 个 Gerschgorin 圆盘满足

$$G_k(\tilde{A}) = \{z \in \mathbf{C} : |z - (\lambda_k + b_{kk})| \leqslant R_k(B)\} \subset S_k, \quad k = 1, 2, \cdots, n$$

设 A 的 m 重特征值 λ_i 在 D 的对角线上的序号为 $i_1, i_2, \cdots, i_m$, 即 $\lambda_{i_1} = \lambda_{i_2} = \cdots = \lambda_{i_m} = \lambda_i$, 则

$$G_{i_j}(\tilde{A}) = \{z \in \mathbf{C} : |z - (\lambda_i + b_{i_j i_j})| \leqslant R_{i_j}(B)\} \subset S_i, \quad j = 1, 2, \cdots, m$$

即 S_i 包含着 $\tilde{A}$ 的 m 个 Gerschgorin 圆盘, 因此包含着它的 m 个特征值. □

定义 5.3 设 $||\cdot||_m$ 为 $F^{n \times n}$ 上某一矩阵范数, 如对任一对角线矩阵 $D = \text{diag}\{d_1, d_2, \cdots, d_n\}$ 都有 $||D||_m = \max\limits_{1 \leqslant i \leqslant n}\{|d_i|\}$, 则称 $||\cdot||_m$ 是绝对矩阵范数.

由定义 5.3 易知矩阵算子范数 $||\cdot||_1$, $||\cdot||_\infty$ 和 $||\cdot||_2$ 均为绝对矩阵范数

定理 5.13 设 $A = (a_{ij}) \in F^{n \times n}$ 且 $A = PDP^{-1}$, $D = \text{diag}\{\lambda_1, \lambda_2, \cdots, \lambda_n\}$, 则对任一 μ_j 都有

$$\min_i |\lambda_i - \mu_j| \leqslant ||P^{-1}\Delta AP||_m \tag{5-24}$$

其中, $||\cdot||_m$ 为一个绝对矩阵范数.

　　证　令 $\tilde{A} = P^{-1}(A + \Delta A)P = D + B$, 考虑矩阵 $D - \mu_j I_n$.

　　若 $D - \mu_j I_n$ 为奇异矩阵, 则必存在 i, 使 $\mu_j = \lambda_i$, 式 (5-24) 成立.

　　若 $D - \mu_j I_n$ 为非奇异矩阵, 则由于

$$\tilde{A} - \mu_j I_n = D + B - \mu_j I_n = (D - \mu_j I_n)[I_n + (D - \mu_j I_n)^{-1}B]$$

是奇异矩阵, 所以 $I_n + (D - \mu_j I_n)^{-1}B$ 必是奇异的, 即有 $\det(-I_n - (D - \mu_j I_n)^{-1}B)$ $= 0$, 因而 -1 是 $(D - \mu_j I_n)^{-1}B$ 的一个特征值. 若设 $x \neq \mathbf{0}$ 是对应于 -1 的特征向量, 则有

$$(D - \mu_j I_n)^{-1}Bx = -x$$

所以对与 $||\cdot||_m$ 相容的向量范数 $||\cdot||$ 有

$$||x|| = ||(D - \mu_j I_n)^{-1}Bx||$$

$$\leqslant ||(D - \mu_j I_n)^{-1}B||_m||x||$$

$$\leqslant ||(D - \mu_j I_n)^{-1}||_m||B||_m||x||$$

由 $||\cdot||_m$ 为绝对矩阵范数, 有

$$||(D - \mu_j I_n)^{-1}||_m = \max_{1 \leqslant i \leqslant n} \frac{1}{|\lambda_i - \mu_j|} = \frac{1}{\min\limits_{1 \leqslant i \leqslant n} |\lambda_i - \mu_j|}$$

因此 $\min\limits_{1 \leqslant i \leqslant n} |\lambda_i - \mu_j| \leqslant ||B||_m = ||P^{-1}\Delta AP||_m.$ 　　　　　　　□

　　由定理 5.13 中的式 (5-24) 可推得

$$\min_{1 \leqslant i \leqslant n} |\lambda_i - \mu_j| \leqslant ||P^{-1}||_m||P||_m||\Delta A||_m = k(P)||\Delta A||_m \tag{5-25}$$

其中, $k(P) = ||P^{-1}||_m||P||_m$ 为矩阵 P 的条件数. 由式 (5-25) 还有

$$\frac{\min\limits_{1 \leqslant i \leqslant n} |\lambda_i - \mu_j|}{||\Delta A||_m} \leqslant k(P)$$

即 $k(P)$ 是因摄动矩阵 ΔA 产生的特征值的相对误差的上界.

　　推论 5.8　设 $A = (a_{ij}) \in F^{n \times n}$, $\Delta A = (\Delta a_{ij}) \in F^{n \times n}$, A 为 Hermite 矩阵, $A + \Delta A$ 为正规矩阵, $\lambda_1 \leqslant \lambda_2 \leqslant \cdots \leqslant \lambda_n$ 为 A 的特征值, $\mu_1, \mu_2, \cdots, \mu_n$ 为 $A + \Delta A$ 的特征值且满足 $\mathrm{Re}\mu_1 \leqslant \mathrm{Re}\mu_2 \leqslant \cdots \leqslant \mathrm{Re}\mu_n$, 则

$$\left(\sum_{i=1}^n |\lambda_i - \mu_i|^2\right)^{1/2} \leqslant ||\Delta A||_2$$

定理 5.14 设 $A = (a_{ij}) \in F^{n \times n}$ 且 $A = PDP^{-1}$, $D = \text{diag}\{\lambda_1, \lambda_2, \cdots, \lambda_n\}$, 则对任一绝对矩阵范数 $||\cdot||_m$, 若 λ 和 $x(||x||' = 1)$ 满足 $||Ax - \lambda x||' \leqslant \varepsilon$, 那么

$$\min_{1 \leqslant i \leqslant n} |\lambda_i - \lambda| \leqslant \varepsilon k(P) \tag{5-26}$$

其中, $||\cdot||'$ 是与 $||\cdot||_m$ 相容的一个向量范数, $\varepsilon > 0$.

证 类似于定理 5.13 证明, 若 $D - \lambda I_n$ 为奇异矩阵, 则式 (5-26) 显然成立. 若 $D - \lambda I_n$ 为非奇异矩阵, 记 $r = Ax - \lambda x = P(D - \lambda I_n)P^{-1}x$, 则

$$x = P(D - \lambda I_n)P^{-1}r$$

$$1 = ||x||' = ||P(D - \lambda I_n)^{-1}P^{-1}r||'$$

$$\leqslant ||P||_m ||(D - \lambda I_n)^{-1}||_m ||P^{-1}||_m ||r||'$$

$$\leqslant \varepsilon k(P) \frac{1}{\min\limits_{1 \leqslant i \leqslant n} |\lambda_i - \lambda|}$$

所以 $\min\limits_{1 \leqslant i \leqslant n} |\lambda_i - \lambda| \leqslant \varepsilon k(P)$. $\qquad\square$

定理 5.15 设 A 满足定理 5.13 的条件, ΔA 满足

$$\Delta A = Q \Lambda Q^{-1}, \quad \Lambda = \text{diag}\{\delta_1, \delta_2, \cdots, \delta_n\}$$

则对任一 μ_j, 存在一个 λ_i, 使得

$$|\mu_j - \lambda_i| \leqslant \inf_{P,Q} k(P^{-1}Q) \max_{1 \leqslant j \leqslant n} |\delta_j| \tag{5-27}$$

证 由定理 5.13 的证明知

$$\min_{1 \leqslant i \leqslant n} |\mu_j - \lambda_i| \leqslant ||P^{-1} \Delta A P||_m = ||P^{-1} Q \Lambda Q^{-1} P||_m$$

$$\leqslant k(P^{-1}Q)||\Lambda||_m = k(P^{-1}Q) \max_{1 \leqslant j \leqslant n} |\delta_j|$$

$$\min_{1 \leqslant i \leqslant n} |\mu_j - \lambda_i| \leqslant \inf_{P,Q} k(P^{-1}Q) \max_{1 \leqslant j \leqslant n} |\delta_j| \qquad\square$$

习 题 5

5.1 设 P 是酉矩阵, $A = \text{diag}\{a_1, a_2, \cdots, a_n\}$, 证明 PA 的特征值 μ 满足

$$m \leqslant |\mu| \leqslant M$$

其中, $m = \min\limits_{i}\{|a_i|\}$, $M = \max\limits_{i}\{|a_i|\}$.

5.2 用圆盘定理证明

$$A = \begin{bmatrix} 9 & 1 & -2 & 1 \\ 0 & 8 & 1 & 1 \\ -1 & 0 & 4 & 0 \\ 1 & 0 & 0 & 1 \end{bmatrix}$$

至少有两个实特征根.

5.3 证明矩阵

$$A = \begin{bmatrix} 2 & 1/n & \cdots & 1/n \\ 1/n & 4 & \cdots & 1/n \\ \vdots & \vdots & & \vdots \\ 1/n & 1/n & \cdots & 2n \end{bmatrix}$$

能够相似于对角矩阵, 且 A 的特征值都是实数.

5.4 用圆盘定理估计

$$A = \begin{bmatrix} 1 & -0.5 & -0.5 & 0 \\ -0.5 & 1.5 & i & 0 \\ 0 & -0.5i & 5 & 0.5i \\ -1 & 0 & 0 & 5i \end{bmatrix}$$

的特征值分布范围.

5.5 估计矩阵

$$A = \begin{bmatrix} 0 & 1 & 0 & i \\ 1 & 6 & 1 & 1 \\ 0.5i & i & 5i & 0 \\ 0 & 0.5 & 0.5 & -2 \end{bmatrix}$$

的特征值分布区域, 然后选取一组正数 $d_i(i = 1, 2, 3, 4)$ 对 A 的特征值进行隔离.

5.6 设 $A = (a_{ij}) \in F^{n \times n}$ 满足

$$|a_{ii}| > \sum_{j \neq i} |a_{ij}| \quad (i = 1, 2, \cdots, n)$$

证明: (1) A 可逆; (2) $|\det A| \geqslant \prod\limits_{i=1}^{n} \left(|a_{ii}| - \sum\limits_{j \neq i} |a_{ij}| \right)$.

5.7 设 $A = (a_{ij}) \in F^{n \times n}$, 证明下面的 Schur 不等式:

(1) $\sum\limits_{k=1}^{n} [\mathrm{Re}(\lambda_k(A))]^2 \leqslant \sum\limits_{i,j=1}^{n} \left| \dfrac{a_{ij} + \bar{a}_{ji}}{2} \right|^2$;

(2) $\sum\limits_{k=1}^{n} [\mathrm{Im}(\lambda_k(A))]^2 \leqslant \sum\limits_{i,j=1}^{n} \left| \dfrac{a_{ij} - \bar{a}_{ji}}{2} \right|^2$.

5.8 设 $A = (a_{ij}) \in F^{n \times n}$ 为正规矩阵, 则定理 5.13 的结论成为

$$\min_{1 \leqslant i \leqslant n} |\lambda_i - \mu_j| \leqslant \|\Delta A\|_2$$

5.9 设 $A = (a_{ij}) \in F^{n \times n}$, $\Delta A = (\Delta a_{ij}) \in F^{n \times n}$, A 与 ΔA 均为正规矩阵, $\lambda_1, \lambda_2, \cdots, \lambda_n$ 和 $\mu_1, \mu_2, \cdots, \mu_n$ 分别为按某个顺序给定的 A 和 $A + \Delta A$ 的特征值, 则存在 $1, 2, \cdots, n$ 的一个排列, 记为 $p(i)$, 使得

$$\left(\sum_{i=1}^{n} |\lambda_i - \mu_{p(i)}|^2 \right)^{1/2} \leqslant \|\Delta A\|_2$$

第 6 章　矩阵函数及运算

在线性代数中我们学过矩阵多项式, 其含义为: 对于矩阵 $A \in F^{n \times n}$, 以及给定数域 F 上的多项式 $\varphi(\lambda) = \sum_{j=0}^{m} a_j \lambda^j$, 定义

$$\varphi(A) = \sum_{j=0}^{m} a_j A^j \tag{6-1}$$

其中, $a_j \in F$, 规定 $A^0 = I_n$. 称 $\varphi(A)$ 为矩阵 A 的多项式, 即 $\varphi(A)$ 是 A 的多项式函数.

对于一般函数 $f(\cdot) : F \to F$, 如何定义函数 $f(A)$, 函数 $f(A)$ 具有哪些性质与应用, 将是我们本章讨论的主要内容.

6.1　简单矩阵的函数

讨论与对角矩阵相似的简单矩阵的函数.

6.1.1　简单矩阵的函数的定义

设 $A \in F^{n \times n}$ 为简单矩阵, 则存在非奇异矩阵 P 和对角矩阵 D, 使得

$$A = PDP^{-1} \tag{6-2}$$

其中, $D = \mathrm{diag}\{\lambda_1, \lambda_2, \cdots, \lambda_n\}$, $\lambda_i \in \tilde{\rho}(A)$(矩阵 A 的谱).

定义 6.1　设函数 $f(\cdot) : F \to F$, 如果对任意 $\lambda_i \in \tilde{\rho}(A)$, $f(\lambda_i)$ 都有定义, 则称 $f(\cdot)$ 在谱 $\tilde{\rho}(A)$ 上有意义, 且称 $f(\lambda_i)$ 为 $f(\cdot)$ 在谱 $\tilde{\rho}(A)$ 上的值.

定义 6.2　设简单矩阵 $A \in F^{n \times n}$ 有分解式 (6-2), 函数 $f(\cdot)$ 在谱 $\tilde{\rho}(A)$ 上有定义, 则定义矩阵函数 $f(A)$ 为

$$f(A) = P\mathrm{diag}\{f(\lambda_1), f(\lambda_2), \cdots, f(\lambda_n)\}P^{-1} \tag{6-3}$$

由定义 6.2 知, 矩阵函数仍是矩阵, 且当 $f(\lambda) = \varphi(\lambda)$ 为 λ 的多项式时, 有

$$\varphi(A) = P\mathrm{diag}\{\varphi(\lambda_1), \varphi(\lambda_2), \cdots, \varphi(\lambda_n)\}P^{-1}$$

因为由式 (6-1)~(6-3), 得

$$\varphi(A) = \sum_{j=0}^{m} a_j A^j = \sum_{j=0}^{m} a_j PD^jP^{-1} = P\sum_{j=0}^{m} a_j D^jP^{-1}$$

$$= P\mathrm{diag}\left\{\sum_{j=0}^{m} a_j\lambda_1^j, \sum_{j=0}^{m} a_j\lambda_2^j, \cdots, \sum_{j=0}^{m} a_j\lambda_n^j\right\} P^{-1}$$

$$= P\mathrm{diag}\{\varphi(\lambda_1), \varphi(\lambda_2), \cdots, \varphi(\lambda_n)\}P^{-1}$$

例 6.1 设 $A = \begin{bmatrix} 6 & -\sqrt{5} \\ -\sqrt{5} & 2 \end{bmatrix}$, 求 $\mathrm{e}^{2A}, \sin A, A^2 + A + I_2$.

解 令 $f_1(\lambda) = \mathrm{e}^{2\lambda}$, $f_2(\lambda) = \sin\lambda$, $\varphi(\lambda) = \lambda^2 + \lambda + 1$. 求出谱 $\tilde{\rho}(A) = \{1, 7\}$, 以及满足式 (6-2) 的矩阵 $P = \begin{bmatrix} 1 & -\sqrt{5} \\ \sqrt{5} & 1 \end{bmatrix}$ 和 $D = \mathrm{diag}\{1, 7\}$. 验证函数 $f_1(\lambda)$, $f_2(\lambda)$ 与 $\varphi(\lambda)$ 均在谱 $\tilde{\rho}(A)$ 上有定义. 因此, 由式 (6-3) 有

$$\mathrm{e}^{2A} = f_1(A) = P\mathrm{diag}\{f_1(1), f_1(7)\}P^{-1}$$

$$= \frac{1}{6}\begin{bmatrix} \mathrm{e}^2 + 5\mathrm{e}^{14} & \sqrt{5}\mathrm{e}^2 - \sqrt{5}\mathrm{e}^{14} \\ \sqrt{5}\mathrm{e}^2 - \sqrt{5}\mathrm{e}^{14} & 5\mathrm{e}^2 + \mathrm{e}^{14} \end{bmatrix}$$

$$\sin A = f_2(A) = P\mathrm{diag}\{f_2(1), f_2(7)\}P^{-1}$$

$$= \frac{1}{6}\begin{bmatrix} \sin 1 + 5\sin 7 & \sqrt{5}\sin 1 - \sqrt{5}\sin 7 \\ \sqrt{5}\sin 1 - \sqrt{5}\sin 7 & 5\sin 1 + \sin 7 \end{bmatrix}$$

$$A^2 + A + I_2 = \varphi(A) = P\mathrm{diag}\{\varphi(1), \varphi(7)\}P^{-1} = \begin{bmatrix} 48 & -9\sqrt{5} \\ -9\sqrt{5} & 12 \end{bmatrix}$$

由定义 6.2, 矩阵函数 $f(A)$ 与函数 $f(\lambda)$ 在谱 $\tilde{\rho}(A)$ 上的值 $f(\lambda_i)(i = 1, 2, \cdots, n)$ 及变换矩阵 P 有关. 对于给定的矩阵 A 及分解式 (6-2), 只要两个函数 $f(\lambda)$ 与 $g(\lambda)$ 满足 $f(\lambda_i) = g(\lambda_i)(i = 1, 2, \cdots, n)$, 则必有

$$f(A) = g(A) \tag{6-4}$$

因此, 如果能找到相对简单的函数 $g(\lambda)$, 比如多项式, 使得式 (6-4) 成立, 则 $f(A)$ 的计算可以完全转化为 $g(A)$ 的计算.

　　其实, 根据多项式插值原理我们得到

　　定理 6.1　设 $A \in F^{n \times n}$ 为简单矩阵, 且有分解式 (6-2), 函数 $f(\cdot)$ 在谱 $\tilde{\rho}(A)$ 上有定义. 若 A 的所有不同特征值为 $\lambda_1, \lambda_2, \cdots, \lambda_s$, 则存在唯一的 $s-1$ 次多项式 $\varphi(\lambda)$, 使得

$$f(A) = \varphi(A)$$

其中

$$\varphi(\lambda) = \sum_{k=1}^{s} f(\lambda_k) \varphi_k(\lambda), \quad \varphi_k(\lambda) = \frac{\phi_k(\lambda)}{\phi_k(\lambda_k)}$$

$$\phi_k(\lambda) = \prod_{j=1, j \neq k}^{s} (\lambda - \lambda_j) \quad (k = 1, 2, \cdots, s)$$

　　证　显然容易验证 $\varphi_k(\lambda)(k = 1, 2, \cdots, s)$ 是 $s-1$ 次多项式, 并且满足

$$\varphi_k(\lambda_j) = \delta_{kj} = \begin{cases} 0, & j \neq k, \\ 1, & j = k, \end{cases} \quad k, j = 1, 2, \cdots, s \tag{6-5}$$

那么, $\varphi_1(\lambda), \varphi_2(\lambda), \cdots, \varphi_s(\lambda)$ 的线性组合 $\varphi(\lambda) = \sum_{k=1}^{s} f(\lambda_k) \varphi_k(\lambda)$ 也是一个 $s-1$ 次多项式. 进而, 式 (6-5) 意味着 $f(\lambda_j) = \varphi(\lambda_j)(j = 1, 2, \cdots, s)$, 所以 $f(A) = \varphi(A)$.

　　再证明其唯一性. 即, 若存在另一个 $s-1$ 次多项式 $\eta(\lambda)$ 满足 $f(A) = \eta(A)$, 则一定有 $\varphi(\lambda) = \eta(\lambda)$. 令 $r(\lambda) = \varphi(\lambda) - \eta(\lambda)$, 那么 $r(\lambda)$ 是次数小于等于 $s-1$ 的多项式. 又 $\varphi(A) = f(A) = \eta(A)$, 得到 $\varphi(\lambda_j) = \eta(\lambda_j)(j = 1, 2, \cdots, s)$. 由代数学基本定理, 只能有 $r(\lambda) \equiv 0$, 即 $\varphi(\lambda) = \eta(\lambda)$. 　　□

　　定理 6.1 表明, 矩阵函数 $f(A)$ 可以用矩阵多项式 $\varphi(\lambda)$ 表示, 利用矩阵多项式的性质, 我们得到

　　性质 6.1　$f(A)$ 与式 (6-2) 中变换矩阵 P 的选取无关, 只与 $f(\lambda_1), f(\lambda_2), \cdots, f(\lambda_n)$ 有关.

　　定理 6.2 (谱映射定理)　设 $A \in F^{n \times n}$ 为简单矩阵, 函数 $f(\cdot)$ 在谱 $\tilde{\rho}(A)$ 上有定义, 则

$$\tilde{\rho}(f(A)) = \{f(\lambda_1), f(\lambda_2), \cdots, f(\lambda_n)\} = \{f(\lambda_i) : \lambda_i \in \tilde{\rho}(A)\}$$

即, 简单矩阵的函数的谱等于函数在矩阵的谱上的值集合.

　　例 6.2　利用定理 6.1 计算例 6.1 中的函数 e^{2A}.

解 矩阵 A 有两个不同特征值 $\lambda_1 = 1, \lambda_2 = 7$, 于是

$$f_1(\lambda_1) = \mathrm{e}^2, \quad f_1(\lambda_2) = \mathrm{e}^{14}, \quad \varphi_1(\lambda) = \frac{\lambda - 7}{1 - 7} = -\frac{1}{6}(\lambda - 7),$$

$$\varphi_2(\lambda) = \frac{\lambda - 1}{7 - 1} = \frac{1}{6}(\lambda - 1)$$

$$\varphi(\lambda) = f_1(\lambda_1)\varphi_1(\lambda) + f_1(\lambda_2)\varphi_2(\lambda) = -\frac{1}{6}(\lambda - 7)\mathrm{e}^2 + \frac{1}{6}(\lambda - 1)\mathrm{e}^{14}$$

所以

$$\mathrm{e}^{2A} = -\frac{1}{6}\mathrm{e}^2(A - 7I_2) + \frac{1}{6}\mathrm{e}^{14}(A - I_2)$$

$$= \frac{1}{6}\begin{bmatrix} \mathrm{e}^2 + 5\mathrm{e}^{14} & \sqrt{5}\mathrm{e}^2 - \sqrt{5}\mathrm{e}^{14} \\ \sqrt{5}\mathrm{e}^2 - \sqrt{5}\mathrm{e}^{14} & 5\mathrm{e}^2 + \mathrm{e}^{14} \end{bmatrix}$$

6.1.2 简单矩阵的函数的谱分解

由定理 6.1, 有

$$f(A) = \varphi(A) = \sum_{k=1}^{s} f(\lambda_k)\varphi_k(A) \tag{6-6}$$

其中

$$\varphi_k(A) = \prod_{j=1, j \neq k}^{s} (A - \lambda_j I_n) \bigg/ \prod_{j=1, j \neq k}^{s} (\lambda_k - \lambda_j), \quad k = 1, 2, \cdots, s$$

称 $\varphi_k(A)$ 为矩阵 A 的分量矩阵.

矩阵 A 的分量矩阵 $\varphi_k(A)$ 具有如下性质.

性质 6.2 (1) $\varphi_1(A), \varphi_2(A), \cdots, \varphi_s(A)$ 线性无关;

(2) $\displaystyle\sum_{k=1}^{s} \varphi_k(A) = I_n$;

(3) $\varphi_k(A)\varphi_j(A) = \begin{cases} \varphi_k(A), & j = k, \\ O, & j \neq k. \end{cases}$

证 若存在常数 $c_1, c_2, \cdots, c_s$, 使得 $\displaystyle\sum_{j=1}^{s} c_j\varphi_j(A) = O$, 则函数

$$g(\lambda) = \sum_{j=1}^{s} c_j\varphi_j(\lambda)$$

满足 $g(A) = O$, 即 $g(\lambda)$ 是 A 的化零多项式. 注意到 $g(\lambda)$ 最多是 $s-1$ 次多项式, 而 A 的化零多项式次数大于等于 s, 因此 $g(\lambda) \equiv 0$. 再由多项式 $\varphi_1(\lambda), \varphi_2(\lambda), \cdots,$ $\varphi_s(\lambda)$ 线性无关, 有 $c_1 = c_2 = \cdots = c_s = 0$, 即性质 (1) 成立.

另外, 由定义 6.2, A 的分量矩阵 $\varphi_k(A)$ 有

$$\varphi_k(A) = P\mathrm{diag}\{\varphi_k(\lambda_1), \varphi_k(\lambda_2), \cdots, \varphi_k(\lambda_n)\}P^{-1}$$

$$= P\mathrm{diag}\{0, \cdots, 0, 1, \cdots, 1, 0, \cdots, 0\}P^{-1} \tag{6-7}$$

其中, $\lambda_1, \lambda_2, \cdots, \lambda_n$ 为 A 的所有特征值, 对角矩阵中元素 1 对应于 $\varphi_k(\lambda_k)$ 的位置, 1 的个数为 λ_k 的代数重数, 而元素 0 对应于 $\varphi_k(\lambda_j)$ 的位置 $(\lambda_j \neq \lambda_k)$.

于是易验证性质 (2) 和 (3) 成立. 　　□

由性质 (2), $\varphi_1(A), \varphi_2(A), \cdots, \varphi_k(A)$ 为关于简单矩阵的单位分解. 由性质 (3), $\varphi_k(A)$ 是幂等阵, 且彼此正交. 于是有如下定理.

定理 6.3 ($f(A)$ 的谱分解定理)　设 $A \in F^{n \times n}$ 为简单矩阵, $\lambda_1, \lambda_2, \cdots, \lambda_s$ 为 A 的全部 s 个不同特征值, 函数 $f(\cdot)$ 在谱 $\tilde{\rho}(A)$ 上有定义, 则矩阵函数 $f(A)$ 为简单矩阵, 且存在与 $f(\cdot)$ 无关的矩阵 $E_k \in F^{n \times n}(k = 1, 2, \cdots, s)$, 使得

$$\sum_{k=1}^{s} E_k = I_n, \quad E_k E_j = \left\{ \begin{array}{ll} E_k, & j = k \\ O, & j \neq k \end{array} \right. \tag{6-8}$$

$$f(A) = \sum_{k=1}^{s} f(\lambda_k) E_k \tag{6-9}$$

并且当 $f(\lambda_k)$ 互不相等时, 这些 E_k 是唯一的, $E_k \equiv \varphi_k(A)(k = 1, 2, \cdots, s)$. 特别地, 若 A 为正规矩阵, 则 $f(A)$ 是正规矩阵, E_k 是正交投影矩阵 $(k = 1, 2, \cdots, s)$.

证　由前面的讨论可知, 只需要证明定理的后半部分.

设 $f(\lambda_k)$ 互不相等, 若还存在 $F_1, F_2, \cdots, F_s \in F^{n \times n}$ 满足式 (6-8) 和式 (6-9), 则

$$F_j f(A) = f(A) F_j = f(\lambda_j) F_j, \quad j = 1, 2, \cdots, s$$

利用 $E_k f(A) = f(A) E_k = f(\lambda_k) E_k (k = 1, 2, \cdots, s)$, 有

$$E_k f(A) F_j = f(A) E_k F_j = f(\lambda_k) E_k F_j$$

$$E_k f(A) F_j = E_k F_j f(A) = f(\lambda_j) E_k F_j$$

由 $f(\lambda_k) \neq f(\lambda_j)(k \neq j)$, 得 $E_k F_j = O$. 因此,

$$E_k = E_k \sum_{j=1}^{s} F_j = E_k F_k = \left(\sum_{j=1}^{s} E_j \right) F_k = F_k$$

当 A 为正规矩阵时, 显然 $f(A)$ 也是正规矩阵. 且在 A 的分解式 (6-2) 中的 P 可取为酉矩阵 U, 因此

$$\varphi_k(A) = U \mathrm{diag}\{0, \cdots, 0, 1, \cdots, 1, 0, \cdots, 0\} U^{\mathrm{H}} = E_k$$

即 E_k 是正交投影矩阵. □

称式 (6-9) 为简单矩阵 A 的函数 $f(A)$ 的谱分解.

推论 6.1 对简单矩阵 $A \in F^{n \times n}$, 有

$$A = \sum_{j=1}^{s} \lambda_j E_j \tag{6-10}$$

式 (6-10) 恰为矩阵 A 的谱分解式.

6.2 一般矩阵的函数

讨论不能与对角矩阵相似的一般矩阵的函数.

6.2.1 一般矩阵的函数的定义

对于一般矩阵 $A \in F^{n \times n}$, 总存在非奇异矩阵 P, 使得

$$A = PJP^{-1} \tag{6-11}$$

其中, $J = \mathrm{diag}\{J_1, J_2, \cdots, J_l\}$ 为 A 的 Jordan 标准形, J_j 为第 j 个 Jordan 块.

若 J_j 为 A 的对应于特征值 λ_i 的 r_i 阶 Jordan 块, 即

$$J_j = \begin{bmatrix} \lambda_i & 1 & \cdots & 0 \\ 0 & \lambda_i & \cdots & 0 \\ \vdots & \vdots & & \vdots \\ 0 & 0 & \cdots & 1 \\ 0 & 0 & \cdots & \lambda_i \end{bmatrix}_{r_i \times r_i}$$

且 $\varphi(\lambda)$ 为多项式, 则

$$\varphi(J_j) = \begin{bmatrix} \varphi(\lambda_i) & \varphi'(\lambda_i) & \frac{1}{2!}\varphi''(\lambda_i) & \cdots & \frac{1}{(r_i-1)!}\varphi^{(r_i-1)}(\lambda_i) \\ 0 & \varphi(\lambda_i) & \varphi'(\lambda_i) & \cdots & \frac{1}{(r_i-2)!}\varphi^{(r_i-2)}(\lambda_i) \\ \vdots & \vdots & \vdots & & \vdots \\ 0 & 0 & 0 & \cdots & \varphi'(\lambda_i) \\ 0 & 0 & 0 & \cdots & \varphi(\lambda_i) \end{bmatrix}, j = 1, 2, \cdots, l \tag{6-12}$$

式中, $\varphi^{(t)}(\lambda_i)$ 表示 $\varphi(\lambda)$ 在 λ_i 处的 t 阶导数. 这是因为 J_j 的幂有如下特殊性:

$$J_j^k = \begin{bmatrix} \lambda_i^k & C_k^1\lambda_i^{k-1} & \cdots & C_k^{r_i-1}\lambda_i^{k-r_i+1} \\ 0 & \lambda_i^k & \cdots & C_k^{r_i-2}\lambda_i^{k-r_i+2} \\ \vdots & \vdots & & \vdots \\ 0 & 0 & \cdots & C_k^1\lambda_i^{k-1} \\ 0 & 0 & \cdots & \lambda_i^k \end{bmatrix}_{r_i\times r_i}, \quad k=1,2,\cdots$$

由式 (6-11), 得

$$\varphi(A) = P\mathrm{diag}\{\varphi(J_1), \phi(J_2), \cdots, \varphi(J_l)\}P^{-1}$$

由此可见, 一般矩阵 A 的多项式 $\varphi(A)$ 与 A 的 Jordan 标准形结构及 $\varphi(\lambda)$ 在谱 $\tilde{\rho}(A)$ 上的函数值及其各阶导数值有关, 而且这些导数的最高阶数恰好等于对应于相应特征值的最大 Jordan 块的阶数减 1.

定义 6.3 设矩阵 $A \in F^{n\times n}$ 的最小多项式为

$$m(\lambda) = (\lambda-\lambda_1)^{m_1}(\lambda-\lambda_2)^{m_2}\cdots(\lambda-\lambda_s)^{m_s}, \quad \sum_{k=1}^s m_k = m \leqslant n \qquad (6\text{-}13)$$

其中, $\lambda_1, \lambda_2, \cdots, \lambda_s$ 为 A 的所有的不同特征值, m_k 为特征值 λ_k 对应的最大 Jordan 块的阶数. 对于函数 $f(\cdot)$, 如果

$$f(\lambda_k), f'(\lambda_k), \cdots, f^{(m_k-1)}(\lambda_k), \quad k=1,2,\cdots,s$$

都存在, 则称 $f(\cdot)$ 在谱 $\tilde{\rho}(A)$ 上有定义. 同时, 称 $f^{(j)}(\lambda_k)(k=1,2,\cdots,s; j=0,1,2,\cdots,m_k-1)$ 为 $f(\cdot)$ 在谱 $\tilde{\rho}(A)$ 上的值.

定义 6.4 设矩阵 $A \in F^{n\times n}$ 有 Jordan 标准形 (6-11), 函数 $f(\cdot)$ 在谱 $\tilde{\rho}(A)$ 上有定义, 则定义矩阵函数 $f(A)$ 为

$$f(A) = P\mathrm{diag}\{f(J_1), f(J_2), \cdots, f(J_l)\}P^{-1} \qquad (6\text{-}14)$$

其中

$$f(J_j) = \begin{bmatrix} f(\lambda_i) & f'(\lambda_i) & \frac{1}{2!}f''(\lambda_i) & \cdots & \frac{1}{(r_i-1)!}f^{(r_i-1)}(\lambda_i) \\ 0 & f(\lambda_i) & f'(\lambda_i) & \cdots & \frac{1}{(r_i-2)!}f^{(r_i-2)}(\lambda_i) \\ \vdots & \vdots & \vdots & & \vdots \\ 0 & 0 & 0 & \cdots & f'(\lambda_i) \\ 0 & 0 & 0 & \cdots & f(\lambda_i) \end{bmatrix}, \quad j=1,2,\cdots,l$$

首先, 当 $f(\cdot)$ 为多项式时, 易推证由式 (6-14) 定义的 $f(A)$ 与矩阵多项式形式一致; 其次, 当 A 为简单矩阵时, 由式 (6-14) 定义的 $f(A)$ 与定义 6.1 一致. 因此, 定义 6.4 中式 (6-14) 是合理的. 此外, 由定义 6.4 知, $f(A)$ 与 $f(\cdot)$ 在谱 $\tilde{\rho}(A)$ 上的值及矩阵 P 有关, 当矩阵的分解式 (6-11) 给定时, $f(A)$ 则只与 $f(\cdot)$ 在谱 $\tilde{\rho}(A)$ 上的值有关. 因此, 如果存在一个简单的函数, 比如多项式 $\varphi(\lambda)$, 使得 $\varphi(\lambda)$ 与 $f(\lambda)$ 在谱 $\tilde{\rho}(A)$ 上的值完全相等, 即

$$f(\lambda_k) = \varphi(\lambda_k), \quad f^{(j)}(\lambda_k) = \varphi^{(j)}(\lambda_k) \tag{6-15}$$

$$k = 1, 2, \cdots, s; \quad j = 0, 1, 2, \cdots, m_k - 1$$

则

$$f(A) = \varphi(A)$$

类似于定理 6.1, 不加证明地给出下面的定理.

定理 6.4 设 $A \in F^{n \times n}$ 有最小多项式 (6-13), 函数 $f(\cdot)$ 在谱 $\tilde{\rho}(A)$ 上有定义, 则存在 $m - 1$ 次多项式 $\varphi(\lambda)$ 使得式 (6-15) 成立, 且

$$f(A) = \varphi(A)$$

并且, $f(A)$ 只与 $f(\cdot)$ 在谱 $\tilde{\rho}(A)$ 上的值有关, 而与式 (6-11) 中矩阵 P 的选取无关. 其中

$$\varphi(\lambda) = \sum_{k=1}^{s} \sum_{j=0}^{m_k - 1} f^{(j)}(\lambda_k) \varphi_{kj}(\lambda) \tag{6-16}$$

$\varphi_{kj}(\lambda)$ 均为 $m - 1$ 次多项式, 满足

$$\varphi_{kj}^{(r)}(\lambda_i) = \begin{cases} \delta_{jr}, & i = k, \ r = 1, 2, \cdots, m_k - 1 \\ 0, & i \neq k, \ r = 1, 2, \cdots, m_k - 1 \end{cases} \tag{6-17}$$

注 6.1 通过拟合多项式插值的方式, 一般取式 (6-17) 中的多项式 $\varphi_{kj}(\lambda)$ 为

$$\varphi_{kj}(\lambda) = \alpha_j(\lambda) \psi_k(\lambda) \tag{6-18}$$

其中, $\psi_k(\lambda) = \displaystyle\prod_{i=1, i \neq k}^{s} (\lambda - \lambda_i)^{m_i}$, 且

$$\alpha_j(\lambda) = \sum_{t=0}^{m_j - 1} \alpha_{j,t}(\lambda - \lambda_j)^t = \alpha_{j,0} + \alpha_{j,1}(\lambda - \lambda_j) + \cdots + \alpha_{j, m_j - 1}(\lambda - \lambda_j)^{m_j - 1} \tag{6-19}$$

由于 $\psi_k(\lambda)$ 和 $\alpha_j(\lambda)$ 满足式 (6-18), 并注意到式 (6-17), 可以算出 $\alpha_j(\lambda)$ 的系数为

$$\alpha_{j,0} = \delta_{j0}/\psi_j(\lambda_j)$$

其他系数 $\alpha_{j,t}$ 可由下式逐步推出

$$\delta_{jr} = \varphi_{kj}^{(r)}(\lambda_k) = \sum_{t=0}^{r} \mathrm{C}_r^t \alpha_j^{(r)}(\lambda_k)\psi_k^{(r-t)}(\lambda_k) = \sum_{t=0}^{r} \mathrm{C}_r^t t! \alpha_{k,t}\psi_k^{(r-t)}(\lambda_k) \tag{6-20}$$

其中, $\delta_{jr} = \begin{cases} 1, & j = r, \\ 0, & j \neq r. \end{cases}$

例 6.3　设矩阵 $A = \dfrac{\pi}{2}\begin{bmatrix} 2 & 0 & 0 \\ 0 & 1 & 1 \\ 0 & 0 & 1 \end{bmatrix}$, 求 $\sin A$.

解　令函数 $f(\lambda) = \sin\lambda$.

方法 1. 利用定义 6.4, 先求矩阵 A 的最小多项式 $m(\lambda) = (\lambda - \pi)\left(\lambda - \dfrac{\pi}{2}\right)^2$, 于是 $\lambda_1 = \pi, m_1 = 1$, $\lambda_2 = \dfrac{\pi}{2}, m_2 = 2$, 且

$$P = \begin{bmatrix} 1 & 0 & 0 \\ 0 & 1 & 0 \\ 0 & 0 & 2/\pi \end{bmatrix}, \quad P^{-1} = \begin{bmatrix} 1 & 0 & 0 \\ 0 & 1 & 0 \\ 0 & 0 & \pi/2 \end{bmatrix}$$

再计算

$$J_1 = \pi, \quad J_2 = \begin{bmatrix} \pi/2 & 1 \\ 0 & \pi/2 \end{bmatrix}$$

且

$$f(J_1) = [f(\lambda_1)] = 0, \quad f(J_2) = \begin{bmatrix} f(\lambda_2) & f'(\lambda_2) \\ 0 & f(\lambda_2) \end{bmatrix} = \begin{bmatrix} 1 & 0 \\ 0 & 1 \end{bmatrix}$$

所以

$$f(A) = P \begin{bmatrix} f(J_1) & \mathbf{0}^{\mathrm{T}} \\ \mathbf{0} & f(J_2) \end{bmatrix} P^{-1} = \begin{bmatrix} 0 & 0 & 0 \\ 0 & 1 & 0 \\ 0 & 0 & 1 \end{bmatrix}$$

方法 2. 利用定理 6.4, 先求 $\varphi(\lambda)$. 由于 $f(\pi) = 0, f(\pi/2) = 1, f'(\pi/2) = 0$, 所以

$$\varphi(\lambda) = f(\lambda_1)\varphi_{10}(\lambda) + f(\lambda_2)\varphi_{20}(\lambda) + f'(\lambda_2)\varphi_{21}(\lambda) = \varphi_{20}(\lambda)$$

而由式 (6-18), 有

$$\varphi_{20}(\lambda) = \alpha_2(\lambda)(\lambda - \lambda_1), \quad \alpha_2(\lambda) = \alpha_{2,0} + \alpha_{2,1}(\lambda - \lambda_2)$$

$$\alpha_{2,0} = \frac{\delta_{j0}}{\lambda_2 - \lambda_1} = -\frac{2}{\pi} \quad (\text{因为对应于 } \varphi_{20}(\lambda) \text{ 有 } j = 0)$$

$\alpha_{2,1}$ 满足: $C_1^0 \alpha_{2,0} \psi_2'(\lambda_2) + C_1^1 \alpha_{2,1} \psi_2(\lambda_2) = \delta_{10} = 0$, 其中 $\psi_2(\lambda) = \lambda - \lambda_1$, 即

$$\alpha_{2,0} \cdot 1 + \alpha_{2,1}\left(-\frac{\pi}{2}\right) = 0, \quad \alpha_{2,1} = \frac{2}{\pi}\alpha_{2,0} = -\frac{4}{\pi^2}$$

所以

$$\varphi(\lambda) = -\frac{4}{\pi^2}\lambda(\lambda - \pi) = \frac{4}{\pi}\lambda\left(\lambda - \frac{1}{\pi}\lambda^2\right)$$

故

$$f(A) = \varphi(A) = \frac{4}{\pi}\left(A - \frac{1}{\pi}A^2\right) = \begin{bmatrix} 0 & 0 & 0 \\ 0 & 1 & 0 \\ 0 & 0 & 1 \end{bmatrix}$$

当然, 利用定理 6.4 计算矩阵函数往往很复杂. 但其优点是不涉及矩阵的 Jordan 标准形分解, 只需要计算矩阵的最小多项式, 因而比直接用定义 6.4 更具一般意义.

定理 6.5 若 $A \in F^{n \times n}$ 为分块对角矩阵, 即 $A = \text{diag}\{A_1, A_2, \cdots, A_t\}$, $f(\cdot)$ 为任一函数, 则

$$f(A) = \text{diag}\{f(A_1), f(A_2), \cdots, f(A_t)\}$$

定理 6.6 设 $A \in F^{n \times n}$, $\lambda_1, \lambda_2, \cdots, \lambda_n$ 为 A 的 n 个特征值, $f(\cdot)$ 为任一函数, 则 $f(A)$ 的特征值为 $f(\lambda_1), f(\lambda_2), \cdots, f(\lambda_n)$, 即

$$\tilde{\rho}(f(A)) = \{f(\lambda_1), f(\lambda_2), \cdots, f(\lambda_t)\} = \{f(\lambda_i) : \lambda_i \in \tilde{\rho}(A)\}$$

由定义 6.4 即可证得此定理.

例 6.4 证明 $\det(e^A) = e^{\text{tr}A}$.

证 由定理 6.5, e^A 的特征值为 $e^{\lambda_1}, e^{\lambda_2}, \cdots, e^{\lambda_n}$. 于是

$$\det(e^A) = e^{\lambda_1}e^{\lambda_2}\cdots e^{\lambda_n} = e^{\lambda_1 + \lambda_2 + \cdots + \lambda_n} = e^{\text{tr}A}$$

6.2.2　一般矩阵的函数的谱分解

由定理 6.4, 有

$$f(A) = \varphi(A) = \sum_{k=1}^{s} \sum_{j=0}^{m_k-1} f^{(j)}(\lambda_k)\varphi_{kj}(A) \tag{6-21}$$

其中

$$\varphi_{kj}(A) = \alpha_j(A) \prod_{i=1, i \neq k}^{s} (A - \lambda_i I_n)^{m_i} \tag{6-22}$$

$$\alpha_j(A) = \alpha_{j,0} + \alpha_{j,1}(A - \lambda_j I_n) + \cdots + \alpha_{j,m_j-1}(A - \lambda_j I_n)^{m_j-1} \tag{6-23}$$

称 $\varphi_{kj}(A)$ 为矩阵 A 的分量矩阵.

易见, $\varphi_{kj}(A)$ 线性无关 $(k = 1, 2, \cdots, s; j = 0, 1, 2, \cdots, m_k - 1)$, 且只与 A 的 Jordan 标准形结构有关, 而与 $f(\cdot)$ 无关. 从而得到定理 6.3 的推广.

定理 6.7 ($f(A)$ 的谱分解定理)　设 $A \in F^{n \times n}$ 有最小多项式 $m(\lambda) = (\lambda - \lambda_1)^{m_1} (\lambda - \lambda_2)^{m_2} \cdots (\lambda - \lambda_s)^{m_s}, f(\cdot)$ 为任一函数, 则存在与 $f(\lambda)$ 无关的矩阵 $E_{kj} \in F^{n \times n}(k = 1, 2, \cdots, s; j = 0, 1, 2, \cdots, m_k - 1)$, 使得

$$f(A) = \sum_{k=1}^{s} \sum_{j=0}^{m_k-1} f^{(j)}(\lambda_k)E_{kj} \tag{6-24}$$

并且, 这些矩阵线性无关, 它们与 A 乘积可交换且彼此之间乘积可交换.

证　取 $E_{kj} = \varphi_{kj}(A)(k = 1, 2, \cdots, s; j = 0, 1, 2, \cdots, m_k - 1)$, 即可由式 (6-22) 得到式 (6-24), 矩阵组 $\{E_{kj}\}$ 的线性无关性的证明完全类似于性质 6.2 之 (1) 的证明. 又由于 $E_{kj} = \varphi_{kj}(A)$ 是 A 的多项式, 因此它们与 A 以及它们彼此之间均是乘积可交换的. $\qquad \square$

推论 6.2　(1) 当 $f(\lambda) = 1$ 时, 有 $\sum_{k=1}^{s} E_{k0} = I_n$, 称 E_{k0} 为关于 A 的单位分解;

(2) 当 $f(\lambda) = \lambda$ 时, 有

$$A = \sum_{k=1}^{s} [\lambda_k E_{k0} + (1 - \delta_{1,m_k})E_{k1}] \tag{6-25}$$

这恰是推论 6.1 的推广.

(3) 式 (6-22) 中的 E_{kj} 还满足

$$E_{k0}^2 = E_{k0}, \quad E_{kp}E_{lp} = 0 \ (k \neq l)$$

$$E_{k0}E_{kj} = E_{kj} \quad (j = 0, 1, \cdots, m_k - 1)$$

$$E_{kl}E_{kj} = \begin{cases} \dfrac{(j+l)!}{j!l!}E_{k,l+j}, & l+j \leqslant m_k - 1 \\ O, & l+j > m_k - 1 \end{cases}$$

特别地, $E_{kj} = \dfrac{1}{j!}(A - \lambda_k I_n)^j E_{k0}$.

6.3 矩阵及矩阵函数的序列与级数

本节介绍矩阵的序列与级数以及矩阵函数的序列与级数的基本内容.

6.3.1 矩阵的序列与级数

设矩阵 $A^{(k)} = (a_{ij}^k) \in F^{m \times n}(k = 1, 2, \cdots)$, 称 $A^{(1)}, A^{(2)}, \cdots, A^{(k)}, \cdots$ 为矩阵序列, 记作 $\{A^{(k)}\}$.

定义 6.5 对矩阵序列 $\{A^{(k)}\}$, 如果 $\lim\limits_{k \to \infty} a_{ij}^k = a_{ij}(i = 1, 2, \cdots, m; j = 1, 2, \cdots, n)$, 则称 $\{A^{(k)}\}$ 是收敛的, 称矩阵 $A = (a_{ij})$ 为 $\{A^{(k)}\}$ 的极限, 记作 $\lim\limits_{k \to \infty} A^{(k)} = A$, 也称 $\{A^{(k)}\}$ 收敛于 A. 如果矩阵序列 $\{A^{(k)}\}$ 不收敛, 则称其发散.

定理 6.8 设有三个矩阵序列 $\{A^{(k)}\}, \{B^{(k)}\}, \{C^{(k)}\}$ 和三个矩阵 A, B, C, 分别满足 $\lim\limits_{k \to \infty} A^{(k)} = A$, $\lim\limits_{k \to \infty} B^{(k)} = B$, $\lim\limits_{k \to \infty} C^{(k)} = C$, 其中 $A^{(k)}, B^{(k)}, A, B \in F^{m \times n}, C^{(k)}, C \in F^{n \times l}$, 则

(1) $\lim\limits_{k \to \infty} (\alpha A^{(k)} + \beta B^{(k)}) = \alpha A + \beta B, \ \alpha, \beta \in F$;

(2) $\lim\limits_{k \to \infty} (A^{(k)} C^{(k)}) = AC$;

(3) 当 $m = n$ 且 $A^{(k)}$ 与 A 均可逆时, 有 $\lim\limits_{k \to \infty} (A^{(k)})^{-1} = A^{-1}$.

定理 6.9 设 $||\cdot||_m$ 是 $F^{m \times n}$ 上任一矩阵范数, 则矩阵序列 $\{A^{(k)}\}$ 收敛于 A 的充分必要条件是

$$\lim_{k \to \infty} ||A^{(k)} - A||_m = 0$$

证 取矩阵范数 $||A||_{m_1} = \sum\limits_{i=1}^{m} \sum\limits_{j=1}^{n} |a_{ij}|$. 设 $\{A^{(k)}\}$ 收敛于 A, 则

$$\lim_{k \to \infty} a_{ij}^k = a_{ij} \quad (i = 1, 2, \cdots, m; j = 1, 2, \cdots, n)$$

即

$$\lim_{k\to\infty}|a_{ij}^k - a_{ij}| = 0 \quad (i=1,2,\cdots,m; j=1,2,\cdots,n)$$

故有

$$\lim_{k\to\infty}||A^{(k)} - A||_{m_1} = \lim_{k\to\infty}\sum_{i=1}^{n}\sum_{j=1}^{n}|a_{ij}^k - a_{ij}| = 0$$

反之, 设 $\lim\limits_{k\to\infty}||A^{(k)} - A||_{m_1} = 0$, 即 $\lim\limits_{k\to\infty}\sum\limits_{i=1}^{n}\sum\limits_{j=1}^{n}|a_{ij}^k - a_{ij}| = 0$, 于是有

$$\lim_{k\to\infty}|a_{ij}^k - a_{ij}| = 0, \quad i=1,2,\cdots,m; \quad j=1,2,\cdots,n$$

所以 $\{A^{(k)}\}$ 收敛于 A. 即 $\{A^{(k)}\}$ 收敛于 A 当且仅当 $\lim\limits_{k\to\infty}||A^{(k)} - A||_{m_1} = 0$.

再由矩阵范数的等价性, 对任意矩阵范数 $||\cdot||_m$, 存在常数 c_1, c_2 和 d_1, d_2 满足

$$c_1||A^{(k)} - A||_{m_1} \leqslant ||A^{(k)} - A||_m \leqslant c_2||A^{(k)} - A||_{m_1}$$

$$d_1||A^{(k)} - A||_m \leqslant ||A^{(k)} - A||_{m_1} \leqslant d_2||A^{(k)} - A||_m$$

故 $\lim\limits_{k\to\infty}||A^{(k)} - A||_{m_1} = 0$ 等价于 $\lim\limits_{k\to\infty}||A^{(k)} - A||_m = 0$. □

设 $A \in F^{n\times n}$, 当 $A^{(k)} = A^k$ 时, $k=1,2,\cdots$, 得矩阵幂序列 $\{A^k\}$.

定义 6.6 设 $A \in F^{n\times n}$, 若 $\lim\limits_{k\to\infty}A^k = O$, 则称矩阵 A 为收敛矩阵.

定理 6.10 设 $A \in F^{n\times n}$, 则 A 为收敛矩阵的充分必要条件是 $\rho(A) < 1$.

证 由定理 6.9 知, $\lim\limits_{k\to\infty}A^k = O$ 当且仅当 $\lim\limits_{k\to\infty}||A^k||_m = 0$.

充分性. 若 $\rho(A) < 1$, 由定理 2.7, 必存在某个矩阵范数 $||\cdot||_m$, 使得 $||A||_m \leqslant \rho(A) + \varepsilon < 1$, 其中 ε 为使得 $\rho(A) + \varepsilon < 1$ 的正数. 因此 $||A^k||_m \leqslant ||A||_m^k$, $\lim\limits_{k\to\infty}||A^k||_m = 0$, A 为收敛矩阵.

必要性. 反证法. 若 $\rho(A) \geqslant 1$, 则由 $\rho(A^k) = (\rho(A))^k \geqslant 1$ 知 $||A^k||_m \geqslant \rho(A^k) \geqslant 1$, 这与 $\lim\limits_{k\to\infty}A^k = O$ 矛盾. 故 $\rho(A) < 1$. □

定理 6.11 设 $A \in F^{n\times n}$, 则 $\lim\limits_{k\to\infty}A^k$ 存在当且仅当下列三个条件均成立:

(1) $\rho(A) \leqslant 1$;

(2) 若 $\rho(A) = 1$, 则 A 的模为 1 的特征值所对应的 Jordan 块均为 1 阶的;

(3) 若 $\rho(A) = 1$, 则 A 的模为 1 的特征值均为 1.

此外, 当 $k \to \infty$ 时, $||A^k||_m$ 有界当且仅当上述条件 (1) 与 (2) 成立. 这里 $||\cdot||_m$ 为 $F^{n\times n}$ 上任一矩阵范数.

证 设矩阵 A 有 Jordan 标准形分解 $A = PJP^{-1}$, 则 $\lim\limits_{k\to\infty} A^k$ 存在 (或 $||A^k||_m$ 有界) 当且仅当 $\lim\limits_{k\to\infty} J^k$ 存在 (或 $||J^k||_m$ 有界).

必要性. 设 $\lim\limits_{k\to\infty} A^k$ 存在, 则 $\lim\limits_{k\to\infty} J^k$ 存在, 注意到 J^k 的结构, 易知 $|\lambda| \leqslant 1$, $\lambda \in \tilde{\rho}(A)$, 从而 $\rho(A) \leqslant 1$, 即条件 (1) 成立. 现设 $\rho(A) = 1$, 且 $\lambda \in \tilde{\rho}(A)$, 这时与 λ 对应的 Jordan 块必是 1 阶的, 否则由 J_j^k 的结构知 J_j^k 是不收敛的, 从而条件 (2) 成立. 另外, 此时必有 $\lambda = 1$, 否则 J_j^k 的对角线元素当 $k \to \infty$ 时将绕着复平面上单位圆周按同一方向转动, 因而 J_j^k 不收敛. 因此条件 (3) 也成立.

充分性. 设条件 (1)~(3) 成立. 当 $\rho(A) < 1$ 时, 由定理 6.10 知 $\lim\limits_{k\to\infty} A^k = O$. 当 $\rho(A) = 1$ 时, 由条件 (1)~(3) 知, 矩阵 A 必有如下的 Jordan 标准形分解:

$$P^{-1}AP = \begin{bmatrix} A_1 & O \\ O & A_2 \end{bmatrix}$$

其中, A_1 为阶数 s 小于等于 n 的单位矩阵, 而 A_2 满足 $\rho(A_2) < 1$. 于是

$$\lim_{k\to\infty} (P^{-1}AP)^k = \lim_{k\to\infty} P^{-1}A^kP = \begin{bmatrix} I_s & O \\ O & O \end{bmatrix}$$

因此 $\lim\limits_{k\to\infty} A^k$ 存在. 对于 $||A^k||_m$ 当 $k \to \infty$ 时有界的情况, 同理可证. □

推论 6.3 设 $A \in F^{n\times n}$, 若存在 $F^{n\times n}$ 上的某个矩阵范数 $||\cdot||_m$, 使 $||A||_m < 1$, 则 $\lim\limits_{k\to\infty} A^k = O$.

设 $\{A^{(k)}\}$ 为 $A \in F^{m\times n}$ 中的矩阵序列, 则称 $\sum\limits_{k=0}^{\infty} A^{(k)}$ 为矩阵级数.

定义 6.7 对于矩阵级数 $\sum\limits_{k=0}^{\infty} A^{(k)}$, 称

$$S_n = \sum_{k=0}^{n} A^{(k)} = A^{(0)} + A^{(1)} + \cdots + A^{(n)}, \quad n = 0, 1, 2, \cdots$$

为矩阵级数的部分和. 若部分和序列 $\{S_n\}$ 收敛于矩阵 A, 则称矩阵级数 $\sum\limits_{k=0}^{\infty} A^{(k)}$ 收敛, 记作 $\sum\limits_{k=0}^{\infty} A^{(k)} = A$. 否则, 称矩阵级数 $\sum\limits_{k=0}^{\infty} A^{(k)}$ 发散.

由定义 6.7 可知, 矩阵级数 $\sum\limits_{k=0}^{\infty} A^{(k)}$ 收敛当且仅当 $m \times n$ 个数项级数 $\sum\limits_{k=0}^{\infty} a_{ij}^{(k)}$ 均收敛, 且 $\sum\limits_{k=0}^{\infty} a_{ij}^{(k)} = a_{ij} (i = 1, 2, \cdots, m; j = 1, 2, \cdots, n)$.

定义 6.8　对于矩阵级数 $\sum\limits_{k=0}^{\infty} A^{(k)}$, 如果对 $F^{m \times n}$ 上某个矩阵范数 $\| \cdot \|_m$, 数项级数 $\sum\limits_{k=0}^{\infty} \|A^{(k)}\|_m$ 收敛, 则称矩阵级数 $\sum\limits_{k=0}^{\infty} A^{(k)}$ 绝对收敛.

显然, 绝对收敛的矩阵级数必是收敛的, 且 $\left\| \sum\limits_{k=0}^{\infty} A^{(k)} \right\|_m \leqslant \sum\limits_{k=0}^{\infty} \|A^{(k)}\|_m$.

定理 6.12　矩阵级数 $\sum\limits_{k=0}^{\infty} A^{(k)}$ 绝对收敛的充分必要条件是数项级数 $\sum\limits_{k=0}^{\infty} a_{ij}^{(k)}$ $(i = 1, 2, \cdots, m; j = 1, 2, \cdots, n)$ 绝对收敛.

证　若对 $F^{m \times n}$ 上某个矩阵范数 $\| \cdot \|_m$, $\sum\limits_{k=0}^{\infty} \|A^{(k)}\|_m$ 收敛, 则由矩阵范数的等价性知, $\sum\limits_{k=0}^{\infty} \|A^{(k)}\|_{m_1}$ 收敛. 再由 $|a_{ij}^{(k)}| \leqslant \|A^{(k)}\|_{m_1}$ 知, $\sum\limits_{k=0}^{\infty} a_{ij}^{(k)}$ 绝对收敛.

反之, 设 $\sum\limits_{k=0}^{\infty} a_{ij}^{(k)}$ 绝对收敛, 则必存在一个正数 M, 使得 $\sum\limits_{k=0}^{N} |a_{ij}^{(k)}| \leqslant M, N \geqslant 1$ $(i = 1, 2, \cdots, m; j = 1, 2, \cdots, n)$, 且 M 与 N, i, j 无关. 于是

$$\sum_{k=0}^{N} \|A^{(k)}\|_{m_1} = \sum_{k=0}^{N} \left(\sum_{i=1}^{m} \sum_{j=1}^{n} |a_{ij}^{(k)}| \right) \leqslant mnM$$

因此 $\sum\limits_{k=0}^{\infty} \|A^{(k)}\|_{m_1}$ 收敛, 故 $\sum\limits_{k=0}^{\infty} A^{(k)}$ 绝对收敛.　□

定理 6.13　收敛的矩阵级数具有如下性质:

(1) 若 $\sum\limits_{k=0}^{\infty} A^{(k)}$ 收敛, 矩阵 B 与 $A^{(k)}$(或 $A^{(k)}$ 与 B) 乘积有意义, 则

$$B \left(\sum_{k=0}^{\infty} A^{(k)} \right) = \sum_{k=0}^{\infty} B A^{(k)} \quad \left(\text{或} \left(\sum_{k=0}^{\infty} A^{(k)} \right) B = \sum_{k=0}^{\infty} A^{(k)} B \right)$$

(2) 若 $\displaystyle\sum_{k=0}^{\infty} A^{(k)}$ 与 $\displaystyle\sum_{j=0}^{\infty} B^{(j)}$ 均是绝对收敛的, 且 $A^{(k)}$ 与 $B^{(j)}$ 乘积有意义, 则

$$\left(\sum_{k=0}^{\infty} A^{(k)}\right)\left(\sum_{j=0}^{\infty} B^{(j)}\right) = \sum_{k=0}^{\infty}\sum_{j=0}^{\infty} A^{(k)} B^{(j)}$$

特殊地, 当 $m = n$, 且 $A^{(k)} = A^k$ 时, 矩阵级数 $\displaystyle\sum_{k=0}^{\infty} A^{(k)}$ 成为矩阵幂级数 $\displaystyle\sum_{k=0}^{\infty} A^k$.

定理 6.14 设 $A \in F^{n\times n}$, 则矩阵幂级数 $\displaystyle\sum_{k=0}^{\infty} A^k$ 收敛的充分必要条件是 $\rho(A) < 1$, 此时 $I_n - A$ 是可逆的, 并且

$$(I_n - A)^{-1} = \sum_{k=0}^{\infty} A^k \tag{6-26}$$

此外, 如果对某个满足 $||I_n||_m = 1$ 的矩阵范数 $||\cdot||_m$, 有 $||A||_m < 1$, 则矩阵幂级数 $\displaystyle\sum_{k=0}^{\infty} A^k$ 绝对收敛, 且

$$||I_n - A||_m^{-1} \leqslant ||(I_n - A)^{-1}||_m \leqslant (1 - ||A||_m)^{-1} \tag{6-27}$$

证 充分性. 若 $\rho(A) < 1$, 则 $I_n - A$ 必是可逆的. 记 $S_N = I_n + A + \cdots + A^{N-1}$, 易验证有

$$(I_n - A)S_N = I_n - A^{N+1}$$

于是

$$S_N = (I_n - A)^{-1}(I_n - A^{N+1})$$

对 S_N 取极限, 注意到当 $N \to \infty$ 时有 $A^{N+1} \to O$, 所以式 (6-26) 成立.

必要性. 若 $\displaystyle\sum_{k=0}^{\infty} A^k$ 收敛, 则 $\rho(A) < 1$.

另外, 当 $||A||_m < 1$ 时, 必有 $\rho(A) < 1$, 从而式 (6-26) 成立.

$$||I_n - A||_m^{-1} \leqslant ||(I_n - A)^{-1}||_m \leqslant \sum_{k=0}^{\infty} ||A^k||_m \leqslant \sum_{k=0}^{\infty} ||A||_m^k = \frac{1}{1 - ||A||_m} \qquad \square$$

定理 6.15   设幂级数 $\sum\limits_{k=0}^{\infty} c_k z^k$ 的收敛半径为 r, 和函数为 $S(z)$. 如果 n 阶方阵 $A \in F^{n \times n}$ 满足 $\rho(A) < r$, 则矩阵幂级数 $\sum\limits_{k=0}^{\infty} c_k A^k$ 绝对收敛, 其和为 $S(A)$; 如果 $\rho(A) > r$, 则矩阵幂级数 $\sum\limits_{k=0}^{\infty} c_k A^k$ 发散.

证明略.

6.3.2   矩阵函数的序列与级数

设 $A \in F^{n \times n}$, $\{f_p(\lambda)\}$ 与 $\{u_p(\lambda)\}$ 为函数序列, 研究矩阵函数序列 $\{f_p(A)\}$ 的收敛性与矩阵函数级数 $\sum\limits_{p=1}^{\infty} u_p(A)$ 的收敛性.

令 $A^{(p)} = (a_{ij}^{(p)}) = f_p(A) \in F^{n \times n}$, 由定义 6.5 知, $\{A^{(p)}\}$ 收敛当且仅当 $\{a_{ij}^{(p)}\}$ 收敛. 下面的定理将给出 $\{A^{(p)}\}$ 收敛与数列 $\{f_p^{(j)}(\lambda_k)\}$ 的收敛性的关系.

定理 6.16   设 $A = (a_{ij}) \in F^{n \times n}$, $\lambda_1, \lambda_2, \cdots, \lambda_s$ 是 A 的 s 个不同的特征值, 与 λ_k 对应的 Jordan 块的最大阶数为 m_k, 且 $m = \sum\limits_{k=1}^{s} m_k$. 又设 $\{f_p(\cdot)\}$ 为函数序列, 则 $\{f_p(A)\}$ 收敛当且仅当 m 个数列 $\{f_p^{(j)}(\lambda_k)\}(k = 1, 2, \cdots, s; \ j = 0, 1, 2, \cdots, m_k - 1)$ 皆收敛. 此时, 存在函数 $f(\cdot)$, 使得

$$\lim_{p \to \infty} f_p^{(j)}(\lambda_k) = f^{(j)}(\lambda_k), \quad k = 1, 2, \cdots, s; \quad j = 0, 1, 2, \cdots, m_k - 1$$

$$\lim_{p \to \infty} f_p(A) = f(A)$$

证   设 $A = PJP^{-1} = P\mathrm{diag}\{J_1, J_2, \cdots, J_l\}P^{-1}$, 这里 J 为 A 的 Jordan 标准形, J_j 为 Jordan 块, 则 $f_p(A) = P\mathrm{diag}\{f_p(J_1), f_p(J_2), \cdots, f_p(J_l)\}P^{-1}$, 其中

$$f_p(J_q) = \begin{bmatrix} f_p(\lambda_i) & f_p'(\lambda_i) & \dfrac{1}{2!}f_p''(\lambda_i) & \cdots & \dfrac{1}{(m_i-1)!}f_p^{m_i-1}(\lambda_i) \\ 0 & f_p(\lambda_i) & f_p'(\lambda_i) & \cdots & \dfrac{1}{(m_i-2)!}f_p^{m_i-2}(\lambda_i) \\ \vdots & \vdots & \vdots & & \vdots \\ 0 & 0 & 0 & \cdots & f_p'(\lambda_i) \\ 0 & 0 & 0 & \cdots & f_p(\lambda_i) \end{bmatrix}, \quad q = 1, 2, \cdots, l$$

因此, $\{f_p(A)\}$ 收敛当且仅当 $\{f_p(J)\}$ 收敛, 当且仅当 $\{f_p(J_q)\}$ 收敛 ($q = 1, 2, \cdots, l$), 当且仅当 $\{f_p^{(j)}(\lambda_k)\}(k = 1, 2, \cdots, s; \ j = 0, 1, 2, \cdots, m_k - 1)$ 收敛.

记 $\lim\limits_{p \to \infty} f_p^{(j)}(\lambda_k) = \beta_{jk}$, 选择 $f(\lambda)$ 满足

$$f^{(j)}(\lambda_k) = \beta_{jk}, \quad k = 1, 2, \cdots, s; \quad j = 0, 1, 2, \cdots, m_k - 1$$

于是由定理 6.7, 有

$$\lim_{p \to \infty} f_p(A) = \lim_{p \to \infty} \sum_{k=1}^{s} \sum_{j=0}^{m_k-1} f_p^{(j)}(\lambda_k) E_{kj} = \sum_{k=1}^{s} \sum_{j=0}^{m_k-1} f_{(j)}(\lambda_k) E_{kj} = f(A) \qquad \square$$

定理 6.17 设 $A = (a_{ij}) \in F^{n \times n}$ 同定理 6.16, $\{u_p(\cdot)\}$ 为函数序列, 则 $\sum\limits_{p=1}^{\infty} u_p(A)$ 收敛当且仅当 m 个级数 $\sum\limits_{p=1}^{\infty} u_p^{(j)}(\lambda_k)(k = 1, 2, \cdots, s; j = 0, 1, 2, \cdots, m_k - 1)$ 都收敛. 此时, 存在函数 $u(\cdot)$, 使得

$$\sum_{p=1}^{\infty} u_p^j(\lambda_k) = u^{(j)}(\lambda_k), \quad k = 1, 2, \cdots, s; \quad j = 0, 1, 2, \cdots, m_k - 1$$

$$\sum_{p=1}^{\infty} u_p(A) = u(A)$$

定理 6.18 设 $A \in F^{n \times n}$ 同定理 6.16, 函数 $u(\lambda)$ 在 $\lambda = \lambda_0$ 处有 Taylor 级数展开

$$u(\lambda) = \sum_{p=0}^{\infty} \alpha_p (\lambda - \lambda_0)^p \tag{6-28}$$

此 Taylor 级数的收敛半径为 r, 则 $u(A)$ 有定义, 且

$$u(A) = \sum_{p=0}^{\infty} \alpha_p (A - \lambda_0 I_n)^p \tag{6-29}$$

的充分必要条件是 A 的每个不同特征值 $\lambda_1, \lambda_2, \cdots, \lambda_s$ 满足下列两个条件之一:

(1) $|\lambda_k - \lambda_0| < r$;

(2) $|\lambda_k - \lambda_0| = r$, 且对应于 $f^{(m_k-1)}(\lambda)$ 的 Taylor 级数在 $\lambda = \lambda_k$ 处收敛.

证 设 A 的每个特征值都满足条件 (1) 或 (2), 则由式 (6-28), $u(\lambda)$ 在每个 λ_k 处的 $u(\lambda_k), u'(\lambda_k), \cdots, u^{(m_k-1)}(\lambda_k)(k = 1, 2, \cdots, s)$ 存在, 令

$$u_p(\lambda) = \alpha_p (\lambda - \lambda_0)^p, \quad p = 0, 1, 2, \cdots$$

显然对函数 $u_p(\cdot)$, 在条件 (1) 或 (2) 下, 数项级数 $\sum\limits_{p=1}^{\infty} u_p^{(j)}(\lambda_k)$ 收敛 ($k = 1, 2, \cdots, s; j = 0, 1, 2, \cdots, m_k - 1$). 此时, 定理 6.17 蕴含 $\sum\limits_{p=1}^{\infty} u_p(A) = u(A)$. 即 (6-27) 式成立.

反之, 设 $u(A)$ 有定义, 且式 (6-29) 成立, 则 $u_p^{(j)}(\lambda_k)(k = 1, 2, \cdots, s; j = 0, 1, 2, \cdots, m_k - 1)$ 存在, 且由定理 6.17, 数项级数 $\sum\limits_{p=1}^{\infty} u_p^{(j)}(\lambda_k)$ 均收敛, 其中 $u_p(\lambda) = \alpha_p(\lambda - \lambda_0)^p(p = 0, 1, 2, \cdots)$. 因此, A 的任一特征值 λ_k 必满足 $|\lambda_k - \lambda_0| \leqslant r$. 这时, 对固定的 $\lambda_k \in \tilde{\rho}(A)$ 来说, 或有 $|\lambda_k - \lambda_0| < r$, 或有 $|\lambda_k - \lambda_0| = r$, 但对应于 $u^{(m_k-1)}(\lambda)$ 的级数 $\sum\limits_{p=1}^{\infty} u_p^{(m_k-1)}(\lambda)$ 在 $\lambda = \lambda_k$ 处收敛. □

定理 6.18 给出了矩阵函数 $f(A)$ 的另一种定义方式——用矩阵级数 (6-29) 定义 $f(A)$. 当然这种定义对函数 $f(\lambda)$ 的要求更高, 即要求 $f(\lambda)$ 在 $\lambda = \lambda_0$ 附近是解析的, 因此它不能适用于只有有限阶导数值的函数. 同时, 由于它与 $f(\lambda)$ 的 Taylor 级数展开相关, 所以讨论起来也有不便之处. 其优点是容易推广到无穷维空间, 因此比定义 6.4 更具有一般性.

6.4　常用矩阵函数的幂级数表示和性质

根据一些常用函数的 Taylor 公式及矩阵函数的定义, 可以推得如下常用的矩阵幂级数的表达式:

(1) 矩阵指数函数

$$\mathrm{e}^A = \sum_{k=0}^{\infty} \frac{1}{k!} A^k, \quad A \in F^{n \times n}$$

(2) 矩阵正弦、余弦函数

$$\sin A = \sum_{k=0}^{\infty} \frac{(-1)^k}{(2k+1)!} A^{2k+1}, \quad \cos A = \sum_{k=0}^{\infty} \frac{(-1)^k}{(2k)!} A^{2k}, \quad A \in F^{n \times n}$$

(3) 矩阵双曲正弦、双曲余弦函数

$$\sinh A = \sum_{k=0}^{\infty} \frac{1}{(2k+1)!} A^{2k+1}, \quad \cosh A = \sum_{k=0}^{\infty} \frac{1}{(2k)!} A^{2k}, \quad A \in F^{n \times n}$$

(4) 矩阵 "倒数函数"

$$(I_n - A)^{-1} = \sum_{k=0}^{\infty} A^k, \quad A \in F^{n \times n}, \quad \rho(A) < 1$$

(5) 矩阵对数函数

$$\ln(I_n + A) = \sum_{k=1}^{\infty} \frac{(-1)^{k-1}}{k} A^k, \quad A \in F^{n \times n}, \quad \rho(A) < 1$$

根据上述矩阵函数的幂级数表达式, 易证如下性质.

性质 6.3 对任意矩阵 $A, B \in F^{n \times n}$, 有

(1) $e^{aA}e^{bA} = e^{(a+b)A}$, $a, b \in F$;

(2) $e^{iA} = \cos A + i \sin A$;

(3) e^A 可逆, 且 $(e^A)^{-1} = e^{-A}$;

(4) $\cos^2 A + \sin^2 A = I_n$, $\sin(-A) = -\sin A$, $\cos(-A) = \cos A$.

性质 6.4 若矩阵 $A, B \in F^{n \times n}$ 满足 $AB = BA$, 则有

(1) $e^A e^B = e^B e^A = e^{A+B}$;

(2) $\sin(A + B) = \sin A \cos B + \cos A \sin B$;

(3) $\cos(A + B) = \cos A \cos B - \sin A \sin B$.

性质 6.5 对任意矩阵 $A \in F^{n \times n}$, 有

(1) $\dfrac{\mathrm{d}}{\mathrm{d}t}(e^{At}) = Ae^{At} = e^{At}A$;

(2) $\dfrac{\mathrm{d}}{\mathrm{d}t}(\sin(At)) = A\cos(At) = \cos(At)A$;

(3) $\dfrac{\mathrm{d}}{\mathrm{d}t}(\cos(At)) = -A\sin(At) = -\sin(At)A$.

注意, 关于矩阵函数的导数将在下一节介绍.

例 6.5 设 $A = \begin{bmatrix} -2 & 0 & 2 \\ -1 & 0 & 1 \\ -2 & -2 & 3 \end{bmatrix}$, 求 e^A.

解 方法 1. 由于 A 的特征多项式为 $f(\lambda) = \lambda^3 - \lambda^2$, 所以其特征值为 $\lambda_1 = 1$, $\lambda_2 = \lambda_3 = 0$. 可以计算 A 的 Jordan 标准形为 $J = \begin{bmatrix} 1 & 0 & 0 \\ 0 & 0 & 1 \\ 0 & 0 & 0 \end{bmatrix}$, 且有变换矩阵

$$P = \begin{bmatrix} 2 & 2 & 1 \\ 1 & 1 & 1 \\ 3 & 2 & 2 \end{bmatrix} \text{满足}$$

$$A = PJP^{-1} = P\text{diag}\{J_1, J_2\}P^{-1}$$

其中, $J_1 = 1$, $J_2 = \begin{bmatrix} 0 & 1 \\ 0 & 0 \end{bmatrix}$, 且 $P^{-1} = \begin{bmatrix} 0 & -2 & 1 \\ 1 & 1 & -1 \\ -1 & 2 & 0 \end{bmatrix}$.

根据定义 6.4, 有 $\mathrm{e}^A = P\text{diag}\{\mathrm{e}^{J_1}, \mathrm{e}^{J_2}\}P^{-1}$, 其中 $\mathrm{e}^{J_1} = [\mathrm{e}]$ 及 $\mathrm{e}^{J_2} = \begin{bmatrix} 1 & 1 \\ 0 & 1 \end{bmatrix}$.

代入计算得到 $\mathrm{e}^A = P\text{diag}\{\mathrm{e}^{J_1}, \mathrm{e}^{J_2}\}P^{-1} = \begin{bmatrix} -1 & 8-4\mathrm{e} & 2\mathrm{e}-2 \\ -1 & 5-2\mathrm{e} & \mathrm{e}-1 \\ -2 & 10-6\mathrm{e} & 3\mathrm{e}-2 \end{bmatrix}$.

方法 2. 已知 A 的特征多项式为 $f(\lambda) = \lambda^3 - \lambda^2$, 利用 Cayley-Hamilton 定理有 $A^3 = A^2$. 从而可以得到 $A^k = A^2$, $k \geqslant 2$.

这时, 根据矩阵指数函数的幂级数展开有

$$\mathrm{e}^A = I_3 + A + \left(\frac{1}{2!} + \frac{1}{3!} + \frac{1}{4!} + \cdots\right)A^2$$

$$= I_3 + A + (-2)A^2 + \left(1 + \frac{1}{1!} + \frac{1}{2!} + \frac{1}{3!} + \frac{1}{4!} + \cdots\right)A^2$$

$$= I_3 + A + (\mathrm{e} - 2)A^2$$

由于 $A^2 = \begin{bmatrix} 0 & -4 & 2 \\ 0 & -2 & 1 \\ 0 & -6 & 3 \end{bmatrix}$, 所以可以直接得到

$$\mathrm{e}^A = I_3 + A + (\mathrm{e}-2)A^2 = \begin{bmatrix} -1 & 8-4\mathrm{e} & 2\mathrm{e}-2 \\ -1 & 5-2\mathrm{e} & \mathrm{e}-1 \\ -2 & 10-6\mathrm{e} & 3\mathrm{e}-2 \end{bmatrix}$$

6.5   矩阵函数的分析运算

本节介绍矩阵值函数及数值函数对数值变量及矩阵变量的微分与积分运算.

6.5.1 矩阵值函数对数值变量的微分与积分

设 $A(t) = (a_{ij}(t))_{m \times n} \in F^{m \times n}$ 为矩阵值函数, t 为数值变量, $t \in F$.

定义 6.9 设 $t \in D$, $D \subset F$ 为开集, 如果极限 $\lim\limits_{h \to 0} \dfrac{A(t+h) - A(t)}{h}$ 存在, 则称 $A(t)$ 在 $t \in D$ 处可导 (或可微), 且称上述极限为 $A(t)$ 在 t 处的导数 (或微分), 记为

$$\frac{\mathrm{d}A(t)}{\mathrm{d}t} = \lim_{h \to 0} \frac{A(t+h) - A(t)}{h}$$

简记为 $\dot{A}(t)$ 或 $A'(t)$.

由定义 6.9, $A(t)$ 在 $t \in D$ 处可导当且仅当 $A(t)$ 的元素 $a_{ij}(t) (i = 1, 2, \cdots, m;$ $j = 1, 2, \cdots, n)$ 在 $t \in D$ 处可导, 且 $A'(t) = (a'_{ij}(t))_{m \times n}$.

当 $n = 1$ 时, 矩阵值函数 $A(t)$ 退化为向量值函数, 定义 6.9 仍有效. 当 $m = n = 1$ 时, 矩阵值函数 $A(t)$ 退化为数值函数, 定义 6.9 即为一般的导数定义.

性质 6.6 (1) 若 $A(t), B(t) \in F^{m \times n}$ 均是 D 内的可微矩阵值函数, 则有

$$(A(t) \pm B(t))' = A'(t) \pm B'(t)$$

(2) 若 $A(t) \in F^{m \times n}$, $C(t) \in F^{n \times l}$ 均是 D 内的可微矩阵值函数, 则有

$$(A(t)C(t))' = A'(t)C(t) + A(t)C'(t)$$

定义 6.10 设 $A(t) \in F^{m \times n}$, $t \in [\alpha, \beta]$, 若 $A(t)$ 的每个元素 $a_{ij}(t)$ 在 $[\alpha, \beta]$ 上可积, 则称 $A(t)$ 在 $[\alpha, \beta]$ 上可积, 且 $A(t)$ 在 $[\alpha, \beta]$ 上的积分为

$$\int_\alpha^\beta A(t)\mathrm{d}t = \left(\int_\alpha^\beta a_{ij}(t)\mathrm{d}t \right)_{m \times n}$$

性质 6.7 设 $A(t), B(t) \in F^{m \times n}$ 均是在 $[\alpha, \beta]$ 上可积的, $C \in F^{n \times l}, D \in F^{s \times m}$ 为常值矩阵, 则有

(1) $\displaystyle\int_\alpha^\beta (A(t) \pm B(t))\, \mathrm{d}t = \int_\alpha^\beta A(t)\mathrm{d}t \pm \int_\alpha^\beta B(t)\mathrm{d}t$;

(2) $\displaystyle\int_\alpha^\beta A(t)C\mathrm{d}t = \left(\int_\alpha^\beta A(t)\mathrm{d}t \right)_{m \times n} C, \quad \int_\alpha^\beta DA(t)\mathrm{d}t = D\left(\int_\alpha^\beta A(t)\mathrm{d}t \right)_{m \times n}$;

(3) $\dfrac{\mathrm{d}}{\mathrm{d}t} \displaystyle\int_\alpha^t A(s)\mathrm{d}s = A(t)$, $A(t)$ 在 $[\alpha, \beta]$ 上连续;

(4) $\displaystyle\int_\alpha^\beta A'(t)\mathrm{d}t = A(\beta) - A(\alpha)$, $A(t)$ 在 $[\alpha, \beta]$ 上可微.

类似地可定义 $\int A(t)\mathrm{d}t = \left(\int a_{ij}(t)\mathrm{d}t\right)_{m\times n}$，且对于积分 $\int A(t)\mathrm{d}t$ 上述性质同样成立.

例 6.6　设 $A(t) = \begin{bmatrix} t^2+1 & \sin t \\ 3 & \mathrm{e}^t \end{bmatrix}$，求 $A'(t)$, $\int_0^t A(s)\mathrm{d}s$ 及 $\int A(t)\mathrm{d}t$.

解
$$A'(t) = \begin{bmatrix} (t^2+1)' & (\sin t)' \\ (3)' & (\mathrm{e}^t)' \end{bmatrix} = \begin{bmatrix} 2t & \cos t \\ 0 & \mathrm{e}^t \end{bmatrix}$$

$$\int_0^t A(s)\mathrm{d}s = \begin{bmatrix} \int_0^t (s^2+1)\mathrm{d}s & \int_0^t \sin s\,\mathrm{d}s \\ \int_0^t 3\mathrm{d}s & \int_0^t \mathrm{e}^s\mathrm{d}s \end{bmatrix} = \begin{bmatrix} \dfrac{1}{3}t^3+t & -\cos t+1 \\ 3t & \mathrm{e}^t-1 \end{bmatrix}$$

$$\int A(t)\mathrm{d}t = \begin{bmatrix} \int (t^2+1)\mathrm{d}t & \int \sin t\,\mathrm{d}t \\ \int 3\mathrm{d}t & \int \mathrm{e}^t\mathrm{d}t \end{bmatrix}$$
$$= \begin{bmatrix} \dfrac{1}{3}t^3+t+C_{11} & -\cos t+C_{12} \\ 3t+C_{21} & \mathrm{e}^t+C_{22} \end{bmatrix}, \quad C_{ij} \in \mathbf{R}$$

例 6.7　设 $A = \begin{bmatrix} 2 & 1 \\ 0 & 2 \end{bmatrix}$，计算 e^{At}，并验证 $(\mathrm{e}^{At})' = A\mathrm{e}^{At} = \mathrm{e}^{At}A$.

解　令 $f(\lambda) = \mathrm{e}^{\lambda t}$，则 $f'(\lambda) = t\mathrm{e}^{\lambda t}$. 注意到 A 是 Jordan 块阵，由定义 6.4，得

$$f(A) = \mathrm{e}^{At} = \begin{bmatrix} \mathrm{e}^{2t} & t\mathrm{e}^{2t} \\ 0 & \mathrm{e}^{2t} \end{bmatrix}$$

且

$$(\mathrm{e}^{At})' = \begin{bmatrix} 2\mathrm{e}^{2t} & (1+2t)\mathrm{e}^{2t} \\ 0 & 2\mathrm{e}^{2t} \end{bmatrix}$$

同时

$$A\mathrm{e}^{At} = \begin{bmatrix} 2\mathrm{e}^{2t} & (1+2t)\mathrm{e}^{2t} \\ 0 & 2\mathrm{e}^{2t} \end{bmatrix} = \mathrm{e}^{At}A$$

故 $(\mathrm{e}^{At})' = A\mathrm{e}^{At} = \mathrm{e}^{At}A$.

6.5.2 矩阵值函数对矩阵变量的导数

定义 6.11 设 $X = (x_{ij})_{m \times n} \in F^{m \times n}$ 是矩阵变量, $f_{kl}(X)$ 是矩阵变量 X 的数值函数 $(k = 1, 2, \cdots, r;\ l = 0, 1, \cdots, s)$, 令 $F(X) = (f_{kl}(X))_{r \times s} \in F^{r \times s}$, 则 $F(X) : F^{m \times n} \to F^{r \times s}$. 定义矩阵值函数 $F(X)$ 对矩阵变量 X 的导数为

$$\frac{\mathrm{d}F(X)}{\mathrm{d}X} = \left[\frac{\partial F(X)}{\partial x_{ij}}\right]_{m \times n} = \begin{bmatrix} \dfrac{\partial F(X)}{\partial x_{11}} & \dfrac{\partial F(X)}{\partial x_{12}} & \cdots & \dfrac{\partial F(X)}{\partial x_{1n}} \\ \dfrac{\partial F(X)}{\partial x_{21}} & \dfrac{\partial F(X)}{\partial x_{22}} & \cdots & \dfrac{\partial F(X)}{\partial x_{2n}} \\ \vdots & \vdots & & \vdots \\ \dfrac{\partial F(X)}{\partial x_{m1}} & \dfrac{\partial F(X)}{\partial x_{m2}} & \cdots & \dfrac{\partial F(X)}{\partial x_{mn}} \end{bmatrix}_{m \times n} \tag{6-30}$$

其中

$$\frac{\partial F(X)}{\partial x_{ij}} = \left[\frac{\partial f_{kl}(X)}{\partial x_{ij}}\right]_{r \times s} = \begin{bmatrix} \dfrac{\partial f_{11}(X)}{\partial x_{ij}} & \dfrac{\partial f_{12}(X)}{\partial x_{ij}} & \cdots & \dfrac{\partial f_{1s}(X)}{\partial x_{ij}} \\ \dfrac{\partial f_{21}(X)}{\partial x_{ij}} & \dfrac{\partial f_{22}(X)}{\partial x_{ij}} & \cdots & \dfrac{\partial f_{2s}(X)}{\partial x_{ij}} \\ \vdots & \vdots & & \vdots \\ \dfrac{\partial f_{r1}(X)}{\partial x_{ij}} & \dfrac{\partial f_{r2}(X)}{\partial x_{ij}} & \cdots & \dfrac{\partial f_{rs}(X)}{\partial x_{ij}} \end{bmatrix}_{r \times s}$$

$$i = 1, 2, \cdots m;\ j = 1, 2, \cdots, n$$

定义 6.11 的几种特殊情况如下.

(1) 如果 X 退化为数值变量 x, 即 $m = n = 1$, 则式 (6-30) 成为

$$\frac{\mathrm{d}F(x)}{\mathrm{d}x} = \left(\frac{\mathrm{d}f_{kl}(x)}{\mathrm{d}x}\right)_{r \times s} = \begin{bmatrix} \dfrac{\mathrm{d}f_{11}(x)}{\mathrm{d}x} & \dfrac{\mathrm{d}f_{12}(x)}{\mathrm{d}x} & \cdots & \dfrac{\mathrm{d}f_{1s}(x)}{\mathrm{d}x} \\ \dfrac{\mathrm{d}f_{21}(x)}{\mathrm{d}x} & \dfrac{\mathrm{d}f_{22}(x)}{\mathrm{d}x} & \cdots & \dfrac{\mathrm{d}f_{2s}(x)}{\mathrm{d}x} \\ \vdots & \vdots & & \vdots \\ \dfrac{\mathrm{d}f_{r1}(x)}{\mathrm{d}x} & \dfrac{\mathrm{d}f_{r2}(x)}{\mathrm{d}x} & \cdots & \dfrac{\mathrm{d}f_{rs}(x)}{\mathrm{d}x} \end{bmatrix}_{r \times s}$$

即 $F'(x) = (f'_{kl}(x))_{r \times s}$, 这恰是矩阵值函数对数值变量的导数.

(2) 如果 $F(X)$ 退化为数值函数 $f(X): F^{m \times n} \to F$, 即 $r = s = 1$, 则式 (6-30) 成为

$$\frac{\mathrm{d}F(X)}{\mathrm{d}X} = \frac{\mathrm{d}f(X)}{\mathrm{d}X} = \left[\frac{\partial f(X)}{\partial x_{ij}}\right]_{m \times n} = \begin{bmatrix} \dfrac{\partial f(X)}{\partial x_{11}} & \dfrac{\partial f(X)}{\partial x_{12}} & \cdots & \dfrac{\partial f(X)}{\partial x_{1n}} \\ \dfrac{\partial f(X)}{\partial x_{21}} & \dfrac{\partial f(X)}{\partial x_{22}} & \cdots & \dfrac{\partial f(X)}{\partial x_{2n}} \\ \vdots & \vdots & & \vdots \\ \dfrac{\partial f(X)}{\partial x_{m1}} & \dfrac{\partial f(X)}{\partial x_{m2}} & \cdots & \dfrac{\partial f(X)}{\partial x_{mn}} \end{bmatrix}_{m \times n}$$

这恰是数值函数对矩阵变量的导数.

(3) 如果 X 退化为 m 维列向量 $x = (x_1, x_2, \cdots, x_m)^{\mathrm{T}}$, 同时 $F(X)$ 退化为数值函数 $f(x): F^m \to F$, 即 $n = r = s = 1$, 则式 (6-30) 成为

$$\frac{\mathrm{d}F(X)}{\mathrm{d}X} = \frac{\mathrm{d}f(x)}{\mathrm{d}x} = \left(\frac{\partial f(x)}{\partial x_1}, \frac{\partial f(x)}{\partial x_2}, \cdots, \frac{\partial f(x)}{\partial x_m}\right)^{\mathrm{T}}$$

这恰是数值函数对向量变量的导数, 亦即多元函数的梯度列向量.

(4) 如果 X 退化为 n 维行向量 $x = (x_1, x_2, \cdots, x_n)$, 同时 $F(X)$ 退化为列向量值函数 $f(x) = (f_1(x), f_2(x), \cdots, f_r(x))^{\mathrm{T}}: F^n \to F^r$, 即 $m = s = 1$, 则式 (6-30) 成为

$$\frac{\mathrm{d}F(X)}{\mathrm{d}X} = \frac{\mathrm{d}f(x)}{\mathrm{d}x} = \begin{bmatrix} \dfrac{\partial f_1(x)}{\partial x_1} & \cdots & \dfrac{\partial f_r(x)}{\partial x_1} \\ \vdots & & \vdots \\ \dfrac{\partial f_1(x)}{\partial x_n} & \cdots & \dfrac{\partial f_r(x)}{\partial x_n} \end{bmatrix}_{n \times r}$$

这恰是向量值函数对向量变量的导数, 亦为多元向量函数的 Jacobi 矩阵.

例 6.8　设 $a = (a_1, a_2, \cdots, a_n)^{\mathrm{T}} \in \mathbf{R}^n$ 为已知向量, $x = (x_1, x_2, \cdots, x_n)^{\mathrm{T}} \in \mathbf{R}^n$ 为向量变量, 且 $f(x) = a^{\mathrm{T}}x = x^{\mathrm{T}}a$, 求 $\dfrac{\mathrm{d}f(x)}{\mathrm{d}x}$.

解　因为 $f(x) = \displaystyle\sum_{j=1}^{n} a_j x_j$, $\dfrac{\partial f(x)}{\partial x_j} = a_j$, 所以 $\dfrac{\mathrm{d}f(x)}{\mathrm{d}x} = (a_1, a_2, \cdots, a_n)^{\mathrm{T}} = a$,

即 $\dfrac{\mathrm{d}f(x)}{\mathrm{d}x} = \dfrac{\mathrm{d}(a^{\mathrm{T}}x)}{\mathrm{d}x} = a$.

例 6.9 设 $A = (a_{ij}) \in \mathbf{R}^{n \times n}$ 为已知矩阵, $x = (x_1, x_2, \cdots, x_n)^{\mathrm{T}} \in \mathbf{R}^n$ 为向量变量, 且 $f(x) = x^{\mathrm{T}} A x$, 求 $\dfrac{\mathrm{d} f(x)}{\mathrm{d} x}$.

解 因为 $f(x) = \displaystyle\sum_{i,k=1}^{n} a_{ik} x_i x_k,$

$$\frac{\partial f(x)}{\partial x_j} = \sum_{i,k=1}^{n} a_{ik} \frac{\partial(x_i x_k)}{\partial x_j} = \sum_{k=1}^{n} a_{jk} x_k + \sum_{i=1}^{n} a_{ij} x_i$$

$$= (a_{j1} x_1 + a_{j2} x_2 + \cdots + a_{jn} x_n) + (a_{1j} x_1 + a_{2j} x_2 + \cdots + a_{nj} x_n)$$

$$= A_{(j)} x + (A^{(j)})^{\mathrm{T}} x$$

这里, $A_{(j)}$ 和 $A^{(j)}$ 分别表示矩阵 A 的第 j 行和第 j 列, 所以

$$\frac{\mathrm{d} f(x)}{\mathrm{d} x} = \left[\frac{\partial f(x)}{\partial x_1}, \frac{\partial f(x)}{\partial x_2}, \cdots, \frac{\partial f(x)}{\partial x_n} \right]^{\mathrm{T}}$$

$$= [A_{(1)} x + (A^{(1)})^{\mathrm{T}} x, \ A_{(2)} x + (A^{(2)})^{\mathrm{T}} x, \ \cdots, \ A_{(n)} x + (A^{(n)})^{\mathrm{T}} x]$$

$$= A x + A^{\mathrm{T}} x = (A + A^{\mathrm{T}}) x$$

即 $\dfrac{\mathrm{d}(x^{\mathrm{T}} A x)}{\mathrm{d} x} = (A + A^{\mathrm{T}}) x.$

特别地, 当 A 是实对称矩阵时, $\dfrac{\mathrm{d}(x^{\mathrm{T}} A x)}{\mathrm{d} x} = 2 A x.$

例 6.10 设 $X = (x_{ij}) \in \mathbf{R}^{m \times n}$ 为矩阵变量, $f(X) = \mathrm{tr}(X^{\mathrm{T}} X)$, 求 $\dfrac{\mathrm{d} f(X)}{\mathrm{d} X}$.

解 记 $X = [X^{(1)} \ \ X^{(2)} \ \ \cdots \ \ X^{(n)}]$, $X^{(j)}$ 为 X 第 j 列, 则

$$X^{\mathrm{T}} X = \begin{bmatrix} X^{(1)\mathrm{T}} X^{(1)} & X^{(1)\mathrm{T}} X^{(2)} & \cdots & X^{(1)\mathrm{T}} X^{(n)} \\ X^{(2)\mathrm{T}} X^{(1)} & X^{(2)\mathrm{T}} X^{(2)} & \cdots & X^{(2)\mathrm{T}} X^{(n)} \\ \vdots & \vdots & & \vdots \\ X^{(n)\mathrm{T}} X^{(1)} & X^{(n)\mathrm{T}} X^{(2)} & \cdots & X^{(n)\mathrm{T}} X^{(n)} \end{bmatrix}$$

$$\mathrm{tr}(X^{\mathrm{T}} X) = \sum_{k=1}^{n} X^{(k)\mathrm{T}} X^{(k)} = \sum_{k=1}^{n} \sum_{l=1}^{m} x_{lk}^2$$

$$\frac{\partial(\mathrm{tr}(X^{\mathrm{T}} X))}{\partial x_{ij}} = \sum_{k=1}^{n} \sum_{l=1}^{m} \frac{\partial x_{lk}^2}{\partial x_{ij}} = 2 x_{ij}$$

所以 $\dfrac{\mathrm{d}f(X)}{\mathrm{d}X} = 2X$.

例 6.11　设 $A = (a_{ij}) \in \mathbf{R}^{m \times n}$ 为已知矩阵, $x = (x_1, x_2, \cdots, x_n)^{\mathrm{T}} \in \mathbf{R}^n$ 为向量变量, $F(x) = Ax$, 求 $\dfrac{\mathrm{d}F(x)}{\mathrm{d}x}$ 与 $\dfrac{\mathrm{d}F(x)}{\mathrm{d}x^{\mathrm{T}}}$.

解　记 $F(x) = (f_1(x), f_2(x), \cdots, f_m(x))^{\mathrm{T}}$, 则 $f_i(x) = \displaystyle\sum_{j=1}^{n} a_{ij} x_j (i = 1, 2, \cdots, m)$, $\dfrac{\partial f_i(x)}{\partial x_j} = a_{ij}$, $\dfrac{\partial F(x)}{\partial x_j} = (a_{1j}, a_{2j}, \cdots, a_{mj})^{\mathrm{T}} = A^{(j)}$, $A^{(j)}$ 表示矩阵 A 的第 j 列. 所以

$$\frac{\mathrm{d}F(x)}{\mathrm{d}x} = \begin{bmatrix} \dfrac{\partial F(x)}{\partial x_1} \\ \vdots \\ \dfrac{\partial F(x)}{\partial x_n} \end{bmatrix} = \begin{bmatrix} A^{(1)} \\ \vdots \\ A^{(n)} \end{bmatrix} = \mathrm{Vec}(A)$$

$$\frac{\mathrm{d}F(x)}{\mathrm{d}x^{\mathrm{T}}} = \begin{bmatrix} \dfrac{\partial F(x)}{\partial x_1} & \dfrac{\partial F(x)}{\partial x_2} & \cdots & \dfrac{\partial F(x)}{\partial x_n} \end{bmatrix} = \begin{bmatrix} A^{(1)} & A^{(2)} & \cdots & A^{(n)} \end{bmatrix} = A$$

特别地, 当 $A = I_n$ 时, 有 $\dfrac{\mathrm{d}F(x)}{\mathrm{d}x} = \dfrac{\mathrm{d}x}{\mathrm{d}x} = [e_1^{\mathrm{T}} \quad e_2^{\mathrm{T}} \quad \cdots \quad e_n^{\mathrm{T}}]^{\mathrm{T}}$, $\dfrac{\mathrm{d}F(x)}{\mathrm{d}x^{\mathrm{T}}} = \dfrac{\mathrm{d}x}{\mathrm{d}x^{\mathrm{T}}} = [e_1 \quad e_2 \quad \cdots \quad e_n] = I_n$.

例 6.12　设 $x = (x_1, x_2, \cdots, x_n)^{\mathrm{T}}$ 为向量变量, $f(x)$ 是数值函数, 求

$$\frac{\mathrm{d}}{\mathrm{d}x^{\mathrm{T}}} \left(\frac{\mathrm{d}f(x)}{\mathrm{d}x} \right).$$

解　由定义 6.11 知 $\dfrac{\mathrm{d}f(x)}{\mathrm{d}x} = \left(\dfrac{\partial f(x)}{\partial x_1}, \cdots, \dfrac{\partial f(x)}{\partial x_n} \right)^{\mathrm{T}}$, 且

$$\frac{\mathrm{d}}{\mathrm{d}x^{\mathrm{T}}} \left(\frac{\mathrm{d}f(x)}{\mathrm{d}x} \right) = \left[\frac{\partial}{\partial x_1} \left(\frac{\mathrm{d}f(x)}{\mathrm{d}x} \right), \frac{\partial}{\partial x_2} \left(\frac{\mathrm{d}f(x)}{\mathrm{d}x} \right), \cdots, \frac{\partial}{\partial x_n} \left(\frac{\mathrm{d}f(x)}{\mathrm{d}x} \right) \right]$$

而

$$\frac{\partial}{\partial x_j} \left(\frac{\mathrm{d}f(x)}{\mathrm{d}x} \right) = \left(\frac{\partial}{\partial x_j} \left(\frac{\partial f(x)}{\partial x_1} \right), \frac{\partial}{\partial x_j} \left(\frac{\partial f(x)}{\partial x_2} \right), \cdots, \frac{\partial}{\partial x_j} \left(\frac{\partial f(x)}{\partial x_n} \right) \right)^{\mathrm{T}}$$

$$= \left(\frac{\partial^2 f(x)}{\partial x_j x_1}, \frac{\partial^2 f(x)}{\partial x_j x_2}, \cdots, \frac{\partial^2 f(x)}{\partial x_j x_n} \right)^{\mathrm{T}}$$

所以

$$\frac{\mathrm{d}}{\mathrm{d}x^{\mathrm{T}}}\left(\frac{\mathrm{d}f(x)}{\mathrm{d}x}\right) = \begin{bmatrix} \dfrac{\partial^2 f(x)}{\partial x_1^2} & \dfrac{\partial^2 f(x)}{\partial x_1 \partial x_2} & \cdots & \dfrac{\partial^2 f(x)}{\partial x_1 \partial x_n} \\[3mm] \dfrac{\partial^2 f(x)}{\partial x_2 \partial x_1} & \dfrac{\partial^2 f(x)}{\partial x_2^2} & \cdots & \dfrac{\partial^2 f(x)}{\partial x_2 \partial x_n} \\[3mm] \vdots & \vdots & & \vdots \\[3mm] \dfrac{\partial^2 f(x)}{\partial x_n \partial x_1} & \dfrac{\partial^2 f(x)}{\partial x_n \partial x_2} & \cdots & \dfrac{\partial^2 f(x)}{\partial x_n^2} \end{bmatrix}$$

6.6 在矩阵微分方程求解中的应用

本节介绍矩阵函数在一阶线性矩阵微分方程 (即一阶线性微分方程组) 求解中的运用.

6.6.1 常系数矩阵微分方程

考虑常系数向量微分方程

$$\dot{x}(t) = Ax(t), \quad x(0) = x_0 \tag{6-31}$$

及

$$\dot{x}(t) = Ax(t) + f(t), \quad x(0) = x_0 \tag{6-32}$$

其中, $x(t) = (x_1(t), \, x_2(t), \, \cdots, \, x_n(t))^{\mathrm{T}}$, $A = (a_{ij})_{n \times n}$, $x_0 = (x_{01}, \, x_{02}, \, \cdots, \, x_{0n})^{\mathrm{T}}$, $f(t) = (f_1(t), \, f_2(t), \, \cdots, \, f_n(t))^{\mathrm{T}}$, $\dot{x}(t) = \dfrac{\mathrm{d}x(t)}{\mathrm{d}t}$.

易见, 方程 (6-31) 即一般的常系数一阶线性齐次常微分方程组

$$\begin{cases} \dot{x}_1(t) = a_{11}x_1(t) + a_{12}x_2(t) + \cdots + a_{1n}x_n(t) \\ \dot{x}_2(t) = a_{21}x_1(t) + a_{22}x_2(t) + \cdots + a_{2n}x_n(t) \\ \qquad\qquad \cdots\cdots \\ \dot{x}_n(t) = a_{n1}x_1(t) + a_{n2}x_2(t) + \cdots + a_{nn}x_n(t) \\ x_1(0) = x_{01}, \, x_2(0) = x_{02}, \, \cdots, \, x_n(0) = x_{0n} \end{cases}$$

而方程 (6-32) 即一般的常系数一阶线性非齐次常微分方程组

$$\begin{cases} \dot{x}_1(t) = a_{11}x_1(t) + a_{12}x_2(t) + \cdots + a_{1n}x_n(t) + f_1(t) \\ \dot{x}_2(t) = a_{21}x_1(t) + a_{22}x_2(t) + \cdots + a_{2n}x_n(t) + f_2(t) \\ \qquad\qquad \cdots\cdots \\ \dot{x}_n(t) = a_{n1}x_1(t) + a_{n2}x_2(t) + \cdots + a_{nn}x_n(t) + f_n(t) \\ x_1(0) = x_{01}, \, x_2(0) = x_{02}, \, \cdots, \, x_n(0) = x_{0n} \end{cases}$$

由定理 1.13 知, 方程 (6-31) 的唯一解可表示为

$$x(t) = \mathrm{e}^{At} x_0$$

当 $f(t)$ 为分段连续向量函数时, 方程 (6-32) 的唯一解可表示为

$$x(t) = \mathrm{e}^{At} x_0 + \int_0^t \mathrm{e}^{A(t-s)} f(s) \mathrm{d}s$$

如果考虑常系数矩阵微分方程

$$\dot{X}(t) = AX(t), \quad X(0) = X_0 \tag{6-33}$$

及

$$\dot{X}(t) = AX(t) + F(t), \quad X(0) = X_0 \tag{6-34}$$

其中, $X(t) = (x_{ik}(t))_{n \times l}$, $A = (a_{ij})_{n \times n}$, $X_0 = (x_{0ij})_{n \times l}$, $F(t) = (f_{ik}(t))_{n \times l}$.

那么, 方程 (6-33) 的唯一解可表示为

$$X(t) = \mathrm{e}^{At} X_0$$

当 $F(t)$ 为分段连续矩阵函数时, 方程 (6-34) 的唯一解可表示为

$$X(t) = \mathrm{e}^{At} X_0 + \int_0^t \mathrm{e}^{A(t-s)} F(s) \mathrm{d}s$$

6.6.2　变系数矩阵微分方程

考虑变系数向量微分方程

$$\dot{x}(t) = A(t)x(t), \quad x(0) = x_0 \tag{6-35}$$

及

$$\dot{x}(t) = A(t)x(t) + f(t), \quad x(0) = x_0 \tag{6-36}$$

其中, $x(t) = (x_1(t), \ x_2(t), \ \cdots, \ x_n(t))^{\mathrm{T}}$, $A(t) = (a_{ij}(t))_{n \times n}$, $x_0 = (x_{01}, \ x_{02}, \ \cdots, \ x_{0n})^{\mathrm{T}}$, $f(t) = (f_1(t), \ f_2(t), \ \cdots, \ f_n(t))^{\mathrm{T}}$.

易见, 方程 (6-35) 即变系数一阶线性齐次常微分方程组

$$\begin{cases} \dot{x}_1(t) = a_{11}(t)x_1(t) + a_{12}(t)x_2(t) + \cdots + a_{1n}(t)x_n(t) \\ \dot{x}_2(t) = a_{21}(t)x_1(t) + a_{22}(t)x_2(t) + \cdots + a_{2n}(t)x_n(t) \\ \qquad\qquad\qquad \cdots\cdots \\ \dot{x}_n(t) = a_{n1}(t)x_1(t) + a_{n2}(t)x_2(t) + \cdots + a_{nn}(t)x_n(t) \\ x_1(0) = x_{01}, \ x_2(0) = x_{02}, \ \cdots, \ x_n(0) = x_{0n} \end{cases}$$

而方程 (6-36) 即变系数一阶线性非齐次常微分方程组

$$
\begin{cases}
\dot{x}_1(t) = a_{11}(t)x_1(t) + a_{12}(t)x_2(t) + \cdots + a_{1n}(t)x_n(t) + f_1(t) \\
\dot{x}_2(t) = a_{21}(t)x_1(t) + a_{22}(t)x_2(t) + \cdots + a_{2n}(t)x_n(t) + f_2(t) \\
\qquad\qquad\qquad \cdots\cdots \\
\dot{x}_n(t) = a_{n1}(t)x_1(t) + a_{n2}(t)x_2(t) + \cdots + a_{nn}(t)x_n(t) + f_n(t) \\
x_1(0) = x_{01}, \ x_2(0) = x_{02}, \ \cdots, \ x_n(0) = x_{0n}
\end{cases}
$$

已有数学定理证明: 若 $A(t)$ 为连续矩阵函数, 则对任意给定的初值 $x_0 \in \mathbf{R}^n$, 方程 (6-35) 存在唯一解 $x(t)$, 并且

$$
x(t) = \Phi(t,0)x_0 + \int_0^t \Phi(t,s)f(s)\mathrm{d}s, \quad t \geqslant 0
$$

其中, $\Phi(t,0)$ 为下列矩阵微分方程初值问题的解:

$$
\begin{cases}
\dot{\Phi}(t,0) = A(t)\Phi(t,0), \\
\Phi(0,0) = I_n,
\end{cases} \qquad t \geqslant 0 \qquad (6\text{-}37)
$$

$\Phi(t,0)$ 称为方程 (6-35) 的状态转移矩阵.

若 $A(t)$ 为连续矩阵函数、$f(t)$ 为分段连续向量函数, 则对任意给定的初值 $x_0 \in \mathbf{R}^n$, 方程 (6-36) 存在唯一解 $x(t)$, 并且

$$
x(t) = \Phi(t,0)x_0 + \int_0^t \Phi(t,s)f(s)\mathrm{d}s, \quad t \geqslant 0
$$

习 题 6

6.1 设 $A = \begin{bmatrix} 2 & 1 & 0 \\ 0 & 0 & 1 \\ 0 & 1 & 0 \end{bmatrix}$, 求 e^A, e^{At} 及 $\sin A$.

6.2 设 $A = \begin{bmatrix} -1 & -2 & 6 \\ -1 & 0 & 3 \\ -1 & -1 & 4 \end{bmatrix}$, 求 e^{At} 及 $\cos At, t \in \mathbf{R}$.

6.3 设 $f(z) = \ln z$, 求 $f(A)$. 这里 A 为

(1) $A = \begin{bmatrix} 1 & 0 & 0 & 0 \\ 1 & 1 & 0 & 0 \\ 0 & 1 & 1 & 0 \\ 0 & 0 & 1 & 1 \end{bmatrix}$;

(2) $A = \begin{bmatrix} 2 & 1 & 0 & 0 \\ 0 & 2 & 0 & 0 \\ 0 & 0 & 1 & 1 \\ 0 & 0 & 0 & 1 \end{bmatrix}$.

6.4　证明: $e^{A+i2\pi I_n} = e^A$ 和 $\sin(A + 2\pi I_n) = \sin A$.

6.5　证明: 若 A 是 Hermite 矩阵, 则 e^{iA} 是酉矩阵.

6.6　若 $\lim_{k\to\infty} A^{(k)} = A$, 证明: $\lim_{k\to\infty} ||A^{(k)}||_m = ||A||_m$, 其中 $||\cdot||_m$ 是任意一种矩阵范数.

6.7　判断下列矩阵是否是收敛矩阵, 并说明理由.

$$(1)\ A = \begin{bmatrix} 0.2 & 0.1 & 0.2 \\ 0.5 & 0.5 & 0.4 \\ 0.1 & 0.3 & 0.2 \end{bmatrix}; \qquad\qquad (2)\ A = \begin{bmatrix} 1/6 & -4/3 \\ -1/3 & 1/6 \end{bmatrix}.$$

6.8　设 $A = \begin{bmatrix} 0 & a & a \\ a & 0 & a \\ a & a & 0 \end{bmatrix}$, 讨论 a 取何值时 A 为收敛矩阵.

6.9　讨论下列矩阵幂级数的敛散性.

$$(1)\ \sum_{k=1}^{\infty} \frac{1}{k^2} \begin{bmatrix} 1 & 7 \\ -1 & -3 \end{bmatrix}^k; \qquad\qquad (2)\ \sum_{k=0}^{\infty} \frac{k}{6^k} \begin{bmatrix} 1 & -8 \\ -2 & 1 \end{bmatrix}^k.$$

6.10　设 $A(t) = \begin{bmatrix} \cos t & \sin t \\ -\sin t & \cos t \end{bmatrix}$, 求 $A'(t)$, $(A^{-1}(t))'$, $(\det(A(t)))'$, $\det(A'(t))$.

6.11　设 $A \in \mathbf{R}^{n\times n}$ 是给定矩阵, $X \in \mathbf{R}^{n\times m}$ 是矩阵变量, $f(X) = \mathrm{tr}(X^{\mathrm{T}}AX)$, 求 $\dfrac{\mathrm{d}f(X)}{\mathrm{d}X}$.

6.12　设 $A \in \mathbf{R}^{m\times n}$, $X \in \mathbf{R}^n$ 是向量变量, $F(x) = x^{\mathrm{T}}A^{\mathrm{T}}$, 试求 $\dfrac{\mathrm{d}F(x)}{\mathrm{d}x}$, $\dfrac{\mathrm{d}F(x)}{\mathrm{d}x^{\mathrm{T}}}$.

6.13　设 $A(t) = \begin{bmatrix} e^{2t} & te^t & t^2 \\ e^{-t} & 2e^{2t} & 0 \\ 3t & 0 & 0 \end{bmatrix}$, 求 $\int A(t)\mathrm{d}t$, $\int_0^1 A(t)\mathrm{d}t$, $\dfrac{\mathrm{d}}{\mathrm{d}t}\int_0^{t^2} A(x)\mathrm{d}x$.

第 7 章 几种重要的矩阵

本章将介绍非负矩阵、M-矩阵和稳定矩阵的相关概念与结论, 它们在控制理论、数值分析、概率论与数理统计、组合数学和经济数学等学科中有着广泛的应用.

7.1 非 负 矩 阵

非负矩阵即元素均为非负实数的矩阵, 正矩阵即元素均为正实数的矩阵, 正矩阵是非负矩阵的特例. 对非负矩阵的研究起源于 Perron 和 Frobenius 关于非负矩阵的谱半径的研究. 本节介绍非负矩阵、正矩阵及其谱半径的基本性质.

7.1.1 非负矩阵及其谱半径

定义 7.1 设矩阵 $A = (a_{ij}) \in \mathbf{R}^{m \times n}$, 如果 $a_{ij} \geqslant 0$, 则称 A 为非负矩阵, 记为 $A \gg O$. 对于矩阵 $A, B \in F^{n \times n}$, 如果 $A - B \gg O$, 则称 $A \gg B$.

定理 7.1 设矩阵 $A, B \in F^{n \times n}$, 若 $|A| \ll B$, 则

$$\rho(A) \leqslant \rho(|A|) \leqslant \rho(B) \tag{7-1}$$

其中, $|A| = (|a_{ij}|)$ 为 A 的模矩阵.

证 由模矩阵 $|A|$ 的定义及 $|A| \ll B$ 知, $|A|$ 和 B 均为非负矩阵, 于是有

$$|A^m| \ll |A|^m \ll B^m$$

$$||A^m||_2 \leqslant |||A|^m||_2 \leqslant ||B^m||_2$$

再由推论 2.1 知 $\rho(A) = \lim\limits_{m \to \infty} ||A^m||_2^{1/m}$, 故得 $\rho(A) \leqslant \rho(|A|) \leqslant \rho(B)$. □

推论 7.1 设 n 阶方阵 $A, B \in \mathbf{R}^{n \times n}$ 为非负矩阵, 若 $A \ll B$, 则 $\rho(A) \leqslant \rho(B)$.

定理 7.2 设 n 阶方阵 $A \in \mathbf{R}^{n \times n}$ 为非负矩阵. 若 A_1 为 A 的任一主子阵, 则 $\rho(A_1) \leqslant \rho(A)$. 特别地, 有 $\max\limits_{1 \leqslant i \leqslant n} a_{ii} \leqslant \rho(A)$.

证 设 A_1 为 A 的某个 k 阶主子阵 $(k \leqslant n)$, A_2 为由 A_1 扩充而得的 n 阶矩阵, 扩充的元素全为 0, 且 A_1 在 A_2 中的位置与 A_1 在 A 中的位置相同, 则 $O \ll A_2 \ll A$.

显然有 $\rho(A_1) = \rho(A_2)$. 由推论 7.1 得 $\rho(A_1) = \rho(A_2) \leqslant \rho(A)$.

若取 $k = 1$, 则得 $a_{ii} \leqslant \rho(A)(i = 1, 2, \cdots, n)$, 故 $\max\limits_{1 \leqslant i \leqslant n} a_{ii} \leqslant \rho(A)$.　　　　□

例 7.1　设矩阵 $A = \dfrac{1}{1 + \varepsilon} \begin{bmatrix} -1 & 1 \\ \varepsilon^2 & 1 \end{bmatrix}$, $B = \begin{bmatrix} 1 & 1 \\ \varepsilon^2 & 1 \end{bmatrix}$, $\varepsilon > 0$, 计算并比较 A 与 B 的谱半径.

解　可以验证 $|A| \ll B$. 经计算得: $\rho(A) = \dfrac{\sqrt{1 + \varepsilon^2}}{1 + \varepsilon}$, $\rho(|A|) = 1$, $\rho(B) = 1 + \varepsilon$, 满足定理 7.1 的不等式 $\rho(A) \leqslant \rho(|A|) \leqslant \rho(B)$. 又取 $B_1 = b_{11} = 1$ 作为非负矩阵 B 的主子阵, 有 $\rho(B_1) = 1 < \rho(B)$, 满足定理 7.2 的结论.

定理 7.1 和定理 7.2 分别给出了非负矩阵 A 的谱半径的上界和下界的估计. 下面的结果进一步给出了非负矩阵的谱半径的更精确的估计.

定理 7.3 (Frobenius)　设 n 阶方阵 $A \in \mathbf{R}^{n \times n}$ 为非负矩阵, 则

$$\min_{1 \leqslant i \leqslant n} \sum_{j=1}^{n} a_{ij} \leqslant \rho(A) \leqslant \max_{1 \leqslant i \leqslant n} \sum_{j=1}^{n} a_{ij} \tag{7-2}$$

及

$$\min_{1 \leqslant j \leqslant n} \sum_{i=1}^{n} a_{ij} \leqslant \rho(A) \leqslant \max_{1 \leqslant j \leqslant n} \sum_{i=1}^{n} a_{ij} \tag{7-3}$$

证　记 $\rho = \min\limits_{1 \leqslant i \leqslant n} \sum\limits_{j=1}^{n} a_{ij}$, 构造非负矩 $B = (b_{ij}) \gg O$, 使得 $\sum\limits_{j=1}^{n} b_{ij} = \rho(1 \leqslant i \leqslant n)$, $A \gg B$. 如果 $\rho = 0$, 则令 $B = O$; 如果 $\rho > 0$, 则令 $B = (b_{ij}) = \left(\rho a_{ij} \middle/ \sum\limits_{j=1}^{n} a_{ij} \right)$.

由 B 的构造可知 $\sum\limits_{j=1}^{n} b_{ij} = \rho(1 \leqslant i \leqslant n)$, 且 $A \gg B$.

下面首先证明 $\rho(B) = \|B\|_{\infty}$. 事实上, 一方面 $\rho(B) \leqslant \|B\|_{\infty}$; 另一方面, 由 $\sum\limits_{j=1}^{n} b_{ij} = \rho$ 知, 向量 $x = (1, 1, \cdots, 1)^{\mathrm{T}}$ 满足 $Bx = \rho x = \|B\|_{\infty} x$, 于是 $\rho(B) \geqslant \|B\|_{\infty}$, 故 $\rho(B) = \|B\|_{\infty} = \rho$.

其次, 由推论 7.1 知, $\rho(A) \geqslant \rho(B) = \rho = \min\limits_{1 \leqslant i \leqslant n} \sum\limits_{j=1}^{n} a_{ij}$.　　　　□

注 7.1　将上述过程应用于 A^{T}, 可得 $\rho(A) \geqslant \min\limits_{1 \leqslant j \leqslant n} \sum\limits_{i=1}^{n} a_{ij}$, 类似地可证得

$\rho(A)$ 的上界的估计式成立.

推论 7.2 设 n 阶方阵 $A \in \mathbf{R}^{n \times n}$ 为非负矩阵, 且对所有 $i = 1, 2, \cdots, n$, 有 $\sum\limits_{j=1}^{n} a_{ij} > 0$, 则 $\rho(A) > 0$.

定理 7.4 设 n 阶方阵 $A \in \mathbf{R}^{n \times n}$ 为非负矩阵, 则对任意正向量 $x = (x_1, x_2, \cdots, x_n)^{\mathrm{T}} \in \mathbf{R}^n$(即所有分量均为正数的向量, 记为 $x \succ \mathbf{0}$), 有

$$\min_{1 \leqslant i \leqslant n} \frac{1}{x_i} \sum_{j=1}^{n} a_{ij} x_j \leqslant \rho(A) \leqslant \max_{1 \leqslant i \leqslant n} \frac{1}{x_i} \sum_{j=1}^{n} a_{ij} x_j \tag{7-4}$$

及

$$\min_{1 \leqslant j \leqslant n} x_j \sum_{i=1}^{n} \frac{a_{ij}}{x_i} \leqslant \rho(A) \leqslant \max_{1 \leqslant j \leqslant n} x_j \sum_{i=1}^{n} \frac{a_{ij}}{x_i} \tag{7-5}$$

证 设 $x = (x_1, x_2, \cdots, x_n)^{\mathrm{T}} \in \mathbf{R}^n$, $x_i > 0$, 取 $D = \mathrm{diag}\{x_1, x_2, \cdots, x_n\}$, 则 $D^{-1} A D = (a_{ij} x_j x_i^{-1})$, $\rho(A) = \rho(D^{-1} A D)$. 由 $A \gg O$ 知 $D^{-1} A D \gg O$, 于是由定理 7.3 知式 (7-4) 和式 (7-5) 成立. □

推论 7.3 设 n 阶方阵 $A \in \mathbf{R}^{n \times n}$ 为非负矩阵, 正向量 $x \in \mathbf{R}^n$, $x \succ \mathbf{0}$ 及非负数 $\alpha, \beta \geqslant 0$. 若 $\alpha x \ll A x \ll \beta x$, 则 $\alpha \leqslant \rho(A) \leqslant \beta$.

若 $\alpha x \prec A x$(或 $\alpha x \ll A x$), 则 $\alpha < \rho(A)$(或 $\alpha \leqslant \rho(A)$);

若 $A x \prec \beta x$(或 $A x \ll \beta x$), 则 $\rho(A) < \beta$(或 $\rho(A) \leqslant \beta$).

证 若 $\alpha x \prec A x$, 则 $\alpha x_i \leqslant \sum\limits_{j=1}^{n} a_{ij} x_j$, $\alpha \leqslant \min\limits_{1 \leqslant i \leqslant n} \frac{1}{x_i} \sum\limits_{j=1}^{n} a_{ij} x_j$. 由定理 7.4 得 $\alpha \leqslant \rho(A)$.

若 $\alpha x \prec A x$, 则存在某个 $\alpha' > \alpha$, 使得 $\alpha' x \prec A x$, 于是 $\alpha < \alpha' \leqslant \rho(A)$.

同理可得 $\rho(A)$ 的上界估计. □

推论 7.4 设 n 阶方阵 $A \in \mathbf{R}^{n \times n}$ 为非负矩阵, 若 A 有正的特征向量, 则相应的特征值等于 $\rho(A)$, 即若 $A x = \lambda x$, $x \succ \mathbf{0}$, 则 $\lambda = \rho(A)$.

证 若 $x \succ \mathbf{0}$ 且 $A x = \lambda x$, 则 $\lambda \geqslant 0$ 且 $\lambda x \ll A x \ll \lambda x$, 由推论 7.3 得 $\lambda \leqslant \rho(A) \leqslant \lambda$. □

例 7.2 对非负矩阵 $A = \begin{bmatrix} 1 & 2 & 0 \\ 1 & 1 & 0 \\ 0 & 2 & 2 \end{bmatrix}$, 利用定理 7.3 和定理 7.4 估计矩阵谱半径的界.

解 由定理 7.3 得 $2 \leqslant \rho(A) \leqslant 4$ 及 $2 \leqslant \rho(A) \leqslant 5$, 综合得 $2 \leqslant \rho(A) \leqslant 4$.

选取 $x = (1,\ 1,\ 2)^{\mathrm{T}}$, 利用定理 7.4 得 $2 \leqslant \rho(A) \leqslant 3$ 及 $2 \leqslant \rho(A) \leqslant 3\dfrac{2}{3}$, 综合得 $2 \leqslant \rho(A) \leqslant 3$. 可见通过选择正向量 $x = (x_1,\ x_2,\ x_3)^{\mathrm{T}}$ 改善了对 $\rho(A)$ 的估计. 实际上, $\rho(A) = 1 + \sqrt{2} \approx 2.414$.

7.1.2 正矩阵及其 Perron 特征值

前一小节给出了有关非负矩阵谱半径的基本不等式、非负矩阵谱半径的估计. 正矩阵作为非负矩阵中的特例, 其谱半径又有着特殊的性质. 正矩阵的谱半径必为其特征值, 此特征值常称为 Perron 特征值. 这一小节主要介绍 Perron 特征值的基本结论.

定义 7.2 设矩阵 $A = (a_{ij}) \in \mathbf{R}^{m \times n}$, 如果 $a_{ij} > 0 (i = 1, 2, \cdots, m;\ j = 1, 2, \cdots, n)$, 则称 A 为正矩阵, 记为 $A \succ O$. 对于矩阵 $A, B \in \mathbf{R}^{m \times n}$, 如果 $A - B \succ O$, 则称 $A \succ B$.

定理 7.5 设 n 阶方阵 $A \in \mathbf{R}^{n \times n}$ 为正矩阵, 则 $\rho(A) > 0$, 且 $\rho(A)$ 是 A 的一个特征值, 对应的特征向量为正的向量.

证 对于 $A \succ O$, 由定理 7.2 即知 $\rho(A) > 0$, 且必存在一个特征值 λ, 使 $|\lambda| = \rho(A)$, 其对应的特征向量为 $x \neq \mathbf{0}$. 下面证明 $A|x| = \rho(A)|x|$, 且 $|x| \succ \mathbf{0}$.

由于 $\rho(A)|x| = |\lambda||x| = |Ax| \ll |A||x| = A|x|$, 令 $y = A|x| - \rho(A)|x|$, 往证 $y = \mathbf{0}$. 若 $y \neq \mathbf{0}$, 记 $z = A|x|$, 则由 $A \succ O$, $|x| \neq \mathbf{0}$ 知 $z \succ \mathbf{0}$ 且 $Ay = Az - \rho(A)z \succ \mathbf{0}$. 于是 $Az \succ \rho(A)z$, 由定理 7.4 得 $\rho(A) < \rho(A)$, 矛盾, 故 $y = \mathbf{0}$.

因此 $A|x| = \rho(A)|x|$, 且 $|x| = \dfrac{1}{\rho(A)} A|x| \succ \mathbf{0}$. 故 $\rho(A)$ 是 A 的一个特征值, $|x| \succ \mathbf{0}$ 是对应的特征向量. $\square$

定理 7.6 设 n 阶方阵 $A \in \mathbf{R}^{n \times n}$ 为正矩阵, λ 为 A 的特征值, 且 $\lambda \neq \rho(A)$, 则 $|\lambda| < \rho(A)$.

证 显然 $|\lambda| \leqslant \rho(A)$. 设 $\lambda \neq \rho(A)$, 但 $|\lambda| = \rho(A)$, 则存在 $x \neq \mathbf{0}$, 使得 $Ax = \lambda x$. 于是 $|Ax| = |\lambda x| = \rho(A)|x|$.

而由定理 7.5 的证明知, $\rho(A)|x| = A|x| \succ \mathbf{0}$, 于是

$$|Ax| = A|x|, \quad (|Ax|)_k = \left| \sum_{j=1}^{n} a_{kj} x_j \right| \leqslant \sum_{j=1}^{n} a_{kj} |x_j| = (A|x|)_k$$

其中, $(|Ax|)_k$ 和 $(A|x|)_k$ 分别表示向量 $|Ax|$ 和 $A|x|$ 的第 k 个元素. 所以

$$\left| \sum_{j=1}^{n} a_{kj} x_j \right| = \sum_{j=1}^{n} a_{kj} |x_j|$$

于是, n 个非零复数 $a_{kj}x_j$ 必在复平面上的同一条射线上, 它们的共同辐角设为 θ, 则

$$a_{kj}x_j = a_{kj}|x_j|\mathrm{e}^{\mathrm{i}\theta}, \quad x_j = |x_j|\mathrm{e}^{\mathrm{i}\theta}, \quad x = |x|\mathrm{e}^{\mathrm{i}\theta}$$

令 $y = \mathrm{e}^{-\mathrm{i}\theta}x \succ \mathbf{0}$, 则 $Ay = \lambda y$. 由定理 7.5 知 $\lambda = \rho(A)$, 矛盾. 故 $|\lambda| \neq \rho(A)$, 因此 $|\lambda| < \rho(A)$. $\qquad\square$

定理 7.7 设 n 阶方阵 $A \in \mathbf{R}^{n \times n}$ 为正矩阵, 非零向量 $y, z \in F^n$ 满足 $Ay = \rho(A)y$ 与 $Az = \rho(A)z$, 则存在某个复数 α, 使得 $y = \alpha z$.

证 由定理 7.6 的证明知, 存在辐角 θ_1 和 θ_2, 使得 $p = \mathrm{e}^{-\mathrm{i}\theta_1}y \succ \mathbf{0}$, $q = \mathrm{e}^{-\mathrm{i}\theta_2}z \succ \mathbf{0}$.

设 $b = \min\limits_{1 \leqslant i \leqslant n} q_i p_i^{-1}$, 这里 p_i 和 q_i 分别为 p 和 q 的第 i 个分量. 设 $r = q - bp$, 易知 $r \gg \mathbf{0}$, 且至少有一个分量为 0, 即 r 不是正向量. 由于

$$Ar = Aq - Abp = \rho(A)q - b\rho(A)p = \rho(A)r$$

因此, 若 $r \neq \mathbf{0}$, 则由上式得 $r = \dfrac{1}{\rho(A)}Ar \succ \mathbf{0}$. 这与 r 至少有一个分量为 0 矛盾. 因此 $r = \mathbf{0}$, 故 $q = bp$, $y = b\mathrm{e}^{-\mathrm{i}(\theta_1 - \theta_2)}z$. 取 $\alpha = b\mathrm{e}^{-\mathrm{i}(\theta_1 - \theta_2)}$, 知定理结论成立. $\qquad\square$

注 7.2 定理 7.7 表明 $\rho(A)$ 为正矩阵 A 的几何重数为 1 的特征值, 故在正矩阵的 Jordan 标准形中, 相应于特征值 $\rho(A)$ 的 Jordan 块均是 1 阶的, 而相应的 Jordan 块数是 $\rho(A)$ 的代数重数.

推论 7.5 设 n 阶方阵 $A \in \mathbf{R}^{n \times n}$ 为正矩阵, 则存在唯一向量 x, 使得 $Ax = \rho(A)x$, $x = (x_1, x_2, \cdots, x_n)^{\mathrm{T}} \succ \mathbf{0}$, 且 $\sum\limits_{i=1}^{n} x_i = 1$.

定理 7.8 设 n 阶方阵 $A \in \mathbf{R}^{n \times n}$ 为正矩阵, 向量 x, y 满足

$$Ax = \rho(A)x, \quad A^{\mathrm{H}}y = \rho(A)y, \quad x^{\mathrm{H}}y = 1 \tag{7-6}$$

定义 $L = xy^{\mathrm{H}}$, 则

$$\lim_{m \to \infty} \left(\frac{1}{\rho(A)}A\right)^m = L \tag{7-7}$$

证 设 $\lambda = \rho(A)$, 则由 L 的定义和式 (7-6) 得 $L^m = L$, $A^m L = LA^m = \lambda^m L$, $m = 1, 2, \cdots$, 所以

$$L(A - \lambda L) = LA - \lambda L^2 = O, \quad (A - \lambda L)^m = A^m - \lambda^m L, \quad m = 1, 2, \cdots \tag{7-8}$$

将 A 的特征值 λ_i 按模的大小顺序排列为

$$|\lambda_n| \leqslant |\lambda_{n-1}| \leqslant \cdots \leqslant |\lambda_2| < |\lambda_1| = \lambda = \rho(A) \tag{7-9}$$

下面证明 $\rho(A - \lambda L) \leqslant |\lambda_2| < \rho(A)$.

设 $\alpha \neq 0$ 为 $A - \lambda L$ 的特征值, $v \neq \mathbf{0}$ 为对应的特征向量, 即 $(A - \lambda L)v = \alpha v$, 由式 (7-8) 得 $L(A - \lambda L)v = 0v = \alpha Lv$. 而 $\alpha \neq 0$, 所以 $Lv = \mathbf{0}$, $(A - \lambda L)v = Av = \alpha v$. 即 $A - \lambda L$ 的非零特征值也是 A 的特征值, 且对应的特征向量相同.

再证明 $\rho(A)$ 不是 $A - \lambda L$ 的特征值. 若 $\rho(A)$ 是 $A - \lambda L$ 的特征值, 对应的特征向量为 u, 则 u 也是 A 的特征向量, 由定理 7.7 知存在某个复数 β, 使得 $u = \beta x$, 于是

$$\rho(A)u = (A - \lambda L)u = (A - \lambda L)\beta x = \mathbf{0} \tag{7-10}$$

由于 $\rho(A) > 0$, 所以式 (7-10) 不能成立, 即 $\rho(A)$ 不能为 $A - \lambda L$ 的特征值. 因此 $A - \lambda L$ 的任一非零特征值只能是 $\lambda_2, \lambda_3, \cdots, \lambda_n$ 中的一个, 这就证明了式 (7-9) 成立. 由此可得

$$\rho(\lambda^{-1}(A - \lambda L)) = \frac{1}{\lambda}\rho(A - \lambda L) \leqslant \frac{|\lambda_2|}{\lambda} < 1$$

又由式 (7-8), 有

$$\left(\frac{1}{\lambda}A\right)^m - L = \left(\frac{1}{\lambda}(A - \lambda L)\right)^m$$

故得

$$\lim_{m \to \infty}\left(\frac{1}{\lambda}(A - \lambda L)\right)^m = O, \quad \lim_{m \to \infty}\left(\frac{1}{\lambda}A\right)^m = L \qquad \square$$

定理 7.9　设 n 阶方阵 $A \in \mathbf{R}^{n \times n}$ 为正矩阵, 则 $\rho(A)$ 为 A 的单重特征值.

证　设 $\lambda_1, \lambda_2, \cdots, \lambda_r$ 为 A 的所有不同特征值, 其代数重数分别为 $n_1, n_2, \cdots, n_r$, 且 $\rho(A) = \lambda_1$, 则存在可逆阵 P 将 A 化为 Jordan 标准形.

由定理 7.7 及注 7.2 知, 在 Jordan 标准形中, 特征值 $\rho(A)$ 对应的部分为 $\rho(A)I_{n_1}$, 其他特征值 λ_i 对应的部分各为若干个 Jordan 块, 这些 Jordan 块的阶数之和为 λ_i 的代数重数 n_i, 为简化过程不妨设 λ_i 都只对应的一个 Jordan 块 $J_{n_i}(\lambda_i)$ $(i = 2, 3, \cdots, r)$, 故有

$$A = PJP^{-1}, \quad J = \operatorname{diag}\{\rho(A)I_{n_1}, J_{n_2}(\lambda_2), \cdots, J_{n_r}(\lambda_r)\}$$

于是

$$\frac{1}{\rho(A)}A = P\tilde{J}P^{-1}, \quad \tilde{J} = \operatorname{diag}\{I_{n_1}, \tilde{J}_{n_2}(\lambda_1), \cdots, \tilde{J}_{n_r}(\lambda_r)\}$$

$$\tilde{J}_{n_i}(\lambda_i) = \frac{1}{\rho(A)} J_{n_i}(\lambda_i), \quad i = 2, 3, \cdots, r$$

由定理 7.8 知 $\dfrac{|\lambda_i|}{\rho(A)} < 1$, 于是

$$L = \lim_{m \to \infty} \left(\frac{1}{\rho(A)} A \right)^m = P \lim_{m \to \infty} \tilde{J}^m P^{-1} = P \begin{bmatrix} I_{n_1} & O & \cdots & O \\ O & O & \cdots & O \\ \vdots & \vdots & & \vdots \\ O & O & \cdots & O \end{bmatrix} P^{-1}$$

由于 $\mathrm{rank}(L) = 1$, 故 I_{n_1} 只能是 1 阶单位阵, 即 $n_1 = 1$. 因此 $\rho(A)$ 为 A 的单重特征值. □

综合前面几个定理, 得到著名的关于正矩阵的 Perron 定理.

定理 7.10 (Perron 定理) 设 n 阶方阵 $A \in \mathbf{R}^{n \times n}$ 为正矩阵, 则

(1) $\rho(A) > 0$;

(2) $\rho(A)$ 为 A 的单重特征值;

(3) 对应于 $\rho(A)$ 的特征向量为正向量;

(4) 对于 A 的任一异于 $\rho(A)$ 的特征值, 均有 $|\lambda| < \rho(A)$;

(5) $B^m = \left(\dfrac{1}{\rho(A)} A \right)^m$ 收敛于秩-1 矩阵 $L = xy^{\mathrm{H}}$, 其中 x, y 满足

$$Ax = \rho(A)x, \quad A^{\mathrm{H}}y = \rho(A)y, \quad x^{\mathrm{H}}y = 1$$

例 7.3 设矩阵 $A = \begin{bmatrix} 1 - \alpha & \beta \\ \alpha & 1 - \beta \end{bmatrix}$, $0 < \alpha, \beta < 1$, 验证 Perron 定理的结论 (1)$\sim$(5), 并计算 $\lim\limits_{m \to \infty} B^m$.

解 显然 A 为正矩阵. 经计算得 $\lambda_1(A) = 1, \lambda_2(A) = 1 - \alpha - \beta$. 于是 $\rho(A) = \lambda_1(A) = 1 > 0$, 且为单重特征值. 对应于 $\rho(A)$ 的特征向量 $x = (\beta, \alpha)^{\mathrm{T}}$ 为正向量. 异于 $\rho(A)$ 的特征值满足 $|\lambda_2(A)| = 1 - \alpha - \beta < \rho(A)$. 满足 $Ax = \rho(A)x$, $A^{\mathrm{H}}y = \rho(A)y$ 及 $x^{\mathrm{H}}y = 1$ 的向量为 $x = (\beta, \alpha)^{\mathrm{T}}$ 和 $y = \left(\dfrac{1}{\alpha + \beta}, \dfrac{1}{\alpha + \beta} \right)^{\mathrm{T}}$, 于是

$$\lim_{m \to \infty} B^m = \lim_{m \to \infty} \left(\frac{1}{\rho(A)} A \right)^m = L = xy^{\mathrm{H}} = \frac{1}{\alpha + \beta} \begin{bmatrix} \beta & \beta \\ \alpha & \alpha \end{bmatrix}$$

7.2   M-矩阵

M-矩阵首先由 Ostrowski 依据 Minkowski 的研究工作于 1937 年提出, 随后数学家和经济学家们分别从不同的角度研究了 M-矩阵的性质与应用.

考虑非对角元素为非正实数的实矩阵 $A = (a_{ij}) \in \mathbf{R}^{n \times n}$, 即 $a_{ij} \leqslant 0 (i \neq j)$, 则矩阵 A 可表示为 $A = sI_n - B$, 其中 $s > 0$, $B \gg O$(非负矩阵). 记这类矩阵的集合为

$$\mathbf{Z}^{n \times n} = \{A = (a_{ij}) \in \mathbf{R}^{n \times n} : a_{ij} \leqslant 0,\ i \neq j\}$$

7.2.1   非奇异 M-矩阵

定义 7.3   设 n 阶方阵 $A \in \mathbf{R}^{n \times n}$ 可表示为 $A = sI_n - B$, 其中 $s > 0$, $B \gg O$. 若 $s \geqslant \rho(B)$, 则称 A 为 M-矩阵; 特别地, 若 $s > \rho(B)$, 则称 A 为非奇异 M-矩阵. 所有 M-矩阵的集合记作 $\mathbf{M}^{n \times n}$.

显然, M-矩阵 (或非奇异 M-矩阵) 均属于 $\mathbf{Z}^{n \times n}$. 非奇异 M-矩阵只是 M-矩阵中的一类, 但它具有很好的性质.

定理 7.11   设矩阵 $A \in \mathbf{Z}^{n \times n}$ 为非奇异 M-矩阵, 且 $D \in \mathbf{Z}^{n \times n}$ 满足 $A \ll D$, 则

(1) A^{-1} 与 D^{-1} 存在, 且 $A^{-1} \gg D^{-1} \gg O$;

(2) D 的每个实特征值为正数;

(3) $\det(D) \geqslant \det(A) > 0$.

证   设 A 为非奇异 M-矩阵, 且有如下形式

$$A = sI_n - B, \quad s > \rho(B), \quad B \gg O \tag{7-11}$$

对任意给定的 $\omega \leqslant 0$, 考虑矩阵 $C = A - \omega I_n = (s - \omega)I_n - B$. 由于 $s - \omega > \rho(B)$, 因而 $C \in \mathbf{Z}^{n \times n}$ 也是非奇异 M-矩阵. 因此 A 的实特征值必为正数.

由于 $D \in \mathbf{Z}^{n \times n}$, 故存在足够小的正数 ε 使得 $U = I_n - \varepsilon D \gg O$. 此时, $V \stackrel{\triangle}{=} I_n - \varepsilon A \gg I_n - \varepsilon D = U \gg O$, 于是 $\rho(V)$ 为 V 的非负特征值, 即

$$\det(V - \rho(V)I_n) = \det[(1 - \rho(A))I_n - \varepsilon A] = 0$$

所以 $\dfrac{1}{\varepsilon}(1 - \rho(V))$ 为 A 的实特征值, $1 - \rho(V) > 0$, 即 $0 \leqslant \rho(V) < 1$, 故

$$(I_n - V)^{-1} = (\varepsilon A)^{-1} = I_n + V + V^2 + \cdots \gg O$$

因而 $A^{-1} \gg O$.

又由于 $O \ll U^k \ll V^k, k = 1, 2, \cdots,$ 且 $\rho(U) \leqslant \rho(V),$ 故有

$$(I_n - U)^{-1} = (\varepsilon D)^{-1} = I_n + U + U^2 + \cdots \ll (\varepsilon A)^{-1}$$

于是, $A^{-1} \gg D^{-1} \gg O.$ 即 (1) 成立.

令 $\alpha \leqslant 0,$ 则 $D - \alpha I_n \gg A,$ 由 (1) 知, $D - \alpha I_n$ 非奇异, 因而 D 的所有实特征值也必为正数. 即 (2) 得证.

为证 (3), 对矩阵阶数用归纳法. 对 $n = 1,$ (3) 显然成立. 假设 (3) 对 k 阶矩阵成立, $1 \leqslant k \leqslant n-1,$ 考虑 n 阶矩阵情形. 令 A_1 和 D_1 分别表示 A 与 D 的前 $n-1$ 阶主子阵, 则 $A_1, D_1 \in \mathbf{Z}^{(n-1) \times (n-1)},$ 且 $A_1 \ll D_1.$ 由于

$$\tilde{A} = \begin{bmatrix} A_1 & \mathbf{0} \\ \mathbf{0}^{\mathrm{T}} & a_{nn} \end{bmatrix} \in \mathbf{Z}^{n \times n}$$

满足 $A \ll \tilde{A},$ 由 (2) 知 $\tilde{A}$ 的所有实特征值均为正数, 因而 A_1 的所有实特征值也均为正数. 由归纳假设有 $\det(D_1) \geqslant \det(A_1) > 0.$ 由 (1) 知, $A^{-1} \gg D^{-1} \gg O,$ 推得 $(A^{-1})_{nn} \geqslant (D^{-1})_{nn}$ (这里 $(A^{-1})_{nn}$ 表示 A^{-1} 的 (n,n) 位置元素), 即

$$\frac{\det(A_1)}{\det(A)} \geqslant \frac{\det(D_1)}{\det(D)} \geqslant 0$$

因此, $\det(A) > 0, \det(D) > 0,$ 且有

$$\det(D) \geqslant \det(D_1) \frac{\det(A)}{\det(A_1)} \geqslant \det(A) > 0 \qquad \Box$$

定理 7.12 设矩阵 $A \in \mathbf{Z}^{n \times n},$ 则下列诸条件等价:

(1) 存在 $x \gg \mathbf{0},$ 使得 $Ax \succ \mathbf{0};$

(2) 存在 $x \succ \mathbf{0},$ 使得 $Ax \succ \mathbf{0};$

(3) 存在正对角矩阵 $D,$ 使得 AD 为行严格对角占优矩阵 (即矩阵的对角线上元素的模大于其所在行的其他元素模之和), 且 AD 的所有对角元素为正数;

(4) A 的每个实特征值为正数;

(5) A 为非奇异 M-矩阵;

(6) 存在 A 的一种分解 $A = P - Q,$ 使得 $P^{-1} \gg O, Q \gg O$ 且 $\rho(P^{-1}Q) < 1;$

(7) A 非奇异且 $A^{-1} \gg O;$

(8) 对 A 的任意分解 $A = P - Q,$ 若 $P^{-1} \gg O, Q \gg O,$ 则 $\rho(P^{-1}Q) < 1;$

(9) 若 $B \in \mathbf{Z}^{n \times n}$ 且 $B \gg A,$ 则 B 非奇异;

(10) A 的任意主子阵的每一个实特征值均为正数.

证　(1) $\Rightarrow$ (2). 设 $x \gg \mathbf{0}$ 满足 $Ax \succ \mathbf{0}$. 令 $e = (1, 1, \cdots, 1)^{\mathrm{T}} \in \mathbf{R}^n$, 则对某正数 $\varepsilon > 0$, 有 $Ax + \varepsilon Ae \succ \mathbf{0}$, 即 $A(x + \varepsilon e) \succ \mathbf{0}$.

(2) $\Rightarrow$ (3). 设 $x \succ \mathbf{0}$ 满足 $Ax \succ \mathbf{0}$, $x = (x_1, x_2, \cdots, x_n)^{\mathrm{T}}$. 令 $D = \operatorname{diag}\{x_1, x_2, \cdots, x_n\}$, 则 $a_{ii}x_i > -\displaystyle\sum_{j=1, j \neq i}^{n} a_{ij}x_j$, $i = 1, 2, \cdots, n$.

注意

$$-\sum_{j=1, j \neq i}^{n} a_{ij}x_j = \sum_{j=1, j \neq i}^{n} |a_{ij}|x_j = \sum_{j=1, j \neq i}^{n} |a_{ij}x_j| \geqslant 0, \quad a_{ii}x_i = |a_{ii}x_i|$$

则 AD 为严格对角占优, 且其对角线元素均为正数.

(3) $\Rightarrow$ (4). 设 $D = \operatorname{diag}\{d_1, d_2, \cdots, d_n\}$, $d_i > 0 (i = 1, 2, \cdots, n)$, 使得 AD 严格对角占优, 且其所有对角元素为正数, 于是 $a_{ii} > 0$, 且 $a_{ii} > -\displaystyle\sum_{j=1, j \neq i}^{n} a_{ij}\frac{d_j}{d_i}$, 即 $D^{-1}AD$ 满足 $a_{ii} > R_i(D^{-1}AD)$, 由定理 5.7(Gerschgorin 圆盘定理) 知, A 的实特征值 λ 满足 $|\lambda - a_{ii}| \leqslant R_i(D^{-1}AD)$, 所以 $\lambda > 0$.

(4) $\Rightarrow$ (5). 设 $A = sI_n - B$, $s > 0$, $B \gg O$, 则 $s - \rho(B)$ 为 A 的实特征值. 由 (4) 知 $s - \rho(B) > 0$, 即 $s > \rho(B)$, 所以 A 为非奇异 M-矩阵.

(5) $\Rightarrow$ (6). 取 $P = sI_n$, $Q = B$, 则 $A = P - Q$, $P^{-1} = s^{-1}I_n \gg O$, $Q \gg O$, $\rho(P^{-1}Q) = s^{-1}\rho(B) < 1$.

(6) $\Rightarrow$ (7). 设 (6) 成立, 则 $A = P(I_n - C)$, 其中 $C = P^{-1}Q$. 由于 $\rho(C) < 1$, 所以 $A^{-1} = (I_n - C)^{-1}P^{-1} = (I_n + C + C^2 + \cdots)P^{-1}$. 再由 $C = P^{-1}Q \gg O$ 推出 $A^{-1} \gg O$.

(7) $\Rightarrow$ (1). 令 $x = A^{-1}e$, 这里 $e = (1, 1, \cdots, 1)^{\mathrm{T}}$. 由 (7), $A^{-1} \gg O$. 因而 $x \gg \mathbf{0}$, $Ax = e \succ \mathbf{0}$.

(7) $\Rightarrow$ (8). 设 $A = P - Q$, $P^{-1} \gg O$, $Q \gg O$, 则 $P^{-1}Q \gg O$. 于是存在 $z \gg \mathbf{0}$, $z \neq \mathbf{0}$, 使 $P^{-1}Qz = \beta z$, $\beta = \rho(D^{-1}Q)$, 因而 $Qz = \beta Pz$.

若 $\beta \geqslant 1$, 则 $Az = (P - Q)z = (\beta^{-1} - 1)Qz \ll \mathbf{0}$. 但由于 $A^{-1} \gg O$, 故 $A^{-1}Az = z \ll \mathbf{0}$, 因而 $z = \mathbf{0}$, 矛盾.

(8) $\Rightarrow$ (10). 取正数 s 使得 $s \geqslant \displaystyle\max_{1 \leqslant i \leqslant n} a_{ii}$. 令 $B = sI_n - A$, 则 $P = sI_n$ 与 $Q = B$ 满足 (5) 的假设条件, 因而 $\rho(P^{-1}Q) = \rho(s^{-1}B) = \dfrac{\rho(B)}{s} < 1$, 即 $s > \rho(B)$. 因此 A 为非奇异 M-矩阵.

(10) $\Rightarrow$ (9). 由定理 7.11 之 (1) 即得.

(9) $\Rightarrow$ (10). 设 A_1 为 A 的任意主子阵, 它由 A 的第 $i_1, i_2, \cdots, i_k$ 行和第 $i_1, i_2, \cdots, i_k$ 列交叉位置元素组成, 且元素相对位置不变, λ 为 A_1 的任一实特征值, 往证 $\lambda > 0$.

若 $\lambda \leqslant 0$, 定义 $B = (b_{ij}) \in \mathbf{Z}^{n \times n}$, 其中

$$b_{ij} = \begin{cases} a_{ii} - \lambda, & i = j \\ a_{ij}, & i, j \in \{i_1, i_2, \cdots, i_k\}, i \neq j \\ 0, & \text{其他情形} \end{cases}$$

则易见 $B \gg A$. 因而由 (9), B 为非奇异矩阵.

另一方面, $\det(B) = \prod\limits_{i \neq i_1, i_2, \cdots, i_k} b_{ii} \det(B_1)$, 其中 B_1 为 B 中对应第 $i_1, i_2, \cdots,$ i_k 行和第 $i_1, i_2, \cdots, i_k$ 列的主子阵, 因为 $B_1 = A_1 - \lambda I_k$, 且 λ 为 A_1 的特征值, 因此 $\det(B_1) = 0$, 从而 $\det(B) = 0$. 这与 B 为非奇异的矛盾. 故 $\lambda > 0$.

(10) $\Rightarrow$ (5). 由 (10) 可知, A 的每个实特征值均为正数. 设 $A = sI_n - B$, $s > 0$, $B \gg O$, 则 $s - \rho(B)$ 为 A 的实特征值, 因此 $s - \rho(B) > 0$, 即 $s > \rho(B)$. 因此 A 为非奇异 M-矩阵. $\qquad\square$

例 7.4 判断矩阵 $A = \begin{bmatrix} 2 & -2 & -1 \\ 0 & 3 & 0 \\ -1 & 0 & 4 \end{bmatrix}$ 是否为非奇异 M-矩阵.

解 注意到 $A = 4I_3 - B$, $B = \begin{bmatrix} 2 & 2 & 1 \\ 0 & 1 & 0 \\ 1 & 0 & 0 \end{bmatrix}$, 且 $\rho(B) = \dfrac{3 + \sqrt{5}}{2} < 4$, 由定义知, A 是非奇异 M-矩阵. 另外, 利用定理 7.12 之 (7), 由于 $A^{-1} = \dfrac{1}{21} \begin{bmatrix} 12 & 8 & 3 \\ 0 & 7 & 0 \\ 3 & 2 & 6 \end{bmatrix}$ $\gg O$, 所以也可判定 A 是非奇异 M-矩阵.

7.2.2 一般 M-矩阵

在此我们将所有 M-矩阵中非奇异 M-矩阵之外的 M-矩阵称为一般 M-矩阵. 在此仅对一般 M-矩阵的有关结果做一简单介绍.

定理 7.13 设矩阵 $A \in \mathbf{Z}^{n \times n}$, 则下列各条件等价:

(1) A 为 M-矩阵;

(2) $A + \varepsilon I_n$ 为非奇异 M-矩阵, $\varepsilon > 0$;

(3) A 的任意主子阵的每一个实特征值非负.

证 (1) ⇒ (2). 由 M-矩阵和非奇异 M-矩阵的定义即得.

(2) ⇒ (3). 设 A_1 是 A 的任意 k 阶主子阵, λ 是 A_1 的实特征值, 若 λ 为负实数, 则 $B = A - \lambda I_n$ 是非奇异 M-矩阵, 因而对应的 k 阶主子阵 B_1 的实特征值为正数. 而 0 是 $B_1 - (\lambda I_n)_1$ 的特征值, 矛盾, 故 $\lambda \geqslant 0$. 其中, A_1 同定理 7.12 之 (10) 中的描述, B_1 及 $(\lambda I_n)_1$ 的描述与 A_1 相同.

(3) ⇒ (1). 由 (3) 知, A 的每个实特征值也必非负. 设 $A = sI_n - B$, $s > 0$, $B \gg O$, 则 $s - \rho(B)$ 为 A 的实特征值, 于是 $s - \rho(B) \geqslant 0$, $s \geqslant \rho(B)$. 因此 A 为 M-矩阵. □

推论 7.6 设矩阵 $A \in \mathbf{Z}^{n \times n}$, 且存在正向量 $x \succ \mathbf{0}$ 使得 $Ax \gg \mathbf{0}$, 则 A 是 M-矩阵. 但反之不成立.

证 由定理 7.13 之 (2), 存在 $x \succ \mathbf{0}$, 使得 $(A + \varepsilon I_n)x \succ \mathbf{0}$, $\varepsilon > 0$, 因此 $A + \varepsilon I_n$ 是非奇异 M-矩阵, 故 A 为 M-矩阵.

反之不成立. 例如, 对矩阵 $A = \begin{bmatrix} 0 & -1 \\ 0 & 1 \end{bmatrix}$, $\tilde{\rho}(A) = \{0, 1\}$, 因而 A 为 M-矩阵. 但对任意 $x = \begin{bmatrix} x_1 \\ x_2 \end{bmatrix}$, 由 $Ax \gg \mathbf{0}$ 总可推出 $x_1 x_2 \leqslant 0$. □

7.3 随 机 矩 阵

随机矩阵是一类重要的非负矩阵.

定义 7.4 对于非负矩阵 $A = (a_{ij}) \in \mathbf{R}^{n \times n}$, 如果其每一行的元素之和都等于 1, 则称 A 为行随机矩阵. 如果 A^{T} 是行随机矩阵, 则称 A 为列随机矩阵. 如果 A 既是行随机矩阵又是列随机矩阵, 则称 A 为双随机矩阵.

随机矩阵具有重要的应用价值, 特别是在有限 Markov 过程理论中起着基础性的作用, 也经常出现在运筹学、控制论的各种问题中.

考虑某个过程有 n 个可能的状态 $s_1, s_2, \cdots, s_n$, 设有一个时间序列 $t_0, t_1, t_2, \cdots$. 假设在该时间序列的每一个时刻, 该过程有且仅有 $s_1, s_2, \cdots, s_n$ 中的一个状态出现, 且在时刻 t_k 该过程从状态 s_i 转移到下一个状态 s_j 的概率 $p_{ij}(i, j = 1, 2, \cdots, n; k = 1, 2, \cdots)$ 只依赖于这两个状态, 而与时刻 t_k 的下标 k 无关, 则称该过程为有限齐次 Markov 过程. 此时, n 阶矩阵 $P = (p_{ij})_{n \times n}$ 满足: $p_{ij} \geqslant 0$ 且 $\sum_{j=1}^{n} p_{ij} = 1(i = 1, 2, \cdots, n)$, 即 P 为行随机矩阵. 称 P 为该过程的概率转移矩阵. 反之, 每一个行随机矩阵都可以作为某个有限齐次 Markov 过程的概率转移矩阵.

定理 7.14 非负矩阵 $A = (a_{ij}) \in \mathbf{R}^{n \times n}$ 为行随机矩阵的充要条件是, 矩阵 A 有特征值 1, 且其对应的特征向量为 $e = (1, 1, \cdots, 1)^{\mathrm{T}}$, 即 $Ae = e$.

证 必要性. 若非负矩阵 A 为行随机矩阵, 依据定义 7.4, 易验证 $Ae = e$, 即 1 是 A 的特征值, $e = (1, 1, \cdots, 1)^{\mathrm{T}}$ 为对应的特征向量.

充分性. 假设非负矩阵 A 满足 $Ae = e$, 则易知 A 的每一行中各元素之和都等于 1, 即 A 为行随机矩阵. $\qquad \square$

定理 7.15 若非负矩阵 $A = (a_{ij}) \in \mathbf{R}^{n \times n}$ 有正的最大特征值 $\lambda = \rho(A)$, 且对应的特征向量 $z = (z_1, z_2, \cdots, z_n)^{\mathrm{T}} \succ \mathbf{0}$ 为正向量, 则存在正对角矩阵 D 使得 $\dfrac{1}{\rho(A)} D^{-1} A D$ 为行随机矩阵.

证 因为

$$\sum_{j=1}^{n} a_{ij} z_j = \rho(A) z_i, \quad i = 1, 2, \cdots, n$$

引入对角矩阵 $D = \mathrm{diag}\{z_1, z_2, \cdots, z_n\}$, 则

$$\frac{1}{\rho(A)} D^{-1} A D = \frac{1}{\rho(A)} (z_i z_j^{-1} a_{ij})_{n \times n} \triangleq (p_{ij})_{n \times n}$$

$$\sum_{j=1}^{n} p_{ij} = \sum_{j=1}^{n} \frac{1}{\rho(A)} z_j z_i^{-1} a_{ij} = \frac{z_i^{-1}}{\rho(A)} \sum_{j=1}^{n} a_{ij} z_j = 1$$

故 $\dfrac{1}{\rho(A)} D^{-1} A D$ 为行随机矩阵.

定义 7.5 对非负矩阵 $A \in \mathbf{R}^{n \times n}$, 若存在正整数 $k > 0$ 使得 $A^k \succ O$, 则称 A 为本原的.

定义 7.6 一个行随机矩阵 $A \in \mathbf{R}^{n \times n}$ 称为本原的, 如果 A 是不可约的, 并且有一个特征值 λ 满足 $|\lambda| = 1$.

定理 7.16 若非负矩阵 $A = (a_{ij}) \in \mathbf{R}^{n \times n}$ 为不可约行随机矩阵, 则 $\lim\limits_{m \to \infty} A^m$ 存在的充要条件是 A 为本原矩阵, 且 $\lim\limits_{m \to \infty} A^m = L$, $L = xy^{\mathrm{T}}$, x, y 满足

$$Ax = x, \quad x \succ \mathbf{0}, \quad A^{\mathrm{T}} y = y, \quad y \succ \mathbf{0}$$

例 7.5 给定行随机矩阵 $A = \begin{bmatrix} 0.2 & 0.4 & 0.4 \\ 0.5 & 0 & 0.5 \\ 0 & 0.6 & 0.4 \end{bmatrix}$, 判断其是否为本原的, 以及计算 $\lim\limits_{m \to \infty} A^m$.

解　易见, A 是不可约的, 且 $\lambda = 1$ 是其特征值, 所以 A 为本原的.

另外, 易得 $x = (1,1,1)^{\mathrm{T}} \succ \mathbf{0}$ 满足 $Ax = x$, 再由 $x^{\mathrm{T}} A^{\mathrm{T}} y = x^{\mathrm{T}} y = 1$, $y \succ \mathbf{0}$ 得 $y = (0.2174, 0.3478, 0.4348)^{\mathrm{T}} \succ \mathbf{0}$, 所以

$$\lim_{m \to \infty} A^m = \begin{bmatrix} 0.2174 & 0.3478 & 0.4348 \\ 0.2174 & 0.3478 & 0.4348 \\ 0.2174 & 0.3478 & 0.4348 \end{bmatrix}$$

7.4　稳定矩阵

7.4.1　稳定矩阵的概念及性质

本小节给出 Hurwitz 稳定矩阵和 Schur 稳定矩阵的定义及其简单性质.

定义 7.7　设 n 阶方阵 $A \in F^{n \times n}$, 如果 A 的所有特征值均具有负实部, 即 $\mathrm{Re}\lambda(A) < 0$, 则称 A 是 Hurwitz 稳定的; 如果 A 的所有特征值均在复平面中的单位圆的内部, 即 $|\lambda(A)| < 1$, 则称 A 是 Schur 稳定的.

引理 7.1　设矩阵 $A \in F^{n \times n}$ 是 Hurwitz 稳定矩阵, 则下列矩阵均是 Hurwitz 稳定矩阵:

(1) $\alpha A + \beta I$, 对任意的 $\alpha \leqslant 0, \beta \leqslant 0, \alpha + \beta < 0$;

(2) A^{-1};

(3) A^{H};

(4) A^{T}.

证　由定义易得, 略.

引理 7.2　设矩阵 $A \in F^{n \times n}$ 是 Hurwitz 稳定矩阵, 则 $|(-1)^k A^k| > 0$, $k = 1, 2, \cdots$.

证　设 $\lambda_j (j = 1, 2, \cdots, r)$, $\alpha_l \pm \mathrm{i}\beta_l (l = 1, 2, \cdots, s)$, $r + 2s = n$, 为 A 的所有特征值, 满足 $\lambda_j < 0$, $\alpha_l < 0$, 则

$$\det((-1)^k A^k) = \det((-A)^k) = (-1)^{kn} (\det(A))^k$$

$$= (-1)^{kn} \left(\prod_{j=1}^r \lambda_j \prod_{l=1}^s (\alpha_l^2 + \beta_l^2) \right)^k$$

$$= (-1)^{kn} (-1)^{kr} \left(\prod_{j=1}^r (-\lambda_j) \prod_{l=1}^s (\alpha_l^2 + \beta_l^2) \right)^k$$

$$= (-1)^{2k(s+r)} \left(\prod_{j=1}^r (-\lambda_j) \prod_{l=1}^s (\alpha_l^2 + \beta_l^2) \right)^k > 0 \qquad \square$$

7.4.2 矩阵稳定性的判别方法

定理 7.17 (Lyapunov 定理) 设矩阵 $A \in F^{n \times n}$, A 是 Hurwitz 稳定的当且仅当存在 Hermite 正定矩阵 $P \in F^{n \times n}$, 使得

$$A^{\mathrm{H}}P + PA = -Q \tag{7-12}$$

其中, $Q \in F^{n \times n}$ 是任意给定的 Hermite 正定矩阵.

证 必要性. 若 A 是 Hurwitz 稳定的, 则 $\mathrm{Re}\lambda_i(A) < 0$, 于是无穷区间上的积分 $\int_0^\infty \mathrm{e}^{A^{\mathrm{H}}t}Q\mathrm{e}^{At}\mathrm{d}t$ 存在, 且

$$A^{\mathrm{H}} \int_0^\infty \mathrm{e}^{A^{\mathrm{H}}t}Q\mathrm{e}^{At}\mathrm{d}t + \int_0^\infty \mathrm{e}^{A^{\mathrm{H}}t}Q\mathrm{e}^{At}\mathrm{d}t A$$

$$= \int_0^\infty (A^{\mathrm{H}}\mathrm{e}^{A^{\mathrm{H}}t}Q\mathrm{e}^{At} + \mathrm{e}^{A^{\mathrm{H}}t}Q\mathrm{e}^{At}A)\mathrm{d}t$$

$$= \int_0^\infty \frac{\mathrm{d}}{\mathrm{d}t}(\mathrm{e}^{A^{\mathrm{H}}t}Q\mathrm{e}^{At})\mathrm{d}t = \mathrm{e}^{A^{\mathrm{H}}t}Q\mathrm{e}^{At}\Big|_0^\infty = -Q$$

即 $\int_0^\infty \mathrm{e}^{A^{\mathrm{H}}t}Q\mathrm{e}^{At}\mathrm{d}t$ 满足方程 (7-12), 记为 $P = \int_0^\infty \mathrm{e}^{A^{\mathrm{H}}t}Q\mathrm{e}^{At}\mathrm{d}t$. 易见 P 是 Hermite 矩阵, 且对任意 $x \neq \mathbf{0}$, 有

$$x^{\mathrm{H}}Px = x^{\mathrm{H}}\left(\int_0^\infty \mathrm{e}^{A^{\mathrm{H}}t}Q\mathrm{e}^{At}\mathrm{d}t\right)x = \int_0^\infty (Q^{1/2}\mathrm{e}^{At}x)^{\mathrm{H}}(Q^{1/2}\mathrm{e}^{At}x)\mathrm{d}t > 0$$

故 P 又是正定矩阵.

充分性. 假设对 Hermite 正定矩阵 $Q \in F^{n \times n}$, 存在 Hermite 正定矩阵 $P \in F^{n \times n}$ 满足方程 (7-12). 设 λ 是 A 的任意特征值, $x \neq \mathbf{0}$ 是对应的特征向量, 则有

$$x^{\mathrm{H}}A^{\mathrm{H}}Px + x^{\mathrm{H}}PAx = -x^{\mathrm{H}}Qx$$

$$(\lambda + \bar{\lambda})x^{\mathrm{H}}Px = -x^{\mathrm{H}}Qx$$

所以 $\mathrm{Re}\lambda = -\dfrac{x^{\mathrm{H}}Qx}{2x^{\mathrm{H}}Px} < 0$, 故 A 是 Hurwitz 稳定矩阵. $\qquad\square$

定理 7.18 (Stein 定理) 设矩阵 $A \in F^{n \times n}$, A 是 Schur 稳定的当且仅当存在 Hermite 正定矩阵 $P \in F^{n \times n}$, 使得

$$A^{\mathrm{H}}PA - P = -Q \tag{7-13}$$

其中, $Q \in F^{n \times n}$ 是任意给定的 Hermite 正定矩阵.

证　必要性. 若 A 是 Schur 稳定的, 则 $|\lambda_i(A)| < 1$, 于是矩阵级数 $\sum\limits_{k=0}^{\infty} (A^{\mathrm{H}})^k$ $\times QA^k$ 存在, 且

$$A^{\mathrm{H}} \left(\sum_{k=0}^{\infty} (A^{\mathrm{H}})^k QA^k \right) A - \sum_{k=0}^{\infty} (A^{\mathrm{H}})^k QA^k$$

$$= \sum_{k=1}^{\infty} (A^{\mathrm{H}})^k QA^k - \sum_{k=0}^{\infty} (A^{\mathrm{H}})^k QA^k = -Q$$

即 $\sum\limits_{k=0}^{\infty} (A^{\mathrm{H}})^k QA^k$ 满足方程 (7-13), 记为 $P = \sum\limits_{k=0}^{\infty} (A^{\mathrm{H}})^k QA^k$. 易见 P 是 Hermite 矩阵, 且对任意 $x \neq \mathbf{0}$, 有

$$x^{\mathrm{H}} P x = x^{\mathrm{H}} \left(\sum_{k=0}^{\infty} (A^{\mathrm{H}})^k QA^k \right) x = \sum_{k=0}^{\infty} (A^k x)^{\mathrm{H}} Q(A^k x) > 0$$

故 P 又是正定矩阵.

充分性. 假设对 Hermite 正定矩阵 $Q \in F^{n \times n}$, 存在 Hermite 正定矩阵 $P \in F^{n \times n}$ 满足方程 (7-13). 设 λ 是 A 的任意特征值, $x \neq \mathbf{0}$ 是对应的特征向量, 则有

$$x^{\mathrm{H}} A^{\mathrm{H}} P A x - x^{\mathrm{H}} P x = -x^{\mathrm{H}} Q x$$

$$(|\lambda|^2 - 1)x^{\mathrm{H}} P x = -x^{\mathrm{H}} Q x$$

所以 $|\lambda|^2 = 1 - \dfrac{x^{\mathrm{H}} Q x}{x^{\mathrm{H}} P x} < 1$, 故 A 是 Schur 稳定矩阵.　　　　　　□

方程 (7-12) 和 (7-13) 分别称为矩阵 Lyapunov 方程和矩阵 Stein 方程, 关于这两个方程的研究我们将在第 10 章详细讨论.

例 7.6　利用定义 7.7 判断矩阵 A 是 Hurwitz 稳定的

$$A = \begin{bmatrix} -1 & 2 & 1 \\ 0 & -1 & 0 \\ -3 & 0 & -1 \end{bmatrix}$$

解　计算得 $\lambda_i(A)$ 分别为 $-1, -1 \pm \sqrt{3}\mathrm{i}$, $\lambda_i(A) = -1 < 0(i = 1, 2, 3)$, 所以 A 是 Hurwitz 稳定的.

7.4.3 矩阵稳定性与动态系统稳定性

稳定矩阵与动态系统平衡点的稳定性密切相关.

考虑连续线性定常系统 (连续动态系统):

$$\begin{cases} \dot{x}(t) = A(x(t) - x_e), & t \geqslant t_0 \\ x(t_0) = x_0 \end{cases} \tag{7-14}$$

其中, $A \in \mathbf{R}^{n \times n}$, $x(t), x_e \in \mathbf{R}^n$.

显然, 若对 $t \geqslant t_0$ 有 $x(t) = x_e$, 则 $\dot{x}(t) \equiv \mathbf{0}$, 即 $x(t)$ 在 x_e 点停留不变. 因此, x_e 称为系统 (7-14) 的平衡点. 如果矩阵 A 是非奇异的, 则当且仅当 $x(t)$ 达到平衡点 x_e 时才停止变化, 因为仅在此点有 $\dot{x}(t) \equiv \mathbf{0}$.

对于系统 (7-14), 稳定性研究的主要问题是

(1) 怎样给定初值 x_0, 使 $\lim\limits_{t \to \infty} x(t) = x_e$? 即寻找平衡点 x_e 的吸引域问题.

(2) 在什么条件下, 对所有可选择的初值 x_0, 都有 $\lim\limits_{t \to \infty} x(t) = x_e$? 即寻找使平衡点 x_e 渐近稳定的条件问题.

定义 7.8 如果对任意选取的初值 x_0, 都有 $\lim\limits_{t \to \infty} x(t) = x_e$, 则称 x_e 是系统 (7-14) 的全局渐近稳定的平衡点.

由定理 1.17, $x(t) = x_e + \mathrm{e}^{A(t-t_0)}(x_0 - x_e)$, x_e 是系统 (7-14) 的全局渐近稳定的平衡点当且仅当矩阵 A 是 Hurwitz 稳定矩阵.

更一般地, 考虑连续非线性定常系统:

$$\begin{cases} \dot{x}(t) = f(x(t) - x_e), & t \geqslant t_0 \\ x(t_0) = x_0 \end{cases} \tag{7-15}$$

其中, $f : \mathbf{R}^n \to \mathbf{R}^n$, $f = (f_1, f_2, \cdots, f_n)^{\mathrm{T}}$. 假设 $f_j (j = 1, 2, \cdots, n)$ 具有连续偏导数, 且 $f(x(t)) = \mathbf{0}$ 当且仅当 $x(t) = \mathbf{0}$, 即 x_e 为系统 (7-15) 的唯一平衡点.

我们关心平衡点 x_e 的稳定性. 在此也存在多种可能的稳定性概念, 但它们不是都能仅用矩阵理论提出并解决的. 但下面的 "局部稳定性" 可以用矩阵理论提出.

定义 7.9 对于在平衡点 x_e 的某个邻域 $U(x_e)$ 内选取的任意初值 x_0, 如果都成立 $\lim\limits_{t \to \infty} x(t) = x_e$, 则称 x_e 是系统 (7-15) 的局部稳定的平衡点.

由于当平衡点 x_e 的某个邻域充分小时, 利用 Taylor 定理, 系统 (7-15) 可以近似地替换成类似于系统 (7-14) 的线性系统:

$$\begin{cases} \dot{x}(t) = J_f(x(t) - x_e), & t \geqslant t_0 \\ x(t_0) = x_0 \end{cases} \tag{7-16}$$

其中

$$J_f = \left(\frac{\partial f_i(x_e)}{\partial x_j}\right)_{n\times n} = \begin{bmatrix} \dfrac{\partial f_1(x_e)}{\partial x_1} & \dfrac{\partial f_1(x_e)}{\partial x_2} & \cdots & \dfrac{\partial f_1(x_e)}{\partial x_n} \\[2mm] \dfrac{\partial f_2(x_e)}{\partial x_1} & \dfrac{\partial f_2(x_e)}{\partial x_2} & \cdots & \dfrac{\partial f_2(x_e)}{\partial x_n} \\[2mm] \vdots & \vdots & & \vdots \\[2mm] \dfrac{\partial f_n(x_e)}{\partial x_1} & \dfrac{\partial f_n(x_e)}{\partial x_2} & \cdots & \dfrac{\partial f_n(x_e)}{\partial x_n} \end{bmatrix} \in \mathbf{R}^{n\times n}$$

是函数 f 在平衡点 x_e 的 Jacobi 矩阵.

因此, x_e 是系统 (7-15) 的局部稳定的平衡点的充分条件是 J_f 为 Hurwitz 稳定矩阵.

对离散动态系统平衡点的稳定性的讨论有类似的结果.

考虑离散线性定常系统:

$$\begin{cases} x(k+1) = Ax(k), & k \geqslant k_0 \\ x(k_0) = x_0 \end{cases} \tag{7-17}$$

其中, $A \in \mathbf{R}^{n\times n}$, $x(k) \in \mathbf{R}^n$.

显然, 若对任意时刻 $k \geqslant k_0$ 有 $x(k+1) = Ax(k) = x(k)$, 则 $\Delta x(k) = x(k+1) - x(k) = \mathbf{0}$, $x(k)$ 在 $k \geqslant k_0$ 时将停止变化. 因此, 称满足等式 $Ax(k) = x(k)$ 的 x_e 为系统 (7-17) 的平衡点. 如果矩阵 $A - I_n$ 是非奇异的, 则当且仅当 $x(k)$ 达到唯一平衡点 $x_e = \mathbf{0}$ 时才停止变化, 因为仅在此时差分 $\Delta x(k) = x(k+1) - x(k) = \mathbf{0}$.

对于系统 (7-17), 稳定性研究的主要问题是

(1) 怎样给定初值 x_0, 使 $\lim\limits_{k\to\infty} x(k) = x_e$? 即寻找平衡点 x_e 的吸引域问题.

(2) 在什么条件下, 对所有可选择的初值 x_0, 都有 $\lim\limits_{k\to\infty} x(k) = x_e$? 即寻找使平衡点 x_e 渐近稳定的条件问题.

定义 7.10 如果对任意选取的初值 x_0, 都有 $\lim\limits_{k\to\infty} x(k) = x_e$, 则称 x_e 是系统 (7-17) 的全局渐近稳定的平衡点.

由于系统 (7-17) 的通解为 $x(k) = A^{(k-k_0)}x_0$, 所以 $x_e = \mathbf{0}$ 是系统 (7-17) 的全局渐近稳定的平衡点当且仅当矩阵 A 是 Schur 稳定矩阵.

更一般地, 考虑离散非线性定常系统:

$$\begin{cases} x(k+1) = f(x(k)), & k \geqslant k_0 \\ x(k_0) = x_0 \end{cases} \tag{7-18}$$

其中, $f : \mathbf{R}^n \to \mathbf{R}^n$, $f = (f_1, f_2, \cdots, f_n)^{\mathrm{T}}$. 假设 $f_j(j = 1, 2, \cdots, n)$ 具有连续偏导数, 且 $f(x(k)) = \mathbf{0}$ 当且仅当 $x(k) = \mathbf{0}$, 即 $x_e = \mathbf{0}$ 为系统 (7-18) 的唯一平衡点.

我们关心平衡点 $x_e = \mathbf{0}$ 的稳定性. 在此也存在多种可能的稳定性概念, 但它们不是都能仅用矩阵理论提出并解决的. 下面的 "局部稳定性" 可以用矩阵理论提出.

定义 7.11 对于在平衡点 $x_e = \mathbf{0}$ 的某个邻域内选取的任意初值 x_0, 如果都成立 $\lim\limits_{k \to \infty} x(k) = x_e$, 则称 $x_e = \mathbf{0}$ 是系统 (7-18) 的局部稳定的平衡点.

当平衡点 $x_e = \mathbf{0}$ 的某个邻域充分小时, 利用 Taylor 定理, 系统 (7-18) 可以近似地替换成类似于系统 (7-17) 的线性系统:

$$x(k + 1) = J_f x(k) \tag{7-19}$$

其中, $J_f = \left(\dfrac{\partial f_i(\mathbf{0})}{\partial x_j} \right)_{n \times n} \in \mathbf{R}^{n \times n}$ 是函数 f 在平衡点 $x_e = \mathbf{0}$ 的 Jacobi 矩阵.

因此, 平衡点 $x_e = \mathbf{0}$ 是系统 (7-18) 的局部稳定的平衡点的充分条件是 J_f 为 Schur 稳定矩阵.

习 题 7

7.1 设 $A \in \mathbf{R}^{n \times n}$, $A \gg O$, 若 A 有正的特征向量, 则

$$\rho(A) = \max_{x > 0} \min_{1 \leqslant i \leqslant n} \frac{1}{x_i} \sum_{j=1}^{n} a_{ij} x_j = \min_{x > 0} \max_{1 \leqslant i \leqslant n} \frac{1}{x_i} \sum_{j=1}^{n} a_{ij} x_j$$

7.2 估计矩阵 $A = \begin{bmatrix} 1 & 0 & 3 \\ 1 & 1 & 0 \\ 5 & 0 & 2 \end{bmatrix}$ 的谱半径的界.

7.3 对 7.2 中的矩阵 A, 利用 Perron 定理计算 $\lim\limits_{m \to \infty} \left(\dfrac{1}{\rho(A)} A \right)^m$.

7.4 设 $A \in \mathbf{Z}^{n \times n}$, A 的每个实特征值均为正数, 且 $D \in \mathbf{Z}^{n \times n}$ 满足 $A \ll D$, 则定理 7.10 中的 (1)~(3) 仍然成立.

7.5 设 A 为 M-矩阵, 则 A 为非奇异 M-矩阵当且仅当 A 是非奇异的.

7.6 设 $A \in \mathbf{Z}^{n \times n}$, 则 A 是 M-矩阵当且仅当 A^{T} 是 M-矩阵.

7.7 两个行随机矩阵的乘积仍是行随机矩阵.

7.8 利用 Lyapunov 定理 7.17 判断矩阵 A 是 Hurwitz 稳定的:

$$A = \begin{bmatrix} -1 & 2 & 1 \\ 0 & -1 & 0 \\ -3 & 0 & -1 \end{bmatrix}$$

第 8 章　矩阵的广义逆

矩阵的广义逆矩阵是通常逆矩阵的推广, 这种推广首先来源于线性方程组求解问题的需要. 对于线性方程组 $Ax = b$, 当且仅当 A 是非奇异方阵时, 该方程组有唯一解, 并且 $x = A^{-1}b$. 当 A 是奇异方阵或是非方矩阵时, 方程组可能无解, 即使有解也不能写成形式 $x = A^{-1}b$, 而这样的方程组在实际问题中普遍存在. 因此, 人们希望能将逆矩阵推广到奇异方阵或非方矩阵上, 引进与逆矩阵具有类似性质的矩阵, 这便是广义逆矩阵.

8.1　广义逆矩阵的基本概念

1920 年, Moore 针对 $m \times n$ 的矩阵, 首次提出广义逆矩阵的概念: 若 $A \in F^{m \times n}$, 则 Moore 意义下的广义逆定义为: 满足 $AG = P_{\mathrm{Im}A}$ 与 $GA = P_{\mathrm{Im}G}$ 的唯一矩阵 $G \in F^{n \times m}$, 这里, P_X 表示在子空间 X 上的投影. 1955 年, Penrose 证明了 Moore 意义下的广义逆恰是如下 Penrose 方程的唯一解 G:

$$AGA = A \tag{8-1}$$

$$GAG = G \tag{8-2}$$

$$(GA)^{\mathrm{H}} = GA \tag{8-3}$$

$$(AG)^{\mathrm{H}} = AG \tag{8-4}$$

这个唯一解 G 称为矩阵 A 的 Moore-Penrose 广义逆. 1956 年, Penrose 又证明: 对于这个唯一解 G, Gb 是线性最小二乘问题 $\min\limits_{x} \|Ax - b\|_2$ 的具有最小欧氏范数的解. 从此, 对矩阵广义逆的研究与应用都进入一个新的阶段. 矩阵广义逆在数理统计、最优化理论、现代控制理论、系统理论等许多领域中得到了广泛的应用. 随着研究的逐步深入, 矩阵广义逆已成为矩阵理论的一个重要分支.

定义 8.1　设矩阵 $A \in F^{m \times n}$, 若存在矩阵 $G \in F^{n \times m}$, 满足 M-P 方程 (8-1)~(8-4) 中的一部分或全部, 则称矩阵 G 为矩阵 A 的广义逆矩阵, 简称广义逆.

如果 A 是可逆方阵, 则易于验证 A^{-1} 满足上述 (8-1)~(8-4) 四个方程, 因此逆矩阵是广义逆矩阵的特例, 而广义逆矩阵则是逆矩阵的推广.

由定义 8.1 可知, 矩阵的广义逆可以有多种定义, 比如, 若矩阵 G 只满足式 (8-18), 则 G 为 A 的 $\{1\}$ 广义逆, 记为 $G \in A\{1\}$; 若矩阵 G 满足式 (8-1)~(8-4), 则 G 为 A 的 $\{1,2,3,4\}$ 广义逆, 即 G 为 A 的 Moore-Penrose 广义逆, 记为 $G \in A\{1,2,3,4\}$. 因此, 矩阵 A 共有 15 种广义逆, 且每种广义逆都不一定唯一. 常用的广义逆有五种: $A\{1\}$, $A\{1,2\}$, $A\{1,3\}$, $A\{1,4\}$ 和 $A\{1,2,3,4\}$.

8.2 几种常用的广义逆

8.2.1 减号逆 A^-

定义 8.2 设矩阵 $A \in F^{m \times n}$, 若存在矩阵 $G \in F^{n \times m}$ 使下式成立

$$AGA = A$$

则称 G 为 A 的一个减号逆, 记为 A^-.

显然, A^- 是满足 M-P 方程 (8-1) 的广义逆矩阵, 即 $A^- \in A\{1\}$.

例 8.1 验证 $G = \begin{bmatrix} I_r & X \\ Y & Z \end{bmatrix}_{n \times m}$ 是矩阵标准形 $A = \begin{bmatrix} I_r & O \\ O & O \end{bmatrix}_{m \times n}$ 的减号逆, 其中, X, Y, Z 表示任意的适当维数的块矩阵.

解 因为 $\begin{bmatrix} I_r & O \\ O & O \end{bmatrix}_{m \times n} \begin{bmatrix} I_r & X \\ Y & Z \end{bmatrix}_{n \times m} \begin{bmatrix} I_r & O \\ O & O \end{bmatrix}_{m \times n} = \begin{bmatrix} I_r & O \\ O & O \end{bmatrix}_{m \times n}$,

所以结论成立.

此例说明矩阵标准形的减号逆不唯一, 因为块矩阵 X, Y, Z 的不同选择会导致不同的减号逆 G.

减号逆 A^- 具有以下简单性质.

定理 8.1 设 $A \in F^{m \times n}$, $\lambda \in F$, 则有

(1) $(A^T)^- = (A^-)^T$, $(A^H)^- = (A^-)^H$;

(2) $\lambda^- A^-$ 是 λA 的减号逆, 其中 $\lambda^- = \begin{cases} 0, & \lambda = 0, \\ \lambda^{-1}, & \lambda \neq 0; \end{cases}$

(3) $\text{rank}(A^-) \geqslant \text{rank}(A)$.

证 (1) 由 $AA^-A = A$ 可知, $A^T(A^-)^T A^T = A^T$, 于是有 $(A^-)^T = (A^T)^-$. 同理可证 $(A^-)^H = (A^H)^-$.

(2) 若 $\lambda = 0$, 显然 $(\lambda A)(\lambda^- A^-)(\lambda A) = O = \lambda A$; 若 $\lambda \neq 0$, 则 $(\lambda A)(\lambda^{-1} A^-)(\lambda A) = \lambda AA^-A = \lambda A$. 故 $\lambda^- A^-$ 是 λA 的减号逆.

(3) 由 $AA^-A = A$, 有

$$\text{rank}(A) = \text{rank}(AA^-A) \leqslant \text{rank}(AA^-) \leqslant \text{rank}(A^-) \qquad \square$$

推论 8.1　设 $A \in F^{m \times n}$, 则

(1) $\text{rank}(A) = n$ 的充要条件是 $A^- A = I_n$;

(2) $\text{rank}(A) = m$ 的充要条件是 $AA^- = I_m$.

证　(1) 充分性. 由于 $\text{rank}(A) = \text{rank}(AA^- A) \leqslant \text{rank}(A^- A) \leqslant \text{rank}(A)$, 所以 $\text{rank}(A) = \text{rank}(A^- A) = n$.

必要性. 由于 $\text{rank}(A^- A) = \text{rank}(A) = n$, $A^- A$ 是 n 阶可逆矩阵, 所以

$$I_n = (A^- A)(A^- A)^{-1} = A^-(AA^- A)(A^- A)^{-1}$$

$$= (A^- A)(A^- A)(A^- A)^{-1} = A^- A$$

(2) 同理可证. □

定理 8.2 (存在性)　任给矩阵 $A \in F^{m \times n}$, 其减号逆 A^- 一定存在, 但不唯一.

证　分两种情况讨论. 若 $\text{rank}(A) = 0$, 则 $A = O$, 这时任意 $G \in F^{n \times m}$ 都是 $A = O$ 的减号逆. 设 $A \neq O, 0 < \text{rank}(A) = r \leqslant \min\{m, n\}$, 则存在可逆矩阵 P, Q 使得 $PAQ = \begin{bmatrix} I_r & O \\ O & O \end{bmatrix} \triangleq B$, 或 $A = P^{-1}BQ^{-1}$. 由例 8.1 知, B 的减号逆存在, 且 $B^- = \begin{bmatrix} I_r & X \\ Y & Z \end{bmatrix}$. 于是

$$(P^{-1}BQ^{-1})(QB^- P)(P^{-1}BQ^{-1}) = P^{-1}BB^- BQ^{-1} = P^{-1}BQ^{-1}$$

即 $A(QB^- P)A = A$, 所以 $A^- = QB^- P$.

由于 B^- 不唯一, 所以 A^- 也不唯一. □

定理 8.2 告诉我们, 任意矩阵的减号逆都存在, 但不唯一, 同时定理 8.2 的证明过程给出了求矩阵减号逆的一个方法.

算法 8.1　(1) 化矩阵 A 为标准形 B, 并求出变换阵 P, Q(均为可逆矩阵);

(2) 给出 B 的一个减号逆 B^-;

(3) 计算 $A^- = QB^- P$,

其中, 可逆阵 P, Q 可如下获得 (证明略).

构造矩阵 $\begin{bmatrix} A & I_m \\ I_n & O \end{bmatrix}$, 利用初等变换将 A 的位置化为标准形 B, 则对应于 I_m 和 I_n 位置的矩阵分别为 P 和 Q. 但初等变换仅限于对矩阵 $\begin{bmatrix} A & I_m \\ I_n & O \end{bmatrix}$ 的前 m 行和前 n 列实施.

例 8.2 设 $A = \begin{bmatrix} 1 & -1 & 2 \\ 2 & 2 & 3 \end{bmatrix}$，求 A^-.

解 (1) 将 A 通过初等变换化为标准形 B，求出相应的 P 和 Q. 由于

$$\begin{bmatrix} A & I_2 \\ I_3 & O \end{bmatrix} = \begin{bmatrix} 1 & -1 & 2 & 1 & 0 \\ 2 & 2 & 3 & 0 & 1 \\ 1 & 0 & 0 & 0 & 0 \\ 0 & 1 & 0 & 0 & 0 \\ 0 & 0 & 1 & 0 & 0 \end{bmatrix}$$

$$\xrightarrow{c_2+c_1} \begin{bmatrix} 1 & 0 & 2 & 1 & 0 \\ 2 & 4 & 3 & 0 & 1 \\ 1 & 1 & 0 & 0 & 0 \\ 0 & 1 & 0 & 0 & 0 \\ 0 & 0 & 1 & 0 & 0 \end{bmatrix} \xrightarrow{c_3-2c_1} \begin{bmatrix} 1 & 0 & 0 & 1 & 0 \\ 2 & 4 & -1 & 0 & 1 \\ 1 & 1 & -2 & 0 & 0 \\ 0 & 1 & 0 & 0 & 0 \\ 0 & 0 & 1 & 0 & 0 \end{bmatrix}$$

$$\xrightarrow{r_2-2r_1} \begin{bmatrix} 1 & 0 & 0 & 1 & 0 \\ 0 & 4 & -1 & -2 & 1 \\ 1 & 1 & -2 & 0 & 0 \\ 0 & 1 & 0 & 0 & 0 \\ 0 & 0 & 1 & 0 & 0 \end{bmatrix} \xrightarrow{c_2 \leftrightarrow c_3} \begin{bmatrix} 1 & 0 & 0 & 1 & 0 \\ 0 & -1 & 4 & -2 & 1 \\ 1 & -2 & 1 & 0 & 0 \\ 0 & 0 & 1 & 0 & 0 \\ 0 & 1 & 0 & 0 & 0 \end{bmatrix}$$

$$\xrightarrow{(-1)r_2} \begin{bmatrix} 1 & 0 & 0 & 1 & 0 \\ 0 & 1 & -4 & 2 & -1 \\ 1 & -2 & 1 & 0 & 0 \\ 0 & 0 & 1 & 0 & 0 \\ 0 & 1 & 0 & 0 & 0 \end{bmatrix} \xrightarrow{c_3+4c_2} \begin{bmatrix} 1 & 0 & 0 & 1 & 0 \\ 0 & 1 & 0 & 2 & -1 \\ 1 & -2 & -7 & 0 & 0 \\ 0 & 0 & 1 & 0 & 0 \\ 0 & 1 & 4 & 0 & 0 \end{bmatrix}$$

所以

$$P = \begin{bmatrix} 1 & 0 \\ 2 & -1 \end{bmatrix}, \quad Q = \begin{bmatrix} 1 & -2 & -7 \\ 0 & 0 & 1 \\ 0 & 1 & 4 \end{bmatrix}, \quad B = \begin{bmatrix} 1 & 0 & 0 \\ 0 & 1 & 0 \end{bmatrix}$$

为简化计算过程, 可将上述计算步骤简写成

$$
\begin{array}{c}
c_2+c_1 \\
c_3-2c_1 \\
r_2-2r_1 \\
\xrightarrow{\hspace{1.5cm}} \\
c_2 \leftrightarrow c_3 \\
(-1)r_2 \\
c_3+4c_2
\end{array}
\left[
\begin{array}{ccccc}
1 & 0 & 0 & 1 & 0 \\
0 & 1 & 0 & 2 & -1 \\
1 & -2 & -7 & 0 & 0 \\
0 & 0 & 1 & 0 & 0 \\
0 & 1 & 4 & 0 & 0
\end{array}
\right]
$$

在本章后面例题中的计算过程将采用这种简化的表示法.

(2) 求 B 的减号逆. 由定理 8.2, $B^- = \left[\begin{array}{cc} 1 & 0 \\ 0 & 1 \\ * & * \end{array} \right]$, 其中 $*$ 为任意选取的数.

(3) 计算

$$
A^- = QB^-P = \left[\begin{array}{ccc} 1 & -2 & -7 \\ 0 & 0 & 1 \\ 0 & 1 & 4 \end{array} \right] \left[\begin{array}{cc} 1 & 0 \\ 0 & 1 \\ * & * \end{array} \right] \left[\begin{array}{cc} 1 & 0 \\ 2 & -1 \end{array} \right]
$$

如果取 $*$ 均为 0, 则有

$$
A^- = \left[\begin{array}{cc} -3 & 2 \\ 0 & 0 \\ 2 & -1 \end{array} \right]
$$

这便是 A 的一个减号逆. 当然还可以得到 A 的其他减号逆.

8.2.2 自反减号逆 A_r^-

我们知道, 对于普通的逆矩阵 A^{-1}, 有 $(A^{-1})^{-1} = A$, 即 A^{-1} 具有自反性. 但这一性质对于减号逆 A^- 一般不成立. 例如, 考虑矩阵 $A = \left[\begin{array}{cc} 1 & 0 \\ 1 & 0 \\ 1 & 0 \end{array} \right]$, 易知它有一个减号逆 $A^- = \left[\begin{array}{ccc} 1 & 0 & 0 \\ 0 & 1 & 0 \end{array} \right]$, 即有 $AA^-A = A$, 但是 $A^-AA^- = \left[\begin{array}{ccc} 1 & 0 & 0 \\ 1 & 0 & 0 \end{array} \right] \neq A^-$, 即 $(A^-)^- \neq A$.

为了使 A 与 A^- 能互为广义逆, 我们不妨对定义 8.2 加以限制, 使 A^- 具有这种 "自反" 性质. 为此给出自反减号逆矩阵的定义.

定义 8.3 设矩阵 $A \in F^{m \times n}$, 如果存在矩阵 $G \in F^{n \times m}$, 使得

$$AGA = A, \quad GAG = G$$

则称 G 是 A 的一个自反减号逆, 记为 $G = A_r^-$.

显然, A 的自反减号逆 A_r^- 是同时满足 M-P 方程中式 (8-1) 和 (8-2) 的广义逆矩阵, 即 $A_r^- \in A\{1, 2\}$. 同时, A_r^- 也是一个减号逆, 它满足自反性质 $(A_r^-)^- = A$.

例 8.3 设 $A = [\alpha_1 \quad \alpha_2 \quad \cdots \quad \alpha_r] \in F^{m \times r}$ 是一个酉矩阵, 即 A 的列向量满足

$$\alpha_i^H \alpha_j = \begin{cases} 1, & i = j \\ 0, & i \neq j \end{cases} \quad (i, j = 1, 2, \cdots, r)$$

则 A^H 是 A 的自反减号逆.

证 因为 $AA^HA = AI_r = A$, $A^HAA^H = I_rA^H = A^H$, 所以 A^H 是 A 的自反减号逆. $\qquad\square$

下面我们证明自反减号逆的存在性.

定理 8.3 (存在性) 任给矩阵 $A \in F^{m \times n}$, 其自反减号逆一定存在, 但不唯一.

证 任取矩阵 $A \in F^{m \times n}$, 若 $A = O$, 则 $A_r^- = O$ 满足定义 8.3, 是自反减号逆.

若 $A \neq O$, 设 $\mathrm{rank}(A) = r > 0$, 则存在可逆矩阵 P 和 Q, 使得 $PAQ = \begin{bmatrix} I_r & O \\ O & O \end{bmatrix}$. 设

$$G = Q \begin{bmatrix} I_r & X \\ Y & YX \end{bmatrix} P \tag{8-5}$$

其中, $X \in F^{r \times (n-r)}$, $Y \in F^{(m-r) \times r}$ 是任意矩阵, 则有

$$
AGA = P^{-1} \begin{bmatrix} I_r & O \\ O & O \end{bmatrix} Q^{-1} Q \begin{bmatrix} I_r & X \\ Y & YX \end{bmatrix} PP^{-1} \begin{bmatrix} I_r & O \\ O & O \end{bmatrix} Q^{-1}
$$

$$
= P^{-1} \begin{bmatrix} I_r & O \\ O & O \end{bmatrix} \begin{bmatrix} I_r & X \\ Y & YX \end{bmatrix} \begin{bmatrix} I_r & O \\ O & O \end{bmatrix} Q^{-1} = P^{-1} \begin{bmatrix} I_r & O \\ O & O \end{bmatrix} Q^{-1} = A
$$

及

$$
GAG = Q \begin{bmatrix} I_r & X \\ Y & YX \end{bmatrix} PP^{-1} \begin{bmatrix} I_r & O \\ O & O \end{bmatrix} Q^{-1} Q \begin{bmatrix} I_r & X \\ Y & YX \end{bmatrix} P
$$

$$= Q \begin{bmatrix} I_r & X \\ Y & YX \end{bmatrix} \begin{bmatrix} I_r & O \\ O & O \end{bmatrix} \begin{bmatrix} I_r & X \\ Y & YX \end{bmatrix} P = Q \begin{bmatrix} I_r & X \\ Y & YX \end{bmatrix} P = G$$

故 G 是 A 的自反减号逆矩阵. 由于 X, Y 可任选, 所以显然 G 不唯一. □

利用定理 8.3 可以类似于求减号逆一样计算矩阵的自反减号逆.

算法 8.2　(1) 化矩阵 A 为标准形, 求出相应的可逆矩阵 P 和 Q;

(2) 构造自反减号逆 $G = Q \begin{bmatrix} I_r & X \\ Y & YX \end{bmatrix} P$.

定理 8.4　设 $X, Y \in F^{n \times m}$ 均为 $A \in F^{m \times n}$ 的减号逆, 则 $Z = XAY$ 是 A 的自反减号逆.

证　因为 X, Y 均为 A 的减号逆, 于是有 $AXA = A$, $AYA = A$. 进而有

$$AZA = AXAYA = AYA = A$$

及

$$ZAZ = XAYAXAY = XAXAY = XAY = Z$$

故 Z 是 A 的自反减号逆. □

定理 8.4 又给出了利用 A 的减号逆 A^- 构造其自反减号逆 A_r^- 的一种方法.

例 8.4　求 $A = \begin{bmatrix} 1 & 0 & 0 \\ 0 & 1 & 0 \end{bmatrix}$ 的自反减号逆.

解　先求 A 的减号逆. 由于 A 本身就是标准形, 所以 $A^- = \begin{bmatrix} 1 & 0 \\ 0 & 1 \\ * & * \end{bmatrix}$.

取 A 的两个减号逆 $X = \begin{bmatrix} 1 & 0 \\ 0 & 1 \\ 1 & 0 \end{bmatrix}$ 和 $Y = \begin{bmatrix} 1 & 0 \\ 0 & 1 \\ 0 & 1 \end{bmatrix}$, 则 $A_r^- = XAY = $

$\begin{bmatrix} 1 & 0 \\ 0 & 1 \\ 1 & 0 \end{bmatrix}$ 是 A 的一个自反减号逆.

除了利用定理 8.3 和定理 8.4 计算矩阵的自反减号逆之外, 其计算还常涉及矩阵的左逆及右逆这两个特殊的减号逆 (俗称单边逆). 事实上, 在计算后面将介绍的最小范数广义逆、最小二乘广义逆、加号逆时也常涉及左逆及右逆. 因此, 在此先介绍矩阵的左逆、右逆及性质.

定义 8.4 设矩阵 $A \in F^{m \times n}$, 如果存在矩阵 $G \in F^{n \times m}$, 使得

$$GA = I_n \quad 或 \quad AG = I_m$$

则称 G 是 A 的左 (或右) 逆矩阵, 简称 G 是 A 的左 (或右) 逆, 记为 $G = A_L^{-1}$ (或 $G = A_R^{-1}$). 如果 A 有左 (或右) 逆矩阵, 则称 A 是左 (或右) 可逆的.

定理 8.5 设 $A \in F^{m \times n}$, 则

(1) A 是左可逆的充要条件是 A 为列满秩矩阵, 即 $\text{rank}(A) = n$;

(2) A 是右可逆的充要条件是 A 为行满秩矩阵, 即 $\text{rank}(A) = m$.

证 (1) 充分性. 若 A 是列满秩矩阵, 则 $A^H A$ 是 n 阶满秩方阵, 令

$$G = (A^H A)^{-1} A^H \tag{8-6}$$

则有 $GA = (A^H A)^{-1} A^H A = I_n$, 故 G 是 A 的一个左逆矩阵, 因而 A 是左可逆的.

必要性. 因 A 有左逆矩阵 A_L^{-1}, 由定义 8.4 可知 $A_L^{-1} A = I_n$, 于是

$$\text{rank}(A) \geqslant \text{rank}(A_L^{-1} A) = \text{rank}(I_n) = n$$

因此 $\text{rank}(A) = n$, 故 A 是列满秩矩阵.

(2) 只要注意到

$$G = A^H (A A^H)^{-1} \tag{8-7}$$

是 A 的一个右逆矩阵, 其余证明类似于 (1) 的证明. $\qquad\square$

由定义 8.4, 在一般情况下 A_L^{-1} 和 A_R^{-1} 可能不同时存在, 因此 $A_L^{-1} \neq A_R^{-1}$. 当且仅当 $m = n$ 且 A 为满秩矩阵时, A_L^{-1} 和 A_R^{-1} 才同时存在, 且 $A_L^{-1} = A_R^{-1} = A^{-1}$. 另外, 容易验证由式 (8-6)(或式 (8-7)) 定义的左逆 (或右逆) 矩阵满足 M-P 方程 (8-1) $\sim$ (8-4), 即左逆 (或右逆) 矩阵是 M-P 广义逆. 因此, 也是减号逆和自反减号逆.

定理 8.6 (1) 设矩阵 $A \in F^{m \times n}$, 且 A 为列满秩矩阵 $(m \leqslant n)$, 利用初等行变换可把矩阵 $[A \quad I_m]$ 化为 $\begin{bmatrix} I_n & G \\ O & * \end{bmatrix}$, 则 G 就是 A 的一个左逆矩阵;

(2) 设矩阵 $A \in F^{m \times n}$, 且 A 为行满秩矩阵 $(n \leqslant m)$, 利用初等列变换将矩阵 $\begin{bmatrix} A \\ I_n \end{bmatrix}$ 化为 $\begin{bmatrix} I_m & O \\ G & * \end{bmatrix}$, 则 G 是 A 的一个右逆矩阵.

证 (1) 对 A 进行一系列初等行变换, 就相当于存在一个 m 阶可逆矩阵 P, 满足 $P[A \quad I_m] = \begin{bmatrix} I_n & G \\ O & * \end{bmatrix}$. 令 $P = \begin{bmatrix} P_1 \\ P_2 \end{bmatrix}$, 其中 $P_1 \in F^{n \times m}, P_2 \in F^{(m-n) \times m}$,

代入 P 可得

$$\begin{bmatrix} P_1 A & P_1 \\ P_2 A & P_2 \end{bmatrix} = \begin{bmatrix} I_n & G \\ O & * \end{bmatrix}$$

于是有

$$G = P_1, \quad GA = P_1 A = I_n$$

故 G 是 A 的一个左逆矩阵.

(2) 的证明类似, 故略去.   □

算法 8.3　(1) 若 A 是行满秩矩阵, 即 $\mathrm{rank}(A) = m \leqslant n$, 则自反减号逆为 $A_{\mathrm{r}}^- = A_{\mathrm{R}}^{-1}$;

(2) 若 A 是列满秩矩阵, 即 $\mathrm{rank}(A) = n \leqslant m$, 则自反减号逆为 $A_{\mathrm{r}}^- = A_{\mathrm{L}}^{-1}$;

(3) 若 A 既不是行满秩也不是列满秩矩阵, 即 $\mathrm{rank}(A) = r < \min\{m, n\}$, 则存在矩阵 B, C 分别为列满秩和行满秩矩阵, 使 $A = BC$. 可以证明

$$A_{\mathrm{r}}^- = C_{\mathrm{R}}^{-1} B_{\mathrm{L}}^{-1} \tag{8-8}$$

即 A 的一个自反减号逆.

证　由于

$$A A_{\mathrm{r}}^- A = B C C_{\mathrm{R}}^{-1} B_{\mathrm{L}}^{-1} B C = B C = A$$

$$A_{\mathrm{r}}^- A A_{\mathrm{r}}^- = C_{\mathrm{R}}^{-1} B_{\mathrm{L}}^{-1} B C C_{\mathrm{R}}^{-1} B_{\mathrm{L}}^{-1} = C_{\mathrm{R}}^{-1} B_{\mathrm{L}}^{-1} = A_{\mathrm{r}}^-$$

所以 $A_{\mathrm{r}}^- = C_{\mathrm{R}}^{-1} B_{\mathrm{L}}^{-1}$ 是 A 的自反减号逆. 其中, 矩阵 B, C 可如下获得.

令可逆矩阵 P 和 Q, 使得 $PAQ = \begin{bmatrix} I_r & O \\ O & O \end{bmatrix}$, 于是

$$A = P^{-1} \begin{bmatrix} I_r & O \\ O & O \end{bmatrix} Q^{-1} = P^{-1} \begin{bmatrix} I_r \\ O \end{bmatrix} \begin{bmatrix} I_r & O \end{bmatrix} Q^{-1}$$

取 $B = P^{-1} \begin{bmatrix} I_r \\ O \end{bmatrix}$, $C = [I_r \quad O] Q^{-1}$ 即可.   □

例 8.5　设 $A = \begin{bmatrix} 1 & 2 & -1 \\ 0 & -1 & 2 \end{bmatrix}$, 试求 A 的自反减号逆.

解 $\operatorname{rank}(A) = 2$, A 为行满秩矩阵, 故 $A_r^- = A_R^{-1}$. 由于

$$\begin{bmatrix} A \\ I_3 \end{bmatrix} = \begin{bmatrix} 1 & 2 & -1 \\ 0 & -1 & 2 \\ 1 & 0 & 0 \\ 0 & 1 & 0 \\ 0 & 0 & 1 \end{bmatrix} \xrightarrow[\substack{c_3+c_1 \\ c_3-2c_1}]{\substack{c_2\times(-1) \\ c_2+2c_1}} \begin{bmatrix} 1 & 0 & 0 \\ 0 & 1 & 0 \\ 1 & 2 & -3 \\ 0 & -1 & 2 \\ 0 & 0 & 1 \end{bmatrix}$$

所以 $A_r^- = A_R^{-1} = \begin{bmatrix} 1 & 2 \\ 0 & -1 \\ 0 & 0 \end{bmatrix}$.

例 8.6 设 $A = \begin{bmatrix} 1 & 2 \\ 2 & 1 \\ 1 & 1 \end{bmatrix}$, 试求 A 的自反减号逆.

解 $\operatorname{rank}(A) = 2$, A 为列满秩矩阵, 故 $A_r^- = A_L^{-1}$. 由于

$$[A \quad I_3] = \begin{bmatrix} 1 & 2 & 1 & 0 & 0 \\ 2 & 1 & 0 & 1 & 0 \\ 1 & 1 & 0 & 0 & 1 \end{bmatrix} \xrightarrow[\substack{-\frac{1}{3}r_2 \\ r_1-2r_2 \\ r_3+r_2}]{\substack{r_2-2r_1 \\ r_3-r_1}} \begin{bmatrix} 1 & 0 & -1/3 & -2/3 & 0 \\ 0 & 1 & 2/3 & 1/3 & 0 \\ 0 & 0 & -1/3 & 1/3 & 1 \end{bmatrix}$$

所以 $A_r^- = A_L^{-1} = \begin{bmatrix} -1/3 & -2/3 & 0 \\ 2/3 & 1/3 & 0 \end{bmatrix}$.

例 8.7 设 $A = \begin{bmatrix} 1 & 2 & 0 \\ 0 & 0 & 2 \\ 2 & 4 & 0 \end{bmatrix}$, 求 A 的自反减号逆.

解 $\operatorname{rank}(A) = 2 < 3$, A 既非行满秩也非列满秩矩阵. 先将 A 化为标准形:

$$\begin{bmatrix} A & I_3 \\ I_3 & O \end{bmatrix} = \begin{bmatrix} 1 & 2 & 0 & 1 & 0 & 0 \\ 0 & 0 & 2 & 0 & 1 & 0 \\ 2 & 4 & 0 & 0 & 0 & 1 \\ 1 & 0 & 0 & 0 & 0 & 0 \\ 0 & 1 & 0 & 0 & 0 & 0 \\ 0 & 0 & 1 & 0 & 0 & 0 \end{bmatrix}$$

$$\xrightarrow[\substack{r_3-2r_1\\c_3-2c_1}]{\substack{c_2\leftrightarrow c_3\\\frac{1}{2}r_2}} \begin{bmatrix} 1 & 0 & 0 & 1 & 0 & 0 \\ 0 & 1 & 0 & 0 & 1/2 & 0 \\ 0 & 0 & 0 & -2 & 0 & 1 \\ 1 & 0 & -2 & 0 & 0 & 0 \\ 0 & 0 & 1 & 0 & 0 & 0 \\ 0 & 1 & 0 & 0 & 0 & 0 \end{bmatrix}$$

于是有

$$P = \begin{bmatrix} 1 & 0 & 0 \\ 0 & 1/2 & 0 \\ -2 & 0 & 1 \end{bmatrix}, \quad Q = \begin{bmatrix} 1 & 0 & -2 \\ 0 & 0 & 1 \\ 0 & 1 & 0 \end{bmatrix}$$

令

$$B = P^{-1}\begin{bmatrix} I_2 \\ O \end{bmatrix} = \begin{bmatrix} 1 & 0 & 0 \\ 0 & 1/2 & 0 \\ -2 & 0 & 1 \end{bmatrix}^{-1}\begin{bmatrix} 1 & 0 \\ 0 & 1 \\ 0 & 0 \end{bmatrix} = \begin{bmatrix} 1 & 0 \\ 0 & 2 \\ 2 & 0 \end{bmatrix}$$

$$C = [I_2 \quad O]Q^{-1} = \begin{bmatrix} 1 & 0 & 0 \\ 0 & 1 & 0 \end{bmatrix}\begin{bmatrix} 1 & 0 & -2 \\ 0 & 0 & 1 \\ 0 & 1 & 0 \end{bmatrix}^{-1} = \begin{bmatrix} 1 & 2 & 0 \\ 0 & 0 & 1 \end{bmatrix}$$

类似于例 8.4 和例 8.5 可得

$$C_{\mathrm{R}}^{-1} = \begin{bmatrix} 1 & 0 \\ 0 & 0 \\ 0 & 1 \end{bmatrix}, \quad B_{\mathrm{L}}^{-1} = \begin{bmatrix} 1 & 0 & 0 \\ 0 & 1/2 & 0 \end{bmatrix}$$

所以

$$A_{\mathrm{r}}^- = C_{\mathrm{R}}^{-1}B_{\mathrm{L}}^{-1} = \begin{bmatrix} 1 & 0 \\ 0 & 0 \\ 0 & 1 \end{bmatrix}\begin{bmatrix} 1 & 0 & 0 \\ 0 & 1/2 & 0 \end{bmatrix} = \begin{bmatrix} 1 & 0 & 0 \\ 0 & 0 & 0 \\ 0 & 1/2 & 0 \end{bmatrix}$$

8.2.3　最小范数广义逆 A_{m}^-

定义 8.5　设矩阵 $A \in F^{m\times n}$，若存在矩阵 $G \in F^{n\times m}$ 满足

$$AGA = A, \quad (GA)^{\mathrm{H}} = GA$$

则称 G 为 A 的一个最小范数广义逆, 记为 $G = A_{\mathrm{m}}^{-}$.

显然, 矩阵 A 的最小范数广义逆 A_{m}^{-} 同时满足 M-P 方程中式 (8-1) 和式 (8-3), 即 $A_{\mathrm{m}}^{-} \in A\{1,3\}$. A_{m}^{-} 也是一个减号逆.

由矩阵的左 (右) 逆的定义知, 左 (右) 逆也是最小范数广义逆. 结合算法 8.3 给出求 A_{m}^{-} 的方法.

算法 8.4 (1) 当 A 为行 (或列) 满秩矩阵时, $A_{\mathrm{m}}^{-} = A_{\mathrm{R}}^{-1} = A^{\mathrm{H}}(AA^{\mathrm{H}})^{-1}$(或 $A_{\mathrm{m}}^{-} = A_{\mathrm{L}}^{-1} = (A^{\mathrm{H}}A)^{-1}A^{\mathrm{H}}$);

(2) 当 A 既非行满秩也非列满秩矩阵, 即 $\mathrm{rank}(A) = r < \min\{m,n\}$ 时, 将 A 满秩分解成 $A = BC$(B 为列满秩矩阵、C 为行满秩矩阵), 则有 $A_{\mathrm{m}}^{-} = C_{\mathrm{R}}^{-1}B_{\mathrm{L}}^{-1}$.

一般情况下, 用满秩分解计算 A_{m}^{-} 比较麻烦, 还可以有如下方法.

算法 8.5 设 $A \in F^{m \times n}(m \leqslant n)$, 则

$$A_{\mathrm{m}}^{-} = A^{\mathrm{H}}(AA^{\mathrm{H}})^{-} \tag{8-9}$$

证 因为 $(AA^{\mathrm{H}})^{-}$ 是一个减号逆矩阵, 所以有

$$(AA^{\mathrm{H}})(AA^{\mathrm{H}})^{-}(AA^{\mathrm{H}}) = AA^{\mathrm{H}}$$

设 $\mathrm{rank}(A) = r$, 则按满秩分解有 $A = BC$, $\mathrm{rank}(B) = \mathrm{rank}(C) = r$. 将 $A = BC$ 代入上式有

$$(BC)(BC)^{\mathrm{H}}(AA^{\mathrm{H}})^{-}(BC)(BC)^{\mathrm{H}} = (BC)(BC)^{\mathrm{H}}$$

即

$$BCC^{\mathrm{H}}B^{\mathrm{H}}(AA^{\mathrm{H}})^{-}BCC^{\mathrm{H}}B^{\mathrm{H}} = BCC^{\mathrm{H}}B^{\mathrm{H}}$$

用 $B(B^{\mathrm{H}}B)^{-1}(CC^{\mathrm{H}})^{-1}C$ 右乘上式两端, 得

$$BCC^{\mathrm{H}}B^{\mathrm{H}}(AA^{\mathrm{H}})^{-}BC = BC$$

即

$$AA^{\mathrm{H}}(AA^{\mathrm{H}})^{-}A = A$$

所以式 (8-9) 满足 M-P 方程 (8-1).

又因为

$$[A^{\mathrm{H}}(AA^{\mathrm{H}})^{-}A]^{\mathrm{H}} = A^{\mathrm{H}}(AA^{\mathrm{H}})^{-}A$$

所以式 (8-9) 满足 M-P 方程 (8-3).

故 $A^{\mathrm{H}}(A^{\mathrm{H}}A)^-$ 为 A 的一个最小范数广义逆. □

因为减号逆 $(AA^{\mathrm{H}})^-$ 不是唯一的, 所以最小范数广义逆也不是唯一的.

例 8.8 设 $A = \begin{bmatrix} 1 & 2 & 3 \\ 1 & 0 & 1 \\ 2 & 0 & 2 \\ 2 & 4 & 6 \end{bmatrix}$, 求最小范数广义逆 A_{m}^-.

解 因为 $\mathrm{rank}(A) = r = 2 < \min\{3, 4\}$, 用算法 8.4 计算 A_{m}^-. 易求得

$$P = \begin{bmatrix} 0 & 1 & 0 & 0 \\ 1/2 & -1/2 & 0 & 0 \\ 0 & -2 & 1 & 0 \\ -2 & 0 & 0 & 1 \end{bmatrix}, \quad Q = \begin{bmatrix} 1 & 0 & -1 \\ 0 & 1 & -1 \\ 0 & 0 & 1 \end{bmatrix}$$

使得 $PAQ = \begin{bmatrix} I_2 & O \\ O & O \end{bmatrix}$. 令

$$B = P^{-1} \begin{bmatrix} I_2 \\ O \end{bmatrix} = \begin{bmatrix} 1 & 1 & 2 & 2 \\ 2 & 0 & 0 & 4 \end{bmatrix}^{\mathrm{T}}$$

$$C = [I_2 \quad O]Q^{-1} = \begin{bmatrix} 1 & 0 & 1 \\ 0 & 1 & 1 \end{bmatrix}$$

则

$$B_{\mathrm{L}}^{-1} = (B^{\mathrm{H}}B)^{-1}B^{\mathrm{H}} = \frac{1}{10} \begin{bmatrix} 0 & 2 & 4 & 0 \\ 1 & -1 & -2 & 2 \end{bmatrix}$$

$$C_{\mathrm{R}}^{-1} = C^{\mathrm{H}}(CC^{\mathrm{H}})^{-1} = \frac{1}{3} \begin{bmatrix} 2 & -1 \\ -1 & 2 \\ 1 & 1 \end{bmatrix}$$

所以

$$A_{\mathrm{m}}^- = C_{\mathrm{R}}^{-1}B_{\mathrm{L}}^{-1} = \frac{1}{30} \begin{bmatrix} -1 & 5 & 10 & 2 \\ 2 & -4 & -8 & 4 \\ 1 & 1 & 2 & 2 \end{bmatrix}$$

8.2.4 最小二乘广义逆 A_1^-

定义 8.6 设矩阵 $A \in F^{m \times n}(m \leqslant n)$, 若存在矩阵 $G \in F^{n \times m}$ 满足

$$AGA = A, \quad (AG)^{\mathrm{H}} = AG$$

则称 G 为 A 的一个最小二乘广义逆, 记为 $G = A_1^-$.

显然, 矩阵 A 的最小二乘广义逆 A_1^- 同时满足 M-P 方程中式 (8-1) 和式 (8-4), 即 $A_1^- \in A\{1, 4\}$. A_1^- 也是一个减号逆.

由矩阵的左 (右) 逆的定义知, 左 (右) 逆也是最小二乘广义逆. 结合算法 8.3 给出求 A_1^- 的方法.

算法 8.6 (1) 当 A 为行 (或列) 满秩矩阵时, $A_1^- = A_{\mathrm{R}}^{-1}$(或 $A_1^- = A_{\mathrm{L}}^{-1}$);

(2) 当 A 既非行满秩也非列满秩矩阵, 即 $\mathrm{rank}(A) = r < \min\{m, n\}$ 时, 将 A 满秩分解成 $A = BC$, 其中 B 为列满秩矩阵, C 为行满秩矩阵, 则有 $A_1^- = C_{\mathrm{R}}^{-1} B_{\mathrm{L}}^{-1}$. (证明留作习题 8.9.)

一般情况下, 用满秩分解计算 A_1^- 比较麻烦, 还可以有如下方法.

算法 8.7 设 $A \in F^{m \times n}(m \leqslant n)$, 则

$$A_1^- = (A^{\mathrm{H}} A)^- A^{\mathrm{H}} \tag{8-10}$$

证 因为 $(A^{\mathrm{H}} A)^-$ 是一个减号逆矩阵, 故有

$$(A^{\mathrm{H}} A)(A^{\mathrm{H}} A)^-(A^{\mathrm{H}} A) = A^{\mathrm{H}} A$$

设 $\mathrm{rank}(A) = r$, 则按满秩分解有 $A = BC$, $\mathrm{rank}(B) = \mathrm{rank}(C) = r$, 将 $A = BC$ 代上式有

$$(BC)^{\mathrm{H}}(BC)(A^{\mathrm{H}} A)^-(BC)^{\mathrm{H}}(BC) = (BC)^{\mathrm{H}}(BC)$$

即

$$C^{\mathrm{H}} B^{\mathrm{H}} BC(A^{\mathrm{H}} A)^- C^{\mathrm{H}} B^{\mathrm{H}} BC = C^{\mathrm{H}} B^{\mathrm{H}} BC$$

用 $B(B^{\mathrm{H}} B)^{-1}(CC^{\mathrm{H}})^{-1} C$ 左乘上式两端, 得

$$BC(A^{\mathrm{H}} A)^- C^{\mathrm{H}} B^{\mathrm{H}} BC = BC$$

即

$$A(A^{\mathrm{H}} A)^- A^{\mathrm{H}} A = A$$

所以式 (8-10) 满足 M-P 方程 (8-1).

又因为

$$[A(A^{\mathrm{H}}A)^{-}A^{\mathrm{H}}]^{\mathrm{H}} = A(A^{\mathrm{H}}A)^{-}A^{\mathrm{H}}$$

所以式 (8-10) 满足 M-P 方程 (8-4).

故 $(A^{\mathrm{H}}A)^{-}A^{\mathrm{H}}$ 为 A 的一个最小二乘广义逆.   □

因为减号逆 $(A^{\mathrm{H}}A)^{-}$ 不是唯一的, 所以最小二乘广义逆也不是唯一的.

例 8.9 设 $A = \begin{bmatrix} 1 & 0 & 1 \\ 2 & 1 & 2 \\ 2 & 0 & 2 \end{bmatrix}$, 求最小二乘广义逆.

解 利用算法 8.7. 首先计算

$$A^{\mathrm{H}}A = \begin{bmatrix} 9 & 2 & 9 \\ 2 & 1 & 2 \\ 9 & 2 & 9 \end{bmatrix}$$

并求出

$$P = \begin{bmatrix} 1/5 & -2/5 & 0 \\ -2/5 & 9/5 & 0 \\ -1 & 0 & 1 \end{bmatrix}, \quad Q = \begin{bmatrix} 1 & 0 & -1 \\ 0 & 1 & 0 \\ 0 & 0 & 1 \end{bmatrix}$$

使得 $P(A^{\mathrm{H}}A)Q = \begin{bmatrix} I_2 & O \\ O & O \end{bmatrix}$. 于是

$$(A^{\mathrm{H}}A)^{-} = Q \begin{bmatrix} I_2 & O \\ O & O \end{bmatrix} P = \begin{bmatrix} 1/5 & -2/5 & 0 \\ -2/5 & 9/5 & 0 \\ 0 & 0 & 0 \end{bmatrix}$$

所以

$$A_1^{-} = (A^{\mathrm{H}}A)^{-}A^{\mathrm{H}} = \begin{bmatrix} 1/5 & 0 & 2/5 \\ -2/5 & 1 & -4/5 \\ 0 & 0 & 0 \end{bmatrix}$$

8.2.5 加号逆 A^{+}

前面我们对减号逆 A^{-} 加以不同限制, 得出了不同的广义逆矩阵. 其实, 还有一类更特殊也更为重要的广义逆, 就是加号逆 A^{+}.

定义 8.7 设矩阵 $A \in F^{m \times n}$, 如果存在矩阵 $G \in F^{n \times m}$ 满足

$$AGA = A, \quad GAG = G, \quad (AG)^{\mathrm{H}} = AG, \quad (GA)^{\mathrm{H}} = GA$$

则称 G 是 A 的加号逆, 或伪逆, 或 M-P 广义逆, 记为 $G = A^+$.

　　显然, 矩阵的加号逆 A^+ 同时满足 M-P 方程中的四个方程, 即 $A^+ \in A\{1, 2, 3, 4\}$. 同时, A^+ 也是减号逆、自反减号逆、最小范数广义逆和最小二乘广义逆. 加号逆很像通常的逆矩阵, 因为 A^{-1} 也满足 M-P 方程中的四个方程. 另外, AA^+ 与 A^+A 都是对称矩阵.

　　定理 8.7 设矩阵 $A \in F^{m \times n}$, $\mathrm{rank}(A) = r$, 且 $A = BC$ 是 A 的满秩分解, 则

$$X = C^{\mathrm{H}}(CC^{\mathrm{H}})^{-1}(B^{\mathrm{H}}B)^{-1}B^{\mathrm{H}}$$

是 A 的加号逆.

　　证 (1) $AXA = BCC^{\mathrm{H}}(CC^{\mathrm{H}})^{-1}(B^{\mathrm{H}}B)^{-1}B^{\mathrm{H}}BC = BC = A$;

　　(2) $XAX = C^{\mathrm{H}}(CC^{\mathrm{H}})^{-1}(B^{\mathrm{H}}B)^{-1}B^{\mathrm{H}}BCC^{\mathrm{H}}(CC^{\mathrm{H}})^{-1}(B^{\mathrm{H}}B)^{-1}B^{\mathrm{H}}$

$$= C^{\mathrm{H}}(CC^{\mathrm{H}})^{-1}(B^{\mathrm{H}}B)^{-1}B^{\mathrm{H}} = X;$$

　　(3) $(AX)^{\mathrm{H}} = [BCC^{\mathrm{H}}(CC^{\mathrm{H}})^{-1}(B^{\mathrm{H}}B)^{-1}B^{\mathrm{H}}]^{\mathrm{H}} = [B(B^{\mathrm{H}}B)^{-1}B^{\mathrm{H}}]^{\mathrm{H}}$

$$= B(B^{\mathrm{H}}B)^{-1}B^{\mathrm{H}} = AX;$$

　　(4) $(XA)^{\mathrm{H}} = [C^{\mathrm{H}}(CC^{\mathrm{H}})^{-1}(B^{\mathrm{H}}B)^{-1}B^{\mathrm{H}}BC]^{\mathrm{H}} = [C^{\mathrm{H}}(CC^{\mathrm{H}})^{-1}C]^{\mathrm{H}}$

$$= C^{\mathrm{H}}(CC^{\mathrm{H}})^{-1}C = XA.$$

因此 X 是 A 的加号逆. $\qquad\qquad\qquad\qquad\qquad\qquad\qquad\qquad\qquad$ □

　　推论 8.2 设矩阵 $A \in F^{m \times n}$, $\mathrm{rank}(A) = r$, 则

(1) 当 $r = n$(即 A 列满秩) 时, $A^+ = (A^{\mathrm{H}}A)^{-1}A^{\mathrm{H}} = A_{\mathrm{L}}^{-1}$;

(2) 当 $r = m$(即 A 行满秩) 时, $A^+ = A^{\mathrm{H}}(AA^{\mathrm{H}})^{-1} = A_{\mathrm{R}}^{-1}$.

　　定理 8.8 对任意矩阵 $A \in F^{m \times n}$, 其加号逆 A^+ 是唯一的.

　　证 设 X 与 Y 均是 A 的加号逆, 则有

$$X = XAX = X(AYA)X = X(AY)^{\mathrm{H}}(AX)^{\mathrm{H}} = XY^{\mathrm{H}}A^{\mathrm{H}}X^{\mathrm{H}}A^{\mathrm{H}}$$

$$= XY^{\mathrm{H}}(AXA)^{\mathrm{H}} = XY^{\mathrm{H}}A^{\mathrm{H}} = X(AY)^{\mathrm{H}} = XAY = X(AYA)Y$$

$$= (XA)^{\mathrm{H}}(YA)^{\mathrm{H}}Y = A^{\mathrm{H}}X^{\mathrm{H}}A^{\mathrm{H}}Y^{\mathrm{H}}Y = (AXA)^{\mathrm{H}}Y^{\mathrm{H}}Y$$

$$= A^{\mathrm{H}}Y^{\mathrm{H}}Y = (YA)^{\mathrm{H}}Y = YAY = Y \qquad\qquad\qquad\qquad\quad$$ □

　　推论 8.3 若 $A \in F^{n \times n}$ 是满秩方阵, 即 A^{-1} 存在, 则 $A^+ = A^{-1} = A^-$.

加号逆 A^+ 具有一些常用性质.

定理 8.9   设 $A \in F^{m \times n}$, 则

(1) $(A^H A)^+ = A^+(A^H)^+$;

(2) $\text{rank}(A) = \text{rank}(A^+) = \text{rank}(A^+A) = \text{rank}(AA^+)$.

证   (1) $(A^H A)^+ = (A^H A)^+ A^H A (A^H A)^+ = A^+[A(A^H A)^+] = A^+(A^H)^+$;

(2) 由 $A = AA^+A, A^+ = A^+AA^+$, 知

$$\text{rank}(A) = \text{rank}(AA^+A) \leqslant \text{rank}(A^+A)$$

$$\leqslant \text{rank}(A^+) = \text{rank}(A^+AA^+)$$

$$\leqslant \text{rank}(AA^+) \leqslant \text{rank}(A) \qquad \qquad \square$$

注意: 对于同阶可逆矩阵 A, B, 有 $(AB)^{-1} = B^{-1}A^{-1}$, 定理 8.9 之 (1) 表明对于特殊的矩阵 A 和 A^H, 加号逆 $(A^H A)^+$ 也有类似的性质. 但对一般情况, 这个性质不成立, 即 $(AB)^+ \neq B^+A^+$. 例如

若 $A = \begin{bmatrix} 1 & 0 \\ 0 & 0 \end{bmatrix}$, $B = \begin{bmatrix} 1 & 1 \\ 0 & 1 \end{bmatrix}$, 则 $A^+ = \begin{bmatrix} 1 & 0 \\ 0 & 0 \end{bmatrix}$, $B^+ = \begin{bmatrix} 1 & -1 \\ 0 & 1 \end{bmatrix}$,

$(AB)^+ = \dfrac{1}{2}\begin{bmatrix} 1 & 0 \\ 1 & 0 \end{bmatrix}$. 不难验证 $(AB)^+ \neq B^+A^+$.

此外, $(A^2)^+$ 也未必等于 $(A^+)^2$.

下面介绍 A^+ 的计算方法.

由矩阵的左 (右) 逆的定义知, 左 (右) 逆也是加号逆. 结合算法 8.3 给出求 A^+ 的方法.

算法 8.8   (1) 如果 A 为行满秩 (或列满秩) 矩阵, 则

$$A^+ = A_R^{-1} = A^H(AA^H)^{-1} \quad (\text{或 } A^+ = A_L^{-1} = (A^H A)^{-1}A^H) \tag{8-11}$$

(2) 如果 $\text{rank}(A) = r < \min\{m, n\}$, 将 A 满秩分解成 $A = BC$(其中 B 为列满秩矩阵, C 为行满秩矩阵), 则有

$$A^+ = C_R^{-1} B_L^{-1} = C^+ B^+ \tag{8-12}$$

其中, $C_R^{-1} = C^+ = C^H(CC^H)^{-1}, B_L^{-1} = B^+ = (B^H B)^{-1}B^H$.

必须注意的是, 这里的左逆与右逆必须按公式 (8-11) 计算, 如果按初等变换法写出别的形式, 就不能保证 A^+ 的唯一性.

例 8.10 设 $A = \begin{bmatrix} 1 & 2 & 0 \\ 0 & 0 & 2 \\ 2 & 4 & 0 \end{bmatrix}$，求加号逆 A^+.

解 $\mathrm{rank}(A) = 2 < 3$，用算法 8.8 求 A^+.

将 A 经初等变换化为标准形: $PAQ = \begin{bmatrix} I_2 & O \\ O & O \end{bmatrix}$，其中

$$P = \begin{bmatrix} 1 & 0 & 0 \\ 0 & 1/2 & 0 \\ -2 & 0 & 1 \end{bmatrix}, \quad Q = \begin{bmatrix} 1 & 0 & -2 \\ 0 & 0 & 1 \\ 0 & 1 & 0 \end{bmatrix}$$

令

$$B = P^{-1} \begin{bmatrix} I_2 \\ O \end{bmatrix} = \begin{bmatrix} 1 & 0 & 0 \\ 0 & 2 & 0 \\ 2 & 0 & 1 \end{bmatrix} \begin{bmatrix} 1 & 0 \\ 0 & 1 \\ 0 & 0 \end{bmatrix} = \begin{bmatrix} 1 & 0 \\ 0 & 2 \\ 2 & 0 \end{bmatrix}$$

$$C = [I_2 \quad O]Q^{-1} = \begin{bmatrix} 1 & 0 & 0 \\ 0 & 1 & 0 \end{bmatrix} \begin{bmatrix} 1 & 2 & 0 \\ 0 & 0 & 1 \\ 0 & 0 & 1 \end{bmatrix} = \begin{bmatrix} 1 & 2 & 0 \\ 0 & 0 & 1 \end{bmatrix}$$

则 $A = BC$. 计算可得

$$B_{\mathrm{L}}^{-1} = (B^{\mathrm{H}}B)^{-1}B^{\mathrm{H}} = \begin{bmatrix} 5 & 0 \\ 0 & 4 \end{bmatrix}^{-1} \begin{bmatrix} 1 & 0 & 2 \\ 0 & 2 & 0 \end{bmatrix} = \frac{1}{10} \begin{bmatrix} 2 & 0 & 4 \\ 0 & 5 & 0 \end{bmatrix}$$

$$C_{\mathrm{R}}^{-1} = C^{\mathrm{H}}(CC^{\mathrm{H}})^{-1} = \begin{bmatrix} 1 & 0 \\ 2 & 0 \\ 0 & 1 \end{bmatrix} \begin{bmatrix} 5 & 0 \\ 0 & 1 \end{bmatrix}^{-1}$$

$$= \begin{bmatrix} 1 & 0 \\ 2 & 0 \\ 0 & 1 \end{bmatrix} \begin{bmatrix} 1/5 & 0 \\ 0 & 1 \end{bmatrix} = \frac{1}{5} \begin{bmatrix} 1 & 0 \\ 2 & 0 \\ 0 & 5 \end{bmatrix}$$

所以

$$A^+ = C_{\mathrm{R}}^{-1}B_{\mathrm{L}}^{-1} = \frac{1}{50} \begin{bmatrix} 2 & 0 & 4 \\ 4 & 0 & 8 \\ 0 & 25 & 0 \end{bmatrix}$$

8.3 广义逆矩阵的应用

本节主要介绍广义逆矩阵在求解线性方程组问题中的各种应用.

8.3.1 线性方程组求解问题

考虑非齐次线性方程组

$$Ax = b \tag{8-13}$$

其中, $A \in F^{m \times n}, b \in F^m$ 为已知矩阵和向量, $x \in F^n$ 为未知向量.

若 $\mathrm{rank}(A \quad b) = \mathrm{rank}(A)$, 则方程组 (8-13) 有解, 称方程组相容; 否则, 若 $\mathrm{rank}(A \quad b) \neq \mathrm{rank}(A)$, 则方程组 (8-13) 无解, 称方程组不相容或为矛盾方程组.

关于线性方程组求解问题, 常见的有以下几种情况.

(1) 当方程组 (8-13) 相容时, 若 $A \in F^{n \times n}$, 且 A 非奇异, 则有唯一解 $x = A^{-1}b$. 若 A 是奇异方阵或长方矩阵时, 则解不唯一. 此时 A^{-1} 不存在, 我们自然想到能否用某个矩阵 G 把方程组的一般解也表示成 $x = Gb$ 的形式呢? 答案是肯定的, 矩阵 A 的减号逆 A^- 就可以充当这一角色, 即 $A^- b$ 是方程组 (8-13) 的一般解.

(2) 如果方程组 (8-13) 相容, 且具有无穷多个解, 在实际问题中常常需要求具有如下性质的解:

$$||\hat{x}||_2 = \min_{Ax=b} ||x||_2 \quad \text{或} \quad \hat{x} = \arg\min_{Ax=b} ||x||_2$$

其中, $|| \cdot ||_2$ 为向量的欧氏范数. 解 $\hat{x}$ 称为相容方程组 (8-13) 的最小范数解, 且是唯一的.

(3) 如果方程组 (8-13) 不相容, 则不存在通常意义下的解, 但在许多实际问题中, 又需要求使得 Ax 与 b 误差最小的向量 x, 即具有如下性质的 $\bar{x}$:

$$||A\bar{x} - b||_2 = \min_{x \in F^n} ||Ax - b||_2 \quad \text{或} \quad \bar{x} = \arg\min_{x \in F^n} ||Ax - b||_2$$

这个问题称为求解矛盾方程组的最小二乘解问题, 相应的 $\bar{x}$ 称为矛盾方程组 (8-13) 的最小二乘解.

(4) 一般说来, 矛盾方程组的最小二乘解也是不唯一的, 在最小二乘解的集合中, 求具有极小范数的解, 即

$$||\bar{x}^*||_2 = \min_{\min ||Ax-b||_2} ||x||_2 \quad \text{或} \quad \bar{x}^* = \arg\min_{\bar{x}=\arg\min ||Ax-b||_2} ||\bar{x}||_2$$

称 $\bar{x}^*$ 为矛盾方程组的最佳逼近解. 最佳逼近解是唯一的.

广义逆矩阵与线性方程组求解有着极为密切的联系, 利用前面的减号逆 A^- (特别是自反减号逆 A_r^-)、最小范数广义逆 A_m^-、最小二乘广义逆 A_l^- 以及加号逆 A^+ 可以给出上述诸问题的解.

8.3.2 相容方程组的通解

定理 8.10 如果线性方程组 (8-13) 是相容的, A^- 是 A 的任意一个减号逆, 则线性方程组 (8-13) 的一个特解为

$$x = A^- b \tag{8-14}$$

而其通解可表示成

$$x = A^- b + (I_n - A^- A)z \tag{8-15}$$

其中, z 是与 x 同维的任意向量.

证 因为 $Ax = b$ 相容, 所以必存在 n 维向量 w 使得 $Aw = b$. 于是, $AA^- b = AA^- Aw = Aw = b$, 即 $AA^- b = b$. 因此, $x = A^- b$ 是方程组的一个特解.

在式 (8-15) 两端左乘 A, 有

$$Ax = AA^- b + A(I_n - A^- A)z = AA^- b = b$$

所以由式 (8-15) 确定的 x 是方程组 (8-13) 的解. 而且当 $\tilde{x}$ 为方程组的任意一个解时, 若令 $z = \tilde{x} - A^- b$, 则

$$(I_n - A^- A)z = (I_n - A^- A)(\tilde{x} - A^- b) = \tilde{x} - A^- b - A^- A\tilde{x} + A^- AA^- b$$

$$= \tilde{x} - A^- b - A^- b + A^- b = \tilde{x} - A^- b$$

从而得 $\tilde{x} = A^- b + (I_n - A^- A)z$.

这表明 $x = A^- b + (I_n - A^- A)z$ 确实是方程组 (8-13) 的通解. □

推论 8.4 齐次方程组

$$Ax = \mathbf{0} \tag{8-16}$$

的通解为

$$x = (I_n - A^- A)z \tag{8-17}$$

由式 (8-15) 和式 (8-17) 可得相容方程组解的结构为: 非齐次线性方程组的通解为它的一个特解加上对应的齐次线性方程组的通解.

例 8.11 求解线性方程组 $\begin{cases} x_1 + 2x_2 - x_3 = 1, \\ -x_2 + 2x_3 = 2. \end{cases}$

解　已知方程组中 $A = \begin{bmatrix} 1 & 2 & -1 \\ 0 & -1 & 2 \end{bmatrix}$, $b = \begin{bmatrix} 1 \\ 2 \end{bmatrix}$. 由于 $\mathrm{rank}(A \quad b) =$ $\mathrm{rank}(A) = 2$, 所以方程组是相容的.

由例 8.5 知, A 的自反减号逆为 $A_{\mathrm{r}}^- = \begin{bmatrix} 1 & 2 \\ 0 & -1 \\ 0 & 0 \end{bmatrix}$, 取 $A^- = A_{\mathrm{r}}^-$, 利用定理

8.10 得方程组的通解为

$$x = A^- b + (I_3 - A^- A)z$$

$$= \begin{bmatrix} 1 & 2 \\ 0 & -1 \\ 0 & 0 \end{bmatrix} \begin{bmatrix} 1 \\ 2 \end{bmatrix} + \left\{ \begin{bmatrix} 1 & 0 & 0 \\ 0 & 1 & 0 \\ 0 & 0 & 1 \end{bmatrix} - \begin{bmatrix} 1 & 2 \\ 0 & -1 \\ 0 & 0 \end{bmatrix} \begin{bmatrix} 1 & 2 & -1 \\ 0 & -1 & 2 \end{bmatrix} \right\} z$$

$$= \begin{bmatrix} 5 \\ -2 \\ 0 \end{bmatrix} + \begin{bmatrix} 0 & 0 & -3 \\ 0 & 0 & 2 \\ 0 & 0 & 1 \end{bmatrix} z$$

其中, $z = (z_1, z_2, z_3)^{\mathrm{T}}$ 为任意向量. 所以通解还可以写成

$$\begin{cases} x_1 = -3z_3 + 5 \\ x_2 = 2z_3 - 2 \\ x_3 = z_3 \end{cases}$$

8.3.3　相容方程组的最小范数解

定义 8.8　对于相容线性方程组 $Ax = b$, 如果存在解 $\hat{x}$ 使得 $\|\hat{x}\|_2 \leqslant \|x\|_2$ 对任意解 x 都成立, 则称 $\hat{x}$ 为方程组的最小范数解.

定理 8.11　在相容线性方程组 $Ax = b$ 的所有解中 $\hat{x} = A_{\mathrm{m}}^- b$ 是其最小范数解.

证　因为 A_{m}^- 是矩阵 A 的一个减号逆, 所以 $\hat{x} = A_{\mathrm{m}}^- b$ 是方程组的一个特解, 从而方程组的通解为 $x = A_{\mathrm{m}}^- b + (I_n - A_{\mathrm{m}}^- A)z$, 其中 z 是任意向量.

由于

$$\|x\|_2^2 = \|A_{\mathrm{m}}^- b + (I_n - A_{\mathrm{m}}^- A)z\|_2^2$$

$$= (A_{\mathrm{m}}^- b + (I_n - A_{\mathrm{m}}^- A)z)^{\mathrm{H}}(A_{\mathrm{m}}^- b + (I_n - A_{\mathrm{m}}^- A)z)$$

$$= \|A_{\mathrm{m}}^- b\|_2^2 + \|(I_n - A_{\mathrm{m}}^- A)z\|_2^2$$

$$+ (A_{\mathrm{m}}^- b)^{\mathrm{H}}(I_n - A_{\mathrm{m}}^- A)z + ((I_n - A_{\mathrm{m}}^- A)z)^{\mathrm{H}} A_{\mathrm{m}}^- b$$

令 $b = Ax_0$, 则有

$$\begin{aligned}
(A_{\mathrm{m}}^- b)^{\mathrm{H}}(I_n - A_{\mathrm{m}}^- A)z &= (A_{\mathrm{m}}^- A x_0)^{\mathrm{H}}(I_n - A_{\mathrm{m}}^- A)z \\
&= x_0^{\mathrm{H}}(A_{\mathrm{m}}^- A)^{\mathrm{H}}(I_n - A_{\mathrm{m}}^- A)z \\
&= x_0^{\mathrm{H}}(A_{\mathrm{m}}^- A)(I_n - A_{\mathrm{m}}^- A)z = \mathbf{0}
\end{aligned}$$

同理有 $((I_n - A_{\mathrm{m}}^- A)z)^{\mathrm{H}} A_{\mathrm{m}}^- b = \mathbf{0}$. 所以

$$||x||_2^2 = ||A_{\mathrm{m}}^- b||_2^2 + ||(I_n - A_{\mathrm{m}}^- A)z||_2^2 \geqslant ||A_{\mathrm{m}}^- b||_2^2$$

故 $\hat{x} = A_{\mathrm{m}}^- b$ 是最小范数解. □

其实, 相容方程组的最小范数解是唯一的, 虽然矩阵的最小范数广义逆并不唯一.

例 8.12 求解线性方程组 $\begin{cases} x_1 + 2x_2 - x_3 = 1 \\ -x_2 + 2x_3 = 2 \end{cases}$ 的最小范数解.

解 方程组中 $A = \begin{bmatrix} 1 & 2 & -1 \\ 0 & -1 & 2 \end{bmatrix}$, $b = \begin{bmatrix} 1 \\ 2 \end{bmatrix}$. 易见 A 是行满秩矩阵, 于是

$$A_{\mathrm{m}}^- = A^{\mathrm{H}}(AA^{\mathrm{H}})^{-1} = \frac{1}{14} \begin{bmatrix} 5 & 4 \\ 6 & 2 \\ 3 & 8 \end{bmatrix}$$

因此, 最小范数解为

$$\hat{x} = A_{\mathrm{m}}^- b = \frac{1}{14} \begin{bmatrix} 5 & 4 \\ 6 & 2 \\ 3 & 8 \end{bmatrix} \begin{bmatrix} 1 \\ 2 \end{bmatrix} = \frac{1}{14} \begin{bmatrix} 13 \\ 10 \\ 19 \end{bmatrix}$$

8.3.4 不相容方程组的最小二乘解

定义 8.9 对于不相容线性方程组 $Ax = b$, 如果存在 $\bar{x}$, 使得误差向量的欧氏范数最小, 即

$$||A\bar{x} - b||_2 = \min_{x \in F^n} ||Ax - b||_2$$

则称 $\bar{x}$ 是方程组的最小二乘解.

定理 8.12　设 A_1^- 是 A 的最小二乘广义逆, 则 $x = A_1^- b$ 是不相容线性方程组 $Ax = b$ 的最小二乘解.

证　对任意的 $x \in F^n$, 由于

$$||Ax - b||_2^2 = ||Ax - b + AA_1^- b - AA_1^- b||_2^2$$

$$= (Ax - b + AA_1^- b - AA_1^- b)^{\mathrm{H}}(Ax - b + AA_1^- b - AA_1^- b)$$

$$= ||Ax - AA_1^- b||_2^2 + ||AA_1^- b - b||_2^2 + 2(AA_1^- b - b)^{\mathrm{H}}(Ax - AA_1^- b)$$

又

$$(AA_1^- b - b)^{\mathrm{H}}(Ax - AA_1^- b) = (b^{\mathrm{H}}(AA_1^-)^{\mathrm{H}} - b^{\mathrm{H}})(Ax - AA_1^- b)$$

$$= (b^{\mathrm{H}} AA_1^- - b^{\mathrm{H}})(Ax - AA_1^- b)$$

$$= b^{\mathrm{H}} AA_1^- Ax - b^{\mathrm{H}} Ax - b^{\mathrm{H}} AA_1^- AA_1^- b + b^{\mathrm{H}} AA_1^- b = 0$$

故有

$$||Ax - b||_2^2 = ||Ax - AA_1^- b||_2^2 + ||AA_1^- b - b||_2^2 \geqslant ||AA_1^- b - b||_2^2$$

由 $x \in F^n$ 的任意性, 结论得证.　　　　　　　　　　　　　　　　　　□

定理 8.13　不相容线性方程组 $Ax = b$ 的最小二乘解的通式为

$$\bar{x} = A_1^- b + (I_n - A_1^- A)z \tag{8-18}$$

其中, z 是任意列向量.

证　先验证式 (8-18) 确为方程组的最小二乘解. 由 $A_1^- b$ 是 $Ax = b$ 的最小二乘解, 知 $||AA_1^- b - b||_2 = \min\limits_{x \in F^n} ||Ax - b||_2$, 而

$$A\bar{x} = A[A_1^- b + (I_n - A_1^- A)z] = AA_1^- b + (A - AA_1^- A)z = AA_1^- b$$

所以 $\bar{x}$ 也是最小二乘解.

再证 $Ax = b$ 的任一个最小二乘解 $\bar{x}$ 必可表示成 (8-18) 式的形式.

由于 $\bar{x}$ 和 $A_1^- b$ 都是最小二乘解, 所以有

$$||A\bar{x} - b||_2 = ||AA_1^- b - b||_2 = \min\limits_{x \in F^n} ||Ax - b|| \tag{8-19}$$

又由于 A_1^- 是 A 的最小二乘广义逆, 故有 $(AA_1^-)^{\mathrm{H}} = AA_1^-$, $AA_1^- A = A$. 从而有 $AA_1^- A = (AA_1^-)^{\mathrm{H}} A = A$, 即

$$(AA_1^- - I_n)^{\mathrm{H}} A = O \tag{8-20}$$

考虑误差向量范数平方, 有

$$||A\bar{x} - b||_2^2 = ||AA_1^-b - b + A(\bar{x} - A_1^-b)||_2^2$$

$$= ||AA_1^-b - b||_2^2 + 2(AA_1^-b - b)^{\mathrm{H}}A(\bar{x} - A_1^-b) + ||A(\bar{x} - A_1^-b)||_2^2$$

将式 (8-20) 代入上式, 则有

$$||A\bar{x} - b||_2^2 - ||AA_1^-b - b||_2^2 = ||A(\bar{x} - A_1^-b)||_2^2$$

又由式 (8-19), 可得 $||A(\bar{x} - A_1^-b)||_2^2 = 0$, 于是有 $A(\bar{x} - A_1^-b) = \mathbf{0}$. 这说明 $\bar{x} - A_1^-b$ 为齐次方程组 $Ax = \mathbf{0}$ 的一个解, 再由齐次方程组的通解公式知

$$\bar{x} = A_1^-b + (I_n - A_1^-A)z \qquad \square$$

注 8.1 一般说来, 不相容方程组的最小二乘解不是唯一的, 但在系数矩阵 A 为列满秩矩阵时解是唯一的. 此时, 必须取 $A_1^- = A_{\mathrm{L}}^{-1} = (A^{\mathrm{H}}A)^{-1}A^{\mathrm{H}}$, 所以

$$\bar{x} = A_1^{-1}b = (A^{\mathrm{H}}A)^{-1}A^{\mathrm{H}}b$$

例 8.13 求不相容方程组 $\begin{cases} x_1 + 2x_2 = 1, \\ 2x_1 + x_2 = 0, \\ x_1 + x_2 = 0 \end{cases}$ 的最小二乘解.

解 方程组中 $A = \begin{bmatrix} 1 & 2 \\ 2 & 1 \\ 1 & 1 \end{bmatrix}, b = \begin{bmatrix} 1 \\ 0 \\ 0 \end{bmatrix}$. 因为 A 为列满秩的, 所以 $A_1^- =$

$A_{\mathrm{L}}^{-1} = (A^{\mathrm{H}}A)^{-1}A^{\mathrm{H}} = \dfrac{1}{11}\begin{bmatrix} -4 & 7 & 1 \\ 7 & -4 & 1 \end{bmatrix}$, 于是最小二乘解为

$$\bar{x} = A_1^-b = \frac{1}{11}\begin{bmatrix} -4 & 7 & 1 \\ 7 & -4 & 1 \end{bmatrix}\begin{bmatrix} 1 \\ 0 \\ 0 \end{bmatrix} = \frac{1}{11}\begin{bmatrix} -4 \\ 7 \end{bmatrix}$$

将 $\bar{x}$ 代入误差平方公式得误差平方为 $||A\bar{x} - b||_2^2 = \dfrac{1}{11}$.

例 8.14 求不相容方程组 $\begin{cases} x_1 + 2x_2 + 3x_3 = 1, \\ x_1 + x_3 = 0, \\ 2x_1 + 2x_3 = 0, \\ 2x_1 + 4x_2 + 6x_3 = 3 \end{cases}$ 的最小二乘解的通式.

解　方程组中 $A = \begin{bmatrix} 1 & 2 & 3 \\ 1 & 0 & 3 \\ 2 & 0 & 2 \\ 2 & 4 & 6 \end{bmatrix}, b = \begin{bmatrix} 1 \\ 0 \\ 1 \\ 3 \end{bmatrix}$. 由于 $\operatorname{rank}(A) = 2 \neq \operatorname{rank}(A, b)$

$= 3$, 所以方程组不相容. 计算可得

$$A_1^- = \frac{1}{10} \begin{bmatrix} 1 & 1 & 2 & 2 \\ 2 & -2 & -4 & -4 \\ -1 & 1 & 2 & -2 \end{bmatrix}$$

于是最小二乘解的通式为

$$\bar{x} = A_1^- b + (I_3 - A_1^- A)z = \frac{1}{10} \begin{bmatrix} 9 \\ 9 \\ -5 \end{bmatrix} + \begin{bmatrix} 0 & -1 & -11/5 \\ 0 & -1 & -8/5 \\ 0 & 1 & 9/5 \end{bmatrix} \begin{bmatrix} z_1 \\ z_2 \\ z_3 \end{bmatrix}$$

8.3.5　线性方程组的最佳逼近解

由于矩阵的加号逆既是减号逆又是最小二乘广义逆, 所以对于方程组 $Ax = b$, 不论其是否有解, 均可用加号逆 A^+ 来讨论.

(1) 当 $Ax = b$ 相容时, $x = A^+ b + (I_n - A^+ A)z$ 是其通解;

(2) 当 $Ax = b$ 不相容时, $x = A^+ b + (I_n - A^+ A)z$ 是其最小二乘解的通解.

下面的定理将证明当 $Ax = b$ 不相容时, $x = A^+ b$ 不但是最小二乘解, 还是最佳逼近解.

定义 8.10　设 $\bar{x}^*$ 是不相容方程组 $Ax = b$ 的最小二乘解, 如果对方程组的任意最小二乘解 $\bar{x}$, 均有

$$\|\bar{x}^*\|_2 \leqslant \|\bar{x}\|_2$$

则称 $\bar{x}^*$ 是矛盾方程组 $Ax = b$ 的最佳逼近解.

定理 8.14　$x = A^+ b$ 为不相容方程组 $Ax = b$ 的最佳逼近解.

证　定理 8.13 已经证明了不相容方程组的最小二乘解的一般表达式为

$$Gb + (I_n - GA)z$$

其中, z 是任意 n 维向量, G 是最小二乘广义逆, 即满足

$$AGA = A, \quad (AG)^{\mathrm{H}} = AG$$

进一步, 设 Gb 是最佳逼近解, 则对任意向量 b 和 z 成立不等式

$$\|Gb\|_2 \leqslant \|Gb + (I_n - GA)z\|_2$$

上式成立当且仅当

$$b^{\mathrm{H}}G^{\mathrm{H}}(I_n - GA)z = 0$$

当且仅当

$$G^{\mathrm{H}} = G^{\mathrm{H}}GA$$

当且仅当 G 满足: $GAG = G, (GA)^{\mathrm{H}} = GA$.

因此 $G = A^+$. 故 $x = A^+b$ 是最佳逼近解. □

例 8.15 求方程组 $\begin{cases} x_1 + 2x_2 = 1, \\ 2x_3 = 1, \\ 2x_1 + 4x_2 = 3 \end{cases}$ 的最佳逼近解.

解 方程组中 $A = \begin{bmatrix} 1 & 2 & 0 \\ 0 & 0 & 2 \\ 2 & 4 & 0 \end{bmatrix}, b = \begin{bmatrix} 1 \\ 1 \\ 3 \end{bmatrix}$. 因为 $\mathrm{rank}(A) = 2 \neq \mathrm{rank}(A, b)$

$= 3$, 所以方程组不相容. 由定理 8.14 知它的最佳逼近解为 $x = A^+b$.

而由例 8.10, $A^+ = C_{\mathrm{R}}^{-1}B_{\mathrm{L}}^{-1} = \dfrac{1}{50}\begin{bmatrix} 2 & 0 & 4 \\ 4 & 0 & 8 \\ 0 & 25 & 0 \end{bmatrix}$, 所以

$$x = A^+b = \frac{1}{50}\begin{bmatrix} 14 \\ 28 \\ 25 \end{bmatrix}$$

8.4 广义逆矩阵的几何直观性

从线性算子的角度考虑线性方程组 (8-13) 的求解问题.

考虑实欧氏空间之间的线性算子. 设有两个欧氏空间 $X = \mathbf{R}^n, Y = \mathbf{R}^m$, 且 $\Lambda : \mathbf{R}^n \to \mathbf{R}^m$ 是线性算子, 即 Λ 满足

$$\Lambda(\alpha x_1 + \beta x_2) = \alpha\Lambda(x_1) + \beta\Lambda(x_2), \quad \alpha, \beta \in \mathbf{R}, \quad x_1, x_2 \in X$$

显然, 对任意一个 $m \times n$ 的矩阵 A, 都可以定义一个如下形式的线性算子:

$$\Lambda(x) = Ax, \quad x \in X \tag{8-21}$$

反之, 如果在实欧氏空间 X 和 Y 中分别选取基 $e = \{e_1, e_2, \cdots, e_n\}$ 和 $e' = \{e'_1, e'_2, \cdots, e'_n\}$, 则一定存在 $m \times n$ 的矩阵 A 使得线性算子 Λ 唯一地表示成式 (8-21) 的形式. 我们称矩阵 A 为线性算子在基偶 e 和 e' 下的矩阵表示.

在这种对应关系下, 求解线性方程组 (8-13) 的问题可以解释为: 对于给定的空间 Y 中的点 b, 寻找空间 X 中的点 x, 使其通过线性算子 Λ 映射到点 b. 显然, 该问题有如下两种可能: ① 有解, 即 X 中存在点 x, 通过线性算子 Λ 映射到点 b; ② 无解, 即 X 中不存在点 x, 通过线性算子 Λ 映射到点 b, 或者换句话说, X 中的任何一点 x 通过线性算子 Λ 都不能映射到点 b.

对于情况①, 我们进一步考虑的是有多少个点 x 通过线性算子 Λ 能映射到点 b? 恰有一个还是有多个? 若有多个, 能否用统一的形式将其表达出来, 并且哪一个是性价比 (某种意义下) 最好的? 这两个问题恰好分别对应着定理 8.10 和定理 8.11 中的结论. 对于情况②, 即 X 中的任何一点 x 通过线性算子 Λ 都不能映射到点 b, 那么, X 中哪个点通过线性算子 Λ 映射后更靠近 (在某种意义下) 点 b? 进一步, 若这样的点有很多, 是否有性价比 (在某种意义下) 最好的点? 是哪一个点? 这两个问题恰好分别对应着定理 8.12 与定理 8.13 以及定理 8.14 中的结论.

可见, 利用线性算子同样可以解决线性方程组的求解问题.

下面构造一个既简单又直观的例子, 从线性算子的角度去理解广义逆矩阵在线性方程组求解中的有效应用和多种广义逆矩阵的几何直观差别.

例 8.16　考虑求解线性方程组问题 (8-13), 设矩阵 $A = \begin{bmatrix} 1 & -1 \\ -1 & 1 \end{bmatrix}$.

显然 $X = Y = \mathbf{R}^2$, 若在空间 X 和 Y 中均取标准正交基 $e_1 = e_1' = (1,0)^\mathrm{T}$, $e_2 = e_2' = (0,1)^\mathrm{T}$, 那么矩阵 A 对应的线性算子 $\Lambda : \mathbf{R}^2 \to \mathbf{R}^2$ 的表达式为

$$\Lambda x = \Lambda(x_1, x_2)^\mathrm{T} = (x_1 - x_2, -x_1 + x_2)^\mathrm{T}, \quad x = (x_1, x_2)^\mathrm{T} \in X$$

(1) 取 $b = y^0 = (-1,1)^\mathrm{T} \in \mathbf{R}^2$, 由 $Ax = y^0$, 得空间 X 中直线 $x_1 - x_2 = -1$ 上的点 x 都满足 $Ax = b$, 即直线 $L_1 : x_1 - x_2 = -1$ 上的点 $x = (x_1, x_2)^\mathrm{T} \in \mathbf{R}^2$ 经线性算子 Λ 映射后均能得到点 y^0. 如果以范数 $\|x\|_2$ 的大小作为衡量直线 L_1 上诸点 x 的性价比的好坏, 显然 x^0 是最小范数意义下性价比最好的点. 如图 8-1 所示.

另一方面, 容易验证, 对于矩阵 $A = \begin{bmatrix} 1 & -1 \\ -1 & 1 \end{bmatrix}$ 和向量 $b = (-1,1)^\mathrm{T}$, 方程组 (8-13) 是相容的且有无穷多解, 可根据定理 8.10 求其通解.

首先, 计算矩阵 A 的减号逆. 由

$$\begin{bmatrix} A & I_2 \\ I_2 & O \end{bmatrix} = \begin{bmatrix} 1 & -1 & 1 & 0 \\ -1 & 1 & 0 & 1 \\ 1 & 0 & 0 & 0 \\ 0 & 1 & 0 & 0 \end{bmatrix} \sim \begin{bmatrix} 1 & 0 & 1 & 0 \\ 0 & 0 & 1 & 1 \\ 1 & 1 & 0 & 0 \\ 0 & 1 & 0 & 0 \end{bmatrix}$$

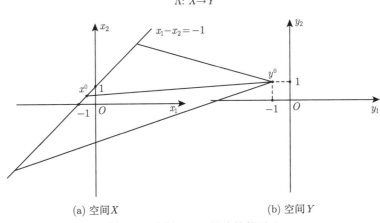

图 8-1 空间 X, Y 及线性算子 Λ

得

$$P = \begin{bmatrix} 1 & 0 \\ 1 & 1 \end{bmatrix}, \quad Q = \begin{bmatrix} 1 & 1 \\ 0 & 1 \end{bmatrix}$$

所以

$$A^- = Q \begin{bmatrix} 1 & 0 \\ 0 & 0 \end{bmatrix} P = \begin{bmatrix} 1 & 0 \\ 0 & 0 \end{bmatrix}$$

其次, 计算方程组的特解和通解. 利用定理 8.10 得, 特解

$$x^* = A^- b = \begin{bmatrix} -1 \\ 0 \end{bmatrix}$$

通解

$$x = A^- b + (I_2 - A^- A)z = \begin{bmatrix} -1 + z_2 \\ z_2 \end{bmatrix}, \quad z = (z_1, z_2)^{\mathrm{T}}$$

故方程的任一解均满足 $x_1 - x_2 = -1$. 所有解恰好都在图 8-1 中的直线 L_1 上. 这与前面基于线性算子思想得到的结果完全吻合.

在上述无穷多解中, 哪个解的性价比最好呢? 注意到

$$A_{\mathrm{m}}^- = A^{\mathrm{T}} (AA^{\mathrm{T}})^- = A(AA)^- = A(A^2)^-$$

以及

$$A^2 = 2A, \quad (A^2)^- = \frac{1}{2} A^-$$

所以

$$A_{\mathrm{m}}^- = A(A^2)^- = \frac{1}{2}AA^- = \left[\begin{array}{cc} 1/2 & 0 \\ -1/2 & 0 \end{array}\right]$$

于是

$$\hat{x} = A_{\mathrm{m}}^- b = \left[\begin{array}{c} -1/2 \\ 1/2 \end{array}\right]$$

为最小范数解, 恰为图 8-1 中点 x^*. 这也与基于线性算子思想得到的结果完全吻合.

(2) 取 $b = y^1 = (1,0)^{\mathrm{T}} \in \mathbf{R}^2$, 一方面, 通过观察可知, 对于点 y^1, 任何点 $x \in \mathbf{R}^2$ 都不能通过线性算子 Λ 映射到点 y^1. 因为, 若 $Ax = y^1$, 则 $x_1 - x_2 = 1$ 且 $-x_1 + x_2 = 0$, 这是矛盾的.

同时, 对任意点 $x = (x_1, x_2)^{\mathrm{T}} \in \mathbf{R}^2$, 若 $Ax = y$, 则 $\left[\begin{array}{c} x_1 - x_2 \\ -x_1 + x_2 \end{array}\right] = \left[\begin{array}{c} y_1 \\ y_2 \end{array}\right]$, 即 $y_1 = -y_2$. 因此, 只有在空间 Y 中直线 $L_1' : y_1 + y_2 = 0$ 上的点 y 才能在空间 X 中找到相应的点 x, 使得 x 经线性算子 Λ 与之对应. 而点 y^1 不在此直线 L_1' 上, 所以找不到对应的点 $x \in X$. 在直线 L_1' 上距离 y^1 最近的点是 $y^2 = (1/2, -1/2)^{\mathrm{T}}$.

另外, 空间 X 中直线 $L_2 : x_1 - x_2 = 1/2$ 上的点 x 经线性算子 Λ 可与点 y^2 对应, 即此直线上的点通过线性算子 Λ 映射后在最小二乘意义下更靠近点 y^1. 同时, 这样的点也有无穷多个, 其中范数最小的点为 $x^1 = (1/4, -1/4)^{\mathrm{T}}$. 如图 8-2 所示.

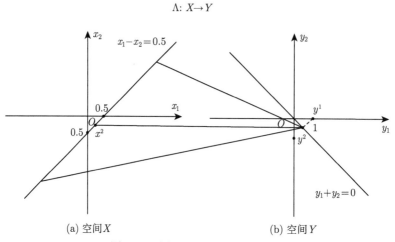

图 8-2   空间 X, Y 及线性算子 Λ

另一方面, 对于此不相容方程组, 由定理 8.13 和定理 8.14 可求出其最小二乘解和最佳逼近解. 由于

$$A_1^- = (A^\mathrm{T}A)^- A^\mathrm{T} = \frac{1}{2} A^- A = \begin{bmatrix} 1/2 & -1/2 \\ 0 & 0 \end{bmatrix}$$

所以最小二乘解为

$$\bar{x} = A_1^- b + (I_2 - A_1^- A)z = \begin{bmatrix} 1/2 + z_2 \\ z_2 \end{bmatrix}, \quad z = (z_1, z_2)^\mathrm{T}$$

即直线 $L_3 : x_1 - x_2 = 1/2$ 上的点都是 $\min\limits_{x \in \mathbf{R}^2} \|Ax - b\|_2$ 的解. 这与基于线性算子思想得到的结果相吻合.

又由前面已知, 在矩阵 A 的标准化中, $P = \begin{bmatrix} 1 & 0 \\ 1 & 1 \end{bmatrix}$, $Q = \begin{bmatrix} 1 & 1 \\ 0 & 1 \end{bmatrix}$, 则在 $A^+ = C_\mathrm{R}^{-1} B_\mathrm{L}^{-1}$ 中

$$B = P^{-1} \begin{bmatrix} I_1 \\ O \end{bmatrix} = \begin{bmatrix} 1 \\ -1 \end{bmatrix}, \quad C = \begin{bmatrix} I_1 & O \end{bmatrix} Q^{-1} = \begin{bmatrix} 1 & -1 \end{bmatrix}$$

于是

$$B_\mathrm{L}^{-1} = (B^\mathrm{T}B)^{-1} B^\mathrm{T} = \begin{bmatrix} 1/2 & -1/2 \end{bmatrix},$$

$$C_\mathrm{R}^{-1} = C^\mathrm{T}(CC^\mathrm{T})^{-1} = \begin{bmatrix} 1/2 & -1/2 \end{bmatrix}^\mathrm{T}$$

所以

$$A^+ = \begin{bmatrix} 1/4 & -1/4 \\ 1/4 & 1/4 \end{bmatrix}$$

因此, 最佳逼近解为

$$\bar{x}^* = A^+ y^1 = \begin{bmatrix} 1/4 \\ -1/4 \end{bmatrix} = x^1$$

这也与基于线性算子思想得到的结果相吻合. 通过上述两例, 我们可以看到, 线性算子可以更直观地帮助我们理解广义逆矩阵及其在线性方程组求解中的作用.

习　题　8

8.1　设 $A \in F^{m \times n}$, 证明:

(1) AA^- 与 A^-A 均为幂等矩阵, 且

$$\operatorname{rank}(A) = \operatorname{rank}(AA^-) = \operatorname{rank}(A^-A)$$

(2) 设 S 是 m 阶可逆矩阵, T 是 n 阶可逆矩阵, 且 $B = SAT$, 则 $T^{-1}A^-S^{-1}$ 是 B 的减号逆.

8.2　证明 AA_r^- 和 A_r^-A 都是幂等矩阵.

8.3　设 $A \in F^{m \times n}$, 则

(1) A 是左可逆的充要条件是 A 为列满秩矩阵;

(2) A 是右可逆的充要条件是 A 为行满秩矩阵.

8.4　证明由式 (8-6)(或式 (8-7)) 定义的右逆 (或左逆) 矩阵满足 M-P 方程中式 (8-1)～(8-4), 即右逆 (或左逆) 矩阵是 M-P 广义逆.

8.5　证明: (1) 设矩阵 $A \in F^{m \times n}$ 为列满秩矩阵, 利用初等行变换可把矩阵 $[A \quad I_m]$ 化为 $\begin{bmatrix} I_n & G \\ O & * \end{bmatrix}$, 则 G 就是 A 的一个左逆矩阵.

(2) 设矩阵 $A \in F^{m \times n}$ 为行满秩矩阵, 利用初等列变化将矩阵 $\begin{bmatrix} A \\ I_n \end{bmatrix}$ 化为 $\begin{bmatrix} I_m & O \\ G & * \end{bmatrix}$, 则 G 是 A 的一个右逆矩阵.

8.6　设矩阵 $A = \begin{bmatrix} 1 & -2 \\ 0 & 1 \\ 0 & 0 \end{bmatrix}$, 求 A 的一个左逆矩阵 A_L^{-1}.

8.7　设矩阵 $A = \begin{bmatrix} 1 & 2 & -1 \\ 0 & -1 & 2 \end{bmatrix}$, 求 A 的一个右逆矩阵 A_R^{-1}.

8.8　求矩阵 $A = \begin{bmatrix} 1 & 1 & 2 & -1 \\ 2 & 2 & 1 & 3 \\ -1 & -1 & 1 & -4 \end{bmatrix}$ 的一个自反减号逆 A_r^-.

8.9　设矩阵 A 的满秩分解为 $A = BC$, 其中 B 为列满秩矩阵、C 为行满秩矩阵, 则有 $A_m^- = C_R^{-1}B_L^{-1}$ 和 $A_1^- = C_R^{-1}B_L^{-1}$.

8.10　求矩阵 $A = \begin{bmatrix} 1 & 0 & 1 \\ 0 & 1 & 1 \\ 1 & 2 & 3 \end{bmatrix}$ 的最小范数广义逆 A_m^-、最小二乘广义逆 A_1^- 和加号逆 A^+.

8.11　证明: (1) $(A^H)^+ = (A^+)^H$; (2) $A^+ = (A^HA)^+A^H = A^H(AA^H)^+$.

8.12　证明: 如果 $A = \operatorname{diag}\{\lambda_1, \lambda_2, \cdots, \lambda_n\}$, $\lambda_i \in \mathbf{R}(i = 1, 2, \cdots, n)$, 则

$$A^+ = \operatorname{diag}\{\lambda_1^+, \lambda_2^+, \cdots, \lambda_n^+\}$$

其中, $\lambda_i^+ = \begin{cases} 0, & \lambda_i = 0, \\ \lambda_i^{-1}, & \lambda_i \neq 0. \end{cases}$

8.13　证明: 非齐次线性方程组 $Ax = b$ 有解的充分必要条件是 $AA^+b = b$.

8.14　求线性方程组 $\begin{cases} x_1 + x_2 + 2x_3 - x_4 = -2, \\ 2x_1 + 2x_2 + x_3 + 3x_4 = 8, \\ -x_1 - x_2 + x_3 - 4x_4 = -10 \end{cases}$ 的通解.

8.15　求不相容线性方程组 $\begin{cases} x_1 - 2x_3 + x_4 = 4, \\ 2x_2 + 2x_3 + 2x_4 = 1, \\ -x_1 + 4x_2 + 5x_3 + 3x_4 = 2 \end{cases}$ 的最佳逼近解.

8.16　如何从线性算子、线性空间的角度理解矩阵广义逆的几何直观性?

第 9 章　矩阵不等式

关于变量和函数的不等式我们并不陌生, 有很多为我们所熟悉, 并能得到广泛运用. 随着矩阵理论的不断发展和完善, 有关矩阵的不等式的各种结果层出不穷, 并逐步形成了完整的理论体系. 本章从两个方面介绍矩阵不等式: 一是矩阵数值特征的不等式; 二是矩阵的不等式.

9.1　矩阵数值特征的不等式

本节主要介绍矩阵的行列式、特征值和迹等矩阵数值特征的相关不等式.

9.1.1　矩阵行列式的不等式

介绍 Hermite 正定 (半正定) 矩阵的行列式的有关结果.

定义 9.1　设方阵 $A \in F^{n \times n}$ 具有分块形式 $A = \begin{bmatrix} A_{11} & A_{12} \\ A_{21} & A_{22} \end{bmatrix}$, 其中 $A_{11} \in F^{r \times r}$, $A_{12} \in F^{r \times (n-r)}$, $A_{21} \in F^{(n-r) \times r}$, $A_{22} \in F^{(n-r) \times (n-r)}$. 若 A_{11} 可逆, 则 $A_{22} - A_{21} A_{11}^{-1} A_{12}$ 称为 A_{11} 的 Schur 补; 若 A_{22} 可逆, 则 $A_{11} - A_{12} A_{22}^{-1} A_{21}$ 称为 A_{22} 的 Schur 补.

引理 9.1　设方阵 $A \in F^{n \times n}$ 具有分块形式 $A = \begin{bmatrix} A_{11} & A_{12} \\ A_{21} & A_{22} \end{bmatrix}$, 其中 $A_{11} \in F^{r \times r}$, $A_{12} \in F^{r \times (n-r)}$, $A_{21} \in F^{(n-r) \times r}$, $A_{22} \in F^{(n-r) \times (n-r)}$, 有如下结论:

(1) 若 A_{11} 可逆, 则 $\det(A) = \det(A_{11}) \det(A_{22} - A_{21} A_{11}^{-1} A_{12})$;

(2) 若 A_{22} 可逆, 则 $\det(A) = \det(A_{22}) \det(A_{11} - A_{12} A_{22}^{-1} A_{21})$.

证　由于

$$\begin{bmatrix} I_r & O \\ A_{21} A_{11}^{-1} & I_{n-r} \end{bmatrix} \begin{bmatrix} A_{11} & O \\ O & A_{22} - A_{21} A_{11}^{-1} A_{12} \end{bmatrix} \begin{bmatrix} I_r & A_{11}^{-1} A_{12} \\ O & I_{n-r} \end{bmatrix} = A$$

及

$$\begin{bmatrix} I_r & A_{12} A_{22}^{-1} \\ O & I_{n-r} \end{bmatrix} \begin{bmatrix} A_{11} - A_{12} A_{22}^{-1} A_{21} & O \\ O & A_{22} \end{bmatrix} \begin{bmatrix} I_r & O \\ A_{22}^{-1} A_{21} & I_{n-r} \end{bmatrix} = A$$

成立, 所以对上面两式两边分别取行列式即得 (1) 和 (2) 均成立. □

利用引理 9.1 的证明过程, 可给出著名的 Schur 补引理.

引理 9.2 (Schur 补) 对给定的对称分块矩阵 $A = \begin{bmatrix} A_{11} & A_{12} \\ A_{12}^{\mathrm{H}} & A_{22} \end{bmatrix} \in F^{n \times n}$, 其中 $A_{11} \in F^{r \times r}, A_{12} \in F^{r \times (n-r)}, A_{22} \in F^{(n-r) \times (n-r)}$, 以下三个条件等价:

(1) $A < 0$;

(2) $A_{11} < 0, A_{22} - A_{12}^{\mathrm{H}} A_{11}^{-1} A_{12} < 0$;

(3) $A_{22} < 0, A_{11} - A_{12} A_{22}^{-1} A_{12}^{\mathrm{H}} < 0$.

引理 9.3 设矩阵 $A \in F^{n \times m}, B \in F^{m \times n}$, 则

$$\det(I_n - AB) = \det(I_m - BA)$$

证 由于

$$\begin{bmatrix} I_n & -A \\ O & I_m \end{bmatrix} \begin{bmatrix} I_n & A \\ B & I_m \end{bmatrix} = \begin{bmatrix} I_n - AB & O \\ B & I_m \end{bmatrix}$$

及

$$\begin{bmatrix} I_n & A \\ B & I_m \end{bmatrix} \begin{bmatrix} I_n & -A \\ O & I_m \end{bmatrix} = \begin{bmatrix} I_n & O \\ B & I_m - BA \end{bmatrix}$$

对上面两式两边分别取行列式, 得到

$$\det(I_n - AB) = \det \begin{bmatrix} I_n & A \\ B & I_m \end{bmatrix} = \det(I_m - BA)$$ □

定理 9.1 设 $A, B \in F^{n \times n}$ 均为 Hermite 半正定矩阵, 则

$$\det(A + B) \geqslant \det(A) + \det(B) \tag{9-1}$$

且等号成立当且仅当 $A = O$ 或 $B = O$ 或 $\det(A + B) = 0$.

证 首先, 由于 Hermite 矩阵必是正规矩阵, 由定理 1.2 知, 存在酉矩阵 U, 使得

$$U^{\mathrm{H}} B U = D$$

其中, $D = \operatorname{diag}\{\lambda_1, \lambda_2, \cdots, \lambda_n\}, \lambda_i \geqslant 0 \ (i = 1, 2, \cdots, n)$ 为 B 的特征值.

因为

$$\det(A + B) = \det(A + UDU^{\mathrm{H}}) = \det(U^{\mathrm{H}} A U + D)$$

而 $\det(A) = \det(U^{\mathrm{H}}AU)$, $\det(B) = \det(D)$, 且 $U^{\mathrm{H}}AU \geqslant 0$, 所以, 不失一般性, 假设 $B = D$. 将 $\det(A+D)$ 展开, 得

$$\det(A + D) = \det(A) + \sum_{i_1=1}^{n} \lambda_{i_1} d_{i_1} + \sum_{1 \leqslant i_1 < i_2 \leqslant n} \lambda_{i_1} \lambda_{i_2} d_{i_1 i_2} + \cdots + \prod_{i=1}^{n} \lambda_i \quad (9\text{-}2)$$

其中, $d_{i_1 \cdots i_k}$ 表示从 A 中删除第 $i_1, \cdots, i_k$ 行和 $i_1, \cdots, i_k$ 列之后剩下的方阵的行列式 $(k = 1, 2, \cdots, n-1)$. 由于 $A \geqslant 0$, 所以由定理 1.10 知 $d_{i_1 \cdots i_k} \geqslant 0$.

又因 $\det(B) = \prod_{i=1}^{n} \lambda_i$, 所以由式 (9-2) 得

$$\det(A + D) \geqslant \det(A) + \prod_{i=1}^{n} \lambda_i = \det(A) + \det(D) \quad (9\text{-}3)$$

即式 (9-1) 成立.

下证等号成立的充分必要条件.

如果 $A = O$ 或 $B = O$ 或 $\det(A + B) = 0$, 显然有式 (9-1) 中等号成立. 反之, 设式 (9-1) 中等号成立, 往证 $A = O$ 或 $B = O$ 或 $\det(A+B) = 0$. 不妨从矩阵 B 入手.

若 $\det(B) \neq 0$, 则 $\lambda_i \neq 0$ $(i = 1, 2, \cdots, n)$, 由式 (9-2) 知, 若式 (9-3) 中等号成立, 必有 $d_{i_1 \cdots i_k} = 0$. 特别地, 当 $k = n-1$ 时, $d_{i_1 \cdots i_{n-1}}$ 就是 A 的对角元素, 因此, A 的所有对角元素均为零, 又 $A \geqslant 0$, 故 $A = O$.

若 $\det(B) = 0$, 且 $B \neq O$, 此时至少存在一个 $\lambda_i \neq 0$. 因所有的 $d_{i_1 \cdots i_k} \geqslant 0$, 但从式 (9-2) 知, 至少有一个 $d_{i_1 \cdots i_k} = 0$, 因此, 由定理 1.7 知 A 不可能是正定的, 于是 $\det(A) = 0$. 故 $\det(A+B) = \det(A) + \det(B) = 0$. $\qquad \square$

推论 9.1　设 $A, B \in F^{n \times n}$ 均为 Hermite 半正定矩阵, 且 $A \geqslant B$, 即 $A - B \geqslant 0$, 则 $\det(A) \geqslant \det(B)$.

定理 9.2 (Minkowski 不等式)　设 $A, B \in F^{n \times n}$ 均为 n 阶 Hermite 正定矩阵, 则

$$(\det(A + B))^{1/n} \geqslant (\det(A))^{1/n} + (\det(B))^{1/n} \quad (9\text{-}4)$$

且等号成立当且仅当 $A = \alpha B$, $\alpha > 0$.

证　不失一般性, 假设 $B = I_n$, 于是式 (9-4) 的证明归结为证明下式成立:

$$(\det(A + I_n))^{1/n} \geqslant (\det(A))^{1/n} + 1 \quad (9\text{-}5)$$

设 $\lambda_1 \geqslant \lambda_2 \geqslant \cdots \geqslant \lambda_n > 0$ 为 A 的特征值, 则上不等式等价于

$$\prod_{i=1}^{n} (1 + \lambda_i) \geqslant \left(1 + \sqrt[n]{\lambda_1 \lambda_2 \cdots \lambda_n} \right)^n \tag{9-6}$$

而式 (9-6) 的证明可对 n 用数学归纳法, 再利用算术平均与几何平均不等式, 即可.

在式 (9-6) 中, 等号成立当且仅当 $\lambda_1 = \lambda_2 = \cdots = \lambda_n = \alpha$, $\alpha > 0$. 于是, 在式 (9-5) 中等号成立的充要条件为 $A = \alpha I_n$. 应用于式 (9-4), 即 $A = \alpha B$. □

定理 9.3 (Fischer 不等式) 设如下分块矩阵是 Hermite 半正定矩阵

$$A = \begin{bmatrix} A_{11} & A_{12} & \cdots & A_{1k} \\ A_{12}^{\mathrm{H}} & A_{22} & \cdots & A_{2k} \\ \vdots & \vdots & & \vdots \\ A_{1k}^{\mathrm{H}} & A_{2k}^{\mathrm{H}} & \cdots & A_{kk} \end{bmatrix} \in F^{n \times n} \tag{9-7}$$

其中, $A_{ii}(i = 1, 2, \cdots, k)$ 皆为方阵, 则

$$\det(A) \leqslant \prod_{i=1}^{k} \det(A_{ii})$$

且等号成立当且仅当 A 为准对角阵, 即 $A_{ij} = O(i \neq j)$.

证 易见, 仅需对 $A > 0$ 证明式 (9-7). 用数学归纳法. 当 $k = 1$ 时, 式 (9-7) 显然成立. 假设 $k = r$ 时, 式 (9-7) 成立. 考虑 $k = r + 1$ 的情况. 记

$$A = \begin{bmatrix} A_{11} & \cdots & A_{1r} & A_{1,r+1} \\ \vdots & & \vdots & \vdots \\ A_{1r}^{\mathrm{H}} & \cdots & A_{rr} & A_{r,r+1} \\ A_{1,r+1}^{\mathrm{H}} & \cdots & A_{r,r+1}^{\mathrm{H}} & A_{r+1,r+1} \end{bmatrix} \triangleq \begin{bmatrix} B_{11} & B_{12} \\ B_{12}^{\mathrm{H}} & B_{22} \end{bmatrix}$$

其中

$$B_{11} = \begin{bmatrix} A_{11} & \cdots & A_{1r} \\ \vdots & & \vdots \\ A_{1r}^{\mathrm{H}} & \cdots & A_{rr} \end{bmatrix}, \quad B_{12} = \begin{bmatrix} A_{1,r+1} \\ \vdots \\ A_{r,r+1} \end{bmatrix}, \quad B_{22} = A_{r+1,r+1}$$

由于 $A > 0$, 由引理 9.2 亦知 $B_{11} > 0$, $B_{22} > 0$, 且由归纳假设有 $\det(B_{11}) \leqslant \prod_{i=1}^{r} \det(A_{ii})$. 注意到 $B_{12} B_{22}^{-1} B_{12}^{\mathrm{H}} \geqslant 0$, 所以 $B_{11} \geqslant B_{11} - B_{12} B_{22}^{-1} B_{12}^{\mathrm{H}}$. 由推论 9.1,

得

$$\det(B_{11} - B_{12}B_{22}^{-1}B_{12}^{H}) \leqslant \det(B_{11})$$

故由引理 9.1, 得

$$\det(A) = \det(B_{11} - B_{12}B_{22}^{-1}B_{12}^{H})\det(B_{22})$$

$$\leqslant \det(B_{11})\det(B_{22})$$

$$\leqslant \det(A_{11})\cdots\det(A_{rr})\det(A_{r+1,r+1}) \qquad\qquad \Box$$

定理 9.4　设 $A \in F^{n\times n}$, 将其分块为 $A = [A_1 \quad A_2]$, 则

$$(\det(A))^2 \leqslant \det(A_1^{H}A_1)\det(A_2^{H}A_2)$$

且等号成立当且仅当 $A_1^{H}A_2 = O$.

证　注意到 $(\det(A))^2 = \det(A^{H}A)$, 且

$$A^{H}A = \left[\begin{array}{cc} A_1^{H}A_1 & A_1^{H}A_2 \\ A_2^{H}A_1 & A_2^{H}A_2 \end{array}\right]$$

利用定理 9.3 即得所证结果.　　　　　　　　　　　　　　　　　　　　　　　　　　 $\Box$

9.1.2　矩阵秩的不等式

介绍矩阵秩的几个基本的及重要的不等式.

定理 9.5　(1) $\operatorname{rank}(AB) \leqslant \min\{\operatorname{rank}(A), \operatorname{rank}(B)\}$;

(2) $\operatorname{rank}(A + B) \leqslant \operatorname{rank}[A \ B] \leqslant \operatorname{rank}(A) + \operatorname{rank}(B)$.

证　(1) 因为 $\operatorname{Span}(AB) \subseteq \operatorname{Span}(A)$, $\operatorname{Span}(B^{H}A^{H}) \subseteq \operatorname{Span}(B^{H})$, 于是有

$$\operatorname{rank}(AB) = \dim\{\operatorname{Span}(AB)\} \leqslant \dim\{\operatorname{Span}(A)\} = \operatorname{rank}(A)$$

$$\operatorname{rank}(B^{H}A^{H}) = \dim\{\operatorname{Span}(B^{H}A^{H})\} \leqslant \dim\{\operatorname{Span}(B^{H})\} = \operatorname{rank}(B^{H})$$

注意到, $\operatorname{rank}(AB) = \operatorname{rank}(B^{H}A^{H})$, $\operatorname{rank}(B) = \operatorname{rank}(B^{H})$, 因此结论成立.

(2) 设 $\operatorname{rank}(A) = p$, $\operatorname{rank}(B) = q$, 且 $a_1, a_2, \cdots, a_p$ 和 $b_1, b_2, \cdots, b_q$ 分别是 $\operatorname{Span}(A)$ 和 $\operatorname{Span}(B)$ 的基, 则 $\operatorname{Span}[A \quad B]$ 中的任一向量均可由 $a_1, a_2, \cdots, a_p, b_1,$ $b_2, \cdots, b_q$ 线性表示. 于是

$$\operatorname{rank}[A \quad B] = \dim\{\operatorname{Span}[A \quad B]\} \leqslant p + q = \operatorname{rank}(A) + \operatorname{rank}(B)$$

另外, 若 A 和 B 均为 $m \times n$ 的矩阵, 则 $A + B = \begin{bmatrix} A & B \end{bmatrix} \begin{bmatrix} I_n \\ I_n \end{bmatrix}$, 于是 $\mathrm{Span}(A + B) \subseteq \mathrm{Span}[A \quad B]$, 所以

$$\mathrm{rank}(A + B) = \dim\{\mathrm{Span}(A + B)\} \leqslant \dim\{\mathrm{Span}[A \quad B]\} = \mathrm{rank}[A \quad B] \qquad \square$$

定理 9.6 (Sylvester 定律) 设 A 和 B 分别为 $m \times n$ 和 $n \times l$ 的矩阵, 则

$$\mathrm{rank}(A) + \mathrm{rank}(B) - n \leqslant \mathrm{rank}(AB) \leqslant \min\{\mathrm{rank}(A), \mathrm{rank}(B)\}$$

证 右边不等式在定理 9.5 中已证明, 在此只需证左不等式. 设 $\mathrm{rank}(A) = p$, 则存在可逆矩阵 P 和 Q, 使得

$$PAQ = \begin{bmatrix} I_p & O \\ O & O \end{bmatrix}$$

于是

$$AB = P^{-1} \begin{bmatrix} I_p & O \\ O & O \end{bmatrix} Q^{-1}B = P^{-1} \begin{bmatrix} I_p & O \\ O & O \end{bmatrix} \begin{bmatrix} \bar{B}_1 \\ \bar{B}_2 \end{bmatrix} = P^{-1} \begin{bmatrix} \bar{B}_1 \\ O \end{bmatrix}$$

其中, $Q^{-1}B \triangleq \bar{B} = \begin{bmatrix} \bar{B}_1 \\ \bar{B}_2 \end{bmatrix}$, 且 $\bar{B}_1, \bar{B}_2$ 的维数分别为 $p \times l$ 和 $(n - p) \times l$. 因此

$$\mathrm{rank}(AB) = \mathrm{rank}(\bar{B}_1)$$

记 $\mathrm{rank}(B) = q$, 注意到, $\mathrm{rank}(B) = \mathrm{rank}(\bar{B}) \leqslant \mathrm{rank}(\bar{B}_1) + \mathrm{rank}(\bar{B}_2)$, 所以

$$\mathrm{rank}(B) \leqslant \mathrm{rank}(AB) + n - p = \mathrm{rank}(AB) + n - \mathrm{rank}(A) \qquad \square$$

定理 9.7 设 A 和 B 分别为 $m \times n$ 和 $n \times l$ 的矩阵, 则

$$\mathrm{rank}[A \quad B] + \mathrm{rank}\begin{bmatrix} A \\ B \end{bmatrix} - \mathrm{rank}(A) - \mathrm{rank}(B)$$

$$\leqslant \mathrm{rank}(A + B) \leqslant \min\left\{ \mathrm{rank}[A \quad B], \mathrm{rank}\begin{bmatrix} A \\ B \end{bmatrix} \right\}$$

证明略.

9.1.3　矩阵特征值的不等式

对于 Hermite 矩阵, 其特征值均为实数, 因此常将其按由大到小的顺序排列为 $\lambda_1(\cdot) \geqslant \lambda_2(\cdot) \geqslant \cdots \geqslant \lambda_n(\cdot)$. 为给出 Hermite 矩阵之和与之积的特征值的不等式, 先给出 Rayleigh-Ritz 定理和 Courant- Fischer 定理.

定理 9.8 (Rayleigh-Ritz 定理) 设 $A \in F^{n \times n}$ 为 Hermite 矩阵, 则

$$\lambda_1 = \max_{x \neq 0} \frac{x^{\mathrm{H}} A x}{x^{\mathrm{H}} x}, \quad \lambda_n = \min_{x \neq 0} \frac{x^{\mathrm{H}} A x}{x^{\mathrm{H}} x} \tag{9-8}$$

证 设 $\lambda_1 \geqslant \lambda_2 \geqslant \cdots \geqslant \lambda_n$ 为矩阵 A 的特征值, $\xi_1, \xi_2, \cdots, \xi_n$ 分别为 A 对应于上述特征值的标准正交化特征向量. 记 $U = [\xi_1 \quad \xi_2 \quad \cdots \quad \xi_n]$, $D = \mathrm{diag}\{\lambda_1, \lambda_2, \cdots, \lambda_n\}$, U 是酉矩阵, 且 $U^{\mathrm{H}} A U = D$, 则对任意 $x \in F^n$, 存在 $y \in F^n$, 使 $x = Uy$. 于是

$$\frac{x^{\mathrm{H}} A x}{x^{\mathrm{H}} x} = \frac{y^{\mathrm{H}} U^{\mathrm{H}} A U y}{y^{\mathrm{H}} U^{\mathrm{H}} U y} = \frac{y^{\mathrm{H}} D y}{y^{\mathrm{H}} y} = \sum_{i=1}^{n} \lambda_i \frac{|y_i|^2}{y^{\mathrm{H}} y} \leqslant \lambda_1$$

而上式达到最大值 λ_1 的充要条件是 $y_i = 0, i \geqslant 2, y_1 \neq 0$. 此时 $x = y_1 \xi_1$, 故式 (9-8) 中第一式成立. 同理可证第二式. □

注 9.1 由定理 9.8 可知, $\lambda_1 = \max_{||x||=1} x^{\mathrm{H}} A x = \xi_1^{\mathrm{H}} A \xi_1$, $\lambda_n = \min_{||x||=1} x^{\mathrm{H}} A x = \xi_n^{\mathrm{H}} A \xi_n$. 从几何上看, Hermite 矩阵 A 的最大和最小特征值分别是二次型 $x^{\mathrm{H}} A x$ 在单位圆周上的最大值和最小值.

定理 9.9 设 $A \in F^{n \times n}$ 为 Hermite 矩阵, 则

$$\lambda_k = \max_{\substack{x \neq 0, x \perp \xi_j \\ (j=1,2,\cdots,k-1)}} \frac{x^{\mathrm{H}} A x}{x^{\mathrm{H}} x}, \quad \lambda_{n-k} = \min_{\substack{x \neq 0, x \perp \xi_j \\ (j=n-k+1,\cdots,n)}} \frac{x^{\mathrm{H}} A x}{x^{\mathrm{H}} x}$$

其中, $x \perp \xi_j$ 是指 $x^{\mathrm{H}} \xi_j = 0$.

证 在定理 9.8 证明中, 分别用 $\mathrm{Span}\{\xi_k, \xi_{k+1}, \cdots, \xi_n\}$ 和 $\mathrm{Span}\{\xi_1, \xi_2, \cdots, \xi_{n-k}\}$ 代替 F^n, 即可证得. □

由定理 9.9 知, Hermite 矩阵的特征值均可以表示成 Rayleigh-Ritz 商的约束极值, 且约束条件和矩阵的特征向量相关 (除矩阵的最大和最小特征值外).

定理 9.10 设 $A, B \in F^{n \times n}$ 均为 Hermite 矩阵, 且 $B > 0$, 记 $\mu_1 \geqslant \mu_2 \geqslant \cdots \geqslant \mu_n$ 为 A 关于 B 的相对特征值, 即 μ_i 满足 $\det(A - \mu_i B) = 0$ ($i = 1, 2, \cdots, n$), 则

$$\mu_1 = \max_{x \neq 0} \frac{x^{\mathrm{H}} A x}{x^{\mathrm{H}} B x}, \quad \mu_n = \min_{x \neq 0} \frac{x^{\mathrm{H}} A x}{x^{\mathrm{H}} B x}$$

证 记 $y = B^{1/2}x$, 应用定理 9.8, 得

$$\max_{x \neq \mathbf{0}} \frac{x^{\mathrm{H}}Ax}{x^{\mathrm{H}}Bx} = \max_{y \neq \mathbf{0}} \frac{y^{\mathrm{H}}B^{-1/2}AB^{-1/2}y}{y^{\mathrm{H}}y}$$

$$= \lambda_1(B^{-1/2}AB^{-1/2}) = \lambda_1(AB^{-1}) = \mu_1$$

另一等式类似可证得. □

定理 9.11 (Courant-Fischer 定理) 设 $A \in F^{n \times n}$ 为 Hermite 矩阵, $\lambda_1 \geqslant \lambda_2 \geqslant \cdots \geqslant \lambda_n$ 为其特征值, $\xi_1, \xi_2, \cdots, \xi_n$ 为对应的标准正交化特征向量. 设 B 为 $n \times k$ 矩阵, 则

(1) $\displaystyle\min_{B} \max_{x \neq \mathbf{0}, B^{\mathrm{H}}x=\mathbf{0}} \frac{x^{\mathrm{H}}Ax}{x^{\mathrm{H}}x} = \lambda_{k+1}$ 且当 $B = [\xi_1 \quad \xi_2 \quad \cdots \quad \xi_k]$ 时上式达到 λ_{k+1};

(2) $\displaystyle\max_{B} \min_{x \neq \mathbf{0}, B^{\mathrm{H}}x=\mathbf{0}} \frac{x^{\mathrm{H}}Ax}{x^{\mathrm{H}}x} = \lambda_{n-k}$ 且当 $B = [\xi_{n-k+1} \quad \xi_{n-k+2} \quad \cdots \quad \xi_n]$ 时上式达到 λ_{n-k}.

证 (1) 记 $U = [\xi_1 \quad \xi_2 \quad \cdots \quad \xi_n]$, $x = Uy$, 则

$$\max_{x \neq \mathbf{0}, B^{\mathrm{H}}x=\mathbf{0}} \frac{x^{\mathrm{H}}Ax}{x^{\mathrm{H}}x} = \max_{y \neq \mathbf{0}, C^{\mathrm{H}}y=\mathbf{0}} \frac{y^{\mathrm{H}}Dy}{y^{\mathrm{H}}y}$$

$$\geqslant \max_{y_{(1)} \neq \mathbf{0}, C^{\mathrm{H}}\left[\begin{smallmatrix} y_{(1)} \\ \mathbf{0} \end{smallmatrix}\right]=\mathbf{0}} \frac{y_{(1)}^{\mathrm{H}}D_1 y_{(1)}}{y_{(1)}^{\mathrm{H}} y_{(1)}} \geqslant \min_{y_{(1)} \neq \mathbf{0}} \frac{y_{(1)}^{\mathrm{H}}D_1 y_{(1)}}{y_{(1)}^{\mathrm{H}} y_{(1)}} = \lambda_{k+1}$$

其中, $D = \mathrm{diag}\{\lambda_1, \lambda_2, \cdots, \lambda_n\}$, $C = U^{\mathrm{H}}B$, $D_1 = \mathrm{diag}\{\lambda_1, \lambda_2, \cdots, \lambda_{k+1}\}$, $y^{\mathrm{H}} = (y_{(1)}^{\mathrm{H}} \quad y_{(2)}^{\mathrm{H}})$, $y_{(1)}$ 为 $k+1$ 维向量. 于是

$$\min_{B} \max_{x \neq \mathbf{0}, B^{\mathrm{H}}x=\mathbf{0}} \frac{x^{\mathrm{H}}Ax}{x^{\mathrm{H}}x} \geqslant \lambda_{k+1}$$

由定理 9.9 知, 当 $B = [\xi_1 \quad \xi_2 \quad \cdots \quad \xi_k]$ 时, 上式取等号.

(2) 采用与 (1) 中相同的记号, 并记 $D_2 = \mathrm{diag}\{\lambda_{n-k}, \lambda_{n-k+1}, \cdots, \lambda_n\}$, $y^{\mathrm{H}} = (y_{(1)}^{\mathrm{H}} \quad y_{(2)}^{\mathrm{H}})$, $y_{(2)}$ 为 $n-k$ 维向量. 则有

$$\min_{x \neq \mathbf{0}, B^{\mathrm{H}}x=\mathbf{0}} \frac{x^{\mathrm{H}}Ax}{x^{\mathrm{H}}x} = \min_{y \neq \mathbf{0}, C^{\mathrm{H}}y=\mathbf{0}} \frac{y^{\mathrm{H}}Dy}{y^{\mathrm{H}}y} \leqslant \min_{y_{(2)} \neq \mathbf{0}, C^{\mathrm{H}}\left[\begin{smallmatrix} \mathbf{0} \\ y_{(2)} \end{smallmatrix}\right]=\mathbf{0}} \frac{y_{(2)}^{\mathrm{H}}D_2 y_{(2)}}{y_{(2)}^{\mathrm{H}} y_{(2)}}$$

$$\leqslant \max_{y_{(2)} \neq \mathbf{0}, C^{\mathrm{H}}\left[\begin{smallmatrix} \mathbf{0} \\ y_{(2)} \end{smallmatrix}\right]=\mathbf{0}} \frac{y_{(2)}^{\mathrm{H}}D_2 y_{(2)}}{y_{(2)}^{\mathrm{H}} y_{(2)}} \leqslant \max_{y_{(2)} \neq \mathbf{0}} \frac{y_{(2)}^{\mathrm{H}}D_2 y_{(2)}}{y_{(2)}^{\mathrm{H}} y_{(2)}} = \lambda_{n-k}$$

于是

$$\min_{B} \max_{B^{\mathrm{H}}x=0} \frac{x^{\mathrm{H}}Ax}{x^{\mathrm{H}}x} \leqslant \lambda_{n-k}$$

由定理 9.9 知, 当 $B = [\xi_{n-k+1} \quad \cdots \quad \xi_n]$ 时, 上式取等号.   □

由定理 9.11 知, Hermite 矩阵的任意特征值都可表示成 Rayleigh-Ritz 商的约束极值, 且约束条件和矩阵的特征向量无关, 而是涉及一般的矩阵 B, 因此克服了定理 9.9 的缺陷.

另外, 利用 Courant-Fischer 定理可建立矩阵特征值的镶边定理.

定义 9.2 设 $A \in F^{n \times n}, a \in F, b \in F^n$, 令

$$B = \begin{bmatrix} A & b \\ b^{\mathrm{H}} & a \end{bmatrix}$$

称矩阵 B 为镶边矩阵.

定理 9.12(镶边定理) 设 $A \in F^{n \times n}$ 为 Hermite 矩阵, $a \in F, b \in F^n$, B 为如上定义的镶边矩阵, 且 $\lambda_1 \geqslant \lambda_2 \geqslant \cdots \geqslant \lambda_n$ 和 $\mu_1 \geqslant \mu_2 \geqslant \cdots \geqslant \mu_n \geqslant \mu_{n+1}$ 分别为 A 和 B 的特征值, 则

$$\mu_1 \geqslant \lambda_1 \geqslant \mu_2 \geqslant \lambda_2 \geqslant \cdots \geqslant \mu_n \geqslant \lambda_n \geqslant \mu_{n+1}$$

证 只需证明 $\mu_{i+1} \leqslant \lambda_i \leqslant \mu_i, \ i = 1, 2, \cdots, n$.

设 $x, u_i \in F^n$, $y^{\mathrm{H}} = (x^{\mathrm{H}}, t)$, $z_i^{\mathrm{H}} = (u_i^{\mathrm{H}}, v) \in F^{n+1}(i = 1, 2, \cdots, n)$. 应用 Courant-Fischer 定理, 对 $i = 2, \cdots, n$ 有

$$\mu_i = \min_{z_1, \cdots, z_{i-1}} \max_{\substack{y \perp x_j \\ (j=1,2,\cdots,i-1)}} \frac{y^{\mathrm{H}}By}{y^{\mathrm{H}}y} \geqslant \min_{z_1, \cdots, z_{i-1}} \max_{\substack{y \perp x_j, t=0 \\ (j=1,2,\cdots,i-1)}} \frac{y^{\mathrm{H}}By}{y^{\mathrm{H}}y}$$

$$= \min_{u_1, \cdots, u_{i-1}} \max_{\substack{x \perp u_j, \\ j=1,2,\cdots,i-1}} \frac{x^{\mathrm{H}}Ax}{x^{\mathrm{H}}x} = \lambda_i$$

而应用 Rayleigh-Ritz 定理,

$$\mu_1 = \max_{y \neq \mathbf{0}} \frac{y^{\mathrm{H}}By}{y^{\mathrm{H}}y} \geqslant \max_{y \neq \mathbf{0}, t=0} \frac{y^{\mathrm{H}}By}{y^{\mathrm{H}}y} = \max_{x \neq \mathbf{0}} \frac{x^{\mathrm{H}}Ax}{x^{\mathrm{H}}x} = \lambda_1$$

另一方面, 应用 Courant-Fischer 定理, 对 $i = 1, \cdots, n-1$ 有

$$\mu_{i+1} = \max_{z_1, \cdots, z_{n-i-1}} \min_{\substack{y \perp x_j \\ (j=1,2,\cdots,n-i-1)}} \frac{y^{\mathrm{H}}By}{y^{\mathrm{H}}y} \leqslant \max_{z_1, \cdots, z_{n-i-1}} \min_{\substack{y \perp x_j, t=0 \\ (j=1,2,\cdots,n-i-1)}} \frac{y^{\mathrm{H}}By}{y^{\mathrm{H}}y}$$

$$= \max_{\substack{u_1, \cdots, u_{n-i-1}}} \min_{\substack{x \perp u_j \\ (j=1, \cdots, n-i-1)}} \frac{x^{\mathrm{H}} A x}{x^{\mathrm{H}} x} = \lambda_i$$

应用 Rayleigh-Ritz 定理, 得

$$\mu_{n+1} = \min_{y \neq 0} \frac{y^{\mathrm{H}} B y}{y^{\mathrm{H}} y} \leqslant \min_{y \neq 0, t=0} \frac{y^{\mathrm{H}} B y}{y^{\mathrm{H}} y} = \min_{x \neq 0} \frac{x^{\mathrm{H}} A x}{x^{\mathrm{H}} x} = \lambda_n \qquad \square$$

如果将矩阵 $A + B$ 看成矩阵 A 加扰动 B 的结果, 还可以给出矩阵与其扰动矩阵的特征值之间的若干关系.

定理 9.13 设 $A, B \in F^{n \times n}$ 均为 Hermite 矩阵, 则

$$\lambda_i(A) + \lambda_n(B) \leqslant \lambda_i(A + B) \leqslant \lambda_i(A) + \lambda_1(B), \quad i = 1, 2, \cdots, n$$

证 因为

$$\frac{x^{\mathrm{H}} A x}{x^{\mathrm{H}} x} + \min_{x \neq 0} \frac{x^{\mathrm{H}} B x}{x^{\mathrm{H}} x} \leqslant \frac{x^{\mathrm{H}} (A+B) x}{x^{\mathrm{H}} x} \leqslant \frac{x^{\mathrm{H}} A x}{x^{\mathrm{H}} x} + \max_{x \neq 0} \frac{x^{\mathrm{H}} B x}{x^{\mathrm{H}} x}$$

利用定理 9.8, 得

$$\frac{x^{\mathrm{H}} A x}{x^{\mathrm{H}} x} + \lambda_n(B) \leqslant \frac{x^{\mathrm{H}} (A+B) x}{x^{\mathrm{H}} x} \leqslant \frac{x^{\mathrm{H}} A x}{x^{\mathrm{H}} x} + \lambda_1(B)$$

再应用定理 9.11, 即得. $\qquad \square$

推论 9.2 设 $A, B \in F^{n \times n}$ 均为 Hermite 矩阵,

(1) 若 $A \geqslant B$, 则 $\lambda_i(A) \geqslant \lambda_i(B)$, $i = 1, 2, \cdots, n$;

(2) 若 $A > B$, 则 $\lambda_i(A) > \lambda_i(B)$, $i = 1, 2, \cdots, n$.

定理 9.14 设 $A, B \in F^{n \times n}$ 均为 Hermite 矩阵, 则

(1) $\lambda_i(A + B) \leqslant \lambda_j(A) + \lambda_k(B)$, $i \geqslant j + k - 1$;

(2) $\lambda_j(A) + \lambda_k(B) \leqslant \lambda_{j+k-n}(A + B)$, $j + k \geqslant n$.

证 (1) 设 $u_1, u_2, \cdots, u_n$ 为 A 对应于特征值 $\lambda_1(A) \geqslant \lambda_2(A) \geqslant \cdots \geqslant \lambda_n(A)$ 的标准正交化特征向量, $v_1, v_2, \cdots, v_n$ 为 B 对应于特征值 $\lambda_1(B) \geqslant \lambda_2(B) \geqslant \cdots \geqslant \lambda_n(B)$ 的标准正交化特征向量, 并记 $U = [u_1 \quad u_2 \quad \cdots \quad u_n]$, $V = [v_1 \quad v_2 \quad \cdots \quad v_n]$, 则 U, V 均为酉矩阵. 应用定理 9.9 和定理 9.11, 有

$$\lambda_j(A) + \lambda_k(B) = \max_{\substack{x \neq 0, x \perp u_t \\ (t=1,2,\cdots,j-1)}} \frac{x^{\mathrm{H}} A x}{x^{\mathrm{H}} x} + \max_{\substack{x \neq 0, x \perp v_t \\ (t=1,2,\cdots,k-1)}} \frac{x^{\mathrm{H}} B x}{x^{\mathrm{H}} x}$$

$$\geqslant \max_{\substack{x \neq 0, x \perp u_t (t=1,2,\cdots,j-1) \\ x \perp v_t (t=1,2,\cdots,k-1)}} \frac{x^{\mathrm{H}} (A+B) x}{x^{\mathrm{H}} x}$$

$$\geqslant \lambda_{j+k-1}(A+B) \geqslant \lambda_i(A+B)$$

(2) 类似于 (1), 应用 9.9 和 9.11 即可推证.　　　　　　　　　　　　□

定理 9.15　设 $A, B \in F^{n \times n}$ 均为正定 Hermite 矩阵, $A \geqslant B > 0$, 则

$$\frac{\lambda_k(B)}{\lambda_j(A)} \leqslant \frac{\lambda_k(A+B)}{\lambda_j(A+B)}$$

证　由定理 9.11, 有

$$\frac{\lambda_k(B)}{\lambda_j(A)} = \min_{R_{k-1}, R_{n-j}} \max_{R_{k-1}^{\mathrm{H}} x = \mathbf{0}, R_{n-j}^{\mathrm{H}} y = \mathbf{0}} \frac{x^{\mathrm{H}} B x}{y^{\mathrm{H}} A y} \tag{9-9}$$

其中, R_m 为任意 $n \times m$ 矩阵, x, y 为满足 $x^{\mathrm{H}} x = 1, y^{\mathrm{H}} y = 1$ 的 n 维向量.

由 $A \geqslant B > 0$ 易得

$$\frac{x^{\mathrm{H}} B x}{y^{\mathrm{H}} A y} \leqslant \frac{x^{\mathrm{H}} (A+B) x}{y^{\mathrm{H}} (A+B) y}, \quad x, y \in \mathbf{R}^n, \quad y \neq \mathbf{0} \tag{9-10}$$

即

$$x^{\mathrm{H}} B x \cdot y^{\mathrm{H}} B y \leqslant x^{\mathrm{H}} A x \cdot y^{\mathrm{H}} A y$$

结合式 (9-9) 和式 (9-10) 即可推得结论.　　　　　　　　　　　　　□

关于矩阵乘积也可给出相应的结果.

定理 9.16　设 $A, B \in F^{n \times n}$ 均为 Hermite 矩阵.

(1) 若 $B \geqslant 0$, 则

$$\lambda_n(B) \lambda_i(A^2) \leqslant \lambda_i(ABA) \leqslant \lambda_1(B) \lambda_i(A^2), \quad i = 1, 2, \cdots, n \tag{9-11}$$

(2) 若 $\lambda_1(B) > 0, \lambda_n(B) < 0$, 则

$$\lambda_n(B) \lambda_{n-i+1}(A^2) \leqslant \lambda_i(ABA) \leqslant \lambda_1(B) \lambda_i(A^2), \quad i = 1, 2, \cdots, n \tag{9-12}$$

(3) 若 $B < 0$, 则

$$\lambda_n(B) \lambda_{n-i+1}(A^2) \leqslant \lambda_i(ABA) \leqslant \lambda_1(B) \lambda_{n-i+1}(A^2), \quad i = 1, 2, \cdots, n \tag{9-13}$$

证　(1) 因为 $\lambda_1(B) I_n \geqslant B \geqslant \lambda_n(B) I_n$, 所以

$$\lambda_1(B) A^2 = A(\lambda_1(B) I_n - B) A + ABA \geqslant ABA$$

$$ABA = A(B - \lambda_n(B) I_n) A + \lambda_n(B) A^2 \geqslant \lambda_n(B) A^2$$

应用推论 9.2, 得

$$\lambda_i(\lambda_1(B)A^2) \geqslant \lambda_i(ABA) \geqslant \lambda_i(\lambda_n(B)A^2) \tag{9-14}$$

当 $B \geqslant 0$ 时, $\lambda_i(B) \geqslant 0$, 从上式即得式 (9-11).

(2) 和 (3) 可以从式 (9-14) 和事实: 当 $\alpha < 0$ 时, $\lambda_i(\alpha A^2) = \alpha\lambda_{n-i+1}(A^2)$ 推出. □

下面的不等式也是常用的, 证明略去.

定理 9.17 设 $A, B \in F^{n \times n}$ 均为 Hermite 半正定矩阵, 则

$$\sum_{i=1}^{k} \lambda_i(A)\lambda_{n-i+1}(B) \leqslant \sum_{i=1}^{k} \lambda_i(AB) \leqslant \sum_{i=1}^{k} \lambda_i(A)\lambda_i(B)$$

$$k = 1, 2, \cdots, n$$

定理 9.18 设 $A, B \in F^{n \times n}$ 均为 Hermite 半正定矩阵, 则

$$\sum_{t=1}^{k} \lambda_{i_t}(AB) \geqslant \sum_{t=1}^{k} \lambda_{i_t}(A)\lambda_{n-i_t+1}(B), \quad 1 \leqslant i_1 < \cdots < i_k \leqslant n$$

$$k = 1, 2, \cdots, n$$

定理 9.19 设 $A, B \in F^{n \times n}$ 均为 Hermite 半正定矩阵, 则

$$\prod_{t=1}^{k} \lambda_{i_t}(AB) \leqslant \prod_{t=1}^{k} \lambda_{i_t}(A)\lambda_t(B), \quad 1 \leqslant i_1 < \cdots < i_k \leqslant n$$

$$k = 1, 2, \cdots, n$$

当 $k = n$ 时, 等号成立.

定理 9.20 设 $A, B \in F^{n \times n}$ 均为 Hermite 半正定矩阵, 则

$$\prod_{t=1}^{k} \lambda_{i_t}(AB) \geqslant \prod_{t=1}^{k} \lambda_{i_t}(A)\lambda_{n-i_t+1}(B), \quad 1 \leqslant i_1 < \cdots < i_k \leqslant n$$

$$k = 1, 2, \cdots, n$$

当 $k = n$ 时, 等号成立.

9.1.4 矩阵迹的不等式

介绍 Hermite 正定 (半正定) 矩阵的迹的不等式.

定理 9.21　对任意两个 $m \times n$ 矩阵 A 和 B, 有

$$|\mathrm{tr}(A^{\mathrm{H}}B)|^2 \leqslant \mathrm{tr}(A^{\mathrm{H}}A)\mathrm{tr}(B^{\mathrm{H}}B)$$

且等号成立当且仅当 $A = \beta B$, β 为一常数. 特别地, 当 A 和 B 均为实对称矩阵或 Hermite 矩阵时, 有

$$|\mathrm{tr}(AB)| \leqslant (\mathrm{tr}(A^2))^{1/2}(\mathrm{tr}(B^2))^{1/2}$$

证　利用矩阵迹的定义及 Cauchy-Schwarz 不等式易证.　□

定理 9.22　设 $A, B \in F^{n \times n}$ 均为 Hermite 半正定矩阵, 则

$$0 \leqslant \mathrm{tr}(AB) \leqslant \lambda_1(B)\mathrm{tr}(A) \leqslant \mathrm{tr}(A)\mathrm{tr}(B)$$

证　利用矩阵迹的性质 1.4 之 (iii) 和 (iv), 有 $\mathrm{tr}(AB) = \mathrm{tr}(A^{1/2}BA^{1/2}) \geqslant 0$. 又因为 $\lambda_1(A)B \geqslant B^{1/2}AB^{1/2}$, 所以利用矩阵迹的性质 1.4 之 (vii), 有

$$\mathrm{tr}(AB) = \mathrm{tr}(A^{1/2}BA^{1/2}) \leqslant \mathrm{tr}(\lambda_1(A)B) = \lambda_1(A)\mathrm{tr}(B) \leqslant \mathrm{tr}(A)\mathrm{tr}(B) \quad □$$

推论 9.3　设 $A, B \in F^{n \times n}$ 均为 Hermite 矩阵, 且 $A > 0$, $B \geqslant 0$, 则

$$\mathrm{tr}(A^{-1}B) \geqslant \frac{\mathrm{tr}(B)}{\lambda_1(A)} \geqslant \frac{\mathrm{tr}(B)}{\mathrm{tr}(A)}$$

或等价地

$$\mathrm{tr}(B) \leqslant \lambda_1(A)\mathrm{tr}(A^{-1}B) \leqslant \mathrm{tr}(A)\mathrm{tr}(A^{-1}B)$$

定理 9.23　设 $A, B \in F^{n \times n}$ 均为 Hermite 矩阵,

(1) 若 $A \geqslant 0$, $B \geqslant 0$, 则

$$\mathrm{tr}((I_n + AB)A) \leqslant (1 + \lambda_1(AB))\mathrm{tr}(A)$$

$$\mathrm{tr}((I_n + AB)A) \leqslant (n + \mathrm{tr}(AB))\lambda_1(A)$$

(2) 若 $A > 0$, $B \geqslant 0$, 则

$$\mathrm{tr}((I_n + AB)^{-1}A) \geqslant \frac{\mathrm{tr}(A)}{1 + \lambda_1(AB)}$$

证　(1) 应用定理 9.22, 有

$$\mathrm{tr}((I_n + AB)A) = \mathrm{tr}(A) + \mathrm{tr}(ABA)$$

$$= \mathrm{tr}(A) + \mathrm{tr}(A^{1/2}BA^{1/2}A)$$

$$\leqslant \mathrm{tr}(A) + \lambda_1(A^{1/2}BA^{1/2})\mathrm{tr}(A)$$

$$= \mathrm{tr}(A) + \lambda_1(AB)\mathrm{tr}(A)$$

$$\operatorname{tr}((I_n + AB)A) = \operatorname{tr}((I_n + A^{1/2}BA^{1/2})A) \leqslant \operatorname{tr}(I_n + A^{1/2}BA^{1/2})\lambda_1(A)$$

$$= (n + \operatorname{tr}(AB))\lambda_1(A)$$

(2) 因为 $A > 0$, 利用矩阵迹的基本性质 1.4 之 (iii) 及推论 9.3, 有

$$\operatorname{tr}((I_n + AB)^{-1}A) = \operatorname{tr}((I_n + A^{1/2}BA^{1/2})^{-1}A)$$

$$\geqslant \frac{\operatorname{tr}(A)}{\lambda_1(I_n + A^{1/2}BA^{1/2})}$$

$$= \frac{\operatorname{tr}(A)}{1 + \lambda_1(A^{1/2}BA^{1/2})}$$

$$= \frac{\operatorname{tr}(A)}{1 + \lambda_1(AB)} \qquad \square$$

下面不加证明地给出两个不等式.

定理 9.24 (Hölder 不等式) 设 $A, B \in F^{n \times n}$ 均为 Hermite 半正定矩阵, $A \neq O$, $B \neq O$, 则

$$\operatorname{tr}(A^{1/p})\operatorname{tr}(B^{1/q}) \leqslant (\operatorname{tr}(A))^{1/p}(\operatorname{tr}(B))^{1/q}, \quad p > 1, \quad 1/p + 1/q = 1$$

且等号成立当且仅当存在常数 $c > 0$, 使 $B = cA$.

定理 9.25 (Minkowski 不等式) 设 $A, B \in F^{n \times n}$ 均为 Hermite 半正定矩阵, $A \neq O$, $B \neq O$, 则

$$(\operatorname{tr}(A + B)^p)^{1/p} \leqslant (\operatorname{tr}A^p)^{1/p} + (\operatorname{tr}B^p)^{1/p}, \quad p > 1$$

且等号成立当且仅当存在常数 $c > 0$, 使 $A = cB$.

9.1.5 矩阵奇异值的不等式

定理 9.26 设 $A \in F^{n \times n}$, 其特征值按照其模做递减排列为 $|\lambda_1(A)| \geqslant \cdots \geqslant |\lambda_n(A)|$, 其奇异值按照递减排列为 $\sigma_1(A) \geqslant \cdots \geqslant \sigma_n(A)$, 则

$$\prod_{i=1}^{k} |\lambda_i(A)| \leqslant \prod_{i=1}^{k} \sigma_i(A), \quad k = 1, \cdots, n-1$$

$$\prod_{i=1}^{n} |\lambda_i(A)| = \prod_{i=1}^{n} \sigma_i(A)$$

证 设 x 是矩阵 A 的对应于 $\lambda_1(A)$ 的单位特征向量, 则 $Ax = \lambda_1(A)x$, 于是

$$|\lambda_1(A)|^2 = \overline{\lambda_1(A)}\lambda_1(A) = x^{\mathrm{H}}A^{\mathrm{H}}Ax \leqslant \lambda_1(A^{\mathrm{H}}A) = \sigma_1^2(A)$$

即 $|\lambda_1(A)| \leqslant \sigma_1(A)$, $k = 1$ 时结论成立. 同理,

$$\left|\lambda_1(A^{(k)})\right| \leqslant \sigma_1(A^{(k)})$$

其中, $A^{(k)}$ 表示 A 的第 k 次复合矩阵 $(1 \leqslant k \leqslant n)$, 为 $\begin{pmatrix} n \\ k \end{pmatrix} \times \begin{pmatrix} n \\ k \end{pmatrix}$ 矩阵, 其

元素为 $\det A \begin{pmatrix} i_1 \cdots i_k \\ j_1 \cdots j_k \end{pmatrix}$. 再根据复合矩阵的性质 $\left(A^{(k)}$ 的特征值为 $\prod\limits_{j=1}^{k} \lambda_{i_j}(A),\right.$

$\left. 1 \leqslant i_1 < \cdots < i_k \leqslant n \right)$, 有

$$\left|\lambda_1(A^{(k)})\right| = \left|\prod_{i=1}^{k} \lambda_i(A)\right|, \quad k = 1, \cdots, n-1$$

$$\sigma_1(A^{(k)}) = \prod_{i=1}^{k} \sigma_i(A)$$

因此, 结论成立. □

定理 9.27　设 $A, B \in F^{n \times n}$, 则

$$\prod_{i=1}^{k} \sigma_i(AB) \leqslant \prod_{i=1}^{k} \sigma_i(A)\sigma_i(B), \quad k = 1, \cdots, n-1$$

$$\prod_{i=1}^{n} \sigma_i(AB) = \prod_{i=1}^{n} \sigma_i(A)\sigma_i(B)$$

证　由于 $\sigma_i(A) = \lambda_i^{1/2}(AA^{\mathrm{H}})$, $\sigma_i(AB) = \lambda_i^{1/2}(ABB^{\mathrm{H}}A^{\mathrm{H}})$, $i = 1, \cdots, n$, 所以, 根据定理 9.19 即得本结论. □

9.2　线性矩阵不等式

线性矩阵不等式 (linear matrix inequality, LMI) 被广泛地用来解决系统与控制中的有关问题, 随着 MATLAB 软件中 LMI 工具箱的推出, 求解 LMI 问题得到解决, 其应用更加方便. 本节介绍 LMI 的基本概念, 以及应用 LMI 解决系统与控制问题时要用到的一些基本结论.

9.2.1　LMI 及其表示

定义 9.3　具有如下形式的不等式

$$F(x) = F_0 + x_1 F_1 + \cdots + x_m F_m < 0 \tag{9-15}$$

称为线性矩阵不等式 (LMI). 其中, $x_1, x_2, \cdots, x_m$ 是实数变量, 记 $x = (x_1, x_2, \cdots, x_m)^{\mathrm{T}} \in \mathbf{R}^m$, 称 $x_1, x_2, \cdots, x_m$ 或 x 为决策变量; $F_i = F_i^{\mathrm{T}} \in \mathbf{R}^{n \times n}$ $(i = 0, 1, 2, \cdots, m)$ 是给定的实对称矩阵; $F(x) < 0$ 表示矩阵 $F(x)$ 是负定的, 即对任意非零向量 $v \in \mathbf{R}^n$, 有 $v^{\mathrm{T}} F(x) v < 0$.

如果在式 (9-15) 式中用 "$\leqslant$" 代替 "$<$", 则得到非严格 LMI:

$$F(x) = F_0 + x_1 F_1 + \cdots + x_m F_m \leqslant 0 \tag{9-16}$$

其中, $F(x) \leqslant 0$ 表示矩阵 $F(x)$ 是半负定的, 即对任意 $v \in \mathbf{R}^n$, 有 $v^{\mathrm{T}} F(x) v \leqslant 0$.

严格 LMI 和非严格 LMI 是密切相关的, 但它们之间关系的准确叙述有些复杂, 在此先考虑严格的 LMI.

引理 9.4 集合 $\Phi = \{x = (x_1, x_2, \cdots, x_m) \in \mathbf{R}^m : F(x) < 0\}$ 是一个凸集.

引理 9.4 说明 LMI (9-15) 是关于决策变量 x 的凸约束.

注 9.2 (1) 当矩阵 $F_i = \mathrm{diag}\{f_{i1}, f_{i2}, \cdots, f_{in}\}$ 时, $F(x) < 0$ 恰好是变量 $x_1, x_2, \cdots, x_m$ 的线性不等式组:

$$f_{01} + f_{11} x_1 + f_{21} x_2 + \cdots + f_{m1} x_m < 0$$

$$\cdots\cdots$$

$$f_{0n} + f_{1n} x_1 + f_{2n} x_2 + \cdots + f_{mn} x_m < 0$$

这说明 LMI 可以看成通常的线性不等式组的推广.

(2) 多个 LMI

$$F^{(1)}(x) < 0, F^{(2)}(x) < 0, \cdots, F^{(p)}(x) < 0$$

可以表示成一个 LMI

$$\mathrm{diag}\{F^{(1)}(x), F^{(2)}(x), \cdots, F^{(p)}(x)\} < 0$$

其中, $F^{(j)}(x) = F_0^{(j)} + x_1 F_1^{(j)} + \cdots + x_m F_m^{(j)}, F_i^{(j)} \in \mathbf{R}^{n \times n}$ $(i = 0, 1, 2, \cdots, m; j = 1, 2, \cdots, p)$ 是给定的实对称矩阵.

这说明我们可以仅讨论一个 LMI 的问题.

(3) LMI 中的决策变量可以是矩阵变量. 例如, 矩阵 Lyapunov 不等式

$$F(X) = A^{\mathrm{T}} X + XA + Q < 0 \tag{9-17}$$

可以转化成 LMI (9-15) 的一般形式. 其中, $A, Q \in \mathbf{R}^{n \times n}$ 是给定的常数矩阵, 且 Q 是对称的, $X \in \mathbf{R}^{n \times n}$ 是对称的未知矩阵变量.

事实上, 设 $E_1, E_2, \cdots, E_m$ 是对称矩阵空间 $S^n = \{X \in \mathbf{R}^{n \times n} | X = X^{\mathrm{T}}\}$ 中的一组基, 则对任意对称矩阵 $X \in S^n$, 存在唯一一组变量 $x_1, x_2, \cdots, x_m$, 使得 $X = \sum\limits_{i=1}^{m} x_i E_i$. 于是

$$F(X) = F\left(\sum_{i=1}^{m} x_i E_i\right) = A^{\mathrm{T}}\left(\sum_{i=1}^{m} x_i E_i\right) + \left(\sum_{i=1}^{m} x_i E_i\right) A + Q$$

$$= Q + x_1(A^{\mathrm{T}} E_1 + E_1 A) + \cdots + x_m(A^{\mathrm{T}} E_m + E_m A) < 0$$

记 $F_0 = Q, F_1 = A^{\mathrm{T}} E_1 + E_1 A, \cdots, F_m = A^{\mathrm{T}} E_m + E_m A$, 上式即为 LMI (9-15).

在实际应用中, 特别是在控制理论研究中的绝大多数 LMI 都是以矩阵变量的形式出现的.

9.2.2　能转化成 LMI 的相关问题

(1) 约束问题

$$\begin{cases} F(x) < 0 \\ Ax = b \end{cases} \tag{9-18}$$

其中, $F: \mathbf{R}^m \to S^n$ 是一仿射函数, $A \in \mathbf{R}^{n \times m}$ 和 $b \in \mathbf{R}^n$ 是给定的常数矩阵和向量.

设 $M = \{x \in \mathbf{R}^m | Ax = b\}$, 则 $M \subset \mathbf{R}^m$ 是一仿射集, 于是存在 $x_0 \in \mathbf{R}^m$ 和 $\mathbf{R}^m$ 的一个线性子空间 M_0, 使得 $M = x_0 + M_0 = \{x_0 + m : m \in M_0\}$, 这样约束问题 (9-18) 可转化成如下一般形式的约束问题:

$$\begin{cases} F(x) < 0 \\ x \in M \end{cases} \tag{9-19}$$

设 $e_1, e_2, \cdots, e_k \in \mathbf{R}^m$ 是线性子空间 M_0 的一组基, 则对任意 $x \in M$, 有唯一的表达式 $x = x_0 + \sum\limits_{i=1}^{k} y_i e_i$. 而仿射函数 $F(x)$ 可以分解成常值矩阵 $F_0 \in S^n$ 与线性函数 $T(x): \mathbf{R}^m \to S^n$ 之和, 即 $F(x) = F_0 + T(x)$. 因此, 约束问题 (9-19) 等价于

$$F(x) = F_0 + T(x) = F_0 + T\left(x_0 + \sum_{i=1}^{k} y_i e_i\right) = F_0 + T(x_0) + \sum_{i=1}^{k} y_i T(e_i) < 0$$

记 $\tilde{F}_0 = F_0 + T(x_0)$, $\tilde{F}_i = T(e_i)$, $y = (y_1, \cdots, y_k)^{\mathrm{T}}$, 则得 LMI

$$\tilde{F}(\tilde{x}) = \tilde{F}_0 + y_1 \tilde{F}_1 + \cdots + y_k \tilde{F}_k < 0 \tag{9-20}$$

注意, y 的维数小于 x 的维数.

(2) 某些非线性的矩阵不等式问题.

利用引理 9.2 可以转化成 LMI. 给出如下几个转化结果.

(a) 非线性矩阵不等式组

$$F_{11}(x) < 0, \quad F_{22}(x) - F_{12}^{\mathrm{T}}(x) F_{11}^{-1}(x) F_{12}(x) < 0$$

或

$$F_{22}(x) < 0, \quad F_{11}(x) - F_{12}(x) F_{22}^{-1}(x) F_{12}^{\mathrm{T}}(x) < 0$$

等价于 LMI:

$$F(x) < 0$$

其中, $F_{11}(x), F_{12}(x), F_{22}(x)$ 均是 x 的仿射函数, 且 $F_{11}(x), F_{22}(x)$ 是方阵,

$$F(x) = \left[\begin{array}{cc} F_{11}(x) & F_{12}(x) \\ F_{12}^{\mathrm{T}}(x) & F_{22}(x) \end{array} \right]$$

(b) 二次型矩阵不等式:

$$A^{\mathrm{T}} P + P A + P B R^{-1} B^{\mathrm{T}} P + Q < 0$$

等价于 LMI

$$\left[\begin{array}{cc} A^{\mathrm{T}} P + P A + Q & P B \\ B^{\mathrm{T}} P & -R \end{array} \right] < 0$$

其中, A, B, $Q = Q^{\mathrm{T}} > 0$, $R = R^{\mathrm{T}} > 0$ 是给定的适当维数的常数矩阵, P 是对称矩阵变量.

(c) 矩阵范数不等式

$$\|Z(x)\|_2 < 1$$

等价于 LMI

$$\left[\begin{array}{cc} I_p & Z(x) \\ Z^{\mathrm{T}}(x) & I_q \end{array} \right] > 0$$

其中, $Z(x) \in \mathbf{R}^{p \times q}$ 且是 x 的仿射函数. 这是因为 $\|Z(x)\|_2 < 1$ 等价于 $I_p - Z(x) Z^{\mathrm{T}}(x) > 0$.

(d) 不等式组

$$\operatorname{tr}(S^{\mathrm{T}}(x)P^{-1}(x)S(x)) < 1, \quad P(x) > 0$$

等价于关于 x 和 X 的 LMI

$$\operatorname{tr}(X) < 1, \quad \begin{bmatrix} X & S^{\mathrm{T}}(x) \\ S(x) & P(x) \end{bmatrix} > 0$$

其中, $P(x) = P^{\mathrm{T}}(x) \in \mathbf{R}^{n \times n}$ 和 $S(x) \in \mathbf{R}^{n \times p}$ 是 x 的仿射函数. $X = X^{\mathrm{T}} \in \mathbf{R}^{p \times p}$ 是引入的新的矩阵变量.

9.2.3   一些标准的 LMI 问题

介绍三类标准的 LMI 问题, 在 MATLAB 的 LMI 工具箱中给出了有关的求解器.

假定以下的 $F(x), G(x), H(x)$ 均是对称矩阵值仿射函数, c 是一个给定的常数向量.

9.2.3.1   LMI 可行性问题 (LMIP)

对给定的 $F(x) < 0$, 检验是否存在 x 使其成立的问题.

如果存在这样的 x, 则该 LMI 问题是可行的, 否则就是不可行的.

9.2.3.2   特征值问题 (EVP)

在一个 (或多个) LMI 约束下, 求矩阵 $G(x)$ 的最大特征值的最小化问题. 它的一般形式是

$$\min \ \lambda \tag{9-21}$$

$$\text{s.t. } G(x) < \lambda I_n$$

$$H(x) < 0$$

此特征值问题可以等价地转化成凸优化问题:

$$\min \ c^{\mathrm{T}}x \tag{9-22}$$

$$\text{s.t. } F(x) < 0$$

其中, $F(x)$ 是变量 x 的仿射函数.

事实上, 一方面 (9-22) 式等价于

$$\min \ \lambda$$
$$\text{s.t. } c^{\mathrm{T}}x < \lambda I_n$$
$$F(x) < 0$$

另一方面, 定义 $\hat{x} = (x^{\mathrm{T}}, \lambda)^{\mathrm{T}}$, $\bar{F}(\hat{x}) = \text{diag}\{G(x) - \lambda I,\ H(x)\}$, $c = (\mathbf{0}^{\mathrm{T}}, 1)^{\mathrm{T}}$, 则 $\bar{F}(\hat{x})$ 是 $\hat{x}$ 的一个仿射函数, 且问题 (9-21) 可写成

$$\min \ c^{\mathrm{T}}\hat{x}$$
$$\text{s.t. } \bar{F}(\hat{x}) < 0$$

9.2.3.3　广义特征值问题 (GEVP)

在一个 LMI 的约束下, 求两个仿射矩阵函数的最大广义特征值的最小化问题.

定义 9.4　对给定的两个相同阶数的对称矩阵 G, F 及标量 λ, 如果存在非零向量 y, 使得 $Gy = \lambda Fy$, 则 λ 称为 G 和 F 的广义特征值.

矩阵 G, F 的最大广义特征值的计算可以转化成一个具有 LMI 约束的优化问题.

事实上, 假定矩阵 F 是正定的, 则对充分大的标量 λ, 有 $G - \lambda F < 0$. 随着 λ 的减小, 并存在某个适当的值, $G - \lambda F$ 将变为奇异的. 因此, 存在非零向量 y 使得 $Gy = \lambda Fy$. 这样的一个 λ 就是矩阵 G 和 F 的广义特征值. 根据这样的思想, 矩阵 G 和 F 的最大广义特征值可以通过求解以下的优化问题得到:

$$\min \ \lambda$$
$$\text{s.t. } G - \lambda F < 0$$

当矩阵 G 和 F 是 x 的一个仿射函数时, 在一个 LMI 的约束下, 求矩阵函数 $G(x)$ 和 $F(x)$ 最大的广义特征值的最小化问题的一般形式如下:

$$\min \ \lambda \qquad\qquad (9\text{-}23)$$
$$\text{s.t. } G(x) < \lambda F(x)$$
$$F(x) > 0$$
$$H(x) < 0$$

注意到上述问题中的约束条件关于 x 和 λ 并不同时是线性的.

9.2.4　控制理论中的 LMI 问题

下面通过一些例子来说明 LMI 在控制理论研究中的作用.

例 9.1　稳定性问题. 考虑线性定常系统 $\dot{x}(t) = Ax(t)$ 的渐近稳定问题. 其中 $A \in \mathbf{R}^{n \times n}$.

此问题等价于 LMI 的可解性问题.

$$\begin{bmatrix} -X & O \\ O & A^{\mathrm{T}}X + XA \end{bmatrix} < 0$$

因为由 Lyapunov 稳定性理论, 系统 $\dot{x}(t) = Ax(t)$ 是渐近稳定的当且仅当存在一个对称矩阵 $X \in \mathbf{R}^{n \times n}$, 使得 $X > 0, A^{\mathrm{T}}X + XA < 0$.

例 9.2　μ 分析问题. 在 μ 分析中的一个常见问题是: 确定一个对角矩阵 D, 使得 $\|DED^{-1}\|_2 < 1$. 其中, E 是一个给定的常数矩阵.

此问题等价于 LMI 的可行性问题

$$E^{\mathrm{T}}XE - X < 0$$

其中, $X = D^{\mathrm{T}}D > 0$.

这是因为 $\|DED^{-1}\|_2 < 1$ 等价于 $D^{-\mathrm{T}}E^{\mathrm{T}}D^{\mathrm{T}}DED^{-1} < I_n$, 又等价于 $E^{\mathrm{T}}D^{\mathrm{T}}DE < D^{\mathrm{T}}D$, 即 $E^{\mathrm{T}}XE - X < 0$.

例 9.3　最大奇异值问题. 考虑优化问题

$$\min f(x) = \sigma_1(F(x))$$

其中, $F(x) : \mathbf{R}^n \to S^{m \times p}$ 是一个仿射的矩阵值函数.

此问题等价于凸优化问题:

$$\min_{x, \gamma} \; \gamma$$

$$\text{s.t.} \begin{bmatrix} -\gamma I_p & F^{\mathrm{T}}(x) \\ F(x) & -\gamma I_m \end{bmatrix} < 0$$

这是因为 $\sigma_1(F(x)) < \gamma$ 等价于 $F^{\mathrm{T}}(x)F(x) - \gamma^2 I_p < 0$, 又等价于

$$\begin{bmatrix} -\gamma I_p & F^{\mathrm{T}}(x) \\ F(x) & -\gamma I_m \end{bmatrix} < 0$$

例 9.4　线性定常系统性能指标的最小上界问题.
考虑线性系统:

$$\begin{cases} \dot{x}(t) = Ax(t), \\ x(0) = x_0, \end{cases} \quad t \geqslant 0 \tag{9-24}$$

和二次型性能指标:

$$J = \int_0^\infty x^{\mathrm{T}}(t) Q x(t) \mathrm{d}t$$

其中, $A \in \mathbf{R}^{n \times n}$ 是系统状态矩阵, x_0 是初始状态向量, $Q = Q^{\mathrm{T}} \in \mathbf{R}^{n \times n}$ 是给定的加权半正定矩阵. 假定考虑的系统是渐近稳定的, 则该系统的任意状态向量均是平方可积的, 因此 $J < \infty$. 求性能指标 J 的最小上界.

此问题等价于特征值问题:

$$\min x_0^{\mathrm{T}} X x_0 \tag{9-25}$$

$$\text{s.t. } X > 0$$

$$A^{\mathrm{T}} X + X A + Q \leqslant 0$$

由于系统 (9-24) 是渐近稳定的, 因此 LMI: $A^{\mathrm{T}} X + X A + Q \leqslant 0$ 有对称正定解 X. 沿系统 (9-25) 的任意轨线, 求函数 $x^{\mathrm{T}}(t) X x(t)$ 关于时间的导数是

$$\frac{\mathrm{d}}{\mathrm{d}t} x^{\mathrm{T}}(t) X x(t) = x^{\mathrm{T}}(t)[A^{\mathrm{T}} X + X A] x(t) \leqslant -x^{\mathrm{T}}(t) Q x(t)$$

在上述不等式的两端分别从 $t = 0$ 到 $t = t_f$ 积分, 得

$$x^{\mathrm{T}}(t_f) X x(t_f) - x^{\mathrm{T}}(0) X x(0) \leqslant -\int_0^{t_f} x^{\mathrm{T}}(t) Q x(t) \mathrm{d}t$$

由于 $x^{\mathrm{T}}(t_f) X x(t_f) \geqslant 0$, 有

$$\int_0^{t_f} x^{\mathrm{T}}(t) Q x(t) \mathrm{d}t \leqslant x_0^{\mathrm{T}} X x_0, \quad t_f \geqslant 0$$

因此

$$J = \int_0^\infty x^{\mathrm{T}}(t) Q x(t) \mathrm{d}t \leqslant x_0^{\mathrm{T}} X x_0$$

故性能指标 J 的最小上界可以通过求解优化问题 (9-25) 获得.

9.2.5 非严格 LMI

在许多应用问题中, 如例 9.4, 我们常常会遇到非严格 LMI, 以及既包括严格 LMI 也包含非严格 LMI 的混合 LMI 系统. 对非严格 LMI, 我们有时将它当成严格 LMI 来处理, 这样的处理在大多数情况下是正确的, 但并不总是正确的.

例如, 考虑在 $F(x) \leqslant 0$ 约束下的优化问题 $\min c^{\mathrm{T}} x$. 如果 $F(x) < 0$ 是可行的 (此时称 $F(x) \leqslant 0$ 是严格可行的), 则 $F(x) \leqslant 0$ 的可行集 $\{x : F(x) \leqslant 0\}$ 是 $F(x) < 0$ 的可行集 $\{x : F(x) < 0\}$ 的闭包. 因此,

$$\inf\{c^{\mathrm{T}} x : F(x) \leqslant 0\} = \inf\{c^{\mathrm{T}} x : F(x) < 0\}$$

在这种情况下, 可以用相应的严格 LMI 代替非严格 LMI 来处理.

如果 $F(x) \leqslant 0$ 不是严格可行的, 则严格 LMI 和非严格 LMI 问题是不同的. 例如, $F(x) = \begin{bmatrix} x & \mathbf{0} \\ \mathbf{0} & -x \end{bmatrix} \leqslant 0$ 是可行的, $x = \mathbf{0}$ 是它的一个可行解, 但它不是严格可行的.

对于一般的非严格 LMI, 总可以通过消去一些隐含的等式约束, 将其转化为一个等价的严格 LMI.

9.2.6 关于矩阵不等式的一些结论

一个矩阵不等式往往包含多个变量. 若能将这样的矩阵不等式等价地转化为一个只包含较少变量的不等式, 则矩阵不等式的求解过程往往会变得更加容易和方便.

引理 9.5 设 Z 是一个对称矩阵, 且被分解成如下分块形式:

$$Z = \begin{bmatrix} Z_{11} & Z_{12} & Z_{13} \\ Z_{12}^{\mathrm{T}} & Z_{22} & Z_{23} \\ Z_{13}^{\mathrm{T}} & Z_{23}^{\mathrm{T}} & Z_{33} \end{bmatrix}$$

则存在矩阵 X, 使得

$$\begin{bmatrix} Z_{11} & Z_{12} & Z_{13} \\ Z_{12}^{\mathrm{T}} & Z_{22} & Z_{23} + X^{\mathrm{T}} \\ Z_{13}^{\mathrm{T}} & Z_{23}^{\mathrm{T}} + X & Z_{33} \end{bmatrix} < 0 \tag{9-26}$$

成立, 当且仅当

$$\begin{bmatrix} Z_{11} & Z_{12} \\ Z_{12}^{\mathrm{T}} & Z_{22} \end{bmatrix} < 0, \quad \begin{bmatrix} Z_{11} & Z_{13} \\ Z_{13}^{\mathrm{T}} & Z_{33} \end{bmatrix} < 0 \tag{9-27}$$

成立. 如果式 (9-27) 成立, 则使得不等式 (9-26) 成立的一个矩阵 X 构造如下:

$$X = Z_{13}^{\mathrm{T}} Z_{11}^{-1} Z_{12} - Z_{23}^{\mathrm{T}}$$

证 如果式 (9-26) 有解, 则根据矩阵负定的性质, 式 (9-26) 左边矩阵中各个主子式所对应的矩阵也是负定的, 由此可得式 (9-27) 成立.

反之, 假设式 (9-27) 成立, 则应用 Schur 补性质可得

$$Z_{11} < 0, \quad Z_{22} - Z_{12}^{\mathrm{T}} Z_{11}^{-1} Z_{12} < 0, \quad Z_{33} - Z_{13}^{\mathrm{T}} Z_{11}^{-1} Z_{13} < 0$$

当取 $X = Z_{13}^{\mathrm{T}} Z_{11}^{-1} Z_{12} - Z_{23}^{\mathrm{T}}$ 时, 有

$$\begin{bmatrix} Z_{22} - Z_{12}^{\mathrm{T}} Z_{11}^{-1} Z_{12} & Z_{23} + X^{\mathrm{T}} - Z_{12}^{\mathrm{T}} Z_{11}^{-1} Z_{13} \\ (Z_{23} + X^{\mathrm{T}} - Z_{12}^{\mathrm{T}} Z_{11}^{-1} Z_{13})^{\mathrm{T}} & Z_{33} - Z_{13}^{\mathrm{T}} Z_{11}^{-1} Z_{13} \end{bmatrix} < 0 \qquad (9\text{-}28)$$

应用引理 9.2, 上式等价于式 (9-26). 即式 (9-26) 有解 $X = Z_{13}^{\mathrm{T}} Z_{11}^{-1} Z_{12} - Z_{23}^{\mathrm{T}}$.
$\square$

定理 9.28 设 P, Q 和 H 是给定的适当维数的矩阵, 且 H 是对称的, N_P 和 N_Q 分别是由核空间 $\mathrm{Ker}(P)$ 和 $\mathrm{Ker}(Q)$ 的任意一组基向量作为列向量构成的矩阵, 则存在一个矩阵 X, 使得

$$H + P^{\mathrm{T}} X^{\mathrm{T}} Q + Q^{\mathrm{T}} X P < 0 \qquad (9\text{-}29)$$

成立, 当且仅当

$$N_P^{\mathrm{T}} H N_P < 0, \quad N_Q^{\mathrm{T}} H N_Q < 0 \qquad (9\text{-}30)$$

其中, 矩阵 $W \in \mathbf{R}^{m \times n}$ 的核空间定义为 $\mathrm{Ker}(W) = \{x \in \mathbf{R}^n : Wx = \mathbf{0}\}$.

证 必要性. 由矩阵 N_P 和 N_Q 的构造, 可得 $PN_P = O$, $QN_Q = O$. 若存在矩阵 X, 使得式 (9-29) 成立, 则对式 (9-29) 左端的矩阵分别左乘矩阵 N_P^{T} 和右乘矩阵 N_P, 可得 $N_P^{\mathrm{T}} H N_P < 0$. 同理可得 $N_Q^{\mathrm{T}} H N_Q < 0$.

充分性. 我们将采用一个构造性的方法来证明充分性.

设 V_1 是由 $\mathrm{Ker}(P) \cap \mathrm{Ker}(Q)$ 的任意一组基向量作为列向量所构成的矩阵, 则存在矩阵 V_2 和 V_3, 使得

$$\mathrm{Im}[V_1 \quad V_2] = \mathrm{Ker}(P), \quad \mathrm{Im}[V_1 \quad V_3] = \mathrm{Ker}(Q)$$

不失一般性, 假定 V_2 和 V_3 是列满秩的, 则 V_1, V_2 和 V_3 中的列向量构成了 $\mathrm{Ker}(P) \oplus \mathrm{Ker}(Q)$ 中的基, 因此可以将这一组列向量扩充成整个空间中的一组基, 即存在矩阵 V_4 使得 $V = [V_1 \quad V_2 \quad V_3 \quad V_4]$ 是方阵, 且是非奇异的. 利用矩阵 V 可得式 (9-29) 成立当且仅当

$$V^{\mathrm{T}} H V + V^{\mathrm{T}} P^{\mathrm{T}} X^{\mathrm{T}} Q V + V^{\mathrm{T}} Q^{\mathrm{T}} X P V < 0 \qquad (9\text{-}31)$$

根据矩阵 V 的构造, 有

$$PV = [PV_1 \quad PV_2 \quad PV_3 \quad PV_4] = [O \quad O \quad P_1 \quad P_2]$$

$$QV = [QV_1 \quad QV_2 \quad QV_3 \quad QV_4] = [O \quad Q_1 \quad O \quad Q_2]$$

按矩阵 V 的分块方式, 将 $V^{\mathrm{T}}HV$ 分块:

$$V^{\mathrm{T}}HV = \begin{bmatrix} H_{11} & H_{12} & H_{13} & H_{14} \\ H_{12}^{\mathrm{T}} & H_{22} & H_{23} & H_{24} \\ H_{13}^{\mathrm{T}} & H_{23}^{\mathrm{T}} & H_{33} & H_{34} \\ H_{14}^{\mathrm{T}} & H_{24}^{\mathrm{T}} & H_{34}^{\mathrm{T}} & H_{44} \end{bmatrix} = \begin{bmatrix} V_1^{\mathrm{T}} \\ V_2^{\mathrm{T}} \\ V_3^{\mathrm{T}} \\ V_4^{\mathrm{T}} \end{bmatrix} H[V_1 \quad V_2 \quad V_3 \quad V_4]$$

定义矩阵

$$Y = \begin{bmatrix} Y_{11} & Y_{12} \\ Y_{21} & Y_{22} \end{bmatrix} = \begin{bmatrix} P_1^{\mathrm{T}} \\ P_2^{\mathrm{T}} \end{bmatrix} X^{\mathrm{T}}[Q_1 \quad Q_2] \tag{9-32}$$

则 $Y_{ij} = P_i^{\mathrm{T}} X^{\mathrm{T}} Q_j \ (i, j = 1, 2)$. 根据矩阵 P_1, P_2, Q_1 和 Q_2 的定义, 有 $\mathrm{Ker}([P_1 \ P_2]) = \{\mathbf{0}\}$, $\mathrm{Ker}([Q_1 \ Q_2]) = \{\mathbf{0}\}$. 因此, 对任意给定的矩阵 Y, 存在一个适当的矩阵 X, 使得式 (9-32) 成立.

因为 $[P_1 \quad P_2] = P[V_3 \quad V_4]$, $[Q_1 \quad Q_2] = Q[V_2 \quad V_4]$ 均是列满秩, 所以 $\begin{bmatrix} P_1^{\mathrm{T}} \\ P_2^{\mathrm{T}} \end{bmatrix}$.

$[P_1 \quad P_2]$ 与 $\begin{bmatrix} Q_1^{\mathrm{T}} \\ Q_2^{\mathrm{T}} \end{bmatrix}[Q_1 \quad Q_2]$ 均非奇异. 于是, 由

$$Y = \begin{bmatrix} P_1^{\mathrm{T}} \\ P_2^{\mathrm{T}} \end{bmatrix}[P_1 \quad P_2]Z \begin{bmatrix} Q_1^{\mathrm{T}} \\ Q_2^{\mathrm{T}} \end{bmatrix}[Q_1 \quad Q_2]$$

可求出 Z, 所以 $X^{\mathrm{T}} = [P_1 \quad P_2]Z \begin{bmatrix} Q_1^{\mathrm{T}} \\ Q_2^{\mathrm{T}} \end{bmatrix}$.

利用以上各个分块矩阵, 矩阵不等式 (9-31) 可以写成

$$\begin{bmatrix} H_{11} & H_{12} & H_{13} & H_{14} \\ H_{12}^{\mathrm{T}} & H_{22} & H_{23} + Y_{11}^{\mathrm{T}} & H_{24} + Y_{21}^{\mathrm{T}} \\ H_{13}^{\mathrm{T}} & H_{23}^{\mathrm{T}} + Y_{11} & H_{33} & H_{34} + Y_{12} \\ H_{14}^{\mathrm{T}} & H_{24}^{\mathrm{T}} + Y_{21} & H_{34}^{\mathrm{T}} + Y_{12}^{\mathrm{T}} & H_{44} + Y_{22} + Y_{22}^{\mathrm{T}} \end{bmatrix} < 0 \tag{9-33}$$

对上式左边矩阵中左上角的 3×3 块子矩阵应用矩阵的 Schur 补性质, 可得式 (9-33) 成立当且仅当以下的两个矩阵不等式成立:

$$\bar{H} = \begin{bmatrix} H_{11} & H_{12} & H_{13} \\ H_{12}^{\mathrm{T}} & H_{22} & H_{23} + Y_{11}^{\mathrm{T}} \\ H_{13}^{\mathrm{T}} & H_{23}^{\mathrm{T}} + Y_{11} & H_{33} \end{bmatrix} < 0 \qquad (9\text{-}34)$$

及

$$H_{44} + Y_{22} + Y_{22}^{\mathrm{T}} - \begin{bmatrix} H_{14} \\ H_{24} + Y_{21}^{\mathrm{T}} \\ H_{34} + Y_{12} \end{bmatrix}^{\mathrm{T}} \bar{H}^{-1} \begin{bmatrix} H_{14} \\ H_{24} + Y_{21}^{\mathrm{T}} \\ H_{34} + Y_{12} \end{bmatrix} < 0 \qquad (9\text{-}35)$$

如果能选取一个适当的 Y_{11}, 使得式 (9-34) 成立, 则总可以选取适当的 Y_{12}, Y_{21} 和 Y_{22}, 使得式 (9-35) 成立. 因此, 存在一个矩阵 Y, 使得式 (9-34) 和 (9-35) 成立当且仅当存在一个适当的矩阵 Y_{11}, 使得 $\bar{H} < 0$ 成立.

另一方面, 由于

$$\mathrm{Ker}[O \quad O \quad P_1 \quad P_2] = \mathrm{Ker}(PV) = \mathrm{Im} \begin{bmatrix} I & O & O & O \\ O & I & O & O \end{bmatrix}^{\mathrm{T}}$$

$$\mathrm{Ker}(QV) = \mathrm{Ker}[O \quad Q_1 \quad O \quad Q_2] = \mathrm{Im} \begin{bmatrix} I & O & O & O \\ O & O & I & O \end{bmatrix}^{\mathrm{T}}$$

由条件 (9-30) 推出

$$\begin{bmatrix} H_{11} & H_{12} \\ H_{12}^{\mathrm{T}} & H_{22} \end{bmatrix} < 0, \qquad \begin{bmatrix} H_{11} & H_{13} \\ H_{13}^{\mathrm{T}} & H_{33} \end{bmatrix} < 0$$

因此, 应用引理 9.3 可得: 在条件 (9-30) 下, 存在矩阵 Y_{11}, 使得 $\bar{H} < 0$, 进而可得存在矩阵 Y, 使得式 (9-33) 成立. 由于对任意的矩阵 Y, 都存在满足式 (9-32) 的矩阵 X, 因此进一步可得矩阵不等式 (9-29) 存在解矩阵 X. $\qquad \square$

如果 $\mathrm{Ker}(P)$ 或 $\mathrm{Ker}(Q)$ 中有一个是零空间, 则可以删去相应的一个矩阵不等式条件. 例如, 当 $\mathrm{Ker}(P) = \{\mathbf{0}\}$ 时, $N_Q^{\mathrm{T}} H N_Q < 0$ 就是式 (9-29) 可解的一个充分必要条件.

9.2.7 S-过程

在控制系统的鲁棒性分析和鲁棒控制器设计中, 常常要用 S-过程 (S-procedure) 来将一些不是凸约束的问题转化为线性矩阵不等式约束.

对于 $k = 0, 1, 2, \cdots, N$, 设 $\sigma_k : V \to \mathbf{R}$ 是定义在一个线性向量空间 V (例如 $V = \mathbf{R}^m$) 上的实值泛函, 考虑以下的两个条件:

(S$_1$) 对使得 $\sigma_k(y) \geqslant 0$, $k = 1, 2, \cdots, N$ 的所有 $y \in V$, 有 $\sigma_0(y) \geqslant 0$;

(S$_2$) 存在标量 $\tau_k \geqslant 0$, $k = 1, 2, \cdots, N$, 使得对任意的 $y \in V$, $\sigma_0(y) - \sum_{k=1}^{N} \tau_k \sigma_k(y) \geqslant 0$.

容易看到由条件 (S$_2$) 可以推出条件 (S$_1$). S-过程就是通过判断条件 (S$_2$) 的真实性来验证条件 (S$_1$) 的成立与否. 一般来说, 条件 (S$_2$) 比条件 (S$_1$) 要更容易验证. 因此, 通过应用 S-过程可以找到检验条件 (S$_1$) 成立与否的一个更加有效的方法.

考虑二次型函数的情况:

$$\sigma_k(y) = y^{\mathrm{T}} Q_k y + 2 s_k^{\mathrm{T}} y + r_k, \quad k = 0, 1, 2, \cdots, N$$

其中: $y \in V = \mathbf{R}^m$, $Q_k \in \mathbf{R}^{m \times m}$, $s_k \in \mathbf{R}^m$, $r_k \in \mathbf{R}$, 且 Q_k 是对称的.

一方面, 由于 σ_0 一般不是一个凸函数, 且约束集 $\Omega = \{y \in \mathbf{R}^m : \sigma_k(y) \geqslant 0,$ $k = 1, 2, \cdots, N\}$ 一般也不是凸集, 因此, 条件 (S$_1$) 相当于要求一个非凸函数在一个非凸集上的最小值是非负的, 即 $\min\limits_{y \in \Omega} \sigma_0(y) \geqslant 0$. 这是一个 NP 困难的问题.

另一方面, 条件 (S$_2$) 等价于: 存在 $\tau_k \geqslant 0$, 使得对任意的 $y \in \mathbf{R}^m$, 有

$$\sigma_0(y) - \sum_{k=1}^{N} \tau_k \sigma_k(y) \geqslant 0$$

这只需证明下式成立即可:

$$\sigma_0(y) - \sum_{k=1}^{N} \tau_k \sigma_k(y) = y^{\mathrm{T}} Q_0 y + 2 s_0^{\mathrm{T}} y + r_0 - \sum_{k=1}^{N} [y^{\mathrm{T}} \tau_k Q_k y + 2 \tau_k s_k^{\mathrm{T}} y + \tau_k r_k]$$

$$= y^{\mathrm{T}} \left(Q_0 - \sum_{k=1}^{N} \tau_k Q_k \right) y + 2 \left(s_0 - \sum_{k=1}^{N} \tau_k s_k \right)^{\mathrm{T}} y$$

$$+ \left(r_0 - \sum_{k=1}^{N} \tau_k r_k \right)$$

进一步, 条件 (S$_2$) 等价于存在 $\tau_k \geqslant 0$, 使得对任意的 $y \in \mathbf{R}^m$, 有

$$\begin{bmatrix} y \\ 1 \end{bmatrix}^{\mathrm{T}} \begin{bmatrix} Q_0 - \sum_{k=1}^{N} \tau_k Q_k & s_0 - \sum_{k=1}^{N} \tau_k s_k \\ s_0^{\mathrm{T}} - \sum_{k=1}^{N} \tau_k s_k^{\mathrm{T}} & r_0 - \sum_{k=1}^{N} \tau_k r_k \end{bmatrix} \begin{bmatrix} y \\ 1 \end{bmatrix} \geqslant 0$$

又等价于存在 $\tau_k \geqslant 0$, 使得

$$\begin{bmatrix} Q_0 & s_0 \\ s_0^{\mathrm{T}} & r_0 \end{bmatrix} - \sum_{k=1}^{N} \tau_k \begin{bmatrix} Q_k & s_k \\ s_k^{\mathrm{T}} & r_k \end{bmatrix} \geqslant 0 \tag{9-36}$$

因此, 条件 (S_2) 被表示成了一个等价的 LMI 的可行性问题, 可以应用求解 LMI 的有效方法来方便地判断这个 LMI 问题是否是可行的.

S-过程告诉我们可以通过检验上面这个 LMI 问题的可行性来检验条件 (S_1) 是否成立.

条件 (S_1) 和条件 (S_2) 一般是不等价的, 当这两个条件等价时, 我们称这个 S-过程是无损的, 否则称为有损的.

在应用中, 使用的 S-过程常常是有损的. 如在控制系统稳定性的检验中, 应用有损的 S-过程所导出的检验条件只是稳定性的一个充分条件, 而不能保证是必要的. 这种稳定性条件的保守性的引进换来的是检验和计算上的方便和有效性.

定理 9.29 (1) 对 $\sigma_1(y) = y^{\mathrm{T}} Q_1 y + 2s_1^{\mathrm{T}} y + r_1$, 假定存在一个 $\tilde{y} \in \mathbf{R}^m$, 使得 $\sigma_1(\tilde{y}) > 0$, 则以下两个条件是等价的.

($S_1^{(1)}$) 对使得 $\sigma_1(y) > 0$ 的所有非零 $y \in \mathbf{R}^m, \sigma_0(y) = y^{\mathrm{T}} Q_0 y + 2s_0^{\mathrm{T}} y + r_0 \geqslant 0$;

($S_2^{(1)}$) 存在 $\tau \geqslant 0$, 使得以下的 LMI 是可行的

$$\begin{bmatrix} Q_0 & s_0 \\ s_0^{\mathrm{T}} & r_0 \end{bmatrix} - \tau \begin{bmatrix} Q_1 & s_1 \\ s_1^{\mathrm{T}} & r_1 \end{bmatrix} \geqslant 0$$

(2) 对 $\sigma_1(y) = y^{\mathrm{T}} Q_1 y \geqslant 0$, 假定存在一个 $\tilde{y} \in \mathbf{R}^m$, 使得 $\sigma_1(\tilde{y}) > 0$, 则以下两个条件是等价的:

($S_1^{(2)}$) 对使得 $\sigma_1(y) > 0$ 的所有非零 $y \in \mathbf{R}^m, y^{\mathrm{T}} Q_0 y \geqslant 0$;

($S_2^{(2)}$) 存在 $\tau \geqslant 0$, 使得 $Q_0 - \tau Q_1 > 0$.

下面给出一个应用 S-过程的例子.

例 9.5 证明: 存在对称矩阵 $P > 0$, 使得对满足 $\pi^{\mathrm{T}} \pi \leqslant \xi^{\mathrm{T}} C^{\mathrm{T}} C \xi$ 的所有 $\xi \neq \mathbf{0}$ 和 π, 有

$$\begin{bmatrix} \xi \\ \pi \end{bmatrix}^{\mathrm{T}} \begin{bmatrix} A^{\mathrm{T}} P + PA & PB \\ B^{\mathrm{T}} P & O \end{bmatrix} \begin{bmatrix} \xi \\ \pi \end{bmatrix} < 0 \tag{9-37}$$

成立, 当且仅当存在标量 $\tau \geqslant 0$ 和对称矩阵 $P > 0$, 使得

$$\begin{bmatrix} A^{\mathrm{T}}P + PA + \tau C^{\mathrm{T}}C & PB \\ B^{\mathrm{T}}P & -\tau I \end{bmatrix} < 0 \tag{9-38}$$

成立.

证 显然, 式 (9-38) 是一个关于矩阵 P 和标量 τ 的 LMI.

由于不等式 $\pi^{\mathrm{T}}\pi \leqslant \xi^{\mathrm{T}}C^{\mathrm{T}}C\xi$ 等价于 $\xi^{\mathrm{T}}C^{\mathrm{T}}C\xi - \pi^{\mathrm{T}}\pi \geqslant 0$, 又等价于

$$\begin{bmatrix} \xi \\ \pi \end{bmatrix}^{\mathrm{T}} \begin{bmatrix} C^{\mathrm{T}}C & O \\ O & -I \end{bmatrix} \begin{bmatrix} \xi \\ \pi \end{bmatrix} < 0$$

而不等式

$$\begin{bmatrix} \xi \\ \pi \end{bmatrix}^{\mathrm{T}} \begin{bmatrix} A^{\mathrm{T}}P + PA & PB \\ B^{\mathrm{T}}P & O \end{bmatrix} \begin{bmatrix} \xi \\ \pi \end{bmatrix} < 0$$

等价于

$$\begin{bmatrix} \xi \\ \pi \end{bmatrix}^{\mathrm{T}} \begin{bmatrix} -A^{\mathrm{T}}P - PA & -PB \\ -B^{\mathrm{T}}P & O \end{bmatrix} \begin{bmatrix} \xi \\ \pi \end{bmatrix} > 0$$

所以, 由定理 9.29 得, 式 (9-37) 等价于式 (9-38). □

习 题 9

9.1 设 $A, B \in F^{n \times n}$ 均为 Hermite 半正定矩阵, 且 $A \geqslant B$, 则 $\det(A) \geqslant \det(B)$.

9.2 设 $A, B \in F^{n \times n}$ 均为 Hermite 正定矩阵, 且 $A > B$, 则 $\det(A) > \det(B)$.

9.3 设 $A, B \in F^{n \times n}$ 均为 Hermite 半正定矩阵, 则

$$\lambda_n(A)\lambda_i(B) \leqslant \lambda_i(AB) \leqslant \lambda_1(A)\lambda_i(B), \quad i = 1, 2, \cdots, n$$

$$\lambda_i(A)\lambda_n(B) \leqslant \lambda_i(AB) \leqslant \lambda_i(A)\lambda_1(B), \quad i = 1, 2, \cdots, n$$

9.4 设 $A \in F^{n \times n}$ 为 Hermite 正定矩阵, 则

$$\mathrm{tr}(A)\mathrm{tr}(A^{-1}) \geqslant n$$

9.5 设 $A \in F^{n \times n}$ 为 Hermite 半正定矩阵, 则

$$\mathrm{tr}(A^k) \leqslant (\mathrm{tr}(A))^k, \quad k \text{ 为正整数}$$

9.6 证明定理 9.10 关于矩阵的秩的不等式.

9.7 Hermite 或者对称矩阵的奇异值有什么特点?

9.8 将不等式组

$$c(x)^{\mathrm{T}} P(x)^{-1} c(x) < 1, \quad P(x) > 0$$

转化成等价的 LMI, 其中, $c(x) \in \mathbf{R}^n$ 和 $P(x) = P(x)^{\mathrm{T}} \in \mathbf{R}^{n \times n}$ 均是 x 的仿射函数.

9.9 将 LMI: $F(x) < 0$ 的可行性问题写成特征值问题.

第 10 章 矩 阵 方 程

本章所讨论的矩阵方程是以矩阵为变量的代数方程, 是普通代数方程的推广. 矩阵方程在很多学科领域都有着广泛的应用, 特别在控制系统的分析与设计中起着重要的作用, 同时对矩阵方程本身的研究也已获得很多成熟的结果.

10.1 线性矩阵方程

线性矩阵方程是未知矩阵变量以线性形式存在的矩阵方程, 其常见形式如下:

$$A_1 X B_1 + A_2 X B_2 + \cdots + A_k X B_k = C$$

特别地, 方程

$$AX + XB = C$$

和

$$AX + YB = C$$

在控制系统研究中很常见. 其中, X 和 Y 是未知矩阵变量, A, B, C, A_i, B_i ($i = 1, 2, \cdots, k$) 是适当维数的常值矩阵.

对于线性矩阵方程, 我们关心两个问题:

(1) 方程是否可解, 即是否存在某个 (些) 矩阵使得相应的矩阵方程成立;

(2) 如果方程可解, 其解矩阵的结构如何, 有什么性质.

本节首先介绍矩阵的一种运算——Kronecker 积, 然后利用 Kronecker 积讨论线性矩阵方程可解的条件, 最后再介绍两个重要的线性矩阵方程: 矩阵 Lyapunov 方程和矩阵 Stein 方程.

10.1.1 矩阵的 Kronecker 积及其性质

矩阵的 Kronecker 积是一种特殊的映射, 它把 $F^{m \times n} \times F^{p \times q}$ 映射至 $F^{mp \times nq}$, 这种映射在讨论线性矩阵方程时非常方便.

定义 10.1 设矩阵 $A = (a_{ij}) \in F^{m \times n}, B = (b_{ij}) \in F^{p \times q}$, 定义

$$A \otimes B = (a_{ij} B) = \begin{bmatrix} a_{11} B & a_{12} B & \cdots & a_{1n} B \\ a_{21} B & a_{22} B & \cdots & a_{2n} B \\ \vdots & \vdots & & \vdots \\ a_{m1} B & a_{m2} B & \cdots & a_{mn} B \end{bmatrix} \in F^{mp \times nq} \tag{10-1}$$

称 $A \otimes B$ 为矩阵 A 与 B 的 Kronecker 积. Kronecker 积也称为张量积.

由定义易知, $B \otimes A = (b_{ij}A)$, 且 $A \otimes B \neq B \otimes A$. 另外, 对角矩阵与对角矩阵、三角矩阵与三角矩阵之间的 Kronecker 积仍然是对角矩阵和三角矩阵.

例 10.1 已知 $A = (a_{ij}) \in F^{2 \times 2}, B = (b_{ij}) \in F^{2 \times 2}$, 求 $A \otimes B, B \otimes A$.

解 由定义 10.1, 有

$$A \otimes B = \left[\begin{array}{cc} a_{11}B & a_{12}B \\ a_{21}B & a_{22}B \end{array} \right] = \left[\begin{array}{cccc} a_{11}b_{11} & a_{11}b_{12} & a_{12}b_{11} & a_{12}b_{12} \\ a_{11}b_{21} & a_{11}b_{22} & a_{12}b_{21} & a_{12}b_{22} \\ a_{21}b_{11} & a_{21}b_{12} & a_{22}b_{11} & a_{22}b_{12} \\ a_{21}b_{21} & a_{21}b_{22} & a_{22}b_{21} & a_{22}b_{22} \end{array} \right]$$

$$B \otimes A = \left[\begin{array}{cc} b_{11}A & b_{12}A \\ b_{21}A & b_{22}A \end{array} \right] = \left[\begin{array}{cccc} b_{11}a_{11} & b_{11}a_{12} & b_{12}a_{11} & b_{12}a_{12} \\ b_{11}a_{21} & b_{11}a_{22} & b_{12}a_{21} & b_{12}a_{22} \\ b_{21}a_{11} & b_{21}a_{12} & b_{22}a_{11} & b_{22}a_{12} \\ b_{21}a_{21} & b_{21}a_{22} & b_{22}a_{21} & b_{22}a_{22} \end{array} \right]$$

由此结果也可看出, 一般 $A \otimes B \neq B \otimes A$.

下面给出 Kronecker 积的一些基本性质.

定理 10.1 设 A, B, C, D 是数域 F 上的适当维数的矩阵, 则

(1) $I_m \otimes I_n = I_{mn}$;

(2) $(\mu A) \otimes B = A \otimes (\mu B) = \mu(A \otimes B)$, $\mu \in F$;

(3) $(A + B) \otimes C = A \otimes C + B \otimes C$, $C \otimes (A + B) = C \otimes A + C \otimes B$;

(4) $A \otimes (B \otimes C) = (A \otimes B) \otimes C = A \otimes B \otimes C$;

(5) $(A \otimes B)^{\mathrm{T}} = A^{\mathrm{T}} \otimes B^{\mathrm{T}}$, $(A \otimes B)^{\mathrm{H}} = A^{\mathrm{H}} \otimes B^{\mathrm{H}}$;

(6) $(A \otimes B)(C \otimes D) = (AC) \otimes (BD)$;

(7) $(A \otimes B)^{-1} = A^{-1} \otimes B^{-1}$, 其中 A 与 B 均为可逆方阵;

(8) $\mathrm{tr}(A \otimes B) = \mathrm{tr}(A)\mathrm{tr}(B)$, 其中 A 与 B 均为方阵;

(9) $\mathrm{rank}(A \otimes B) = \mathrm{rank}(A)\mathrm{rank}(B)$;

(10) $\det(A \otimes B) = (\det(A))^q (\det(B))^n$, 其中 A 与 B 分别为 n 阶和 q 阶方阵.

证 由定义 10.1 易推证 (1) $\sim$ (5) 成立, 下面证 (6) $\sim$ (10).

(6) 设 $A = (a_{ij}) \in F^{m \times n}, B = (b_{ij}) \in F^{p \times q}, C = (c_{ij}) \in F^{n \times s}, D = (d_{ij}) \in F^{s \times l}$, 则

$$(A \otimes B)(C \otimes D) = (a_{ij}B)(c_{jt}D) = \left(\sum_{j=1}^{n} a_{ij}c_{jt}BD \right)$$

$$= \left(\sum_{j=1}^{n} a_{ij} c_{jt} \right) \otimes (BD) = (AC) \otimes (BD)$$

(7) 设 A 与 B 分别为 n 阶和 q 阶可逆方阵, 由 (6) 有

$$(A \otimes B)(A^{-1} \otimes B^{-1}) = I_n \otimes I_q = I_{nq}$$

所以 $(A \otimes B)^{-1} = A^{-1} \otimes B^{-1}$.

(8) 设 A 与 B 分别为 n 阶和 q 阶方阵, 则

$$\mathrm{tr}(A \otimes B) = \mathrm{tr}(a_{ij}B) = \sum_{i=1}^{n} \left(\sum_{j=1}^{q} a_{ii} b_{jj} \right) = \sum_{i=1}^{n} a_{ii} \sum_{j=1}^{q} b_{jj} = \mathrm{tr}(A)\mathrm{tr}(B)$$

(9) 设 $A \in F^{m \times n}, B \in F^{p \times q}$, 且 $\mathrm{rank}(A) = r, \mathrm{rank}(B) = s$, 则存在适当维数的可逆矩阵 M, N, P, Q, 使得

$$A = M \begin{bmatrix} I_r & O \\ O & O \end{bmatrix} N, \quad B = P \begin{bmatrix} I_s & O \\ O & O \end{bmatrix} Q$$

于是

$$A \otimes B = \left(M \begin{bmatrix} I_r & O \\ O & O \end{bmatrix} N \right) \otimes \left(P \begin{bmatrix} I_s & O \\ O & O \end{bmatrix} Q \right) = (M \otimes P) \begin{bmatrix} I_{rs} & O \\ O & O \end{bmatrix} (N \otimes Q)$$

且 $M \otimes P, N \otimes Q$ 均是可逆矩阵. 所以 $\mathrm{rank}(A \otimes B) = rs = \mathrm{rank}(A)\mathrm{rank}(B)$.

(10) 设 A 与 B 分别为 n 阶和 q 阶方阵, 则存在可逆矩阵 P, Q, 使得

$$A = P J_A P^{-1}, \quad B = Q J_B Q^{-1}$$

其中, J_A, J_B 分别为 A 与 B 的 Jordan 标准形, 它们的对角线元素分别为 A 与 B 的特征值 $\lambda_i \ (i = 1, 2, \cdots, n)$ 和 $\mu_j (j = 1, 2, \cdots, q)$. 则

$$A \otimes B = (P \otimes Q)(J_A \otimes J_B)(P \otimes Q)^{-1}$$

于是

$$\det(A \otimes B) = \det((P \otimes Q)(J_A \otimes J_B)(P \otimes Q)^{-1}) = \det(J_A \otimes J_B)$$

$$= \prod_{i=1}^{n} \left(\prod_{j=1}^{q} \lambda_i \mu_j \right) = \left(\prod_{i=1}^{n} \lambda_i \right)^{q} \left(\prod_{j=1}^{q} \mu_j \right)^{n} = (\det(A))^q (\det(B))^n \quad \square$$

下面考虑两个矩阵的 Kronecker 积的特征值的有关性质.

设矩阵 $A \in F^{n \times n}, B \in F^{q \times q}, \varphi(x, y)$ 是两个独立变量 x 与 y 的多项式:

$$\varphi(x, y) = \sum_{i,j=0}^{r} c_{ij} x^i y^j, \quad c_{ij} \in F$$

定义

$$\varphi(A, B) = \sum_{i,j=0}^{r} c_{ij} A^i \otimes B^j$$

定理 10.2 (Stephanos) 设矩阵 $A \in F^{n \times n}, B \in F^{q \times q}$ 的特征值分别为 λ_i ($i = 1, 2, \cdots, n$) 和 μ_j ($j = 1, 2 \cdots, q$), 则 $\varphi(A, B)$ 的特征值为 $\varphi(\lambda_i, \mu_j)$. 进而, 如果 $x_i \in F^n$ 和 $y_j \in F^q$ 分别是 A 与 B 对应于特征值 λ_i 与 μ_j 的特征向量, 则 $x_i \otimes y_j \in F^{nq}$ 是 $\varphi(A, B)$ 的对应于特征值 $\varphi(\lambda_i, \mu_j)$ 的特征向量.

证 设矩阵 A 与 B 分别有如下 Jordan 分解

$$A = P J_A P^{-1}, \quad B = Q J_B Q^{-1}$$

其中, J_A, J_B 分别为 A 与 B 的 Jordan 标准形, P, Q 分别是相应维数的可逆矩阵. 则

$$\varphi(A, B) = \sum_{i,j=0}^{r} c_{ij} A^i \otimes B^j = \sum_{i,j=0}^{r} c_{ij} (P \otimes Q)(J_A^i \otimes J_B^j)(P \otimes Q)^{-1}$$

$$= (P \otimes Q) \left(\sum_{i,j=0}^{r} c_{ij} (J_A^i \otimes J_B^j) \right) (P \otimes Q)^{-1}$$

$$= (P \otimes Q) \varphi(J_A, J_B)(P \otimes Q)^{-1}$$

于是, $\varphi(A, B)$ 的特征值与 $\varphi(J_A, J_B)$ 的特征值完全相同. 注意到, J_A, J_B 及 $J_A^i \otimes J_B^j$ 均为上三角矩阵, 因此 $\varphi(J_A, J_B)$ 也是上三角矩阵, 且对角线元素为 $\varphi(\lambda_i, \mu_j)(i = 1, 2, \cdots, n; j = 1, 2, \cdots, q)$, 故 $\varphi(A, B)$ 的特征值为 $\varphi(\lambda_i, \mu_j)$.

又由定理假设, 知 $Ax_i = \lambda_i x_i$, $By_j = \mu_j y_j$, 则

$$\varphi(A, B)(x_i \otimes y_j) = \sum_{k,l=0}^{r} c_{kl}(A^k \otimes B^l)(x_i \otimes y_j) = \sum_{k,l=0}^{r} c_{kl}(A^k x_i) \otimes (B^l y_j)$$

$$= \sum_{k,l=0}^{r} c_{kl} \lambda_i^k \mu_j^l (x_i \otimes y_j) = \varphi(\lambda_i, \mu_j)(x_i \otimes y_j)$$

故 $x_i \otimes y_j \in F^{nq}$ 是 $\varphi(A, B)$ 的对应于特征值 $\varphi(\lambda_i, \mu_j)$ 的特征向量. $\qquad \square$

10.1.2　线性矩阵方程可解的条件

先引入向量化算符的概念.

定义 10.2　设矩阵 $A \in F^{m \times n}$, 记 $A = [A^{(1)} \quad A^{(2)} \quad \cdots \quad A^{(n)}]$, $A^{(j)}$ 为矩阵 A 的第 j 列 (m 维列向量). 令

$$\mathrm{Vec}(A) = \begin{bmatrix} A^{(1)} \\ A^{(2)} \\ \vdots \\ A^{(n)} \end{bmatrix} \in F^{mn}$$

则称 $\mathrm{Vec}(A)$ 为矩阵 A 的向量化, 而称 Vec 为矩阵的向量化算符.

矩阵的向量化算符作为一种运算, 具有很多好的性质.

定理 10.3　设矩阵 $A \in F^{m \times n}, X \in F^{n \times p}, B \in F^{p \times q}$, 则

$$\mathrm{Vec}(AXB) = (B^{\mathrm{T}} \otimes A)\mathrm{Vec}(X)$$

证　矩阵 $AXB \in F^{m \times q}$ 的第 j 列为

$$(AXB)^{(j)} = AXB^{(j)} = \sum_{k=1}^{p} (AX)^{(k)} b_{kj} = \sum_{k=1}^{p} b_{kj}(AX)^{(k)} = \sum_{k=1}^{p} b_{kj} A X^{(k)}$$

$$= [b_{1j}A \quad b_{2j}A \quad \cdots \quad b_{pj}A] \begin{bmatrix} X^{(1)} \\ X^{(2)} \\ \vdots \\ X^{(p)} \end{bmatrix} = (B^{(j)})^{\mathrm{T}} \otimes A\mathrm{Vec}(X)$$

于是

$$AXB = [(AXB)^{(1)} \quad (AXB)^{(2)} \quad \cdots \quad (AXB)^{(q)}]$$

$$= [(B^{(1)})^{\mathrm{T}} \otimes A \quad (B^{(2)})^{\mathrm{T}} \otimes A \quad \cdots \quad (B^{(q)})^{\mathrm{T}} \otimes A]\mathrm{Vec}(X)$$

$$= (B^{\mathrm{T}} \otimes A)\mathrm{Vec}(X) \qquad \qquad \Box$$

下面利用矩阵的 Kronecker 积来讨论线性矩阵方程解的存在及唯一性条件.

设 $A_j \in F^{m \times n}, B_j \in F^{p \times q}$ $(j = 1, 2, \cdots, k)$ 与 $C \in F^{m \times q}$ 为给定的矩阵. 考虑线性矩阵方程

$$A_1 X B_1 + A_2 X B_2 + \cdots + A_k X B_k = C \tag{10-2}$$

定理 10.4 对线性矩阵方程 (10-2), 记 $G = \sum_{j=1}^{k} B_j^{\mathrm{T}} \otimes A_j$, $x = \mathrm{Vec}(X)$, $c = \mathrm{Vec}(C)$, 则矩阵方程 (10-2) 有解的充分必要条件是 $\mathrm{rank}(G) = \mathrm{rank}[G \quad c]$. 进一步, 若 $A_j \in F^{m \times m}, B_j \in F^{q \times q}(j = 1, 2, \cdots, k)$, 则矩阵方程 (10-2) 有唯一解的充分必要条件是 G 为满秩矩阵.

证 对矩阵方程 (10-2) 左右两端同时作用向量化算符 Vec, 再利用定理 10.3, 得

$$\left(\sum_{j=1}^{k} B_j^{\mathrm{T}} \otimes A_j \right) \mathrm{Vec}(X) = \mathrm{Vec}(C)$$

即得线性方程组

$$Gx = c$$

从而矩阵方程 (10-2) 有解 (有唯一解) 与上述线性方程组有解 (有唯一解) 等价. 因此, 定理结论成立. □

推论 10.1 (1) 设 $A \in F^{m \times n}, B \in F^{p \times q}$, 矩阵方程 $AX = B$ 有解的充分必要条件是

$$\mathrm{rank}(I_q \otimes A) = \mathrm{rank}[I_q \otimes A \quad b], \quad b = \mathrm{Vec}(B)$$

当 $m = n$ 时有唯一解的充分必要条件是 $I_q \otimes A$ 非奇异, 亦即 A 是非奇异的.

(2) 设 $A \in F^{m \times n}, B \in F^{p \times q}, C \in F^{m \times q}$, 矩阵方程 $AXB = C$ 有解的充分必要条件是

$$\mathrm{rank}(B^{\mathrm{T}} \otimes A) = \mathrm{rank}[B^{\mathrm{T}} \otimes A \quad c], \quad c = \mathrm{Vec}(C)$$

当 $m = n$ 时有唯一解的充分必要条件是 $B^{\mathrm{T}} \otimes A$ 非奇异, 亦即 A 与 B 均为非奇异矩阵.

(3) 设 $A \in F^{m \times m}, B \in F^{q \times q}, C \in F^{m \times q}$, 矩阵方程 $AX + XB = C$ 有解的充分必要条件是

$$\mathrm{rank}(I_q \otimes A + B^{\mathrm{T}} \otimes I_m) = \mathrm{rank}[I_q \otimes A + B^{\mathrm{T}} \otimes I_m \quad c], \quad c = \mathrm{Vec}(C)$$

有唯一解的充分必要条件是 $I_q \otimes A + B^{\mathrm{T}} \otimes I_m$ 非奇异, 亦即 A 的任意特征值 λ_i 与 B 的任意特征值 μ_j 之和非零, 即 $\lambda_i + \mu_j \neq 0 \ (i = 1, 2, \cdots, m; j = 1, 2, \cdots, q)$.

(4) 设 $A \in F^{m \times m}, B \in F^{q \times q}, C \in F^{m \times q}$, 矩阵方程 $X - AXB = C$ 有解的充分必要条件是

$$\mathrm{rank}(I_q \otimes I_m - B^{\mathrm{T}} \otimes A) = \mathrm{rank}[I_q \otimes I_m - B^{\mathrm{T}} \otimes A \quad c], \quad c = \mathrm{Vec}(C)$$

有唯一解的充分必要条件是 $I_q \otimes I_m - B^T \otimes A$ 非奇异, 亦即 A 的任意特征值 λ_i 与 B 的任意特征值 μ_j 之积不等于 1, 即 $\lambda_i \mu_j \neq 1$ $(i = 1, 2, \cdots, m; j = 1, 2, \cdots, q)$.

例 10.2 设 $A = \begin{bmatrix} 1 & 3 \\ -2 & -1 \end{bmatrix}, B = \begin{bmatrix} -1 & 1 \\ 4 & 0 \end{bmatrix}, C = \begin{bmatrix} 1 & 1 \\ 0 & -1 \end{bmatrix}$, 利用推论 10.1 判断 (1) $\sim$ (4) 中的四个矩阵方程是否有解.

解 方法 1. 首先, 计算相应的向量和矩阵

$$b = \mathrm{Vec}(B) = \begin{bmatrix} -1 \\ 4 \\ 1 \\ 0 \end{bmatrix}, \quad c = \mathrm{Vec}(C) = \begin{bmatrix} 1 \\ 0 \\ 1 \\ -1 \end{bmatrix}$$

$$I_2 \otimes A = \begin{bmatrix} 1 & 3 & 0 & 0 \\ -2 & -1 & 0 & 0 \\ 0 & 0 & 1 & 3 \\ 0 & 0 & -2 & -1 \end{bmatrix}, \quad B^T \otimes A = \begin{bmatrix} -1 & -3 & 4 & 12 \\ 2 & 1 & -8 & -4 \\ 1 & 3 & 0 & 0 \\ -2 & -1 & 0 & 0 \end{bmatrix}$$

$$B^T \otimes I_2 = \begin{bmatrix} -1 & 0 & 4 & 0 \\ 0 & -1 & 0 & 4 \\ 1 & 0 & 0 & 0 \\ 0 & 1 & 0 & 0 \end{bmatrix}, \quad I_2 \otimes I_2 = I_4$$

$$I_2 \otimes A + B^T \otimes I_2 = \begin{bmatrix} 0 & 3 & 4 & 0 \\ -2 & -2 & 0 & 4 \\ 1 & 0 & 1 & 3 \\ 0 & 1 & -2 & -1 \end{bmatrix}$$

$$I_2 \otimes I_2 - B^T \otimes A = \begin{bmatrix} 2 & 3 & -4 & -12 \\ -2 & 0 & 8 & 4 \\ -1 & -3 & 1 & 0 \\ 2 & 1 & 0 & 1 \end{bmatrix}$$

其次, 判断矩阵的秩. 由于

$$\mathrm{rank}(I_2 \otimes A) = \mathrm{rank}[I_2 \otimes A \quad b] = 4$$

$$\mathrm{rank}(B^T \otimes A) = \mathrm{rank}[B^T \otimes A \quad c] = 4$$

$$\mathrm{rank}(I_2 \otimes A + B^T \otimes I_2) = \mathrm{rank}[I_2 \otimes A + B^T \otimes I_2 \quad c] = 4$$

$$\text{rank}(I_2 \otimes I_2 - B^{\mathrm{T}} \otimes A) = \text{rank}[I_2 \otimes I_2 - B^{\mathrm{T}} \otimes A \quad c] = 4$$

所以上述四个矩阵方程均有解, 且均有唯一解.

方法 2. 由于 A 的特征值为 $\lambda_{1,2} = \pm\sqrt{5}\mathrm{i}$, B 的特征值为 $\mu_{1,2} = \dfrac{-1 \pm \sqrt{17}}{2}$, 所以 A 与 $B^{\mathrm{T}} \otimes A$ 均非奇异, 且 $\lambda_i + \mu_j \neq 0$, $\lambda_i\mu_j \neq 1$, $i,j = 1,2$, 因此也可判断 $(1) \sim (4)$ 中的矩阵方程均有解且唯一.

定理 10.5 设 $A \in F^{m \times m}, B \in F^{q \times q}, C \in F^{m \times q}$, 且 A 与 B 均为 Hurwitz 稳定矩阵, 则线性矩阵方程

$$AX + XB = C \tag{10-3}$$

有唯一解 $X \in F^{m \times q}$, 且

$$X = -\int_0^{+\infty} \mathrm{e}^{At} C \mathrm{e}^{Bt} \mathrm{d}t \tag{10-4}$$

证 由 A 与 B 均为 Hurwitz 稳定矩阵知, A 的任意特征值 λ_i 与 B 的任意特征值 μ_j 之和非零, 即 $\lambda_i + \mu_j \neq 0$ $(i = 1, 2, \cdots, m; j = 1, 2, \cdots, q)$, 由推论 10.1 之 (3) 知方程 (10-3) 有唯一解 $X \in F^{m \times q}$.

考虑矩阵微分方程的初值问题

$$\dot{Z}(t) = AZ(t) + Z(t)B, \quad Z(0) = C \tag{10-5}$$

式中, $Z(t) \in F^{m \times q}$ 为定义在 $[0, +\infty)$ 上的矩阵值函数. 直接验证可得 $Z(t) = \mathrm{e}^{At} C \mathrm{e}^{Bt}$ 为方程 (10-5) 的解. 对式 (10-5) 两边积分得

$$Z(\infty) - Z(0) = A\int_0^\infty Z(t)\mathrm{d}t + \int_0^\infty Z(t)\mathrm{d}t B$$

即

$$A\left(-\int_0^\infty Z(t)\mathrm{d}t\right) + \left(-\int_0^\infty Z(t)\mathrm{d}t\right) B = Z(0) - Z(\infty)$$

下面证明 $Z(\infty) = \lim_{t \to \infty} \mathrm{e}^{At} C \mathrm{e}^{Bt} = O$ 即可. 进而只需证 $\lim_{t \to \infty} \mathrm{e}^{At} = O$.

按照矩阵函数的谱分解定理 (定理 6.7), 有

$$\mathrm{e}^{At} = \sum_{k=1}^s \sum_{j=0}^{m_k-1} (\mathrm{e}^{\lambda_k t})^{(j)} E_{kj} = \sum_{k=1}^s \sum_{j=0}^{m_k-1} t^j \mathrm{e}^{\lambda_k t} E_{kj}, \quad t > 0$$

式中, $\lambda_1, \lambda_2, \cdots, \lambda_s$ 为 A 的不同特征值, $m_1, m_2, \cdots, m_s$ 分别为它们在 A 的最小多项式中的次数, E_{kj} 为 A 的分量矩阵. 由于 A 是稳定矩阵, 有 $\mathrm{Re}(\lambda_k) < 0$ $(k = 1, 2, \cdots, s)$, 所以

$$|t^j \mathrm{e}^{\lambda_k t}| = |t^j \mathrm{e}^{\mathrm{Re}(\lambda_k)t}| \to 0, \quad t \to \infty$$

因此 $\lim\limits_{t \to \infty} \mathrm{e}^{At} = O$. $\qquad\qquad\qquad\qquad\qquad\qquad\qquad\qquad\qquad\qquad$ $\square$

例 10.3 设 $A = \begin{bmatrix} -1 & 1 \\ 0 & -1 \end{bmatrix}$, $B = \begin{bmatrix} -1 & 0 \\ 0 & -2 \end{bmatrix}$, $C = \begin{bmatrix} 1 & 0 \\ 0 & 1 \end{bmatrix} = I_2$, 求解矩阵方程 (10-3).

解 设 $f(\lambda) = \mathrm{e}^{\lambda t}$, 由定义 6.4, 得

$$\mathrm{e}^{At} = \begin{bmatrix} f(-1) & f'(-1) \\ 0 & f(-1) \end{bmatrix} = \begin{bmatrix} \mathrm{e}^{-t} & t\mathrm{e}^{-t} \\ 0 & \mathrm{e}^{-t} \end{bmatrix}$$

$$\mathrm{e}^{Bt} = \begin{bmatrix} f(-1) & 0 \\ 0 & f(-2) \end{bmatrix} = \begin{bmatrix} \mathrm{e}^{-t} & 0 \\ 0 & \mathrm{e}^{-2t} \end{bmatrix}$$

由式 (10-4), 得方程 (10-3) 的解为

$$X = -\int_0^{+\infty} \begin{bmatrix} \mathrm{e}^{-t} & t\mathrm{e}^{-t} \\ 0 & \mathrm{e}^{-t} \end{bmatrix} I_2 \begin{bmatrix} \mathrm{e}^{-t} & 0 \\ 0 & \mathrm{e}^{-2t} \end{bmatrix} \mathrm{d}t$$

$$= -\int_0^{+\infty} \begin{bmatrix} \mathrm{e}^{-2t} & t\mathrm{e}^{-3t} \\ 0 & \mathrm{e}^{-3t} \end{bmatrix} \mathrm{d}t = -\begin{bmatrix} 1/2 & 1/9 \\ 0 & 1/3 \end{bmatrix}$$

定理 10.6 设 $A \in F^{m \times m}, B \in F^{q \times q}, C \in F^{m \times q}$, 且 A 与 B 均为 Schur 稳定的, 则线性矩阵方程

$$X - AXB = C \tag{10-6}$$

有唯一解 $X \in F^{m \times q}$, 且

$$X = \sum_{j=0}^{\infty} A^j C B^j \tag{10-7}$$

证 根据推论 10.1 之 (4), 由 A 与 B 均为 Schur 稳定的知, 矩阵方程 (10-6) 有唯一解. 另外, 由推论 2.1 知 $\rho(A) = \lim\limits_{j \to \infty} \|A^j\|^{1/j}$, 进而有

$$\|A^j C B^j\|^{1/j} \leqslant \|A^j\|^{1/j} \|C\|^{1/j} \|B^j\|^{1/j} \to \rho(A)\rho(B) < 1, \quad j \to \infty$$

所以数项级数 $\sum\limits_{j=0}^{\infty} \|A^j C B^j\|$ 收敛, 从而矩阵级数 $\sum\limits_{j=0}^{\infty} A^j C B^j$ 绝对收敛, 故由式 (10-7) 定义的 X 存在且唯一.

最后, 直接验证可得 X 是方程 (10-6) 的解. □

例 10.4 设 $A = B = \begin{bmatrix} -1/2 & 0 \\ 0 & -1/2 \end{bmatrix}$, $C = \begin{bmatrix} 1 & 1 \\ 0 & 1 \end{bmatrix}$, 求解矩阵方程 (10-6).

解 由于 $A^j = B^j = \begin{bmatrix} (-1/2)^j & 0 \\ 0 & (-1/2)^j \end{bmatrix}$, 由式 (10-7) 得

$$X = \sum_{j=0}^{\infty} \begin{bmatrix} (-1/2)^j & 0 \\ 0 & (-1/2)^j \end{bmatrix} \begin{bmatrix} 1 & 1 \\ 0 & 1 \end{bmatrix} \begin{bmatrix} (-1/2)^j & 0 \\ 0 & (-1/2)^j \end{bmatrix}$$

$$= \sum_{j=0}^{\infty} \begin{bmatrix} (-1/2)^{2j} & (-1/2)^{2j} \\ 0 & (-1/2)^{2j} \end{bmatrix} = \begin{bmatrix} 4/3 & 4/3 \\ 0 & 4/3 \end{bmatrix}$$

10.1.3 矩阵 Lyapunov 方程与矩阵 Stein 方程

若在矩阵方程 (10-3) 和 (10-6) 中, 令 $B = A^{\mathrm{H}}$, 再分别令 $C = -W$ 和 $C = W$, 则它们分别成为著名的 Lyapunov 方程

$$AX + XA^{\mathrm{H}} = -W \tag{10-8}$$

和著名的 Stein 方程

$$X - AXA^{\mathrm{H}} = W \tag{10-9}$$

相应地有如下结论.

定理 10.7 设 $A \in F^{n \times n}$ 为 Hurwitz 稳定矩阵, W 是 Hermite 半正定 (正定) 矩阵, 则 Lyapunov 方程 (10-8) 存在唯一解 X, $X = \int_0^{+\infty} \mathrm{e}^{At} W \mathrm{e}^{A^{\mathrm{H}}t} \mathrm{d}t$, 并且 X 为 Hermite 半正定 (正定) 矩阵. 反之, 若对任意 Hermite 正定矩阵 W, Lyapunov 方程 (10-8) 都存在唯一的 Hermite 正定解 X, 则 $A \in F^{n \times n}$ 为 Hurwitz 稳定矩阵.

证 由定理 10.5, 当 $A \in F^{n \times n}$ 为 Hurwitz 稳定矩阵时, Lyapunov 方程 (10-8) 有唯一解 X, 且 $X = \int_0^{+\infty} \mathrm{e}^{At} W \mathrm{e}^{A^{\mathrm{H}}t} \mathrm{d}t$. 同时, 对任意 $x \in F^n$, 有

$$x^{\mathrm{H}} X x = \int_0^{+\infty} x^{\mathrm{H}} \mathrm{e}^{At} W \mathrm{e}^{A^{\mathrm{H}}t} x \mathrm{d}t = \int_0^{+\infty} \|W^{1/2} \mathrm{e}^{A^{\mathrm{H}}t} x\|_2^2 \mathrm{d}t$$

若 W 是 Hermite 半正定矩阵, 则显然有 $x^{\mathrm{H}}Xx \geqslant 0$, 即 X 是 Hermite 半正定矩阵. 若 W 是 Hermite 正定矩阵, 则 $W^{1/2}$ 也是 Hermite 正定矩阵, 此时对任意 $x \neq \mathbf{0}$, 有 $W^{1/2}\mathrm{e}^{A^{\mathrm{H}}t}x \neq \mathbf{0}$, 从而 $x^{\mathrm{H}}Xx > 0$, 所以 X 是 Hermite 正定矩阵.

反之, 设 λ 是 A^{H} 的任一特征值 x 对应的特征向量, 则由 Lyapunov 方程 (10-8) 有

$$x^{\mathrm{H}}AXx + x^{\mathrm{H}}XA^{\mathrm{H}}x = -x^{\mathrm{H}}Wx$$

$$(\lambda + \bar{\lambda})x^{\mathrm{H}}Xx = -x^{\mathrm{H}}Wx$$

注意到, $x^{\mathrm{H}}Xx > 0$, $x^{\mathrm{H}}Wx > 0$, $\lambda + \bar{\lambda} = 2\mathrm{Re}(\lambda)$, 所以 $\mathrm{Re}(\lambda) < 0$, 故 A 为 Hurwitz 稳定矩阵. □

定理 10.8 设 $A \in F^{n \times n}$ 为 Schur 稳定矩阵, W 是 Hermite 半正定 (正定) 矩阵, 则 Stein 方程 (10-9) 有唯一解 X, $X = \sum_{j=0}^{\infty} A^j W (A^{\mathrm{H}})^j$, 并且 X 为 Hermite 半正定 (正定) 矩阵. 反之, 若对任意 Hermite 正定矩阵 W, Stein 方程 (10-9) 都有唯一的 Hermite 正定解 X, 则 $A \in F^{n \times n}$ 为 Schur 稳定矩阵.

证 若 $A \in F^{n \times n}$ 为 Stein 稳定矩阵, 则 $\rho(A) < 1$ 下, 由定理 10.6 知, Stein 方程 (10-9) 有唯一解 X, 且 $X = \sum_{j=0}^{\infty} A^j W (A^{\mathrm{H}})^j$. 同时, 对任意 $x \in F^n$, 有

$$x^{\mathrm{H}}Xx = \sum_{j=0}^{\infty} x^{\mathrm{H}} A^j W (A^{\mathrm{H}})^j x = \sum_{j=0}^{\infty} \|W^{1/2}(A^{\mathrm{H}})^j x\|_2^2$$

若 W 是 Hermite 半正定矩阵, 则显然有 $x^{\mathrm{H}}Xx \geqslant 0$, 即 X 是 Hermite 半正定矩阵. 若 W 是 Hermite 正定矩阵, 则 $W^{1/2}$ 也是 Hermite 正定矩阵. $x^{\mathrm{H}}Xx = 0$ 当且仅当

$$W^{1/2}(A^{\mathrm{H}})^j x = \mathbf{0}, \quad j = 0, 1, 2, \cdots$$

对 $j = 0$ 有 $W^{1/2}x = \mathbf{0}$, 所以 $x = \mathbf{0}$. 因此, X 为 Hermite 正定矩阵.

反之, 设 λ 是 A^{H} 的任一特征值, x 是对应的特征向量, 则有

$$x^{\mathrm{H}}Xx = \sum_{j=0}^{\infty} x^{\mathrm{H}} A^j W (A^{\mathrm{H}})^j x = \sum_{j=0}^{\infty} (|\lambda|^2)^j x^{\mathrm{H}}Wx$$

注意到, $x^{\mathrm{H}}Xx > 0$, $x^{\mathrm{H}}Wx > 0$, 得 $\sum_{j=0}^{\infty} |\lambda|^{2^j}$ 收敛, 所以 $|\lambda| < 1$, 故 $A \in F^{n \times n}$ 为 Schur 稳定矩阵. □

注 10.1 由定理 10.4 及其推论 10.1, 线性矩阵方程的解完全可以通过求解相应的线性方程组获得. 特别是, 对于 Lyapunov 方程 (10-8) 和 Stein 方程 (10-9), 还可以利用软件 (如 MATLAB) 直接求解.

例 10.5 设 $A = \begin{bmatrix} -1/2 & 1 \\ 0 & -1/4 \end{bmatrix}$, $W = I_2$, 用代数方法求解矩阵 Lyapunov 方程 (10-8) 和矩阵 Stein 方程 (10-9).

解 由于 $\lambda_1(A) = -1/2$, $\lambda_2(A) = -1/4$, $W = I_2 > 0$, 所以方程 (10-8) 和 (10-9) 均有唯一的对称正定解. 由推论 10.1, 分别得线性方程组

$$(I_2 \otimes A + A \otimes I_2)x = -\mathrm{Vec}(I_2)$$

和

$$(I_2 \otimes I_2 - A \otimes A)y = \mathrm{Vec}(I_2)$$

解得

$$x = (19/3,\ 8/3,\ 8/3,\ 2)^{\mathrm{T}}, \quad y = (772/147, -32/49, -32/49, 16/7)^{\mathrm{T}}$$

故方程的解分别为

$$X = \begin{bmatrix} 19/3 & 8/3 \\ 8/3 & 2 \end{bmatrix}, \quad Y = \begin{bmatrix} 772/147 & -32/49 \\ -32/49 & 16/7 \end{bmatrix}$$

10.2 非线性矩阵方程

非线性矩阵方程是指含有未知矩阵变量的非线性项的矩阵方程. 比如

$$X^{\mathrm{H}}AX + B^{\mathrm{H}}X + XB + C = O$$

其中, X 是未知矩阵变量, A, B, C 是数域 F 上的适当维数的常值矩阵.

对于非线性矩阵方程, 我们关心三个问题: ① 矩阵方程在什么条件下可解; ② 矩阵方程具有特定意义的解矩阵存在的条件, 比如稳定化的正定矩阵; ③ 矩阵方程的解矩阵的结构性质.

本节主要介绍矩阵 Riccati 方程的有关问题.

10.2.1 连续矩阵 Riccati 方程及其解

考虑连续矩阵 Riccati 方程

$$A^{\mathrm{T}}X + XA + XRX + Q = O \tag{10-10}$$

其中, $A \in \mathbf{R}^{n \times n}$ 是已知的常数矩阵, $R, Q \in \mathbf{R}^{n \times n}$ 是 Hermite 矩阵, $X \in \mathbf{R}^{n \times n}$ 是未知矩阵变量.

从方程 (10-10) 不难得到

$$\begin{bmatrix} A & R \\ -Q & -A^{\mathrm{T}} \end{bmatrix} \begin{bmatrix} I_n \\ X \end{bmatrix} = \begin{bmatrix} I_n \\ X \end{bmatrix} (A + RX) \tag{10-11}$$

定义 10.3 称 $2n$ 阶矩阵

$$H = \begin{bmatrix} A & R \\ -Q & -A^{\mathrm{T}} \end{bmatrix}$$

为连续矩阵 Riccati 方程 (10-10) 的 Hamilton 矩阵.

式 (10-11) 可以写成

$$H \begin{bmatrix} I_n \\ X \end{bmatrix} = \begin{bmatrix} I_n \\ X \end{bmatrix} (A + RX)$$

它表明 X 是方程 (10-11) 的解当且仅当 $\begin{bmatrix} I_n \\ X \end{bmatrix}$ 是矩阵 H 的一个不变子空间, 且 $A + RX$ 是矩阵 H 在该不变子空间上的表示矩阵. 因此用 Hamilton 矩阵 H 的不变子空间可以构造连续矩阵 Riccati 方程 (10-10) 的解 X.

引理 10.1 Hamilton 矩阵 H 的谱 $\tilde{\rho}(H)$ 关于虚轴对称.

证 定义矩阵 $J = \begin{bmatrix} O & -I_n \\ I_n & O \end{bmatrix}$, 则有

$$J^{-1} H J = \begin{bmatrix} -A^{\mathrm{T}} & Q \\ -R & A \end{bmatrix} = -H^{\mathrm{T}}$$

即 H 和 $-H^{\mathrm{T}}$ 是相似矩阵. 因此, 若 λ 是 H 的特征值, 则 $-\lambda$ 也是 H 的特征值. 由于 H 是实数矩阵, 故 $-\bar{\lambda}$ 也是 H 的特征值. 即 λ 与 $-\bar{\lambda}$ 同时为 H 的特征值或同时不为 H 的特征值, 故矩阵 H 的特征值是关于虚轴对称的.   □

定理 10.9 设 $V \subset \mathbf{C}^{2n}$ 是矩阵 H 的一个 n 维不变子空间, $X_1, X_2 \in \mathbf{C}^{n \times n}$ 是两个复矩阵, 使得 $V = \mathrm{Span} \begin{bmatrix} X_1 \\ X_2 \end{bmatrix}$. 如果 X_1 是可逆的, 则 $X = X_2 X_1^{-1}$ 是连续矩阵 Riccati 方程 (10-10) 的一个解, 且 $\tilde{\rho}(A + RX) = \tilde{\rho}(H|_V)$. 进而, 解 X 不依赖于 V 中基的选取. 其中, $\tilde{\rho}(H|_V)$ 表示矩阵 H 在不变子空间 V 上的谱.

反之, 如果 $X \in \mathbf{C}^{n \times n}$ 是连续矩阵 Riccati 方程 (10-10) 的一个解, 则存在矩阵 $X_1, X_2 \in \mathbf{C}^{n \times n}$, X_1 是可逆的, 使得 $X = X_2 X_1^{-1}$ 且矩阵 $\begin{bmatrix} X_1 \\ X_2 \end{bmatrix}$ 的列向量张成 H 的一个 n 维不变子空间.

证 如果 V 是矩阵 H 的一个不变子空间, 则存在矩阵 $\Lambda \in \mathbf{C}^{n \times n}$, 使得

$$\begin{bmatrix} A & R \\ -Q & -A^{\mathrm{T}} \end{bmatrix} \begin{bmatrix} X_1 \\ X_2 \end{bmatrix} = \begin{bmatrix} X_1 \\ X_2 \end{bmatrix} \Lambda$$

在上式两边右乘矩阵 X_1^{-1}, 得到

$$\begin{bmatrix} A & R \\ -Q & -A^{\mathrm{T}} \end{bmatrix} \begin{bmatrix} I_n \\ X \end{bmatrix} = \begin{bmatrix} I_n \\ X \end{bmatrix} X_1 \Lambda X_1^{-1} \tag{10-12}$$

在式 (10-12) 两边左乘 $[-X \quad I_n]$, 进一步得到

$$XA + A^{\mathrm{T}}X + XRX + Q = O$$

所以矩阵 X 是连续矩阵 Riccati 方程 (10-10) 的一个解.

进而, 方程 (10-12) 给出 $X_1 \Lambda X_1^{-1}$ 也是 Hamilton 矩阵 H 的表示矩阵, 因此, $\tilde{\rho}(A + RX) = \tilde{\rho}(X_1 \Lambda X_1^{-1}) = \tilde{\rho}(\Lambda) = \tilde{\rho}(H|_V)$.

最后, 由于张成 V 的任意一个其他的基 $\begin{bmatrix} \tilde{X}_1 \\ \tilde{X}_2 \end{bmatrix}$ 总可以表示成

$$\begin{bmatrix} \tilde{X}_1 \\ \tilde{X}_2 \end{bmatrix} = \begin{bmatrix} X_1 \\ X_2 \end{bmatrix} P = \begin{bmatrix} X_1 P \\ X_2 P \end{bmatrix}$$

其中, P 是某个非奇异的矩阵. 由 $\tilde{X}_2 \tilde{X}_1 = (X_2 P)(X_1 P)^{-1} = X_2 X_1^{-1}$ 可得解 X 不依赖于 V 中基的选取.

反之, 如果 $X \in \mathbf{C}^{n \times n}$ 是连续矩阵 Riccati 方程 (10-10) 的一个解, 则方程 (10-11) 成立. 定义 $X_1 = I_n$ 和 $X_2 = X$, 则即可得所要的结论. $\quad\square$

定理 10.10 给出了通过构造 Hamilton 矩阵 H 的一个 n 维不变子空间的基来构造连续矩阵 Riccati 方程 (10-10) 的解的具体方法, 而矩阵 H 的不变子空间可以通过使用矩阵 H 的特征向量和广义特征向量来构造.

假定 $\lambda_i (i = 1, 2, \cdots, r)$ 是矩阵 H 的不同特征值, λ_i 的重数为 n_i, $\sum\limits_{i=1}^{r} n_i = 2n$, x_{i_1} 是对应于 λ_i 的特征向量, $x_{i_2}, \cdots, x_{i_{n_i}}$ 是对应于 λ_i 和 x_{i_1} 的广义特征向量, 即

它们满足

$$(H - \lambda_i I_{2n})x_{i_1} = \mathbf{0}, \quad (H - \lambda_i I_{2n})x_{i_2} = x_{i_1}, \cdots, \quad (H - \lambda_i I_{2n})x_{i_{n_i}} = x_{i_{n_i-1}}$$

则 $\mathrm{Span}\{x_{i_1}, x_{i_2}, \cdots, x_{i_{n_i}}\}$ 是矩阵 H 的一个不变子空间. 同时, 矩阵 H 的 n 维不变子空间为

$$\mathrm{Span}\{x_{j_1}, x_{j_2}, \cdots, x_{j_n}\}, \quad j_k \in \{i_l | l = 1, 2, \cdots, r\}, \quad k = 1, 2, \cdots, n$$

例 10.6 设矩阵

$$A = \begin{bmatrix} -3 & 2 \\ -2 & 1 \end{bmatrix}, \quad R = \begin{bmatrix} 0 & 0 \\ 0 & -1 \end{bmatrix}, \quad Q = \begin{bmatrix} 0 & 0 \\ 0 & 0 \end{bmatrix}$$

求连续矩阵 Riccati 方程 (10-10) 的解矩阵.

解 (1) 计算 Hamilton 矩阵 H 的特征值、特征向量及广义特征向量. $\tilde{\rho}(H) = \{1, 1, -1, -1\}$, 对应于二重特征值 1 的特征向量和广义特征向量分别为

$$x_1 = (1, 2, 2, -2)^{\mathrm{T}}, \quad x_2 = (-1, -3/2, 1, 0)^{\mathrm{T}}$$

对应于二重特征值 -1 的特征向量和广义特征向量分别为

$$x_3 = (1, 1, 0, 0)^{\mathrm{T}}, \quad x_4 = (1, 3/2, 0, 0)^{\mathrm{T}}$$

(2) 求由 H 的所有特征向量和广义特征向量张成的 2 维不变子空间, 并构造解矩阵.

经验证 $\mathrm{Span}\{x_1, x_2\}$, $\mathrm{Span}\{x_1, x_3\}$ 和 $\mathrm{Span}\{x_3, x_4\}$ 均是矩阵 H 的 2 维不变子空间, 而 $\mathrm{Span}\{x_1, x_4\}$, $\mathrm{Span}\{x_2, x_3\}$ 和 $\mathrm{Span}\{x_2, x_4\}$ 均不是矩阵 H 的不变子空间.

(a) 设 $\begin{bmatrix} X_1 \\ X_2 \end{bmatrix} = [x_1 \quad x_2]$, 则

$$X = X_2 X_1^{-1} = \begin{bmatrix} 2 & 1 \\ -2 & 0 \end{bmatrix} \begin{bmatrix} 1 & -1 \\ 2 & -3/2 \end{bmatrix}^{-1} = \begin{bmatrix} -10 & 6 \\ 6 & -4 \end{bmatrix}$$

是方程 (10-10) 的一个解, 且谱 $\tilde{\rho}(A + RX) = \{1, 1\}$;

(b) 设 $\begin{bmatrix} X_1 \\ X_2 \end{bmatrix} = [x_1 \quad x_3]$, 则 $X = X_2 X_1^{-1} = \begin{bmatrix} -2 & 2 \\ 2 & -2 \end{bmatrix}$ 也是方程 (10-10) 的一个解, 且谱 $\tilde{\rho}(A + RX) = \{1, -1\}$;

(c) 设 $\begin{bmatrix} X_1 \\ X_2 \end{bmatrix} = [x_3 \quad x_4]$，则 $X = O$ 还是方程 (10-10) 的一个解，且谱 $\tilde{\rho}(A + RX) = \{-1, -1\}$.

因此，本例中的矩阵 Riccati 方程 (10-10) 有且只有三个解矩阵，且都是实对称矩阵.

定理 10.10 设 V 是矩阵 H 的一个 n 维不变子空间，$X_1, X_2 \in \mathbf{C}^{n \times n}$ 使得 $V = \mathrm{Span}\begin{bmatrix} X_1 \\ X_2 \end{bmatrix}$. 如果对所有的 $\lambda_i, \lambda_j \in \tilde{\rho}(H|_V)(i, j = 1, 2, \cdots, n)$，都满足 $\lambda_i + \bar{\lambda}_j \neq 0$，则 $X_1^{\mathrm{H}} X_2$ 是 Hermite 矩阵. 进而，如果 X_1 是可逆的，则 $X = X_2 X_1^{-1}$ 也是 Hermite 矩阵.

证 由于 V 是矩阵 H 的一个不变子空间，所以存在矩阵 $\Lambda \in \mathbf{C}^{n \times n}$，使得

$$H \begin{bmatrix} X_1 \\ X_2 \end{bmatrix} = \begin{bmatrix} X_1 \\ X_2 \end{bmatrix} \Lambda \tag{10-13}$$

在上式两边同左乘 $\begin{bmatrix} X_1 \\ X_2 \end{bmatrix}^{\mathrm{H}} J, J = \begin{bmatrix} O & -I_n \\ I_n & O \end{bmatrix}$，可得

$$\begin{bmatrix} X_1 \\ X_2 \end{bmatrix}^{\mathrm{H}} J H \begin{bmatrix} X_1 \\ X_2 \end{bmatrix} = \begin{bmatrix} X_1 \\ X_2 \end{bmatrix}^{\mathrm{H}} J \begin{bmatrix} X_1 \\ X_2 \end{bmatrix} \Lambda$$

注意到 JH 是 Hermite 的 (实际上，由于 H 是实的，所以 JH 也是对称的)，因此，上式的左右两边均是 Hermite 的. 故有

$$\begin{bmatrix} X_1 \\ X_2 \end{bmatrix}^{\mathrm{H}} J \begin{bmatrix} X_1 \\ X_2 \end{bmatrix} \Lambda = \Lambda^{\mathrm{H}} \begin{bmatrix} X_1 \\ X_2 \end{bmatrix}^{\mathrm{H}} J^{\mathrm{H}} \begin{bmatrix} X_1 \\ X_2 \end{bmatrix} = -\Lambda^{\mathrm{H}} \begin{bmatrix} X_1 \\ X_2 \end{bmatrix}^{\mathrm{H}} J \begin{bmatrix} X_1 \\ X_2 \end{bmatrix}$$

即

$$(-X_1^{\mathrm{H}} X_2 + X_2^{\mathrm{H}} X_1)\Lambda = -\Lambda^{\mathrm{H}}(-X_1^{\mathrm{H}} X_2 + X_2^{\mathrm{H}} X_1)$$

从 $\tilde{\rho}(\Lambda) \cap \tilde{\rho}(\Lambda^{\mathrm{H}})$ 为空集可知，该方程有唯一解，为 $-X_1^{\mathrm{H}} X_2 + X_2^{\mathrm{H}} X_1 = O$，即

$$X_1^{\mathrm{H}} X_2 = X_2^{\mathrm{H}} X_1 = (X_1^{\mathrm{H}} X_2)^{\mathrm{H}}$$

$X_1^{\mathrm{H}} X_2$ 为 Hermite 矩阵.

又由 $X = (X_1^{-1})^{\mathrm{H}}(X_1^{\mathrm{H}} X_2)X_1^{-1}$ 知，矩阵 X 是 Hermite 的. $\qquad\square$

在例 10.6 中, 条件 $\lambda_i + \bar{\lambda}_j \neq 0$ 并不成立, 但方程 (10-10) 的解都是 Hermite 解矩阵. 这说明条件 $\lambda_i + \bar{\lambda}_j \neq 0$ 不是方程 (10-10) 存在 Hermite 解矩阵的必要条件, 只是一个充分条件.

定理 10.11　设 V 是矩阵 H 的一个 n 维不变子空间, $X_1, X_2 \in \mathbf{C}^{n \times n}$ 使得 $V = \mathrm{Span} \begin{bmatrix} X_1 \\ X_2 \end{bmatrix}$, X_1 是非奇异的, 则 $X = X_2 X_1^{-1}$ 是实的当且仅当 V 是共轭对称的, 即如果 $x \in V$, 则 $\bar{x} \in V$.

证　充分性. 设 V 是共轭对称的, 则存在一个非奇异矩阵 $P \in \mathbf{C}^{n \times n}$, 使得 $\begin{bmatrix} \bar{X}_1 \\ \bar{X}_2 \end{bmatrix} = \begin{bmatrix} X_1 \\ X_2 \end{bmatrix} P$, 其中, $\bar{X}$ 表示矩阵 X 的复共轭矩阵. 因此

$$\bar{X} = \bar{X}_2 \bar{X}_1^{-1} = X_2 P (X_1 P)^{-1} = X_2 X_1^{-1} = X$$

即 X 是实的.

必要性. 设 $X = X_2 X_1^{-1} \in \mathbf{R}^{n \times n}$, 由于 $\mathrm{Span} \begin{bmatrix} I_n \\ X \end{bmatrix} = V$, 因此 V 是共轭对称的.

$\square$

10.2.2　连续矩阵 Riccati 方程的稳定化解

在许多控制问题的研究中, 我们关心的是方程 (10-10) 具有特定性质的解, 比如: 稳定化解、对称正定解等. 由引理 10.1, Hamilton 矩阵 H 在虚轴上没有特征值, 因此 H 在左开半平面中必有 n 个特征值, 用 V^- 表示这 n 个特征值所对应的特征向量张成的特征子空间, 则 V^- 为 H 在 $\mathbf{C}^{2n}$ 中的 n 维不变子空间子. 由于矩阵 H 在 V^- 上谱均具有负实部, 故称 V^- 是矩阵 H 的稳定化特征子空间.

定理 10.12　设 $V^- = \mathrm{Span} \begin{bmatrix} X_1 \\ X_2 \end{bmatrix}$, 如果 X_1 是非奇异的, 则 $X = X_2 X_1^{-1}$ 是连续矩阵 Riccati 方程 (10-10) 的一个实对称解, 且谱 $\tilde{\rho}(A + RX) \subset \mathbf{C}^-$.

证　由定理 10.9 知矩阵 X 是方程 (10-10) 的一个解, 且 $\tilde{\rho}(A + RX) \subset \mathbf{C}^-$. 再由定理 10.10 和定理 10.11 知矩阵 X 是实对称的.

$\square$

定义 10.4　连续矩阵 Riccati 方程 (10-10) 的满足条件谱 $\tilde{\rho}(A + RX) \subset \mathbf{C}^-$ 的解 X 称为它的一个稳定化解.

在例 10.6 中, $\mathrm{Span}\{x_3, x_4\}$ 是矩阵 H 的稳定化特征子空间, $X = O$ 是方程 (10-10) 的一个稳定化解.

定理 10.13　假设 Hamilton 矩阵 H 在虚轴上没有特征值, R 是一个对称半正定矩阵, 则连续矩阵 Riccati 方程 (10-10) 存在稳定化解的充分必要条件是矩阵对 (A, R) 能稳, 即: 存在矩阵 K, 使得谱 $\tilde{\rho}(A + RK) \subset \mathbf{C}^-$.

证 必要性. 设 $V^- = \text{Span} \begin{bmatrix} X_1 \\ X_2 \end{bmatrix}$, 则存在一个 Hurwitz 稳定矩阵 S 使得

$$H \begin{bmatrix} X_1 \\ X_2 \end{bmatrix} = \begin{bmatrix} X_1 \\ X_2 \end{bmatrix} S \tag{10-14}$$

根据定理 10.12, 只要证明 X_1 是满秩矩阵即可, 即证 X_1 的核空间是零子空间, 亦即 $\text{Ker}(X_1) = \{\mathbf{0}\}$, 这里 $\text{Ker}(X_1) = \{x: X_1 x = \mathbf{0}\}$.

首先证明 $\text{Ker}(X_1)$ 是 S 的一个不变子空间. 事实上, 在式 (10-14) 两边左乘 $[I_n \quad O]$, 得

$$AX_1 + RX_2 = X_1 S \tag{10-15}$$

对任意 $x \in \text{Ker}(X_1)$, 由于 $X_1^{\text{H}} X_2$ 是 Hermite 矩阵, 故可得

$$(X_2 x)^{\text{H}} R(X_2 x) = x^{\text{H}} X_2^{\text{H}}(AX_1 + RX_2)x = x^{\text{H}} X_2^{\text{H}} X_1 S x = x^{\text{H}} X_1^{\text{H}} X_2 S x = 0$$

由于 R 是半正定矩阵, 故 $RX_2 x = \mathbf{0}$. 进一步从式 (10-15) 得到 $X_1 S x = \mathbf{0}$, 即 $Sx \in \text{Ker}(X_1)$.

然后证明 $\text{Ker}(X_1) = \{\mathbf{0}\}$, 即 X_1 是满秩的. 反证, 设 $\text{Ker}(X_1) \neq \{\mathbf{0}\}$, 则由于 $\text{Ker}(X_1)$ 是 S 的不变子空间, 且 S 是 Hurwitz 稳定的, 所以存在 $\lambda \in \mathbf{C}^-$ 和 $x \in \text{Ker}(X_1), x \neq \mathbf{0}$, 使得 $Sx = \lambda x$. 在式 (10-14) 两边左乘 $[O \quad I_n]$, 得到

$$-QX_1 - A^{\text{T}} X_2 = X_2 S$$

两边右乘 x, 得到

$$-A^{\text{T}} X_2 x = X_2 S x = X_2 \lambda x$$

即 $(\lambda I_n + A^{\text{T}})X_2 x = \mathbf{0}$. 由前面的证明, $x \in \text{Ker}(X_1)$, $RX_2 x = \mathbf{0}$, 故

$$(X_2 x)^{\text{H}}[-\lambda I_n - A \quad R] = \mathbf{0}$$

因此, 必须有 $X_2 x = \mathbf{0}$. 否则, 由于 $-\lambda \in \mathbf{C}^+$, 则上式和矩阵对 (A, R) 能稳的假设矛盾. 从而证明了非零向量 x 满足

$$\begin{bmatrix} \mathbf{0} \\ \mathbf{0} \end{bmatrix} = \begin{bmatrix} X_1 x \\ X_2 x \end{bmatrix} = \begin{bmatrix} X_1 \\ X_2 \end{bmatrix} x$$

这和 V^- 是 n 维子空间的事实矛盾. 因此, 必须有 $x = \mathbf{0}$, 故 $\text{Ker}(X_1) = \{\mathbf{0}\}$.

充分性. 如果连续矩阵 Riccati 方程 (10-10) 存在稳定化解 X, 则根据定义, 有 $\tilde{\rho}(A + RX) \subset \mathbf{C}^-$, 因此 (A, R) 能稳. $\quad\square$

注 10.2 矩阵 (A, R) 能稳的充分必要条件是不存在可逆矩阵 T, 使得

$$T^{-1}AT = \begin{bmatrix} A_1 & A_2 \\ O & A_3 \end{bmatrix}, \quad T^{-1}B = \begin{bmatrix} B_1 \\ O \end{bmatrix}$$

且 A_3 有不稳定的特征值.

引理 10.2 假设 $R = -BB^{\mathrm{T}} \leqslant 0$ (半负定), $Q = C^{\mathrm{T}}C \geqslant 0$ (半正定), 若对所有 $\omega \in \mathbf{R}$

$$\mathrm{rank}[A - \mathrm{i}\omega I_n, \ B] = n, \quad \mathrm{rank} \begin{bmatrix} A - \mathrm{i}\omega I_n \\ C \end{bmatrix} = n$$

则 Hamilton 矩阵 H 在虚轴上没有特征值.

证 反证法. 若矩阵 H 在虚轴上有一个特征值, 则存在 $\omega_0 \in \mathbf{R}$ 和不全为零的向量 $x_0 \in \mathbf{C}^n$, $p_0 \in \mathbf{C}^n$, 使得

$$\begin{bmatrix} A - \mathrm{i}\omega_0 I_n & R \\ -Q & -A^{\mathrm{T}} - \mathrm{i}\omega_0 I_n \end{bmatrix} \begin{bmatrix} x_0 \\ p_0 \end{bmatrix} = \begin{bmatrix} \mathbf{0} \\ \mathbf{0} \end{bmatrix} \tag{10-16}$$

即

$$p_0^{\mathrm{H}}(A - \mathrm{i}\omega_0 I_n)x_0 + p_0^{\mathrm{H}}Rp_0 = 0$$

$$x_0^{\mathrm{H}}Qx_0 + x_0^{\mathrm{H}}(A + \mathrm{i}\omega_0 I_n)^{\mathrm{H}}p_0 = 0$$

因此, $x_0^{\mathrm{H}}Qx_0 - p_0^{\mathrm{H}}Rp_0 = 0$. 由于 $R = -BB^{\mathrm{T}} \leqslant 0$, $Q = C^{\mathrm{T}}C \geqslant 0$, 故必定有

$$B^{\mathrm{T}}p_0 = \mathbf{0}, \quad Cx_0 = \mathbf{0}$$

由式 (10-16), 可得

$$(A - \mathrm{i}\omega_0 I_n)x_0 = \mathbf{0}, \quad (A^{\mathrm{T}} + \mathrm{i}\omega_0 I_n)p_0 = \mathbf{0}$$

由 x_0 和 p_0 的不全为零性, 可得以上结果与定理条件矛盾. □

定理 10.14 设 $R = -BB^{\mathrm{T}} \leqslant 0$, $Q = C^{\mathrm{T}}C \geqslant 0$, 则连续矩阵 Riccati 方程 (10-10) 存在稳定化解的充分必要条件是矩阵对 (A, B) 能稳, 且对所有 $\omega \in \mathbf{R}$, $\mathrm{rank} \begin{bmatrix} A - \mathrm{i}\omega I_n \\ C \end{bmatrix} = n$. 进而, 若以上条件成立, 则连续矩阵 Riccati 方程 (10-10) 存在稳定化解 $X \geqslant 0$, 且 $X > 0$ 的充分必要条件是矩阵对 (C, A) 没有稳定的不能观模态, 即: 不存在非零向量 x, 使得 $Ax = \lambda x$, $\mathrm{Re}(\lambda) < 0$, 且 $Cx = \mathbf{0}$.

证 由定理 10.13 和引理 10.2 即可证得 X 的存在性和唯一性. 为证明稳定化解 X 的半正定性, 从连续矩阵 Riccati 方程 (10-10) 可得

$$(A + RX)^{\mathrm{T}} X + X(A + RX) = -Q + XRX \leqslant 0 \qquad (10\text{-}17)$$

注意到 $A + RX$ 是稳定的, 故有

$$X = \int_0^\infty \mathrm{e}^{(A+RX)^{\mathrm{T}} t} (XBB^{\mathrm{T}} X + C^{\mathrm{T}} C) \mathrm{e}^{(A+RX)t} \mathrm{d}t$$

从 $XBB^{\mathrm{T}} X + C^{\mathrm{T}} C$ 的半正定性可推出 $X \geqslant 0$.

最后证明 $X > 0$ 当且仅当 (C, A) 没有稳定的不能观模态. 对任意 $x \in \mathrm{Ker}(X)$, 则 $Xx = \mathbf{0}$. 在式 (10-17) 两边左乘 x^{H}、右乘 x, 得到 $Cx = \mathbf{0}$; 在式 (10-17) 两边右乘 x, 得到 $XAx = \mathbf{0}$. 由此我们可得 $\mathrm{Ker}(X)$ 是 A 的一个不变子空间. 现在, 如果 $\mathrm{Ker}(X) \neq \{\mathbf{0}\}$, 则存在一个非零的 $x \in \mathrm{Ker}(X)$ 和复数 λ, 使得 $\lambda x = Ax = (A - BB^{\mathrm{T}} X)x$ 和 $Cx = \mathbf{0}$. 由于 $A - BB^{\mathrm{T}} X$ 是稳定的, 故 $\mathrm{Re}\lambda < 0$. 因此, λ 是一个稳定的不能观模态. 反之, 如果 (C, A) 有一个不能观的稳定模态 λ, 即存在非零向量 x, 使得 $Ax = \lambda x, Cx = \mathbf{0}$, 通过在方程 (10-10) 两边左乘 x^{H}、右乘 x, 得到

$$2\mathrm{Re}\lambda x^{\mathrm{H}} X x - x^{\mathrm{H}} X BB^{\mathrm{T}} X x = 0$$

因此, $x^{\mathrm{H}} X x = 0$, 即 $\mathrm{Ker}(X) \neq \{\mathbf{0}\}$. □

例 10.7 设矩阵

$$A = \begin{bmatrix} 1 & 0 \\ 0 & 2 \end{bmatrix}, \quad B = \begin{bmatrix} 1 \\ 1 \end{bmatrix}, \quad C = \begin{bmatrix} 0 & 0 \end{bmatrix}$$

讨论连续矩阵 Riccati 方程 (10-10) 的解.

解 首先, 矩阵对 (A, B) 是能稳的. 因为若设 $K = [k_1 \quad k_2]$, 使得

$$A - BK = \begin{bmatrix} 1 - k_1 & -k_2 \\ -k_1 & 2 - k_2 \end{bmatrix}$$

是 Hurwitz 稳定的, 只需选择 $K = [k_1 \quad k_2]$ 使特征方程

$$\det(\lambda I_2 - (A - BK)) = \lambda^2 + (k_1 + k_2 - 3)\lambda + 2 - 2k_1 - k_2 = 0$$

的根均在复平面的开左半平面. 令 k_1, k_2 满足 $k_1 + k_2 - 3 = 2$ 和 $2 - 2k_1 - k_2 = 1$ 即可, 解得 $K = [k_1 \quad k_2] = [-4 \quad 9]$.

其次, 对所有 $\omega \in \mathbf{R}$, rank $\begin{bmatrix} A - \mathrm{i}\omega I_n \\ C \end{bmatrix}$ = rank $\begin{bmatrix} 1 - \mathrm{i}\omega & 0 \\ 0 & 2 - \mathrm{i}\omega \\ 0 & 0 \end{bmatrix}$ = 2.

所以 Riccati 方程 (10-10) 有半正定稳定化解.

另外, 由于矩阵对 (C, A) 没有稳定的不能观模态, 所以 Riccati 方程 (10-10) 有: 正定稳定化解.

容易验证

$$X = \begin{bmatrix} 18 & -24 \\ -24 & 36 \end{bmatrix} > 0$$

是连续矩阵 Riccati 方程 (10-10) 的正定稳定化解.

注 10.3 在例 10.6 中, 注意到矩阵对 (C, A) 是不能检的, 即 $(A^{\mathrm{H}}, C^{\mathrm{H}})$ 不能稳. 因此, 例 10.6 表明在定理 10.15 中, 矩阵对 (C, A) 的能检性对于连续矩阵 Riccati 方程 (10-10) 的对称正定稳定化解的存在并不是必要的条件.

推论 10.2 假定矩阵对 (A, B) 能稳、(C, A) 能检, 则连续矩阵 Riccati 方程

$$A^{\mathrm{T}}X + XA - XBB^{\mathrm{T}}X + C^{\mathrm{T}}C = O \tag{10-18}$$

有一个唯一的对称半正定解. 进而, 这个解是一个稳定化解.

证 从定理 10.14 可知, 在推论的条件下连续矩阵 Riccati 方程 (10-18) 有唯一的稳定化半正定解. 因此, 只需证明方程 (10-18) 的任意半正定解必定是该方程的稳定化解.

假定 $X \geqslant 0$ 满足方程 (10-18), 但不是该方程的稳定化解. 将方程 (10-18) 改写成

$$(A - BB^{\mathrm{T}}X)^{\mathrm{T}}X + X(A - BB^{\mathrm{T}}X) + XBB^{\mathrm{T}}X + C^{\mathrm{T}}C = O \tag{10-19}$$

设 λ 和 x 是矩阵 $A - BB^{\mathrm{T}}X$ 的一个不稳定特征值和相应的特征向量, 即

$$(A - BB^{\mathrm{T}}X)x = \lambda x$$

在方程 (10-19) 两边分别左乘 x^{H}、右乘 x, 得到

$$(\bar{\lambda} + \lambda)x^{\mathrm{H}}Xx + x^{\mathrm{H}}(XBB^{\mathrm{T}}X + C^{\mathrm{T}}C)x = 0$$

由于 $\mathrm{Re}(\lambda) \geqslant 0$ 和 $X \geqslant 0$, 故从上式可得 $B^{\mathrm{T}}Xx = \mathbf{0}$, $Cx = \mathbf{0}$. 因此, $Ax = \lambda x$, $Cx = \mathbf{0}$, 即 (C, A) 是不能检的, 这和推论的条件矛盾. 因此, 必须有 $\mathrm{Re}(\lambda) < 0$, 即 $X \geqslant 0$ 是连续矩阵 Riccati 方程 (10-18) 的稳定化解. □

下面再给出一些进一步的结果, 证明略去.

引理 10.3　假设 $R \geqslant 0$, 且对所有 $\omega \in \mathbf{R}$, 有

$$\text{rank}[A - \mathrm{i}\omega I_n \quad R] = n$$

如果对某个对称矩阵 P, 不等式

$$A^{\mathrm{T}}P + PA + PRP + Q < 0$$

成立, 则 Hamilton 矩阵 H 在虚轴上没有特征值.

定义 10.5　称由连续矩阵 Riccati 方程 (10-15) 给出的不等式

$$A^{\mathrm{T}}X + XA + XRX + Q < 0 \quad (\text{或} \quad A^{\mathrm{T}}X + XA + XRX + Q \leqslant 0) \quad\quad (10\text{-}20)$$

为严格 (或非严格) 连续矩阵 Riccati 不等式.

定理 10.15　假设 $R \geqslant 0$, 且 (A, R) 能稳, 且对某个对称矩阵 P, 连续矩阵 Riccati 不等式 (10-20) 成立, 则连续矩阵 Riccati 方程 (10-10) 存在唯一稳定化解 X.

定理 10.16　假设 $R \geqslant 0$, X 是连续矩阵 Riccati 方程 (10-10) 的稳定化解, 设 P 是满足非严格连续矩阵 Riccati 不等式 (10-20) 的任意矩阵, 则 $X \leqslant P$.

特别地, 如果 P 是满足严格连续矩阵 Riccati 不等式 (10-20) 的任意矩阵, 则 $X < P$.

定理 10.17　设 $R_1 = R_1^{\mathrm{T}}$, $Q_1 > 0$, P 是连续矩阵 Riccati 方程

$$A^{\mathrm{T}}P + PA + PR_1P + Q_1 = O$$

的正定对称解, 则对满足 $R_2 \leqslant R_1, 0 < Q_2 \leqslant Q_1$ 的任意对称矩阵 R_2 和 Q_2, 连续矩阵 Riccati 方程

$$A^{\mathrm{T}}S + SA + SR_2S + Q_2 = O$$

有一个使得稳定化的对称解 S, 且 $S > 0$.

以上用矩阵 R 上的条件刻画了连续矩阵 Riccati 方程 (10-10) 的解 X 的存在性. 下面我们将通过在 Q 上增加适当的条件, 给出类似的结论.

定理 10.18　假设 $Q \geqslant 0$, 且对所有 $\omega \in \mathbf{R}$,

$$\text{rank} \begin{bmatrix} A - \mathrm{i}\omega I_n \\ Q \end{bmatrix} = n$$

若存在某个对称矩阵 $P > 0$, 使得严格连续矩阵 Riccati 不等式 (10-20) 成立, 则存在唯一对称矩阵 X 是连续矩阵 Riccati 方程 (10-10) 的稳定化解, 且 $0 \leqslant X < P$.

定理 10.19　设 X 是连续矩阵 Riccati 方程 (10-10) 的稳定化解, 则存在一个实数 ε_0, 使得由 $\varepsilon \in [0,\, \varepsilon_0]$ 定义且连续依赖于 ε 的对称矩阵 $S_\varepsilon < O$ 和 P_ε, 满足

$$A^\mathrm{T} P_\varepsilon + P_\varepsilon A + P_\varepsilon R P_\varepsilon + Q = S_\varepsilon$$

且使得 $X < P_\varepsilon$. 进而有, 当 $\lim\limits_{\varepsilon \to 0} S_\varepsilon = O$ 时, $\lim\limits_{\varepsilon \to 0} P_\varepsilon = X$.

10.2.3　离散矩阵 Riccati 方程及其解

考虑离散矩阵 Riccati 方程

$$A^\mathrm{T} X A - X - A^\mathrm{T} X G (I_n + X G)^{-1} X A + Q = O \tag{10-21}$$

其中, $A \in \mathbf{R}^{n \times n}$ 是可逆矩阵, $Q, G \in \mathbf{R}^{n \times n}$ 是 Hermite 矩阵, $X \in \mathbf{R}^{n \times n}$ 是矩阵变量.

根据矩阵之和的求逆公式,

$$(W + Z X^{-1} Y)^{-1} = W^{-1} - W^{-1} Z (X + Y W^{-1} Z)^{-1} Y W^{-1} \tag{10-22}$$

方程 (10-21) 也可以写成

$$A^\mathrm{T} (I_n + X G)^{-1} X A - X + Q = O \tag{10-23}$$

和离散矩阵 Riccati 方程 (10-21) 相关联的是以下的 $2n$ 阶矩阵:

$$S = \begin{bmatrix} A + G(A^\mathrm{T})^{-1}Q & -G(A^\mathrm{T})^{-1} \\ -(A^\mathrm{T})^{-1}Q & (A^\mathrm{T})^{-1} \end{bmatrix}$$

引进矩阵 $J = \begin{bmatrix} O & -I_n \\ I_n & O \end{bmatrix} \in \mathbf{R}^{2n \times 2n}$, 则 $J^{-1} S^\mathrm{T} J = S^{-1}$. 因此, $\lambda = 0$ 不是矩阵 S 的特征值. 由相似矩阵的性质知, 如果 λ 是矩阵 S 的特征值, 则 $\bar\lambda, \lambda^{-1}$ 和 $\bar\lambda^{-1}$ 也是矩阵 S 的特征值. 因此, 如果矩阵 S 在单位圆周上没有特征值, 那么它必定有 n 个特征值在单位圆内, 即 $|\lambda| < 1$, 而另外 n 个特征值在单位圆外, 即 $|\lambda| > 1$. 类似于连续矩阵 Riccati 方程, 考虑由矩阵 S 在单位圆内的特征值所对应的特征向量张成的子空间 V_-, 则 V_- 是 S 的 n 维不变子空间, 且 S 在 V_- 上的限制的特征值满足 $|\lambda| < 1$. 进一步, 通过找到子空间 V_- 的一组基, 得到 $V_- = \mathrm{Span} \begin{bmatrix} T_1 \\ T_2 \end{bmatrix}$, $T_1, T_2 \in \mathbf{R}^{n \times n}$. 如果矩阵 T_1 是非奇异的, 则定义 $X = T_2 T_1^{-1}$. 显然如果这样的 X 存在, 则它是由矩阵 S 唯一确定的.

定理 10.20 对以上定义的矩阵 X, 有如下结论.

(1) 矩阵 X 是 Hermite 的.

(2) 矩阵 $I_n + XG$ 可逆, 且 X 是 Riccati 方程 (10-21) 的一个解.

(3) $A - G(I_n + XG)^{-1}XA = (I_n + GX)^{-1}A$ 是 Schur 稳定的, 即, 该矩阵的特征值 λ 均满足 $|\lambda| < 1$. 此时, 称 X 是离散矩阵 Riccati 方程 (10-21) 的一个稳定化解.

证 (1) 由 $XT_1 = T_2$, 有 $T_1^{\mathrm{T}}XT_1 = T_1^{\mathrm{T}}T_2$. 因此, 为证明 X 是对称的, 只要证明 $T_1^{\mathrm{T}}T_2$ 是对称的即可. 由 V_- 是 S 的不变子空间, 故存在 n 阶矩阵 S_-, 使得 $ST = TS_-$, 其中, $T = \begin{bmatrix} T_1 \\ T_2 \end{bmatrix}$. 对此式左乘 $S_-^{\mathrm{T}}T^{\mathrm{T}}J$, 并利用 $S^{\mathrm{T}}JS = J$, 可得

$$(S_-^{\mathrm{T}}T^{\mathrm{T}}J)TS_- = (S_-^{\mathrm{T}}T^{\mathrm{T}}J)ST = (S_-^{\mathrm{T}}T^{\mathrm{T}})JST = T^{\mathrm{T}}S^{\mathrm{T}}JST = T^{\mathrm{T}}JT$$

进而

$$S_-^{\mathrm{T}}(T^{\mathrm{T}}JT)S_- - T^{\mathrm{T}}JT = O$$

这是一个关于 S_- 的离散矩阵 Stein 方程. 由于 S_- 是 Schur 稳定的, 故该 Stein 方程有唯一的解. 显然这样一个唯一解只能是零解, 即 $T^{\mathrm{T}}JT = O$. 由此可得 $T_2^{\mathrm{T}}T_1 = T_1^{\mathrm{T}}T_2$.

(2) 注意到离散矩阵 Riccati 方程 (10-21) 可以重新写成

$$S \begin{bmatrix} I_n \\ X \end{bmatrix} = \begin{bmatrix} I_n \\ X \end{bmatrix} T_1 S_- T_1^{-1} \tag{10-24}$$

对上式左乘 $[-X \quad I_n]$, 得到 $[-X \quad I_n]S \begin{bmatrix} I_n \\ X \end{bmatrix} = O$. 等价地, 我们可得

$$-XA + (I_n + XG)(A^{\mathrm{T}})^{-1}(X - Q) = O \tag{10-25}$$

现在证明 $I_n + XG$ 是可逆的. 反证, 设 $I_n + XG$ 不可逆, 则存在向量 $x \in \mathbf{R}^n$ $(x \neq \mathbf{0})$, 使得

$$x^{\mathrm{T}}(I_n + XG) = \mathbf{0} \tag{10-26}$$

在式 (10-25) 两边左乘 x^{T}, 可得 $x^{\mathrm{T}}XA = \mathbf{0}$. 由于假定 A 是可逆的, 故 $x^{\mathrm{T}}X = \mathbf{0}$. 结合式 (10-26), 可得 $x = \mathbf{0}$, 两者矛盾. 因此, $I_n + XG$ 是可逆的. 从而方程 (10-25) 可以写成

$$A^{\mathrm{T}}(I_n + XG)^{-1}XA - X + Q = O$$

即 X 是离散矩阵 Riccati 方程 (10-21) 的解.

(3) 为证明 X 是一个稳定化解, 对式 (10-24) 左乘 $[I_n \quad O]$, 得到

$$A + G(A^{\mathrm{T}})^{-1}Q - G(A^{\mathrm{T}})^{-1}X = T_1 S_- T_1^{-1}$$

通过使用离散矩阵 Riccati 方程 (10-21), 可得

$$(I_n + GX)^{-1}A = T_1 S_- T_1^{-1}$$

由于 S_- 是 Schur 稳定的, 故结论得证. □

引理 10.4　假设矩阵 G 和 Q 是半正定的, S 在单位圆周上没有特征值. 若
$V_- = \mathrm{Im} \begin{bmatrix} T_1 \\ T_2 \end{bmatrix}$, 则 $T_1^{\mathrm{T}} T_2 \geqslant 0$.

证　记 $T = \begin{bmatrix} T_1 \\ T_2 \end{bmatrix}$, 设 S_- 是满足 $ST = TS_-$ 的矩阵, 则 S_- 的所有特征值
都在单位圆内. 定义

$$U_k = TS_-^k, \quad k = 0, 1, \cdots$$

则有 $U_{k+1} = SU_k$, 且 $U_0 = T$.

令 $V = \begin{bmatrix} O & I_m \\ O & O \end{bmatrix}$, 则 $T_1^{\mathrm{T}} T_2 = U_0^{\mathrm{T}} V U_0$. 进一步定义

$$Y_k = -U_k^{\mathrm{T}} V U_k + U_0^{\mathrm{T}} V U_0 = -\sum_{i=0}^{k-1}(U_{i+1}^{\mathrm{T}} V U_{i+1} - U_i^{\mathrm{T}} V U_i)$$

$$= -\sum_{i=0}^{k-1} U_i^{\mathrm{T}}(S^{\mathrm{T}} V S - V)U_i$$

由矩阵 G 和 Q 是半正定的, 有

$$S^{\mathrm{T}} V S - V = \begin{bmatrix} I_n & -Q \\ O & I_n \end{bmatrix} \begin{bmatrix} -Q & O \\ O & -A^{-1}G(A^{\mathrm{T}})^{-1} \end{bmatrix} \begin{bmatrix} I_n & O \\ -Q & I_n \end{bmatrix} \leqslant 0$$

所以对所有的 $k \geqslant 0$, $Y_k \geqslant 0$. 由于 S_- 的所有特征值均在单位圆内, 当 $k \to \infty$
时, $U_k \to O$, 因此, $T_1^{\mathrm{T}} T_2 = \lim_{k \to \infty} Y_k \geqslant 0$. □

引理 10.5　假设矩阵 G 和 Q 是半正定的, 则离散矩阵 Riccati 方程 (10-21) 存在稳定化解的充分必要条件是矩阵对 (A, G) 能稳 (即, 存在矩阵 K, 使得 $A - GK$ 是 Schur 稳定的), 且 S 在单位圆周上没有特征值.

引理 10.6　假设矩阵 G 和 Q 是半正定的, 则矩阵 S 在单位圆周上没有特征值的充要条件是在单位圆上 (A,G) 没有不能达的极点, (Q,A) 没有不能观的极点. 即, 不存在 $\mathrm{e}^{\mathrm{i}\theta}$ 及非零的 (x,y), 使得 $(A - \mathrm{e}^{\mathrm{i}\theta}I_n)x = \mathbf{0}$, $Qx = \mathbf{0}$, 且 $(A^{\mathrm{T}} - \mathrm{e}^{-\mathrm{i}\theta}I_n)y = \mathbf{0}$, $Gy = \mathbf{0}$.

下面不加证明地给出进一步的结果.

定理 10.21　假设矩阵 G 和 Q 是半正定的, 则离散矩阵 Riccati 方程 (10-21) 有一个稳定化解 X 的充分必要条件是矩阵对 (A,G) 能稳, 矩阵对 (Q,A) 在单位圆周上没有不能观的极点. 进而, $X \geqslant 0$, 并且 $X > 0$ 当且仅当 (Q,A) 没有不能观的稳定极点.

注 10.4　以上的结果是在矩阵 A 是非奇异矩阵的假设下给出的, 在 A 为奇异矩阵的情况下所有结论仍然成立. 此时, 矩阵 S 的特征值问题由广义特征值问题代替, 且 V_- 是对应于单位圆内的广义特征值和广义特征向量所张成的子空间. 其中, 广义特征值问题是

$$\lambda \begin{bmatrix} I_n & O \\ O & A^{\mathrm{T}} \end{bmatrix} - \begin{bmatrix} A & O \\ -Q & I_n \end{bmatrix}$$

对应于广义特征值 λ 的广义特征向量 $x_1, x_2, \cdots, x_k$ 满足

$$\begin{bmatrix} A & O \\ -Q & I_n \end{bmatrix} x_1 = \lambda \begin{bmatrix} I_n & O \\ O & A^{\mathrm{T}} \end{bmatrix} x_1$$

$$\left(\begin{bmatrix} A & O \\ -Q & I_n \end{bmatrix} - \lambda \begin{bmatrix} I_n & O \\ O & A^{\mathrm{T}} \end{bmatrix} \right) x_i = \begin{bmatrix} I_n & O \\ O & A^{\mathrm{T}} \end{bmatrix} x_{i-1}, \quad i = 2, 3, \cdots, k.$$

在控制问题中, 常遇到的离散矩阵 Riccati 方程具有以下形式:

$$A^{\mathrm{T}}XA - X - A^{\mathrm{T}}XD(I_n + D^{\mathrm{T}}XD)^{-1}D^{\mathrm{T}}XA + Q = O \tag{10-27}$$

利用矩阵运算, 有 $D(I_n + D^{\mathrm{T}}XD)^{-1}D^{\mathrm{T}} = DD^{\mathrm{T}}(I_n + XDD^{\mathrm{T}})^{-1}$. 若取 $G = DD^{\mathrm{T}}$, 则离散矩阵 Riccati 方程 (10-21) 即转化为离散矩阵 Riccati 方程 (10-27).

对 Riccati 方程 (10-27), 有如下结果.

定理 10.22　假设 A 是 Schur 稳定矩阵, 且存在对称矩阵 $\hat{P}$ 满足 $R - B^{\mathrm{T}}\hat{P}B > 0$ 和

$$A^{\mathrm{T}}\hat{P}A - \hat{P} + (B^{\mathrm{T}}\hat{P}A + M)^{\mathrm{T}}(R - B^{\mathrm{T}}\hat{P}B)^{-1}(B^{\mathrm{T}}\hat{P}A + M) + \hat{Q} = O$$

其中, $A, B, M, \hat{Q}, R$ 是适当维数的常数矩阵, 且 $\hat{Q}, R$ 是对称矩阵及 $R > 0$, 则对满足 $0 \leqslant Q \leqslant \hat{Q}$ 的任意对称矩阵 Q, 离散矩阵 Riccati 方程

$$A^{\mathrm{T}}PA - P + (B^{\mathrm{T}}PA + M)^{\mathrm{T}}(R - B^{\mathrm{T}}PB)^{-1}(B^{\mathrm{T}}PA + M) + Q = O$$

有唯一对称解 P, 满足 $R - B^{\mathrm{T}}PB > 0$, 且矩阵

$$\bar{A} = A + B(R - B^{\mathrm{T}}PB)^{-1}(B^{\mathrm{T}}PA + M)$$

的所有特征值均在闭单位圆上. 进而, $0 \leqslant P \leqslant \hat{P}$.

10.3　矩阵方程解的估计

对矩阵方程的求解当矩阵维数较大时一般来说是很困难的, 另外, 在实际应用中有时也并不需要求出方程解矩阵的精确结果, 而只需给出其解的某种估计即可. 因此, 对矩阵方程的解进行估计也是矩阵方程研究的主要问题, 相应的研究内容有两个方面: 一是估计解矩阵的数值特征; 二是估计解矩阵本身. 本节介绍连续/离散矩阵 Riccati 方程以及连续/离散矩阵 Lyapunov 方程解估计的有关结果, 其中离散矩阵 Lyapunov 方程又称矩阵 Stein 方程.

10.3.1　连续矩阵方程解的估计

首先, 介绍连续矩阵 Riccati/ Lyapunov 方程解矩阵的特征值的估计结果.

考虑连续矩阵 Riccati 方程

$$A^{\mathrm{T}}X + XA - XRX + Q = O \tag{10-28}$$

及连续矩阵 Lyapunov 方程

$$A^{\mathrm{T}}X + XA + Q = O \tag{10-29}$$

其中, $A, R, Q \in \mathbf{R}^{n \times n}$ 是已知矩阵, $Q > 0$, $R \geqslant 0$, 且满足相应方程的对称正定解存在的条件, $X \in \mathbf{R}^{n \times n}$ 是未知矩阵变量.

定理 10.23　方程 (10-28) 的对称正定解 X 的最小和最大特征值满足

$$\lambda_n(X) \geqslant 1/\phi_1 \triangleq \mu_1; \quad \lambda_n(X) \leqslant \lambda_1(Q)/\phi_2 \triangleq \mu_2, \text{如果 } \phi_2 \neq 0;$$

$$\lambda_1(X) \geqslant \lambda_n(Q)/\phi_3 \triangleq \mu_3; \quad \lambda_1(X) \leqslant 1/\phi_4 \triangleq \mu_4, \text{如果 } \phi_4 \neq 0,$$

其中

$$\phi_1 = -\lambda_n(SQ^{-1}) + \sqrt{\lambda_n^2(SQ^{-1}) + \lambda_1(RQ^{-1})}, \quad \phi_2 = -\underline{\alpha} + \sqrt{\underline{\alpha}^2 + \lambda_n(R)\lambda_1(Q)}$$

$$\phi_3 = -\bar{\alpha} + \sqrt{\bar{\alpha}^2 + \lambda_1(R)\lambda_n(Q)}, \quad \phi_4 = -\lambda_1(SQ^{-1}) + \sqrt{\lambda_1^2(SQ^{-1}) + \lambda_n(RQ^{-1})}$$

$$S = \frac{A + A^{\mathrm{T}}}{2}, \quad \alpha_i = \mathrm{Re}(\lambda_i(A)), \quad \underline{\alpha} = \min \alpha_i, \quad \bar{\alpha} = \max \alpha_i$$

证 设 ξ 是 A 对应于特征值 $\lambda_i(A)$ 的特征向量, 在方程 (10-28) 两端左乘 ξ^{H}、右乘 ξ, 得

$$\xi^{\mathrm{H}} A^{\mathrm{T}} X \xi + \xi^{\mathrm{H}} X A \xi - \xi^{\mathrm{H}} X R X \xi + \xi^{\mathrm{H}} Q \xi = 0$$

于是有

$$2\alpha_i \xi^{\mathrm{H}} X \xi - \xi^{\mathrm{H}} X R X \xi + \xi^{\mathrm{H}} Q \xi = 0$$

或

$$2\alpha_i = \frac{\xi^{\mathrm{H}} X R X \xi}{\xi^{\mathrm{H}} X \xi} - \frac{\xi^{\mathrm{H}} Q \xi}{\xi^{\mathrm{H}} X \xi}$$

利用 Rayleigh-Ritz 定理, 得

$$2\underline{\alpha} = 2\min \alpha_i \geqslant \min \frac{\xi^{\mathrm{H}} X R X \xi}{\xi^{\mathrm{H}} X \xi} - \max \frac{\xi^{\mathrm{H}} Q \xi}{\xi^{\mathrm{H}} X \xi}$$

$$= \lambda_n(XRXX^{-1}) - \lambda_1(X^{-1}Q) \geqslant \lambda_n(R)\lambda_n(X) - \lambda_1^{-1}(X)\lambda_1(Q)$$

$$= \lambda_n(R)\lambda_n(X) - \lambda_1(Q)/\lambda_n(X)$$

类似地, 得

$$2\bar{\alpha} \leqslant \lambda_1(R)\lambda_1(X) - \lambda_n(Q)/\lambda_1(X)$$

因为 $\lambda_1(X) \geqslant \lambda_n(X) > 0$, 如果 $\phi_1 \neq 0$, 解上述两个不等式可得 $\lambda_n(X) \leqslant \mu_2$ 和 $\lambda_1(X) \geqslant \mu_3$.

再设 η 是 X 对应于特征值 $\lambda_i(X)$ 的特征向量, 由方程 (10-28) 得方程

$$\eta^{\mathrm{H}} A^{\mathrm{T}} X \eta + \eta^{\mathrm{H}} X A \eta - \eta^{\mathrm{H}} X R X \eta + \eta^{\mathrm{H}} Q \eta = 0$$

可改写成

$$2\lambda_i(X)\eta^{\mathrm{H}} S \eta - \lambda_i^2(X)\eta^{\mathrm{H}} R \eta + \eta^{\mathrm{H}} Q \eta = 0$$

因为 $\lambda_i(X) > 0, \eta^{\mathrm{H}} Q \eta > 0$, 由上式有

$$\left(\frac{1}{\lambda_i(X)}\right)^2 + \frac{2\eta^{\mathrm{H}} S \eta}{\eta^{\mathrm{H}} Q \eta} \frac{1}{\lambda_i(X)} - \frac{\eta^{\mathrm{H}} R \eta}{\eta^{\mathrm{H}} Q \eta} = 0$$

解得

$$\frac{1}{\lambda_i(X)} = -\frac{\eta^{\mathrm{H}} S \eta}{\eta^{\mathrm{H}} Q \eta} + \sqrt{\left(\frac{\eta^{\mathrm{H}} S \eta}{\eta^{\mathrm{H}} Q \eta}\right)^2 + \frac{\eta^{\mathrm{H}} R \eta}{\eta^{\mathrm{H}} Q \eta}}$$

于是得到不等式

$$\frac{1}{\lambda_i(X)} \leqslant -u + \sqrt{u^2 + \lambda_1(RQ^{-1})}$$

和

$$\frac{1}{\lambda_i(X)} \geqslant -u + \sqrt{u^2 + \lambda_n(RQ^{-1})}$$

其中, $u = \dfrac{\eta^{\mathrm{H}} S \eta}{\eta^{\mathrm{H}} Q \eta}$. 注意到, 当 $a > 0$ 时, 函数 $f(u) = -u + \sqrt{u^2 + a}$ 为非增函数, 因此

$$\frac{1}{\lambda_n(X)} \leqslant -\lambda_n(SQ^{-1}) + \sqrt{\lambda_n^2(SQ^{-1}) + \lambda_1(RQ^{-1})} = \phi_1$$

$$\frac{1}{\lambda_1(X)} \geqslant -\lambda_1(SQ^{-1}) + \sqrt{\lambda_1^2(SQ^{-1}) + \lambda_n(RQ^{-1})} = \phi_4$$

由上述两个不等式, 以及事实 $R \neq O$ (否则, 方程 (10-28) 将成为 (10-29)), 有 $\lambda_1(RQ^{-1}) > 0$, 于是可推出 $\phi_1 > 0$. 故 $\lambda_n(X) \geqslant \mu_1$, $\lambda_1(X) \leqslant \mu_4$.   □

推论 10.3 方程 (10-29) 的对称正定解 X 的最小和最大特征值满足

$$\lambda_n(X) \geqslant -\frac{1}{2\lambda_n(SQ^{-1})} \triangleq \nu_1; \quad \lambda_n(X) \leqslant -\frac{\lambda_1(Q)}{2\alpha} \triangleq \nu_2;$$

$$\lambda_1(X) \geqslant -\frac{\lambda_n(Q)}{2\bar{\alpha}} \triangleq \nu_3; \quad \lambda_1(X) \leqslant 1/\psi_4 \triangleq \nu_4,$$

其中, $\psi_4 = -2\lambda_1(SQ^{-1})$.

证 由于 $\mathrm{Re}\lambda_i(A) < 0$, 所以

$$0 > \underline{\alpha} \geqslant \lambda_n(S) \geqslant \lambda_n(Q^{-1/2}SQ^{-1/2})\lambda_n(Q) = \lambda_n(SQ^{-1})\lambda_n(Q)$$

在定理 10.23 中, 利用 $\lambda_n(SQ^{-1}) < 0$ 即得推论中的各不等式.   □

例 10.8 令 $A = \begin{bmatrix} -1 & 2 \\ 0 & -7 \end{bmatrix}$, $R = \begin{bmatrix} 0 & 0 \\ 0 & 2 \end{bmatrix}$, $Q = \begin{bmatrix} 12 & 0 \\ 0 & 12 \end{bmatrix}$, 估计方程 (10-28) 解矩阵的最大最小特征值.

解 由定理 10.23, 得 $0.758 \leqslant \lambda_n(X) \leqslant 0.857, 2.000 \leqslant \lambda_1(X) \leqslant 7.162$. 而方程 (10-28) 的解矩阵 $X = \begin{bmatrix} 5 & 1 \\ 1 & 1 \end{bmatrix}$, 有 $\lambda_n(X) = 0.764, \lambda_1(X) = 5.236$.

定理 10.24 方程 (10-29) 的正定解矩阵 X 的特征值满足

$$\prod_{i=1}^{k} \lambda_i(X) \geqslant \prod_{i=1}^{k} \lambda_{n-i+1}(Q) \prod_{i=1}^{k} (-2\text{Re}\lambda_i(A))^{-1}, \quad k = 1, 2, \cdots, n$$

证 由方程 (10-29), 得

$$-X^{-1/2} A^{\text{T}} X^{1/2} - X^{1/2} A X^{-1/2} = X^{-1/2} Q X^{-1/2}$$

由于 X, $X^{-1/2} Q X^{-1/2}$ 均是对称正定矩阵, 所以

$$\text{Re}\lambda_i(-2A) = \lambda_i(-X^{-1/2} A^{\text{T}} X^{1/2} - X^{1/2} A X^{-1/2})$$

$$= \lambda_i(X^{-1/2} Q X^{-1/2}) = \lambda_i(X^{-1} Q) > 0$$

应用定理 9.20, 有

$$\prod_{i=1}^{k} \text{Re}\lambda_{n-i+1}(-2A) = \prod_{i=1}^{k} \lambda_{n-i+1}(-X^{-1/2} A^{\text{T}} X^{1/2} - X^{1/2} A X^{-1/2})$$

$$= \prod_{i=1}^{k} \lambda_{n-i+1}(X^{-1/2} Q X^{-1/2}) = \prod_{i=1}^{k} \lambda_{n-i+1}(X^{-1} Q)$$

$$\geqslant \prod_{i=1}^{k} \lambda_{n-i+1}(X^{-1}) \prod_{i=1}^{k} \lambda_{n-i+1}(Q)$$

注意到 $\text{Re}\lambda_{n-i+1}(-2A) = -2\text{Re}\lambda_i(A)$ 及 $\lambda_{n-i+1}(X^{-1}) = \lambda_i^{-1}(X)$, 可得不等式结果. □

推论 10.4 方程 (10-29) 的对称正定解矩阵 X 满足

$$\det(X) \geqslant \det(Q) \prod_{i=1}^{n} (-2\text{Re}\lambda_i(A))^{-1}$$

$$\lambda_1(X) \geqslant -\lambda_n(Q)(2\text{Re}\lambda_1(A))^{-1}$$

定理 10.25 方程 (10-29) 的对称正定解矩阵 X 满足

$$\sum_{i=1}^{k} \lambda_i(X) \geqslant k \left(\prod_{i=1}^{k} \lambda_{n-i+1}(Q) \right)^{1/k} \prod_{i=1}^{k} (-2\text{Re}\lambda_i(A))^{-1/k}, \quad k = 1, 2, \cdots, n$$

证 对定理 10.24 的结果利用算术平均、几何平均不等式即可得证. □

其次, 介绍连续矩阵 Riccati (或 Lyapunov) 方程解矩阵的估计.

定理 10.26 方程 (10-28) 的对称正定解矩阵 X 满足

$$X \geqslant \left(\frac{Q - \beta^{-1} I_n}{\lambda_1(R + \beta AA^{\mathrm{T}})} \right)^{1/2} \tag{10-30}$$

和

$$X \leqslant \left(\frac{Q + \alpha^{-1} I_n}{\lambda_n(R - \alpha AA^{\mathrm{T}})} \right)^{1/2}, \quad 若 \lambda_n(R) \neq 0 \tag{10-31}$$

其中, 正数 α, β 满足 $\beta Q > I_n, \alpha AA^{\mathrm{T}} < R$.

证 由于对任意矩阵 Y, 有 $Y^{\mathrm{T}} Y \geqslant 0$, 所以对任意正数 β, 成立下面不等式:

$$\left(-\sqrt{\beta} A^{\mathrm{T}} X - \frac{1}{\sqrt{\beta}} I_n \right)^{\mathrm{T}} \left(-\sqrt{\beta} A^{\mathrm{T}} X - \frac{1}{\sqrt{\beta}} I_n \right) \geqslant 0$$

展开上述不等式, 并整理得

$$-A^{\mathrm{T}} X - XA \leqslant \beta XAA^{\mathrm{T}} X + \beta^{-1} I_n$$

将上述不等式代入方程 (10-28), 得

$$X(R + \beta AA^{\mathrm{T}})X \geqslant Q - \beta^{-1} I_n$$

由 Q 的对称正定性知, 存在 $\beta > 0$ 使得 $\beta Q > I_n$, 则利用 Rayleigh-Ritz 不等式, 有

$$\lambda_1(R + \beta AA^{\mathrm{T}}) x^{\mathrm{T}} X^2 x \geqslant x^{\mathrm{T}} (Q - \beta^{-1} I_n) x, \quad x \neq \mathbf{0}$$

故 $\lambda_1(R + \beta AA^{\mathrm{T}}) X^2 \geqslant Q - \beta^{-1} I_n$. 式 (10-30) 成立.

同理, 对任意正数 α, 成立

$$\left(\sqrt{\alpha} A^{\mathrm{T}} X - \frac{1}{\sqrt{\alpha}} I_n \right)^{\mathrm{T}} \left(\sqrt{\alpha} A^{\mathrm{T}} X - \frac{1}{\sqrt{\alpha}} I_n \right) \geqslant 0$$

展开上述不等式, 整理得

$$A^{\mathrm{T}} X + XA \leqslant \alpha XAA^{\mathrm{T}} X + \alpha^{-1} I_n$$

将上述不等式代入方程 (10-28), 得

$$X(R - \alpha AA^{\mathrm{T}})X \leqslant Q + \alpha^{-1} I_n$$

如果 $\lambda_n(R) \neq 0$, 则必存在 $\alpha > 0$, 使得 $\alpha AA^{\mathrm{T}} < R$, 且有

$$\lambda_n(R - \alpha AA^{\mathrm{T}})x^{\mathrm{T}}X^2 x \leqslant x^{\mathrm{T}}(Q + \alpha^{-1}I_n)x, \quad x \neq \mathbf{0}$$

故 $\lambda_n(R - \alpha AA^{\mathrm{T}})X^2 \leqslant Q + \alpha^{-1}I_n$. 式 (10-31) 成立. $\qquad\square$

推论 10.5 方程 (10-29) 的解满足

$$X \geqslant \left(\frac{Q - \beta^{-1}I_n}{\beta\sigma_1^2(A)} \right)^{1/2}$$

其中, β 同定理 10.26.

例 10.9 令 $A = \begin{bmatrix} 2 & 0 & 0 \\ 1.1 & 0 & 0.2 \\ 0 & 0 & -0.1 \end{bmatrix}$, $R = \begin{bmatrix} 4 & 2 & 0 \\ 2 & 3 & -4 \\ 0 & -4 & 16 \end{bmatrix}$, $Q = \begin{bmatrix} 2 & 0 & 0 \\ 0 & 3 & 0 \\ 0 & 0 & 2.5 \end{bmatrix}$, 估计方程 (10-28) 的解.

解 由定理 10.26, 得

$$\begin{bmatrix} 0.2855 & 0 & 0 \\ 0 & 0.3674 & 0 \\ 0 & 0 & 0.3290 \end{bmatrix} \leqslant X \leqslant \begin{bmatrix} 2.2450 & 0 & 0 \\ 0 & 2.5515 & 0 \\ 0 & 0 & 2.4031 \end{bmatrix}$$

定理 10.27 方程 (10-28) 的正定解矩阵 X 满足

$$\left(\frac{Q - \alpha^{-1}A^{\mathrm{T}}A}{\lambda_1(R) + \alpha} \right)^{1/2} \leqslant X \leqslant \left(\frac{Q + \beta^{-1}A^{\mathrm{T}}A}{\lambda_n(R) - \beta} \right)^{1/2}$$

其中, 正数 α, β 满足 $Q > \alpha^{-1}A^{\mathrm{T}}A, R > \beta I_n$.

证 对任意正数 β, 由

$$\left(\frac{1}{\sqrt{\beta}}A - \sqrt{\beta}X \right)^{\mathrm{T}} \left(\frac{1}{\sqrt{\beta}}A - \sqrt{\beta}X \right) \geqslant 0$$

得

$$A^{\mathrm{T}}X + XA \leqslant \beta X^2 + \beta^{-1}A^{\mathrm{T}}A$$

将其代入方程 (10-28), 得

$$X(R - \beta I_n)X \leqslant Q + \beta^{-1}A^{\mathrm{T}}A$$

由于 R 为正定矩阵, 必存在正数 β 满足 $R > \beta I_n$, 由 Rayleigh-Ritz 不等式, 有

$$\lambda_n(R - \beta I_n)x^{\mathrm{T}}X^2x \leqslant x^{\mathrm{T}}(Q + \beta^{-1}A^{\mathrm{T}}A)x, \quad x \neq \mathbf{0}$$

即 $\lambda_n(R - \beta I_n)X^2 \leqslant Q + \beta^{-1}A^{\mathrm{T}}A$.

另外, 对任意正数 α, 由

$$\left(-\frac{1}{\sqrt{\alpha}}A - \sqrt{\alpha}X\right)^{\mathrm{T}}\left(-\frac{1}{\sqrt{\alpha}}A - \sqrt{\alpha}X\right) \geqslant 0$$

得

$$-A^{\mathrm{T}}X - XA \leqslant \alpha X^2 + \alpha^{-1}A^{\mathrm{T}}A$$

将其代入方程 (10-28), 得

$$X(R + \alpha I_n)X \geqslant Q - \alpha^{-1}A^{\mathrm{T}}A$$

由于 Q 为正定矩阵, 必存在正数 α 满足 $Q > \alpha^{-1}A^{\mathrm{T}}A$, 由 Rayleigh-Ritz 不等式, 有

$$\lambda_1(R + \alpha I_n)x^{\mathrm{T}}X^2x \geqslant x^{\mathrm{T}}(Q - \alpha^{-1}A^{\mathrm{T}}A)x, \quad x \neq \mathbf{0}$$

即 $\lambda_1(R + \alpha I_n)X^2 \geqslant Q - \alpha^{-1}A^{\mathrm{T}}A$.   □

推论 10.6 方程 (10-29) 的对称正定解 X 满足

$$X \geqslant (\alpha^{-1}Q - \alpha^{-2}A^{\mathrm{T}}A)^{1/2}$$

其中, 正数 α 如定理 10.27.

例 10.10 令 $A = \begin{bmatrix} 1 & -0.9 & 0 \\ -1 & 2 & 0 \\ 0 & 0 & -2 \end{bmatrix}, R = \begin{bmatrix} 3 & 0 & 0 \\ 0 & 2 & 0.5 \\ 0 & 0.5 & 3 \end{bmatrix}, Q = \begin{bmatrix} 2 & 0 & 0 \\ 0 & 1 & 0 \\ 0 & 0 & 3 \end{bmatrix}$, 估计方程 (10-28) 的解矩阵.

解 取 $\alpha = 13, \beta = 0.8$, 验证其满足 $Q > \alpha^{-1}A^{\mathrm{T}}A, R > \beta I_n$. 计算得

$$\begin{bmatrix} 0.3365 & 0.0259 & 0 \\ 0.0259 & 0.1955 & 0 \\ 0 & 0 & 0.4076 \end{bmatrix} \leqslant X \leqslant \begin{bmatrix} 1.9681 & -0.8115 & 0 \\ -0.8115 & 2.5306 & 0 \\ 0 & 0 & 2.8385 \end{bmatrix}$$

10.3.2 离散矩阵方程解的估计

首先, 介绍离散矩阵 Riccati/Lyapunov 方程 (也称为 Stein 方程) 解矩阵的特征值的估计.

考虑离散矩阵 Riccati 方程

$$A^{\mathrm{T}}XA - X - A^{\mathrm{T}}XB(I_n + B^{\mathrm{T}}XB)^{-1}B^{\mathrm{T}}XA + Q = O \tag{10-32}$$

和离散矩阵 Lyapunov (或 Stein) 方程

$$A^{\mathrm{T}}XA - X + Q = O \tag{10-33}$$

其中, $A, B, Q \in \mathbf{R}^{n \times n}$ 是已知矩阵, $Q > 0$, 且满足方程对称正定解存在的条件, 即 (A, B) 可镇定, $(Q^{1/2}, A)$ 可观测, $X \in \mathbf{R}^{n \times n}$ 是未知矩阵变量.

定理 10.28 方程 (10-32) 的对称正定解 X 满足

(1) $\lambda_i(X) \geqslant \lambda_i(Q)$, 且当 A 是非奇异矩阵时, 不等式是严格成立的;

(2) 如果 $\sigma_n(B) > 0, \sigma_1(A) < 2$, 则

$$\lambda_i(X) \leqslant \frac{\sigma_1^2(A)\sigma_n^{-2}(B) + 4\lambda_1(Q)}{4 - \sigma_1^2(A)}$$

且当 A 是非奇异矩阵, 且 $X > (BB^{\mathrm{T}})^{-1}$ 或 $X < (BB^{\mathrm{T}})^{-1}$ 时, 不等式是严格成立的;

(3) $\displaystyle\sum_{i=1}^{k} \lambda_i(X) \leqslant \frac{\displaystyle\sum_{i=1}^{k} \lambda_i(Q)}{1 - \dfrac{\sigma_1^2(A)}{1 + \lambda_k(Q)\sigma_n^2(B)}}$, 若括号中的项是正的;

(4) $\displaystyle\sum_{i=1}^{k} \lambda_i(X) \geqslant \sum_{i=1}^{k} \lambda_{n-i+1}(Q) + \frac{\displaystyle\sum_{i=1}^{k} |\lambda_i(A)|^2}{\lambda_n^{-1}(Q) + \sigma_1^2(B)}$, 若 $Q > 0$;

(5) $\displaystyle\sum_{i=1}^{k} \lambda_{n-i+1}(X) \geqslant \sum_{i=1}^{k} \lambda_{n-i+1}(Q)\left[1 + \frac{\sigma_n^2(A)}{1 + \lambda_{n-k+1}(Q)\sigma_1^2(B)}\right]$;

(6) $\displaystyle\left[\prod_{i=1}^{k} \lambda_{n-i+1}(X)\right]^{1/k} \geqslant 1 + \frac{\left[\displaystyle\prod_{i=1}^{k}\sigma_{n-i+1}^2(A)\right]^{1/k}\left[\displaystyle\prod_{i=1}^{k}\lambda_{n-i+1}(Q)\right]^{1/k}}{\left[\displaystyle\prod_{i=1}^{k}\left(1 + \lambda_{n-i+1}(Q)\sigma_1^2(B)\right)\right]^{1/k}}$;

(7) 如果 A 是非奇异矩阵, 则

$$\prod_{i=1}^{k} \lambda_{n-i+1}(X) \geqslant \frac{2^k \prod_{i=1}^{k} \lambda_{n-i+1}(A) \prod_{i=1}^{k} \lambda_{n-i+1}(Q)}{\left[\prod_{i=1}^{k} (1 + \lambda_{n-i+1}(Q)\sigma_1^2(B))\right]^{1/k}}$$

证　(1) 利用矩阵恒等式

$$(I_n + ST)^{-1} = I_n - S(I_n + TS)^{-1}T \tag{10-34}$$

方程 (10-32) 改写成

$$X = A^{\mathrm{T}} R^{-1} A + Q \tag{10-35}$$

其中, $R = X^{-1} + BB^{\mathrm{T}}$. 因为 $R > 0$, 所以 $X - Q \geqslant 0$, 因此 $\lambda_i(X) \geqslant \lambda_i(Q)$. 如果 A 非奇异, 则 $X - Q > 0$, 因此 $\lambda_i(X) > \lambda_i(Q)$.

(2) 设 $\sigma_n(B) > 0$, 记 $C = BB^{\mathrm{T}}$, $U = X^{-1/2}(X - 2(X^{-1} + C)^{-1})A$, $V = C^{1/2}(C^{-1} - 2(X^{-1} + C)^{-1})A$, 则

$$0 \leqslant U^{\mathrm{T}}U + V^{\mathrm{T}}V = A^{\mathrm{T}}(X + C^{-1} - 4(X + C^{-1})^{-1})A$$

$$= A^{\mathrm{T}}(X + C)A - 4(X - Q) \tag{10-36}$$

上述不等式是严格成立的, 如果 A 是非奇异且 $X - 2(X^{-1} + C)^{-1}$ 或 $C^{-1} - 2(X^{-1} + C)^{-1}$ 是非奇异的. 如果 $X > C^{-1}$ 或 $X < C^{-1}$, 则 $X - 2(X^{-1} + C)^{-1}$ 或 $C^{-1} - 2(X^{-1} + C)^{-1}$ 是非奇异的. 于是, 由式 (10-36) 得

$$4\lambda_1(X - Q) \leqslant \lambda_1(A^{\mathrm{T}}(X + C^{-1})A) \leqslant \sigma_1^2(A)(\lambda_1(X) + \sigma_n^{-2}(B))$$

利用定理 9.14 之 (2), 关于 $\lambda_1(X)$ 解上述不等式, 即得结果.

(3) 由式 (10-35), 利用定理 9.13 有

$$\sum_{i=1}^{k} \lambda_i(X) = \sum_{i=1}^{k} \lambda_i(A^{\mathrm{T}}R^{-1}A + Q) \leqslant \sum_{i=1}^{k} \lambda_i(AA^{\mathrm{T}}R^{-1}) + \sum_{i=1}^{k} \lambda_i(Q)$$

$$\leqslant \sigma_1^2(A) \sum_{i=1}^{k} (\lambda_{n-i+1}(X^{-1} + BB^{\mathrm{T}}))^{-1} + \sum_{i=1}^{k} \lambda_i(Q)$$

$$\leqslant \sigma_1^2(A) \sum_{i=1}^{k} \lambda_i(X)(1 + \sigma_n^2(B)\lambda_i(X))^{-1} + \sum_{i=1}^{k} \lambda_i(Q)$$

$$\leqslant \sigma_1^2(A) \sum_{i=1}^{k} \lambda_i(X)(1 + \sigma_n^2(B)\lambda_k(X))^{-1} + \sum_{i=1}^{k} \lambda_i(Q)$$

关于 $\sum_{i=1}^{k} \lambda_i(X)$ 解上面不等式即可. 注意 $\lambda_1(Q) = 0$ 不可能发生, 因为 $Q > 0$, 且 $(Q^{1/2}, A)$ 能观.

(4) 由于

$$\sum_{i=1}^{k} |\lambda_i(A)|^2 = \sum_{i=1}^{k} |\lambda_i(R^{-1/2}AR^{1/2})|^2 \leqslant \sum_{i=1}^{k} \lambda_i(R^{1/2}(X - Q)R^{1/2})$$

$$= \sum_{i=1}^{k} \lambda_i(R(X - Q)) \leqslant \lambda_1(R) \left[\sum_{i=1}^{k} \lambda_i(X) - \sum_{i=1}^{k} \lambda_{n-i+1}(Q) \right]$$

利用

$$\lambda_1(R) = \lambda_1(X^{-1} + BB^{\mathrm{T}}) \leqslant \lambda_1(X^{-1}) + \lambda_1(BB^{\mathrm{T}}) \leqslant \lambda_n^{-1}(Q) + \sigma_1^2(B)$$

可得结果.

(5) 由式 (10-35), 有

$$\sum_{i=1}^{k} \lambda_{n-i+1}(X) \geqslant \sum_{i=1}^{k} \lambda_{n-i+1}(A^{\mathrm{T}}R^{-1}A) + \sum_{i=1}^{k} \lambda_{n-i+1}(Q)$$

$$\geqslant \sigma_n^2(A) \sum_{i=1}^{k} \lambda_i^{-1}(R) + \sum_{i=1}^{k} \lambda_{n-i+1}(Q)$$

不失一般性, 设 $Q > 0$, 观察

$$\sum_{i=1}^{k} \lambda_i^{-1}(R) \geqslant \sum_{i=1}^{k} (\lambda_i(X^{-1}) + \sigma_1^2(B))^{-1} = \sum_{i=1}^{k} (\lambda_{n-i+1}^{-1}(X) + \sigma_1^2(B))^{-1}$$

$$\geqslant \sum_{i=1}^{k} (\lambda_{n-i+1}^{-1}(Q) + \sigma_1^2(B))^{-1}$$

结合上式即可得结果.

(6) 若 Q 是奇异的, 显然结果成立. 故下设 $Q > 0$. 因函数 $\left[\prod_{i=1}^{k} \lambda_{n-i+1}(S) \right]^{1/k}$

是凹函数 (在对称正定矩阵空间上), 故

$$\left[\prod_{i=1}^{k}\lambda_{n-i+1}(X)\right]^{1/k} \geqslant \left[\prod_{i=1}^{k}\lambda_{n-i+1}(A^{\mathrm{T}}R^{-1}A)\right]^{1/k} + \left[\prod_{i=1}^{k}\lambda_{n-i+1}(Q)\right]^{1/k}$$

$$\geqslant \left[\prod_{i=1}^{k}\sigma_{n-i+1}^{2}(A)\right]^{1/k}\left[\prod_{i=1}^{k}\lambda_{i}(R)\right]^{-1/k} + \left[\prod_{i=1}^{k}\lambda_{n-i+1}(Q)\right]^{1/k}$$

在 (5) 的证明中利用上式即可.

(7) 类似于 (6), 利用函数 $\ln\left[\prod_{i=1}^{k}\lambda_{n-i+1}(S)\right]$ 的凹性. □

推论 10.7　方程 (10-33) 的对称正定解 X 满足

(1) $\lambda_i(X) \geqslant \lambda_i(Q)$, 且当 A 是非奇异矩阵时, 不等式是严格的;

(2) $\lambda_i(X) \geqslant \dfrac{\displaystyle\sum_{i=1}^{k}\lambda_{n-i+1}(Q)}{k - \displaystyle\sum_{i=1}^{k}|\lambda_i(A)|^2}$;

(3) $\displaystyle\sum_{i=1}^{k}\lambda_i(X) \leqslant \dfrac{\displaystyle\sum_{i=1}^{k}\lambda_i(Q)}{1 - \sigma_1^2(A)}$, 如果 $\sigma_1(A) < 1$;

(4) $\displaystyle\sum_{i=1}^{k}\lambda_{n-i+1}(X) \geqslant \dfrac{\displaystyle\sum_{i=1}^{k}\lambda_{n-i+1}(Q)}{1 - \sigma_n^2(A)}$;

(5) 如果 A 是非奇异矩阵, 则

$$\prod_{i=1}^{k}\lambda_{n-i+1}(X) \geqslant \dfrac{\displaystyle\sum_{i=1}^{k}\lambda_{n-i+1}(Q)}{1 - \sigma_n^2(A)}.$$

证　(1), (4) 和 (5) 可类似于上定理的证明得到. 方程 (10-33) 等价于

$$X^{-1/2}A^{\mathrm{T}}X^{1/2}X^{1/2}AX^{-1/2} = I_n + X^{-1/2}QX^{-1/2}$$

于是

$$k^{-1}\left(k - \sum_{i=1}^{k} |\lambda_i(A)|^2\right) \geqslant k^{-1} \sum_{i=1}^{k} \lambda_{n-i+1}(X^{-1}Q) \geqslant \left(\prod_{i=1}^{k} \lambda_{n-i+1}(X^{-1}Q)\right)^{1/k} \qquad \square$$

其次, 介绍离散矩阵 Riccati/Lyapunov(或 Stein) 方程解矩阵的估计.

定理 10.29 方程 (10-32) 的对称正定解满足

$$X \geqslant A^{\mathrm{T}}(\underline{X}_0 + BB^{\mathrm{T}})^{-1}A + Q$$

其中

$$\underline{X}_0 \triangleq A^{\mathrm{T}}(\xi^{-1}I_n + BB^{\mathrm{T}})^{-1}A + Q, \quad \xi = \frac{a + \sqrt{a^2 + 4b}}{2c}$$

$$a = \sigma_n^2(A) + \sigma_1^2(B)\sigma_n(Q) - 1, \quad b = \sigma_1^2(B)\sigma_n(Q), \quad c = \sigma_1^2(B)$$

证 对于对称正定矩阵 X, Y 有: $X \geqslant \lambda_n(X)I_n$, 以及当 $X \geqslant Y$ 时 $X^{-1} \leqslant Y^{-1}$. 于是

$$A^{\mathrm{T}}(X^{-1} + BB^{\mathrm{T}})^{-1}A \geqslant A^{\mathrm{T}}(\lambda_n(X^{-1})I_n + BB^{\mathrm{T}})^{-1}A$$

由式 (10-35) 得

$$\lambda_n(X) \geqslant \lambda_n\left(\frac{\lambda_n(X)}{1 + \lambda_n(X)\sigma_1^2(B)}A^{\mathrm{T}}A + Q\right)$$

$$\geqslant \frac{\lambda_n(X)}{1 + \lambda_n(X)\sigma_1^2(B)}\sigma_n^2(A) + \lambda_n(Q)$$

解关于 $\lambda_n(X)$ 的不等式, 得 $\lambda_n(X) \geqslant \xi$. 故

$$X \geqslant A^{\mathrm{T}}(\xi^{-1}I_n + BB^{\mathrm{T}})^{-1}A + Q \triangleq \underline{X}_0$$

再由式 (10-35) 可得最后的结果. $\qquad \square$

定理 10.30 如果 $\lambda_1(A^{\mathrm{T}}(I_n + \eta BB^{\mathrm{T}})^{-1}A) < 1$, 则方程 (10-32) 的对称正定解满足

$$X \leqslant A^{\mathrm{T}}(\bar{X}_0^{-1} + BB^{\mathrm{T}})^{-1}A + Q$$

其中

$$\eta = \lambda_1(A^{\mathrm{T}}(\underline{X}_0^{-1} + BB^{\mathrm{T}})^{-1}A + Q), \quad \varphi = \frac{\lambda_1(Q)}{1 - \lambda_1(A^{\mathrm{T}}(I_n + \eta BB^{\mathrm{T}})^{-1}A)}$$

$$\bar{X}_0 \triangleq A^{\mathrm{T}}(\varphi^{-1}I_n + BB^{\mathrm{T}})^{-1}A + Q$$

证　由定理 10.29 知 $\lambda_1(X) \geqslant \eta$, 应用 $X \leqslant \lambda_1(X)I_n$ 于式 (10-35), 有

$$X \leqslant A^{\mathrm{T}}(\lambda_1(X^{-1})I_n + BB^{\mathrm{T}})^{-1}A + Q$$

$$= \lambda_1(X)A^{\mathrm{T}}(I_n + \lambda_1(X)BB^{\mathrm{T}})^{-1}A + Q$$

$$\leqslant \lambda_1(X)A^{\mathrm{T}}(I_n + \eta BB^{\mathrm{T}})^{-1}A + Q$$

于是

$$\lambda_1(X) \leqslant \lambda_1[\lambda_1(X)A^{\mathrm{T}}(I_n + \eta BB^{\mathrm{T}})^{-1}A + Q]$$

$$\leqslant \lambda_1(X)\lambda_1[A^{\mathrm{T}}(I_n + \eta BB^{\mathrm{T}})^{-1}A] + \lambda_1(Q)$$

解不等式得

$$\lambda_1(X) \leqslant \frac{\lambda_1(Q)}{1 - \lambda_1(A^{\mathrm{T}}(I_n + \eta BB^{\mathrm{T}})^{-1}A)} = \varphi$$

进而

$$X \leqslant A^{\mathrm{T}}(\varphi^{-1}I_n + BB^{\mathrm{T}})^{-1}A + Q = \bar{X}_0$$

再由式 (10-35) 可得最后的结果.　　　　　　　　　　　　　　　　　　　□

推论 10.8　方程 (10-33) 的对称正定解满足

$$X \geqslant A^{\mathrm{T}}\underline{X}_{0h}A + Q$$

及

$$X \leqslant A^{\mathrm{T}}\bar{X}_{0h}A + Q, \quad \text{当 } \sigma_1^2(A) < 1 \text{ 时}$$

其中, $\underline{X}_{0h} = \dfrac{\lambda_n(Q)}{1 - \sigma_n^2(A)}A^{\mathrm{T}}A + Q, \bar{X}_{0h} = \dfrac{\lambda_1(Q)}{1 - \sigma_1^2(A)}A^{\mathrm{T}}A + Q.$

证　类似于定理 10.29, 有

$$X \geqslant \lambda_n(X)A^{\mathrm{T}}A + Q, \quad \lambda_n(X) \geqslant \lambda_n(X)\sigma_n^2(A) + \lambda_n(Q)$$

注意 $\sigma_n(A) \leqslant |\lambda_n(A)| < 1$, 解上述不等式得 $\lambda_n(X) \geqslant (1 - \sigma_n^2(A))^{-1}\lambda_n(Q)$, 故

$$X \geqslant \frac{\lambda_n(Q)}{1 - \sigma_n^2(A)}A^{\mathrm{T}}A + Q = \underline{X}_{0h}$$

进一步可得 $X \geqslant A^{\mathrm{T}}\underline{X}_{0h}A + Q.$

同理可证另一结果. □

例 10.11 令 $A = \begin{bmatrix} 0 & 0 & 0.2 \\ -0.2 & 1 & 0.1 \\ 0.1 & 0 & 0.4 \end{bmatrix}$, $B = \begin{bmatrix} 3 \\ 1 \\ 1 \end{bmatrix}$, $Q = \begin{bmatrix} 4 & 0 & 1 \\ 0 & 4 & 0 \\ 1 & 0 & 1 \end{bmatrix}$, 估

计方程 (10-32) 的解矩阵.

解 由定理 10.29 和定理 10.30, 可分别得 X 的下界和上界, 结合起来即

$$\begin{bmatrix} 4.1884 & -0.8686 & 1.0289 \\ -0.8686 & 8.1967 & 0.0297 \\ 1.0289 & 0.0297 & 1.1471 \end{bmatrix} \leqslant X \leqslant \begin{bmatrix} 6.3409 & -10.8122 & 1.3480 \\ -10.8122 & 56.0093 & 0.1261 \\ 1.3480 & 0.1261 & 2.5081 \end{bmatrix}$$

定理 10.31 如果 $\sigma_1^2(A) < 1 + \sigma_1^2(B)\eta_1$, $\eta_1 = \lambda_1(A^{\mathrm{T}}(Q^{-1} + BB^{\mathrm{T}})^{-1}A + Q)$, 则方程 (10-32) 的对称正定解满足

$$X \leqslant \frac{\lambda_1(Q)}{1 + \eta_1\sigma_n^2(B) - \sigma_1^2(A)} A^{\mathrm{T}}A + Q$$

证 由式 (10-35), 有 $X \geqslant Q$, $X \geqslant A^{\mathrm{T}}(Q^{-1} + BB^{\mathrm{T}})^{-1}A + Q$. 于是 $\lambda_1(X) \geqslant \eta_1$, 且

$$X = A^{\mathrm{T}}(X^{-1} + BB^{\mathrm{T}})^{-1}A + Q$$

$$\leqslant \lambda_1((X^{-1} + BB^{\mathrm{T}})^{-1})A^{\mathrm{T}}A + Q$$

$$= \frac{A^{\mathrm{T}}A}{\lambda_n(X^{-1} + BB^{\mathrm{T}})} + Q$$

由于

$$\lambda_n(X^{-1} + BB^{\mathrm{T}}) \geqslant \lambda_n(X^{-1}) + \sigma_n^2(B) = \lambda_1^{-1}(X) + \sigma_n^2(B)$$

$$\geqslant \lambda_1^{-1}(X)(1 + \eta_1\sigma_n^2(B))$$

所以

$$X \leqslant \frac{\lambda_1(X)}{1 + \eta_1\sigma_n^2(B)} A^{\mathrm{T}}A + Q, \quad \lambda_1(X) \leqslant \frac{\sigma_1^2(A)\lambda_1(X)}{1 + \eta_1\sigma_n^2(B)} + \lambda_1(Q)$$

解得 $\lambda_1(X) \leqslant \lambda_1(Q)\dfrac{1 + \eta\sigma_n^2(B)}{1 + \eta_1\sigma_n^2(B) - \sigma_1^2(A)}$. 进一步可推得结果. □

推论 10.9 方程 (10-33) 的对称正定解满足

$$X \geqslant \frac{\lambda_n(Q)}{1 - \sigma_n^2(A)} A^{\mathrm{T}}A + Q$$

例 10.12　令 $A = \begin{bmatrix} 0.4 & 0.2 & 0.2 \\ -0.6 & 0 & 0.1 \\ 0 & 0 & 0.1 \end{bmatrix}$, $B = \begin{bmatrix} 1 \\ 0 \\ 1 \end{bmatrix}$, $Q = \begin{bmatrix} 3 & 1 & 1 \\ 1 & 2 & 0 \\ 1 & 0 & 2 \end{bmatrix}$,

估计方程 (10-32) 的解矩阵.

解　由定理 10.31, 得 X 的上界为

$$X \leqslant \begin{bmatrix} 7.4677 & 1.6873 & 1.1718 \\ 1.6873 & 2.3437 & 0.3437 \\ 1.1718 & 0.3437 & 2.5155 \end{bmatrix}$$

10.3.3　摄动矩阵方程解的估计

在此仅介绍摄动离散矩阵 Lyapunov (或 Stein) 方程解的一些估计结果.

考虑摄动离散矩阵 Lyapunov (或 Stein) 方程

$$X = (A + \Delta A)^{\mathrm{T}} X (A + \Delta A) + Q \tag{10-37}$$

其中, $A \in \mathbf{R}^{n \times n}$ 是 Schur 稳定矩阵, $Q \in \mathbf{R}^{n \times n}$ 是对称半正定矩阵, $\Delta A \in \mathbf{R}^{n \times n}$ 是不确定矩阵, 且 $\Delta A \in \Omega = \{\Delta A: \ \Delta A^{\mathrm{T}} \Delta A \ll \Omega(\Delta A), \ \Omega(\Delta A) \geqslant 0\}$. 进一步, 对方程 (10-37) 假设矩阵对 $(A + \Delta A, Q^{1/2})$ 是可稳的.

引理 10.7　设矩阵 $X \geqslant 0$, $Q \geqslant 0$, 矩阵对 $(A, Q^{1/2})$ 是可稳的, 且 $X = A^{\mathrm{T}} X A + Q$, 则 A 是 Schur 稳定的.

引理 10.8　设 W, V 为适当维数的矩阵, 则有

$$V^{\mathrm{T}} W^{\mathrm{T}} W V \leqslant \sigma_1^2(W) V^{\mathrm{T}} V$$

定理 10.32　如果存在常数 $\varepsilon_1, \varepsilon_2 > 0$ 和对称正定矩阵 $X_1, X_2 > 0$, 满足

$$X_1 = A^{\mathrm{T}} X_1 A + A^{\mathrm{T}} X_1 (\varepsilon_1^{-1} I_n - X_1)^{-1} X_1 A + \varepsilon_1^{-1} \Omega(\Delta A) + Q, \quad \varepsilon_1 X_1 < I_n \tag{10-38}$$

和

$$X_2 = A^{\mathrm{T}} X_2 A - A^{\mathrm{T}} X_2 (\varepsilon_2^{-1} I_n + X_2)^{-1} X_2 A - \varepsilon_2^{-1} \Omega(\Delta A) + Q \tag{10-39}$$

则摄动离散矩阵 Lyapunov 方程 (10-37) 的解 X 存在, 且

$$X_2 \leqslant X \leqslant X_1 \tag{10-40}$$

证　首先, 设 ε_1, X_1 满足式 (10-38), 构造矩阵

$$S_1 = (\varepsilon_1^{-1} I_n - X_1)^{-1/2} X_1 A - (\varepsilon_1^{-1} I_n - X_1)^{1/2} \Delta A$$

则

$$0 \leqslant S_1^{\mathrm{T}} S_1$$

$$= A^{\mathrm{T}} X_1 (\varepsilon_1^{-1} I_n - X_1)^{-1} X_1 A - \Delta A^{\mathrm{T}} X_1 A - A^{\mathrm{T}} X_1 \Delta A + \Delta A^{\mathrm{T}} (\varepsilon_1^{-1} I_n - X_1) \Delta A$$

$$= A^{\mathrm{T}} X_1 (\varepsilon_1^{-1} I_n - X_1)^{-1} X_1 A - (A + \Delta A)^{\mathrm{T}} X_1 (A + \Delta A)$$

$$\quad + A^{\mathrm{T}} X_1 A + \varepsilon_1^{-1} \Delta A^{\mathrm{T}} \Delta A$$

$$\leqslant A^{\mathrm{T}} X_1 (\varepsilon_1^{-1} I_n - X_1)^{-1} X_1 A - (A + \Delta A)^{\mathrm{T}} X_1 (A + \Delta A) + A^{\mathrm{T}} X_1 A + \varepsilon_1^{-1} \Omega(\Delta A)$$

$$\triangleq \Gamma_1$$

将式 (10-37) 代入上式, 得

$$X_1 = (A + \Delta A)^{\mathrm{T}} X_1 (A + \Delta A) + \Gamma_1 + Q \tag{10-41}$$

由于当矩阵对 $(A + \Delta A, Q^{1/2})$ 可稳时, 矩阵对 $(A + \Delta A, (\Gamma_1 + Q)^{1/2})$ 也可稳, 由引理 10.7 知矩阵 $A + \Delta A$ 是 Schur 稳定的, 因此摄动离散矩阵 Lyapunov 方程 (10-37) 的解 X 存在. 用式 (10-41) 减去式 (10-37), 得

$$X_1 - X = (A + \Delta A)^{\mathrm{T}} (X_1 - X)(A + \Delta A) + \Gamma_1$$

从而

$$X_1 - X = \sum_{k=0}^{\infty} [(A + \Delta A)^k]^{\mathrm{T}} \Gamma_1 (A + \Delta A) \geqslant 0$$

故 $X \leqslant X_1$.

其次, 设 ε_2, X_2 满足式 (10-40), 构造矩阵

$$S_2 = (\varepsilon_2^{-1} I_n + X_2)^{-1/2} X_2 A + (\varepsilon_2^{-1} I_n + X_2)^{1/2} \Delta A$$

则

$$0 \leqslant S_2^{\mathrm{T}} S_2$$

$$= A^{\mathrm{T}} X_2 (\varepsilon_2^{-1} I_n + X_2)^{-1} X_2 A + \Delta A^{\mathrm{T}} X_2 A + A^{\mathrm{T}} X_2 \Delta A + \Delta A^{\mathrm{T}} (\varepsilon_2^{-1} I_n + X_2) \Delta A$$

$$= A^{\mathrm{T}} X_2 (\varepsilon_2^{-1} I_n + X_2)^{-1} X_2 A + (A + \Delta A)^{\mathrm{T}} X_2 (A + \Delta A)$$

$$\quad - A^{\mathrm{T}} X_2 A + \varepsilon_2^{-1} \Delta A^{\mathrm{T}} \Delta A$$

$$\leqslant A^{\mathrm{T}} X_2 (\varepsilon_2^{-1} I_n + X_2)^{-1} X_2 A + (A + \Delta A)^{\mathrm{T}} X_2 (A + \Delta A) - A^{\mathrm{T}} X_2 A + \varepsilon_2^{-1} \Omega(\Delta A)$$

$$\triangleq \Gamma_2$$

将式 (10-39) 代入上式, 得

$$X_2 = (A + \Delta A)^{\mathrm{T}} X_2 (A + \Delta A) - \Gamma_2 + Q \tag{10-42}$$

用式 (10-37) 减去式 (10-42), 得

$$X - X_2 = (A + \Delta A)^{\mathrm{T}} (X - X_2)(A + \Delta A) + \Gamma_2$$

从而

$$X - X_2 = \sum_{k=0}^{\infty} [(A + \Delta A)^k]^{\mathrm{T}} \Gamma_2 (A + \Delta A) \geqslant 0$$

故 $X_2 \leqslant X$.   □

推论 10.10   设方程 (10-37) 中不确定矩阵 ΔA 满足范数有界不确定性, 即 $\Delta A = DFE$, 其中 D, E 为适当维数的已知矩阵, F 为未知不确定矩阵 (可为时变矩阵, 但其元素要可测), 且 $F^{\mathrm{T}} F \leqslant \rho^2 I$ $(\rho > 0)$, 则可取定理 10.32 中的半正定矩阵 $\Omega(\Delta A) = \rho^2 \sigma_1^2(D) E^{\mathrm{T}} E$.

例 10.13   设摄动离散矩阵 Lyapunov 方程 (10-37) 中的矩阵为

$$A = \begin{bmatrix} -0.5 & 0.1 \\ 0 & -0.4 \end{bmatrix}, \quad \Delta A = DF(t)E, \quad Q = \begin{bmatrix} 0.223 & 0 \\ 0 & 0.1 \end{bmatrix}$$

$$D = \begin{bmatrix} 0.049 & 0.014 \\ 0.014 & 0.038 \end{bmatrix}, \quad E = \begin{bmatrix} 1 & 0 \\ 0 & 1 \end{bmatrix} = I_2, \quad F(t) = \begin{bmatrix} \sin t & 0 \\ 0 & \cos t \end{bmatrix}$$

估计方程的解矩阵.

解   易见 $F^{\mathrm{T}}(t) F(t) \leqslant I_2$, $\rho = 1$. 由推论 10.10, $\Omega(\Delta A) = 0.0796 I_2$. 取 $\varepsilon_1 = 0.5, \varepsilon_2 = 0.6$, 由定理 10.32 解得

$$X_1 = \begin{bmatrix} 0.328 & 0.0264 \\ 0.0264 & 0.1371 \end{bmatrix}, \quad X_2 = \begin{bmatrix} 0.2766 & 0.0141 \\ 0.0141 & 0.1148 \end{bmatrix}$$

另取 $Q = \begin{bmatrix} 0.1335 & 0 \\ 0 & 0.08 \end{bmatrix}$, $\varepsilon_1 = 0.7, \varepsilon_2 = 1.2$, 由定理 10.32 及推论 10.10 又解得

$$X_1' = \begin{bmatrix} 0.1948 & 0.0151 \\ 0.0151 & 0.1072 \end{bmatrix}, \quad X_2' = \begin{bmatrix} 0.1651 & 0.0081 \\ 0.0081 & 0.0923 \end{bmatrix}$$

可见, 选取不同的参数可得不同的估计结果.

习　题　10

10.1　设矩阵 $A \in F^{n \times n}, B \in F^{q \times q}$, 若 A 与 B 均为正规 (酉、Hermite、对称、Hermite 正定或 Hermite 半正定) 矩阵, 则 $A \otimes B$ 也是正规 (酉、Hermite、对称、Hermite 正定或 Hermite 半正定) 矩阵.

10.2　假设定理 10.2 的条件成立, 则

(1) $A \otimes B$ 与 $B \otimes A$ 的特征值均为 $\lambda_k \mu_l (k = 1, 2, \cdots, n; l = 1, 2, \cdots, q)$, 且 $x_k \otimes y_l \in F^{nq}$ 与 $y_l \otimes x_k \in F^{nq}$ 分别为 $A \otimes B$ 与 $B \otimes A$ 的对应于特征值 $\lambda_k \mu_l$ 的特征向量;

(2) $A \otimes I_q + I_n \otimes B$ 与 $I_q \otimes A + B \otimes I_n$ 的特征值均为 $\lambda_k + \mu_l$ $(k = 1, 2, \cdots, n; l = 1, 2, \cdots, q)$, 且它们对应于特征值 $\lambda_k + \mu_l$ 的特征向量分别为 $x_k \otimes y_l \in F^{nq}$ 与 $y_l \otimes x_k \in F^{nq}$.

记 $A \otimes I_q + I_n \otimes B = A \oplus B$, 称其为 A 与 B 的 Kronecker 和. 类似有 $I_q \otimes A + B \otimes I_n = B \oplus A$. $A \oplus B$ 与 $B \oplus A$ 的特征值恰好均为 A 的特征值与 B 的特征值的任意和.

10.3　设矩阵 $A \in F^{n \times n}, X \in F^{n \times s}, B \in F^{s \times s}$, 则

(1) $\text{Vec}(AX) = (I_s \otimes A)\text{Vec}X$;

(2) $\text{Vec}(XB) = (B^{\text{T}} \otimes I_n)\text{Vec}X$;

(3) $\text{Vec}(AX + XB) = (I_s \otimes A + B^{\text{T}} \otimes I_n)\text{Vec}X = (B^{\text{T}} \oplus A)\text{Vec}X$.

10.4　令 $A = \begin{bmatrix} 1 & 3 \\ 0 & -7 \end{bmatrix}, R = \begin{bmatrix} 0 & 0 \\ 0 & 6 \end{bmatrix}, Q = \begin{bmatrix} 8 & 0 \\ 0 & 8 \end{bmatrix}$, 估计方程 (10-28) 解矩阵的最大最小特征值.

10.5　证明推论 10.4、推论 10.5、推论 10.6 和推论 10.9.

第 11 章 矩阵乘法的推广及应用

矩阵四则运算中的矩阵乘法相对于矩阵的加减法有很多特殊性, 这也限制了矩阵实际应用的广泛性和灵活性. 第 10 章介绍的矩阵的 Kronecker 积就是矩阵乘法运算的一种重要推广. 本章介绍另外三种矩阵乘法运算及其相关性质和部分应用.

11.1 矩阵的乘法运算

本节介绍矩阵的 Hadamard 积、Khatri-Rao 积和半张量积及其相关性质.

11.1.1 矩阵的 Hadamard 积

定义 11.1 设矩阵 $A = (a_{ij}), B = (b_{ij}) \in \mathbf{R}^{m \times n}$, A 与 B 的 Hadamard 积记为 $A \circ B$, 定义为

$$A \circ B = (a_{ij}b_{ij}) \in \mathbf{R}^{m \times n} \tag{11-1}$$

对于两个具有相同维数的矩阵, 其 Hadamard 积就是直接将矩阵的对应元素作乘积, 积矩阵的维数不变. 利用定义, 易证明如下性质.

性质 11.1 矩阵的 Hadamard 积满足交换律、结合律和分配律, 即对于矩阵 $A, B, C \in \mathbf{R}^{m \times n}$, 有

交换律: $A \circ B = B \circ A$.

结合律: $(A \circ B) \circ C = A \circ (B \circ C)$.

分配律: $(aA + bB) \circ C = a(A \circ C) + b(B \circ C), a, b \in \mathbf{R}$.

性质 11.2 矩阵的 Hadamard 积满足:

(1) 设 $A, B \in \mathbf{R}^{m \times n}$, 则 $(A \circ B)^{\mathrm{T}} = A^{\mathrm{T}} \circ B^{\mathrm{T}}$;

(2) 设 $A \in \mathbf{R}^{n \times n}$, $E = 1_n$, 则 $A \circ (EE^{\mathrm{T}}) = A = (EE^{\mathrm{T}}) \circ A$;

(3) 设 $X, Y \in \mathbf{R}^n$ 为列向量, 则 $(XX^{\mathrm{T}})(YY^{\mathrm{T}}) = (X \circ Y)(X \circ Y)^{\mathrm{T}}$.

定义

$$H_n = \mathrm{diag}\{\delta_n^1, \delta_n^2, \cdots, \delta_n^n\} \tag{11-2}$$

其中, $H_n = R_n^p$ 是降次矩阵.

性质 11.3 设 $A, B \in \mathbf{R}^{m \times n}$, 则 $(A \circ B) = H_m^{\mathrm{T}}(A \otimes B)H_n$.

性质 11.4 (Schur 定理) 设 $A, B \in \mathbf{R}^{n \times n}$ 为对称矩阵, 则

(1) 若 $A \geqslant 0, B \geqslant 0$, 则 $A \circ B \geqslant 0$;

(2) 若 $A > 0, B > 0$, 则 $A \circ B > 0$.

性质 11.5 设 $A, B \in \mathbf{R}^{n \times n}$ 为对称矩阵. 如果 $A \geqslant 0$, $B \geqslant 0$, 则 $\det(A \circ B) \geqslant \det(A) \det(B)$.

例 11.1 设

$$A = \begin{bmatrix} 1 & -1 & 0 \\ 3 & 2 & -3 \\ 2 & 1 & -2 \end{bmatrix}, \quad B = \begin{bmatrix} 2 & -2 & 1 \\ -1 & 2 & 2 \\ 3 & -2 & 3 \end{bmatrix}$$

计算 $A \circ B$ 与 $B \circ A$.

解

$$A \circ B = \begin{bmatrix} 2 & 2 & 0 \\ -3 & 4 & -6 \\ 6 & -2 & -6 \end{bmatrix} = B \circ A$$

11.1.2 矩阵的 Khatri-Rao 积

定义 11.2 设矩阵 $A \in \mathbf{R}^{m \times r}, B \in \mathbf{R}^{n \times r}$, A 与 B 的 Khatri-Rao 积记为 $A * B$, 定义为

$$A * B \in [\mathrm{Col}_1(A) \otimes \mathrm{Col}_1(B), \mathrm{Col}_2(A) \otimes \mathrm{Col}_2(B), \cdots, \mathrm{Col}_r(A) \otimes \mathrm{Col}_r(B)] \quad (11\text{-}3)$$

其中, $\mathrm{Col}_j(A)$ 表示矩阵 A 的第 j 列.

对于两个具有相同列数的矩阵, 其 Khatri-Rao 积通过对应列向量的 Kronecker 积来定义, 积矩阵的列数不变, 行数为两个矩阵行数的乘积. 由定义易于验证 Khatri-Rao 积具有如下基本性质.

性质 11.6 矩阵的 Khatri-Rao 积满足结合律和分配律, 即

结合律: $(A * B) * C = A * (B * C)$, 对 $A \in \mathbf{R}^{m \times r}, B \in \mathbf{R}^{n \times r}, C \in \mathbf{R}^{p \times r}$.

分配律: $(aA + bB) * C = a(A * C) + b(B * C)$

$$C * (aA + bB) = a(C * A) + b(C * B)$$

对 $A, B \in \mathbf{R}^{m \times r}, C \in \mathbf{R}^{p \times r}, a, b \in \mathbf{R}$.

定义 11.3 矩阵 $A \in \mathbf{R}^{m \times r}$ 称为一个逻辑矩阵, 如果其列向量 $\mathrm{Col}(A) \in \Delta_m$. 即 A 的所有列都具有 δ_m^i 这种形式. 所有 $m \times r$ 逻辑矩阵的集合记为 $\mathcal{L}_{m \times r}$.

性质 11.7 若 $A \in \mathcal{L}_{m \times r}, B \in \mathcal{L}_{n \times r}$, 则 $A * B \in \mathcal{L}_{m \times r}$.

定义 11.4　一个向量 $a = (a_1, a_2, \cdots, a_m)^{\mathrm{T}} \in \mathbf{R}^m$ 称为概率向量, 如果 $a_i > 0$ 且 $\sum\limits_{i=1}^{m} a_i = 1$. 所有 m 维概率向量的集合记为 Υ_m. 一个矩阵 $A \in \mathbf{R}^{m \times r}$ 称为一个概率矩阵, 如果其列向量 $\mathrm{Col}(A) \in \Upsilon_m$. 所有 $m \times r$ 概率矩阵的集合记为 $\Upsilon_{m \times r}$.

性质 11.8　若 $A \in \Upsilon_{m \times r}, B \in \Upsilon_{n \times r}$, 则 $A * B \in \Upsilon_{mn \times r}$.

例 11.2　设

$$
A = \begin{bmatrix} 1 & -1 & 0 \\ 3 & 2 & -3 \\ 2 & 1 & -2 \end{bmatrix}, \quad B = \begin{bmatrix} 2 & -2 & 1 \\ -1 & 2 & 2 \\ 3 & -2 & 3 \end{bmatrix}
$$

计算 $A * B$ 与 $B * A$.

解

$$
A * B = \begin{bmatrix} 2 & 2 & 0 \\ -1 & -2 & 0 \\ 3 & 2 & 0 \\ 6 & -4 & -3 \\ -3 & 4 & -6 \\ 9 & -4 & -9 \\ 4 & -2 & -2 \\ -2 & 2 & -4 \\ 6 & -2 & -6 \end{bmatrix}, \quad B * A = \begin{bmatrix} 2 & 2 & 0 \\ 6 & -4 & -3 \\ 4 & -2 & -2 \\ -1 & -2 & 0 \\ -3 & 4 & -6 \\ -2 & 2 & -4 \\ 3 & 2 & 0 \\ 9 & -4 & -9 \\ 6 & -2 & -6 \end{bmatrix}
$$

11.1.3　矩阵的半张量积

定义 11.5　设矩阵 $A \in \mathbf{R}^{m \times n}, B \in \mathbf{R}^{p \times q}$, $l = \mathrm{lcm}\{n, p\}$ 为 n 与 p 的最小公倍数, 那么 A 与 B 的半张量积定义为

$$
A \ltimes B = (A \otimes I_{l/n})(B \otimes I_{l/p}) \tag{11-4}
$$

其中, $\otimes$ 代表 Kronecker 积.

对于两个具有任意维数的矩阵, 其半张量积由两个矩阵分别与特定维数的单位矩阵作 Kronecker 积再作矩阵乘积得到, 积矩阵的行数和列数分别为前一个矩阵行数和后一个矩阵列数的特定倍数. 半张量积将两个矩阵的乘法推广到了任意维数, 因此可以有效地处理一般高维数组. 该定义由程代展教授及其团队提出[16], 并且保留了传统矩阵乘法运算的所有性质.

由定义 11.5, 半张量积的计算分为以下三种情况.

(1) 当 $n = p$ 时, 称 A 与 B 满足等维数条件, 此时 $l = n = p$, $I_{l/n} = I_{l/p} = I_1$, 半张量积和传统矩阵乘法完全相同, 即 $A \ltimes B = AB$.

(2) 当 $n = pt$ (或 $nt = p$) 且 t 为整数时, 称 A 与 B 满足倍维数条件, 记作 $A \succ_t B$ (或 $A \prec_t B$), 此时, 对 $l = n = pt$, $I_{l/n} = I_1, I_{l/p} = I_t$, 有 $A \ltimes B = (A \otimes I_1)(B \otimes I_t) = A(B \otimes I_t)$; 对 $l = p = nt$, $I_{l/n} = I_t, I_{l/p} = I_1$, 有 $A \ltimes B = (A \otimes I_t)(B \otimes I_1) = (A \otimes I_t)B$.

(3) 当 n 与 p 不满足上述两种情况时, 称 A 与 B 为任意维数, 此时为一般半张量积, $A \ltimes B = (A \otimes I_{t_1})(B \otimes I_{t_2})$, 其中 $t_1 = l/n, t_2 = l/p$.

例 11.3 设矩阵

$$A = \begin{bmatrix} 1 & 2 & -1 & 0 \\ 0 & 1 & 2 & -2 \end{bmatrix}, \quad B = \begin{bmatrix} -1 & 0 \\ 1 & 1 \end{bmatrix}, \quad C = \begin{bmatrix} 1 & -1 \\ 0 & 1 \\ 2 & -2 \end{bmatrix}$$

计算 $A \ltimes B$ 与 $B \ltimes C$.

解 由定义 11.5, 对于 A 与 B, $n = pt$ 且 $t = 2$. 于是

$$A \ltimes B = A(B \otimes I_2) = \begin{bmatrix} -2 & -2 & -1 & 0 \\ 2 & -3 & 2 & -2 \end{bmatrix}$$

对于 B 与 C, $l = 6$ 且 $t_1 = 3, t_2 = 2$. 于是

$$B \ltimes C = (B \otimes I_3)(C \otimes I_2) = \begin{bmatrix} -1 & 0 & 1 & 0 \\ 0 & -1 & 0 & 1 \\ 0 & 0 & -1 & 0 \\ 1 & 0 & -1 & 1 \\ 2 & 0 & -2 & -1 \\ 0 & 2 & 1 & -2 \end{bmatrix}$$

在半张量积计算的三种情况中, 倍维数条件是应用最广泛的, 下面给出倍维数条件时的等价定义.

定义 11.6 (i) 设 X 是 np 维行向量, Y 是 p 维列向量. 将 X 分为 p 等份 $X^1, \cdots, X^p$, 这里 X^i 是 $1 \times n$ 维行向量, 则 X 和 Y 的半张量积为

$$\begin{cases} X \ltimes Y = \sum_{i=1}^{p} X^i y_i \\ Y^{\mathrm{T}} \ltimes X^{\mathrm{T}} = \sum_{i=1}^{p} y_i (X^i)^{\mathrm{T}} \end{cases} \tag{11-5}$$

(ii) $A \prec_t B$ (或 $A \succ_t B$), A 和 B 的半张量积写为 $C = A \ltimes B$, 乘积 C 由 $m \times q$ 块组成, 每一块 C^{ij} 定义为

$$C^{ij} = A^i \ltimes B_j, \quad i = 1, \cdots, m, \quad j = 1, \cdots, q \tag{11-6}$$

这里 $A^i = \text{Row}_i(A)$, $B_j = \text{Col}_j(B)$.

由定义 11.6, $X \ltimes Y \in \mathbf{R}^{1 \times n}$, $Y^{\mathrm{T}} \ltimes X^{\mathrm{T}} \in \mathbf{R}^{n \times 1}$, 且 $(X \ltimes Y)^{\mathrm{T}} = Y^{\mathrm{T}} \ltimes X^{\mathrm{T}}$. 当 $n = pt$ 时, $C^{ij} \in \mathbf{R}^{1 \times t}$, $A \ltimes B \in \mathbf{R}^{m \times qt}$; 当 $nt = p$ 时, $C^{ij} \in \mathbf{R}^{t \times 1}$, $A \ltimes B \in \mathbf{R}^{mt \times q}$. 特别地, 当 $n = p$ 时, $C^{ij} \in \mathbf{R}^{1 \times 1}$ 为 A^i 与 B_j 的内积, $A \ltimes B \in \mathbf{R}^{m \times q}$ 恰为 A 与 B 的矩阵乘积.

由半张量积的定义, 易知矩阵的半张量积保留了传统矩阵乘积的所有性质, 下面列举几个常用的性质.

性质 11.9 设半张量积 $\ltimes$ 有定义, 即矩阵具有合适的维数, 则 $\ltimes$ 满足:

(1) 分配律

$$A \ltimes (\alpha B + \beta C) = \alpha A \ltimes B + \beta A \ltimes C$$

$$(\alpha B + \beta C) \ltimes A = \alpha B \ltimes A + \beta C \ltimes A$$

(2) 结合律

$$A \ltimes (B \ltimes C) = A \ltimes B \ltimes C$$

$$(B \ltimes C) \ltimes A = B \ltimes (C \ltimes A)$$

其中 $\alpha, \beta \in \mathbf{R}$.

性质 11.10 (1) 设矩阵 $A \in \mathbf{R}^{m \times n}, B \in \mathbf{R}^{p \times q}$, A_i 与 B^j 分别表示 A 和 B 的第 i 行与第 j 列 $(i = 1, \cdots, m; j = 1, \cdots, q)$, 则

$$A \ltimes B = \begin{bmatrix} A_1 \ltimes B^1 & \cdots & A_1 \ltimes B^q \\ \vdots & & \vdots \\ A_m \ltimes B^1 & \cdots & A_m \ltimes B^q \end{bmatrix} = \begin{bmatrix} A_1 \ltimes B \\ \vdots \\ A_m \ltimes B \end{bmatrix}$$

$$= \begin{bmatrix} A \ltimes B^1 & \cdots & A \ltimes B^1 \end{bmatrix}$$

(2) 设矩阵 A 和 B 满足 $A \prec_t B$ (或 $A \succ_t B$), 将 A 和 B 分割成如下分块阵

$$A = \begin{bmatrix} A^{11} & \cdots & A^{1s} \\ \vdots & & \vdots \\ A^{r1} & \cdots & A^{rs} \end{bmatrix}, \quad B = \begin{bmatrix} B^{11} & \cdots & B^{1w} \\ \vdots & & \vdots \\ B^{s1} & \cdots & B^{sw} \end{bmatrix}$$

如果 $A^{ik} \prec_t B^{kj}$ (或 $A^{ik} \succ_t B^{kj}$), 则

$$A \ltimes B = \begin{bmatrix} C^{11} & \cdots & C^{1w} \\ \vdots & & \vdots \\ C^{r1} & \cdots & C^{rw} \end{bmatrix}$$

其中, $C^{ij} = \sum_{k=1}^{s} A^{ik} \ltimes B^{kj}$.

例 11.4 设向量 $X = (1, 2, -1, 3), Y = (2, 1)^{\mathrm{T}}$, 计算 $X \ltimes Y, Y^{\mathrm{T}} \ltimes X^{\mathrm{T}}$, $Y \ltimes X$ 与 $X^{\mathrm{T}} \ltimes Y^{\mathrm{T}}$.

解 由定义 11.6, $n = pt$ 且 $t = 2$. 于是

$$X \ltimes Y = 2\,(1, 2) + (-1, 3) = (1, 7)\,,$$

$$Y^{\mathrm{T}} \ltimes X^{\mathrm{T}} = 2\begin{bmatrix} 1 \\ 2 \end{bmatrix} + \begin{bmatrix} -1 \\ 3 \end{bmatrix} = \begin{bmatrix} 1 \\ 7 \end{bmatrix}$$

$$Y \ltimes X = YX = \begin{bmatrix} 2 & 4 & -2 & 6 \\ 1 & 2 & -1 & 3 \end{bmatrix}, \quad X^{\mathrm{T}} \ltimes Y^{\mathrm{T}} = \begin{bmatrix} 2 & 1 \\ 4 & 2 \\ -2 & -1 \\ 6 & 3 \end{bmatrix}$$

易见, $(X \ltimes Y)^{\mathrm{T}} = Y^{\mathrm{T}} \ltimes X^{\mathrm{T}}$, 但 $X \ltimes Y \neq Y \ltimes X$, 即半张量积不满足交换性质.

对于矩阵 A 与 B, 仍有 $(A \ltimes B)^{\mathrm{T}} = B^{\mathrm{T}} \ltimes A^{\mathrm{T}}$, 但 $A \ltimes B \neq B \ltimes A$. 如果要交换半张量积中两个矩阵的顺序, 则需要用到换位矩阵.

定义 11.7 如果矩阵 A 满足下式

$$A = \begin{bmatrix} \delta_n^{k_1} & \delta_n^{k_2} & \cdots & \delta_n^{k_n} \end{bmatrix}, \quad 1 \leqslant k_i \leqslant n, \quad i = 1, 2, \cdots, n \tag{11-7}$$

则称 A 为逻辑矩阵. 其中, δ_n^i 为 n 阶单位矩阵的第 i 列.

显然逻辑矩阵的每列只有一个 "1", 其余全为 "0".

定义 11.8 换位矩阵 $W_{[m,n]}$ 为 $mn \times mn$ 维矩阵, 定义如下:

$$W_{[m,n]} = \delta_{mn}[1, m+1, 2m+1, \cdots, (n-1)m+1,$$

$$2, m+2, 2m+2, \cdots, (n-1)m+2,$$

$$\cdots, \tag{11-8}$$

$$m, 2m, 3m, \cdots, nm]$$

当 $m = n$ 时, $W_{[m,n]}$ 可简写为 $W_{[n]}$. 其中,

$$\delta_{mn}[1, m+1, \cdots, (n-1)m+1, 2, m+2, \cdots, (n-1)m+2, \cdots, m, 2m, \cdots, nm]$$
$$= [\delta_{nm}^1, \delta_{nm}^{m+1}, \cdots, \delta_{nm}^{(n-1)m+1}, \delta_{nm}^2, \delta_{nm}^{m+2}, \cdots, \delta_{nm}^{(n-1)m+2}, \cdots, \delta_{nm}^m, \delta_{nm}^{2m}, \cdots, \delta_{nm}^{nm}]$$

例 11.5　当 $m = 3, n = 2$ 时, 换位矩阵 $W_{[3,2]}$ 为

$$W_{[3,2]} = \begin{bmatrix} 1 & 0 & 0 & 0 & 0 & 0 \\ 0 & 0 & 1 & 0 & 0 & 0 \\ 0 & 0 & 0 & 0 & 1 & 0 \\ 0 & 1 & 0 & 0 & 0 & 0 \\ 0 & 0 & 0 & 1 & 0 & 0 \\ 0 & 0 & 0 & 0 & 0 & 1 \end{bmatrix}$$

根据换位矩阵定义, 可以给出如下性质.

性质 11.11　(1) 对于列向量 $X \in \mathbf{R}^m, Y \in \mathbf{R}^n$, 有

$$W_{[m,n]}X \ltimes Y = YX$$

(2) 对于行向量 $Z \in \mathbf{R}^m, V \in \mathbf{R}^n$, 有

$$Z \ltimes VW_{[m,n]} = VZ$$

定义 11.9　给定矩阵 $A \in \mathbf{R}^{p \times q}$, 如果 $p = qs$ 或 $q = ps$, s 为整数, 则递归地定义 $A^n (n > 0)$ 为: $A^1 = A$, $A^{k+1} = A^k \ltimes A$, $k = 1, 2, \cdots$.

由定义 11.5 易知, 若 A^n 有定义, 则 $A^{s+t} = A^s \ltimes A^t$.

性质 11.12　(1) 如果 X 是一个行或列向量, 则 X^n 总有定义, 且

$$X^k = \underbrace{X \otimes X \otimes \cdots \otimes X}_{k}$$

(2) 设 X 和 Y 分别是 m 维和 p 维列向量, 如果 $A \in \mathbf{R}^{m \times n}$ 和 $B \in \mathbf{R}^{p \times q}$, 则

$$(AX) \ltimes (BY) = (A \otimes B)(X \ltimes Y)$$
$$(AX)^k = (\underbrace{A \otimes \cdots \otimes A}_{k})X^k$$

(3) 设 X 和 Y 均是行向量, 如果 A 和 B 是适当维数的矩阵, 则

$$(XA) \ltimes (YB) = (X \ltimes Y)(B \otimes A)$$

$$(XA)^k = X^k(\underbrace{A \otimes \cdots \otimes A}_{k})$$

例 11.6 设矩阵

$$A = \begin{bmatrix} 1 & 2 & -1 & 0 \\ 0 & 1 & 2 & -2 \end{bmatrix}$$

计算 A^2.

解 利用定义 11.9 和定义 11.5, 得

$$A^2 = A \ltimes A = A(A \otimes I_2)$$

$$= \begin{bmatrix} 1 & 2 & 1 & 4 & -3 & -2 & 2 & 0 \\ 0 & 1 & 2 & 0 & 4 & -5 & -4 & 4 \end{bmatrix}$$

矩阵的半张量积的良好性质和表达能力, 使其在解决一些特殊网络动态系统问题时有着重要的作用.

11.2　基于半张量积的布尔网络稳定性分析

上一节介绍的 Hadamard 积、Khatri-Rao 积和半张量积在科学与工程领域都有着广泛的应用背景, 例如, 在计算流体力学、高阶偏微分方程、约束优化以及通信和控制等领域. 本节介绍半张量积在布尔网络中的应用. 布尔网络是描述基因调控网络的一个有力工具, 对布尔网络的分析与控制问题的研究已成为生物学与系统控制科学的交叉热点.

11.2.1　布尔网络的代数表示

考虑具有 n 个节点的布尔网络:

$$x_1(t + 1) = f_1(x_1(t), x_2(t), \cdots, x_n(t))$$

$$\cdots\cdots \tag{11-9}$$

$$x_n(t + 1) = f_n(x_1(t), x_2(t), \cdots, x_n(t))$$

其中, $\mathcal{D} = \{1, 0\}$ 为逻辑域, $x_i \in \mathcal{D}(i = 1, 2, \cdots, n)$ 是节点 i 的状态, $f_i : \mathcal{D}^n \to \mathcal{D} \ (i = 1, 2, \cdots, n)$ 表示一个布尔函数 (Boolean function, 描述如何基于对布尔输

入的某种逻辑计算确定布尔值输出, 其参数以及函数本身均采用两个元素 $\{0,1\}$ 组成的值). 在此假定 f_i 是最小函数表达式, 即 f_i 仅由 "与 $(\wedge)$、或 $(\vee)$、非 $(\neg)$" 三种逻辑函数组成. 从初始点 x_0 经过 t 步到达的状态表示为 $x(t; x_0)$.

如果布尔网络具有外部输入, 则称之为布尔控制网络. 具有 n 个节点、m 个外部控制的布尔控制网络表示为

$$x_1(t+1) = f_1(x_1(t), \cdots, x_n(t), u_1(t), \cdots, u_m(t))$$

$$\cdots \cdots \tag{11-10}$$

$$x_n(t+1) = f_n(x_1(t), \cdots, x_n(t), u_1(t), \cdots, u_m(t))$$

其中, $x_i \in \mathcal{D}(i = 1, 2, \cdots, n)$ 是节点 i 的状态, $u_i(i = 1, 2, \cdots, m)$ 是控制, f_i: $\mathcal{D}^n \to \mathcal{D}$ $(i = 1, 2, \cdots, n)$ 表示一个布尔函数. f_i 与网络 (11-9) 规定相同.

一般将布尔网络系统视为网络结构和组件动态的组合, 前者表示组件之间的连接, 由结构图表示; 后者规定了组件的动态, 由布尔函数表示. 结构图由节点集合 $\{x_1, \cdots, x_n\}$ 和边集合 $\varepsilon \subset \{x_1, \cdots, x_n\} \times \{x_1, \cdots, x_n\}$ 组成. 例如, 下面的式 (11-11) 对应图 11-1(a) 所示的结构图, 节点集合和边集合分别为 $\{x_1, x_2, x_3\}$ 和 $\{(x_1, x_2), (x_2, x_3), (x_3, x_1), (x_3, x_2)\}$, 图 11-1(b) 则是对应的状态转移图, 转移图中 $S_1, \cdots, S_8$ 分别对应状态 $\delta_8^1, \cdots, \delta_8^8$.

$$\begin{cases} x_1(t+1) = x_2(t) \vee \neg x_3(t) \\ x_2(t+1) = \neg x_3(t) \\ x_3(t+1) = x_2(t) \end{cases} \tag{11-11}$$

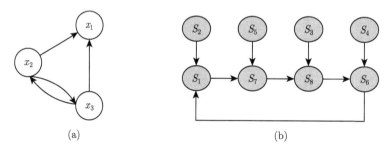

(a) (b)

图 11-1 布尔网络结构图及状态转移图

11.2.2 布尔网络的稳定性分析

稳定性判别是布尔网络的一个基本且重要的研究, 只有保证了网络稳定, 才能进一步研究系统的其他性质. 半张量积方法能够将逻辑关系转化为矩阵乘法关系, 因此, 我们选用半张量积方法来研究布尔网络的稳定性.

11.2.2.1 布尔网络逻辑化

逻辑域为 $\mathcal{D}$, 逻辑变量只有两个值: 真 (1)、假 (0). 将逻辑变量转换为矩阵形式, 则 $1 \sim \delta_2^1$, $0 \sim \delta_2^2$, 因此逻辑变量 $x \in \Delta_2 = \{\delta_2^i | 1 \leqslant i \leqslant 2\}$.

定义 11.10 r 元逻辑算子定义为

$$f : \underbrace{\mathcal{D} \times \mathcal{D} \times \cdots \times \mathcal{D}}_{r} \to \mathcal{D} \tag{11-12}$$

则它的结构矩阵 M_f 定义为

$$f(x_1, x_2, \cdots, x_r) = M_f x_1 \ltimes x_2 \ltimes \cdots \ltimes x_r = M_f x_1 x_2 \cdots x_r$$

根据逻辑算子的结构矩阵定义, 不难给出布尔函数的结构矩阵定义.

定理 11.1 任意的布尔函数 $f_i : \mathcal{D}^n \to \mathcal{D}$ 可以被表示为多线性形式如下:

$$f(x_1, x_2, \cdots, x_n) = L_f \ltimes x_1 \ltimes \cdots \ltimes x_n \tag{11-13}$$

这里 $L_f \in \mathcal{L}_{2 \times 2^n}$ 是唯一的, 称之为结构矩阵.

本定理证明可见文献 [32].

对于二元逻辑算子与 ($\wedge$)、或 ($\vee$)、非 ($\neg$), 相应的结构矩阵如表 11.1 所示.

表 11.1 逻辑函数及其结构矩阵

逻辑函数	结构矩阵
与 ($\wedge$)	$M_\wedge = \delta_2[1, 2, 2, 2]$
或 ($\vee$)	$M_\vee = \delta_2[1, 1, 1, 2]$
非 ($\neg$)	$M_\neg = \delta_2[2, 1]$

根据定理 11.1, 每个布尔函数 $f_i = L_{f_i}$, $i = 1, 2, \cdots, n$ 的结构矩阵 L_i, 使得下式成立:

$$x_i(t+1) = L_i x(t), \quad i = 1, 2, \cdots, n$$

因此, 布尔网络 (11-6) 可以被表示成如下形式:

$$x(t+1) = Lx(t) \tag{11-14}$$

这里, $L \in \mathcal{L}_{2^n \times 2^n}$ 称为转移矩阵, 并且

$$L = L_1 * L_2 * \cdots * L_n \tag{11-15}$$

符号 $*$ 代表 Khatri-Rao 积.

类似布尔网络, 布尔控制网络也能表示成代数形式:

$$x(t+1) = Lu(t)x(t) = L_{u(t)}x(t) \tag{11-16}$$

此时, $L_{u(t)} = [L_1 \quad L_2 \quad \cdots \quad L_m] \in \mathcal{L}_{2^n \times 2^{n+m}}$, 对于每个 $u(t) = \delta_{2^m}^1$, 有不同的 $L_i := L_{u(t)} \in \mathcal{L}_{2^n \times 2^n}$. 也就是说, 一旦输入 $u_i(i = 1, 2, \cdots, m)$ 是确定的, 布尔控制网络可以看成一个没有外部输入的布尔网络.

命题 11.1　矩阵 M 和变量 X 的交换公式如下:

$$XM = (I_t \otimes M), \quad X \in \mathbf{R}^t$$

命题 11.2　$M_{r,k} := \mathrm{diag}(\delta_k^1, \delta_k^2, \cdots, \delta_k^k,)$ 称为 k 维降阶矩阵. 特别地, 当 $k = 2$ 时简写为 M_r. 若 $x \in \Delta_k$, 则 $x^2 = M_{r,k}x$.

基于 2 维降阶矩阵, 我们可以得到转移矩阵的另一种计算方法如下:

$$\begin{cases} L = L_1 \displaystyle\prod_{i=2}^{n}(I_{2^n} \otimes L_i)\Phi_n \\ \Phi_n = \displaystyle\prod_{j=1}^{n} I_{2^{j-1}} \otimes [(I_2 \otimes W_{[2,2^{n-j}]})M_r] \end{cases} \tag{11-17}$$

引入哑变量的定义来补全变量.

命题 11.3　设 $x \in \Delta_m, y \in \Delta_n, z \in \Delta_r$, 定义

$$F_{[m,n,r]} := I_m \otimes \mathbf{1}_{nr}^{\mathrm{T}}, \quad M_{[m,n,r]} := \mathbf{1}_m^{\mathrm{T}} \otimes I_n \otimes \mathbf{1}_r^{\mathrm{T}}, \quad R_{[m,n,r]} := \mathbf{1}_{mn}^{\mathrm{T}} \otimes I_r$$

则

$$F_{[m,n,r]}xyz = x, \quad M_{[m,n,r]}xyz = y, \quad R_{[m,n,r]}xyz = z$$

推论 11.1　设 $x \in \Delta_m, y \in \Delta_n$, 定义 $F_{[m,n]} := I_m \otimes \mathbf{1}_n^{\mathrm{T}}, R_{[m,n]} := \mathbf{1}_m^{\mathrm{T}} \otimes I_n$, 那么 $F_{[m,n]}xy = x, R_{[m,n]}xy = y$.

这里, 我们仍以式 (11-11) 为例, 根据上述半张量积性质, 将其转换为下式:

$$\begin{cases} x_1(t+1) = M_\neg M_\vee x_2(t)x_3(t) = M_\neg M_\vee R_{[2,2]}x(t) \\ \qquad\qquad \triangleq M_1 x(t) \\ x_2(t+1) = M_\neg x_3(t) = M_\neg R_{[2,2,2]}x(t) \\ \qquad\qquad \triangleq M_2 x(t) \\ x_3(t+1) = x_2(t) = M_{[2,2,2]}x(t) \\ \qquad\qquad \triangleq M_3 x(t) \end{cases} \tag{11-18}$$

据此, 我们可以得到 M_1, M_2, M_3 的值, 也就不难求出系统的转移矩阵 L 为

$$L = M_1 * M_2 * M_3 = \delta_8[7,1,8,6,7,1,8,6]$$

或者, 根据公式 (11-16), 通过

$$L = M_1 \prod_{i=2}^{3}(I_{2^3} \otimes I_i)\Phi_3, \quad \Phi_3 = \prod_{j=1}^{3} I_{2^{j-1}} \otimes I_i(I_2 \otimes W_{[2,2^{3-j}]})M_r \tag{11-19}$$

来求得转移矩阵 L 的值, 两种计算方法得到的结果相同.

11.2.2.2 布尔网络稳定性分析

具有 n 个节点的布尔网络有 2^n 个状态, 即布尔网络的状态是有限的, 所以状态点在经过转移后最终必然会进入到至少一个吸引子中, 吸引子可以是不动点, 也可以是极限环.

定义 11.11 对于布尔网络 (11-9), 如果 $x(t) = x_e$ 并且 $x(s) = x_e, \forall s > t$, 则 x_e 称为不动点. 如果 $x(t) = x_0$ 并且 $x(t+j) = x_j, j = 1, 2, \cdots, l$, 则我们称 $(x_0, x_1, \cdots, x_l = x_0)$ 为极限环. 假设 $x_i \neq x_j, 0 \leqslant i < j \leqslant l - 1$, 则称 l 为极限环的长度. 不动点和极限环统称为吸引子.

根据不动点和极限环在网络中的数量可以确定布尔网络的稳定特性.

定义 11.12 布尔网络中只有一个不动点, 则称该网络是一般单稳态, 简称为单稳态; 如果只有一个不动点作为唯一的吸引子, 则称该网络是严格单稳态的.

定义 11.13 布尔网络中只有两个不动点, 则称该网络是一般双稳态, 简称为双稳态; 如果只有两个不动点作为吸引子, 而没有极限环, 则称该网络是严格双稳态的.

命题 11.4 如果 $\{\delta_{2^n}^{i_1}, \cdots, \delta_{2^n}^{i_l}\}$ 是一个长度 $l > 1$ 的极限环, 则

$$[L^l]_{i_k,i_k} = 1, \quad k = 1, \cdots, l$$

定理 11.2 对布尔网络 (11-9), 其代数表达式为 (11-13), 有如下结论:

(1) 网络是单稳态的当且仅当 $\text{tr}(L) = 1$;

(2) 网络是严格单稳态的当且仅当 $\text{tr}(L^k) = 1, \forall k \in [1, \cdots, 2^n]$;

(3) 网络是双稳态的当且仅当 $\text{tr}(L) = 2$;

(4) 网络是严格双稳态的当且仅当 $\text{tr}(L) = 2, \forall k \in [1, \cdots, 2^n]$.

本定理证明可见文献 [32].

例 11.7 考虑图 11-2 所示的布尔网络结构图, 并且选择对应的组件动态为

$$\begin{cases} x_1(t+1) = x_2(t) \vee \neg x_3(t) \\ x_2(t+1) = x_3(t) \wedge u_1(t) \wedge u_2(t) \\ x_3(t+1) = \neg x_1(t) \end{cases} \tag{11-20}$$

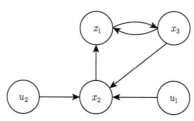

图 11-2   布尔网络 (11-20) 的结构图

根据定理 11.2, 确定这一系统的稳定性分为以下三个步骤.

步骤 1: 将布尔控制网络转换为一个代数表达形式. 首先, 我们计算变量 x_1 的更新动态的代数形式, 如下:

$$x_1(t+1) = M_\wedge M_\neg x_2(t) x_3(t) = M_\wedge M_\neg R_{[2,2]} x(t)$$

$$= M_\wedge M_\neg R_{[2,2]} R_{[4,2]} u(t) x(t) \triangleq M_1 u(t) x(t)$$

类似地, 可以得到变量 x_2 和 x_3 的代数表达式:

$$x_2(t+1) = M_\wedge M_\wedge u_1(t) u_2(t) x_3(t) = M_\wedge M_\wedge u(t) R_{[4,2]} x(t)$$

$$= M_\wedge M_\wedge (I_4 \otimes R_{[4,2]}) u(t) x(t) \triangleq M_2 u(t) x(t)$$

$$x_3(t+1) = M_\neg x_1(t) = M_\neg F_{[2,4]} x(t)$$

$$= M_\neg F_{[2,4]} R_{[4,2]} u(t) x(t) \triangleq M_3 u(t) x(t)$$

步骤 2: 应用公式 (11-16) 实现矩阵的简化, 可以得到

$$x(t+1) = M_1 \prod_{i=2}^{3} (I_{2^5} \otimes M_i) \Phi_5 \triangleq L_{u(t)} x(t)$$

根据步骤 1 获得的 $M_i (i = 1, 2, 3)$ 可以得到

$$L_{u(t)} = \delta_8 [2, 2, 6, 2, 1, 1, 5, 1, 2, 2, 6, 2, 1, 1, 5, 1, 2, 2, 6, 2, 1, 1, 5, 1, 2,$$

$$4, 6, 4, 1, 3, 5, 3]$$

这里 $L_{u(t)} = [L_1 \quad L_2 \quad L_3 \quad L_4]$, $L_{u(t)}$ 被分为四个大小等分的矩阵. 当输入变量 $u = \delta_4^i$ 时, $x(t+1) = L_i x(t)$ 中的转移矩阵 L_i 是 $L_{u(t)}$ 中的第 i 个矩阵.

步骤 3: 对于 $u = \delta_4^i (i = 1, 2, 3)$, 对应的转移矩阵 L_i 都满足定理 11.2(2), 所以在这三种输入下, 该网络都是严格单稳态的. 并且 $L_1 = L_2 = L_3$, 所以它们有相同的状态转移过程, 如图 11-3(a) 所示. 当输入 $u = \delta_4^4$ 时, 转移矩阵的迹满足定理 11.2 (1), 此时该网络是单稳态的, 状态转移过程如图 11-3(b) 所示.

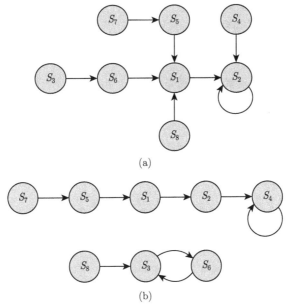

(a)

(b)

图 11-3 例 11.7 的状态转移图

如果我们改变式 (11-17) 中变量 x_2 的更新过程, 即将

$$x_2(t+1) = x_3(t) \wedge u_1(t) \wedge u_2(t)$$

改成

$$x_2(t+1) = x_3(t) \vee u_1(t) \vee u_2(t)$$

则对应的转移矩阵 L 变为

$$L_{u(t)} = \delta_8[2, 4, 6, 4, 1, 3, 5, 3, 4, 4, 8, 4, 3, 3, 7, 3, 4, 4, 8, 4, 3, 3, 7, 3, 4, 4, 8, 4, 3, 3, 7, 3]$$

再一次使用定理 11.2, 在这种情况下, 对于输入 $u = \delta_4^1$ 来说, 该网络是单稳态的; 对于 $u = \delta_4^i (i = 2, 3, 4)$, 则是双稳态的.

习　题　11

11.1　设矩阵 $A_i, B_i \in \mathbf{R}^{m_i \times r_i}$, $i = 1, 2, \cdots, n$, 则

$$\mathrm{diag}\{A_1, A_2, \cdots, A_n\} \circ \mathrm{diag}\{B_1, B_2, \cdots, B_n\} = \mathrm{diag}\{A_1 \circ B_1, A_2 \circ B_2, \cdots, A_n \circ B_n\}$$

11.2　设矩阵 $A \in \mathbf{R}^{m \times n}, F \in \mathbf{R}^{n \times l}, B \in \mathbf{R}^{s \times t}, G \in \mathbf{R}^{t \times l}$, 证明:

$$(A \otimes B)(F \otimes G) = (AF) * (BG)$$

11.3　证明: 在倍维数条件下定义 11.5 与定义 11.6 是一致的.

11.4　在定义 11.5 中, 如果将式 (11-4) 改为

$$A \ltimes B = (I_{l/n} \otimes A)(I_{l/p} \otimes B)$$

则仍得到矩阵的半张量积, 称其为右半张量积 (为此, 由式 (11-4) 给出的半张量积称为矩阵的左半张量积). 在倍维数的条件下, 试给出类似于定义 11.6 的右半张量积的等价定义.

11.5　设矩阵 A 和 B 满足 $A \prec_t B$ (或 $A \succ_t B$), 则

$$\det(A \ltimes B) = (\det(A))^t \det(B)$$

$$(\text{或 } \det(A \ltimes B) = \det(A)(\det(B))^t)$$

参 考 文 献

[1] 陈公宁. 矩阵理论与应用 [M]. 2 版. 北京: 科学出版社, 2007.

[2] 黄廷祝, 钟守铭, 李正良. 矩阵理论 [M]. 北京: 高等教育出版社, 2003.

[3] 方保镕, 周继东, 李医民. 矩阵论 [M]. 北京: 清华大学出版社, 2004.

[4] 罗家洪. 矩阵分析引论 [M]. 广州: 华南理工大学出版社, 1992.

[5] Horn R A, Johnson C R. 矩阵分析 (英文版)(卷 1)[M]. 北京: 人民邮电出版社, 2005.

[6] 王松桂, 吴密霞, 贾忠贞. 矩阵不等式 [M]. 2 版. 北京: 科学出版社, 2006.

[7] 陈景良, 陈向晖. 特殊矩阵 [M]. 北京: 清华大学出版社, 2001.

[8] 李训经, 雍炯敏, 周渊. 控制理论基础 [M]. 2 版. 北京: 高等教育出版社, 2010.

[9] 黄琳. 稳定性与鲁棒性的理论基础 [M]. 北京: 科学出版社, 2003.

[10] 孙继广. 矩阵扰动分析 [M]. 2 版. 北京: 科学出版社, 2001.

[11] 张跃辉. 矩阵理论与应用 [M]. 北京: 科学出版社, 2011.

[12] 徐仲, 陆全, 张凯院, 等. H-矩阵类的理论及应用 [M]. 北京: 科学出版社, 2013.

[13] 樊赵兵, 邱威, 吴红梅, 等. 矩阵论 [M]. 北京: 科学出版社, 2022.

[14] 卜长江, 周江, 孙丽珠. 图矩阵: 理论和应用 [M]. 北京: 科学出版社, 2021.

[15] 耿修瑞. 矩阵之美 (基础篇)[M]. 北京: 科学出版社, 2023.

[16] 程代展, 齐洪胜. 矩阵的半张量积: 理论与应用 [M]. 2 版. 北京: 科学出版社, 2011.

[17] 程代展, 夏元清, 马宏宾, 等. 矩阵代数、控制与博弈 [M]. 2 版. 北京: 北京理工大学出版社, 2018.

[18] Yasuda K, Hirai K. Upper and lower bounds on the solution of the algebraic Riccati equation[J]. IEEE Transactions on Automatic Control, 1979, AC-24(3): 483-487.

[19] Garloff J. Bounds for the eigenvalues of the solution of the discrete Riccati and Lyapunov equations and the continuous Lyapunov equation[J]. International Journal of Control, 1986, 43(2): 423-431.

[20] Komaroff N. Simultaneous eigenvalue lower bounds for the Lyapunov matrix equation[J]. IEEE Transactions on Automatic Control, 1988, 33(1): 126-128.

[21] Lee C H. On the upper and lower bounds of the solution for the continuous Riccati matrix equation[J]. International Journal of Control, 1997, 66(1): 105-118.

[22] Lee C H. New results for the bounds of the solution for the continuous Riccati and Lyapunov equations[J]. IEEE Transactions on Automatic Control, 1997, 42(1): 118-122.

[23] Lee C H. Upper and lower bounds of the solutions of the discrete algebraic Riccati and Lyapunov matrix equations[J]. International Journal of Control, 1997, 68(3): 579-598.

[24] Lee C H. Upper matrix bound of the solution for the discrete Riccati equation[J]. IEEE Transactions on Automatic Control, 1997, 42(6): 840-842.

[25] Chen D Y, Wang D Y. On the estimation of upper bound for solutions of perturbed discrete Lyapunov equations[J]. Journal of Inequalities and Applications, 2006, (1): 1-8.

[26] 陈东彦, 侯玲. 摄动离散矩阵 Lyapunov 方程解的估计 [J]. 控制理论与应用, 2006, 23(5): 830-832.

[27] Wonham W M. Linear Multivariable Control: A Geometric Approach[M]. 2nd ed. New York: Springer-Verlag, 1979.

[28] 吴玉虎, 陈东彦. 基于线性算子的广义逆矩阵的几何表示 [J]. 数学的实践与认识, 2015, 45(13): 243-249.

[29] Cheng D, Qi H, Zhao Y. An Introduction to Semi-tensor Product of Matrices and Its Applications[M]. Singapore: World Scientific, 2012.

[30] Cheng D, Qi H. Controllability and observability of Boolean control networks[J]. Automatica, 2009, 45(7): 1659-1667.

[31] Cheng D, Qi H, Li Z, et al. Stability and stabilization of Boolean networks[J]. International Journal of Robust and Nonlinear Control, 2011, 21(2): 134-156.

[32] Chen S Q, Wu Y H, Macauley M, et al. Monostability and bistability of Boolean networks using semitensor products[J]. IEEE Transactions on Control of Network Systems, 2019, 6(4): 1379-1390.

[33] Hu J, Wang Z D, Liu G P. Delay compensation-based state estimation for time-varying complex networks with incomplete observations and dynamical bias[J]. IEEE Transactions on Cybernetics, 2022, 52(11): 12071- 12083.

[34] Hu J, Wang Z D, Gao H J. Recursive filtering with random parameter matrices, multiple fading measurements and correlated noises[J]. Automatica, 2013, 49(11): 3440-3448.

[35] Hu J, Chen D Y, Du J H. State estimation for a class of discrete nonlinear systems with randomly occurring uncertainties and distributed sensor delays[J]. International Journal of General Systems, 2014, 43(3/4): 387-401.